Harald Schumny
Rainer Ohl

HANDBUCH DIGITALER SCHNITTSTELLEN

Harald Schumny
Rainer Ohl

HANDBUCH DIGITALER SCHNITTSTELLEN

Mit 239 Abbildungen und 46 Tabellen

Der Verlag Vieweg ist ein Unternehmen der Verlagsgruppe Bertelsmann International.

Gedruckt auf säurefreiem Papier

ISBN-13: 978-3-528-04911-9   e-ISBN-13: 978-3-322-84916-8
DOI: 10.1007/978-3-322-84916-8

Vorwort

Das **Handbuch Digitaler Schnittstellen** richtet sich an alle, die Probleme mit der Verbindung verschiedener Geräte haben oder einfach nur wissen möchten, warum der Computer so viele Buchsen hat. Durch dieses praxisbegleitende Werk werden Studenten der Elektrotechnik und Informatik angesprochen, wenn bereits Grundlagen der digitalen Datenverarbeitung bekannt sind. Es ist auch gut einsetzbar als ergänzendes Buch zur Unterstützung von Seminaren und Übungen an Fachhochschulen.

Das **Handbuch Digitaler Schnittstellen** stellt die Grundlagen der Datenübertragung an konkreten Beispielen dar und gibt viele wichtige Hinweise und Hintergrundinformationen, die für den Praktiker nützlich sind. Die Prinzipien aller wesentlichen Datenübertragungsverfahren werden aufgezeigt und ein Überblick über die nach dem heutigen Stand der Technik ausgeführten Schnittstellen und Datenübertragungsstrecken wird gegeben.

Auf der Basis des *ISO-Referenzmodells* für die Verbindung offener Systeme werden schrittweise alle wesentlichen Komponenten und Verfahren der Datenübertragung vermittelt. Der Leser verfolgt in den einzelnen Abschnitten des Buchs den Weg einer Nachricht von der Quelle bis zur Senke und bekommt die Schnittstellenmerkmale systematisch dargestellt. Ausgehend von den Übertragungsmedien und Steckverbindungen über die elektrischen Eigenschaften, die Zugriffsverfahren, Synchronisation und Codierung bis hin zu Steuerungsverfahren und Vermittlungstechnik werden die Vor- und Nachteile der verschiedenen Lösungen diskutiert.

Parallele und serielle Schnittstellen sind in eigenen Kapiteln ausführlich vorgestellt. An vielen Beispielen werden die Anwendung kompletter Schnittstellen sowie Modemverbindungen und Lokale Netzwerke beschrieben.

Das **Handbuch Digitaler Schnittstellen** versetzt den Leser in die Lage, anhand der dargestellten und erläuterten grundlegenden Mechanismen der Datenübertragung beliebige, unbekannte oder neue Schnittstellen einzuordnen, zu verstehen und zu beurteilen. Er kann diese anhand der zusammengestellten Merkmale z.B. in Pflichtenheften beschreiben oder in Neuentwicklungen von Schaltungen und Geräten umsetzen.

In einem praxisnahen Kapitel werden Verfahren und Geräte zur Fehleranalyse und Untersuchung von Schnittstellen angesprochen, die bei praktischen Problemen sicher weiterhelfen werden. Ein Anhang ergänzt das Werk mit Tabellen, vielen wichtigen Normen und einem ausführlichen Glossar der Datenkommunikation.

Das abstrakte und trockene Thema Schnittstellen wird auf eine Weise dargestellt, die auch dem interessierten Laien das Lesen leicht macht und das Verständnis näher bringt. Die Unsicherheit beim Gebrauch der zahlreichen Begriffe der Datenübertragung, dem "Fachchinesisch", wird durch leicht verständliche Definitionen und Erklärungen genommen. Durch die zahlreichen Abbildungen wird das **Handbuch Digitaler Schnittstellen** zu einem anschaulichen und nützlichen Nachschlagewerk für den Leser mit und ohne Schnittstellenprobleme.

Die Autoren führen seit Jahren Einführungs- und Fortbildungsveranstaltungen zum Thema Schnittstellen und Datenübertragung durch. Sie besitzen neben dem Verständnis für die Probleme der Lernenden auch aus eigener leidvoller Erfahrung im Umgang mit Schnittstellenproblemen das rechte Gefühl für die Praxis.

Berlin und Braunschweig im Februar 1994

Harald Schumny und *Rainer Ohl*

Inhaltsverzeichnis

Teil I
Grundlagen, Verfahren, Methoden

1 Einführung

1.1 Zum Schnittstellenbegriff

Schnittstellen (*interfaces*) sind Orte, an denen irgend zwei Systemteile zusammengeschaltet werden können. Art und Ausführung sind zum Teil sehr verschieden; auch Umfang oder Bedeutung der Systemteile unterscheiden sich. Verschieden sind ebenfalls die Informationsdarstellung und die über die Schnittstellen geleiteten Signale.

Für alle Versionen sollte aber die in DIN 44 302 niedergelegte Kurzdefinition gelten:

> Als **Schnittstelle** bezeichnet man die Gesamtheit der Festlegungen
> a) der physikalischen Eigenschaften der Schnittstellenleitungen,
> b) der auf den Schnittstellenleitungen ausgetauschten Signale,
> c) der Bedeutung der ausgetauschten Signale.

• *Schnittstellenleitungen* werden begrifflich in derselben Norm wie folgt erklärt:
- *Verbindungsleitungen* zwischen den Endeinrichtungen beiderseits der Übergabestelle.

• *Übergabestelle* (*interchange point*) wird schließlich definiert als
- der Ort, an dem die Signale auf den Schnittstellenleitungen in definierter Weise übergeben werden und an dem die Schnittstellenleitungen z.B. mittels Steckverbindungen zusammengeschaltet sind.

Bild 1.1 zeigt die Darstellung aus DIN 44 302 zur Schnittstellendefinition. Daraus
wird folgendes deutlich: Wichtige Festlegungen im Bereich der Datenübertragung
und Datenübermittlung gehen auf Postnormen und -vorschriften zurück. Das bedeutet insbesondere, als Schnittstelle wird der Anschluß zwischen einer Datenendeinrichtung (DEE bzw. DTE: *Data Terminal Equipment* oder kurz: *Terminal*) und
einer Datenübertragungseinrichtung (DÜE bzw. DCE: *Data Circuit-terminating
Equipment*, z.B. *Modem*) verstanden.

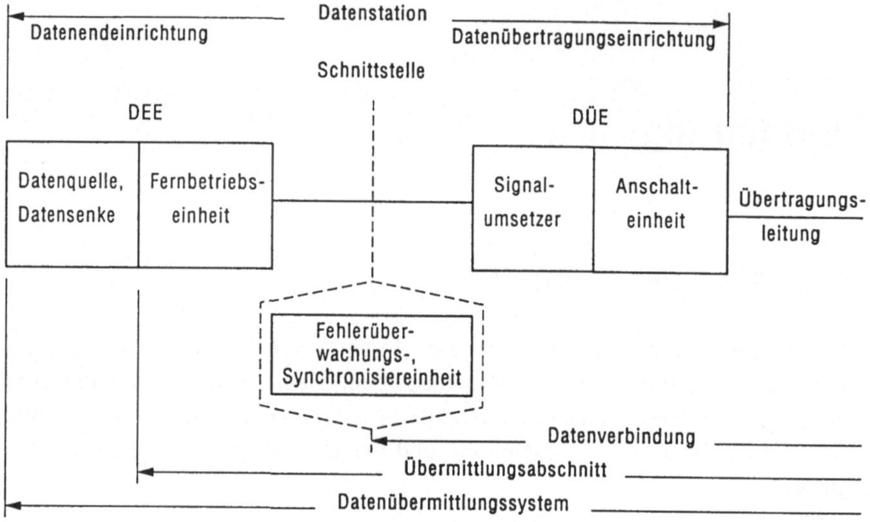

Bild 1.1 Zum Schnittstellenbegriff nach DIN 44 302

• *Digitale Übertragungssysteme* benötigen aber kein Modem, also keine Modula-
tor/Demodulator-Einrichtung (man spricht dann von "Nullmodemschaltung"); die
jeweilige Signalzuordnung zwischen den Ein- und Ausgängen einer z.B. Terminal-
Rechner- oder Rechner-Rechner-Verbindung stimmt dann nicht mehr. Dazu
kommt, daß in den relevanten Postnormen sehr viele Signale und Schnittstellenleitungen definiert sind (z.B. V.24), die bei digitalen Übertragungen keinen Sinn
ergeben. Wir werden auf diese Probleme später zurückkommen.

1.2 Situation, Probleme

Datenübertragungssysteme sind notwendigerweise mit geeigneten Schnittstellen
ausgerüstet. Aber auch Meßgeräte und Computer haben Anschlußstellen zur Verbindung mit irgendwelchen anderen Komponenten, Geräten oder Computern. Ei-

nerseits ist die Vielfalt dabei manchmal unbegründbar hoch, andererseits sind dominierende Standards erkennbar. Dazu kommen immer aktuelle Neuentwicklungen und Trends, die neue Möglichkeiten erschließen sollen (z.B. Sensorbusse, Feldbusse), aber dadurch auch die Vielfalt vergrößern.

Wir werden versuchen, systematische Strukturierungen aufzustellen, um Einordnungen und Auswahl zu unterstützen. Hier soll eine erste Übersicht aufzeigen (**Bild 1.2**), welche Verwendung digitalen Schnittstellen an Computer-gesteuerten Systemen zukommen kann bzw. was an Funktionalität erwartet wird.

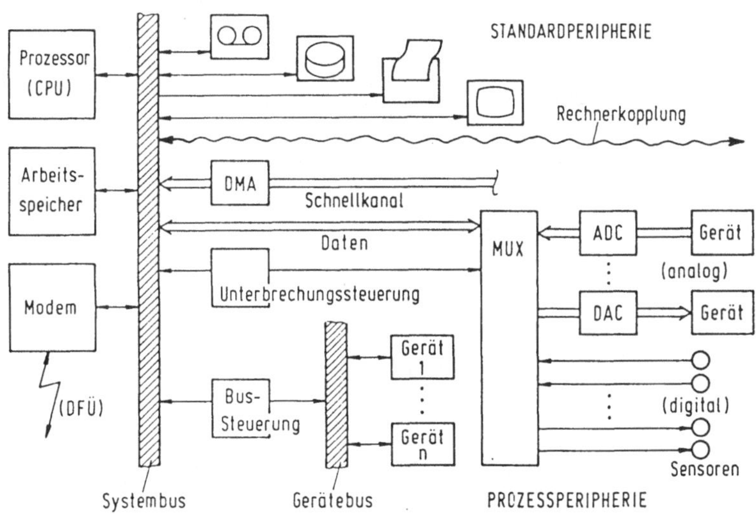

Bild 1.2 Komponenten und Anschlußmöglichkeiten (Schnittstellen) eines für Messen, Steuern, Regeln geeigneten Computers. DFÜ: *Datenfernübertragung*, DMA: *Direct Memory Access*, MUX: *Multiplexer*, ADC: *Analog Digital Converter*, DAC: *Digital Analog Converter*

Grundsätzlich werden wir zwischen *prozessornahen* und *peripherienahen* Schnittstellen unterscheiden. Bei den Peripherieschnittstellen werden wir uns mit relativ alten Postnormen und Firmenstandards beschäftigen müssen, aber auch moderne Konzepte bis hin zu Netzwerkanschlüssen gehören zum Stoff.

Die "Szene" der digitalen Schnittstellen ist also einerseits stark durch die technische Historie geprägt, andererseits weisen einige Neuentwicklungen in die Zukunft. Interessanterweise ist gerade der modernste Zweig der Computerisierung belastet mit Standards aus den Anfängen der Elektronikentwicklung: Die Personalcomputer (PCs) oder Arbeitsplatzcomputer (APCs) haben als serielle "Standard-Schnittstelle" ein Relikt integriert, das aus der Frühzeit der Datenübertragung per Telefonnetz stammt (RS-232-C); die ebenfalls PC-integrierte parallele Schnittstelle folgt dem Jahrzehnte alten Entwurf des Druckerherstellers Centronics. Und auch die nach wie vor wichtigste Schnittstelle für Laborautomatisierung und Instrumentierung ist etwa 30 Jahre alt (IEEE-488 bzw. IEC-Bus).

Dagegen stehen die erwähnten Neuentwicklungen. Beispiele sind zu finden für künftige Mikroprozessor-Generationen mit bis zu 256 bit Wortbreite (z.B. Futurebus+); für neue Instrumentierungssysteme (seriell, z.B. RS-485, oder parallel, z.B. VXIbus); für lokale Zubringer- und andere Vernetzungsschnittstellen, usw.

• *MS-DOS-PCs* haben größte Bedeutung für Büroautomatisierung sowie Messen, Steuern und Regeln im Labor und in der Fertigung. Dadurch sind einerseits die beiden "PC-Standards" zu den wichtigsten Schnittstellen überhaupt geworden: sie werden nämlich vom Betriebssystem unterstützt (MS-DOS: *Microsoft Disk Operating System*) und entsprechend **Bild 1.3** als COMn (seriell ähnlich RS-232-C) bzw. LPTn (parallel ähnlich Centronics) bezeichnet. Andererseits unterstützt dieses Betriebssystem direkt keine der für technische Anwendungen so wichtigen Schnittstellen wie die zur Anschaltung von z.B. Meßfühlern, Meßwandlern, Meßgeräten usw. (vgl. hierzu z.B. [Schu93]).

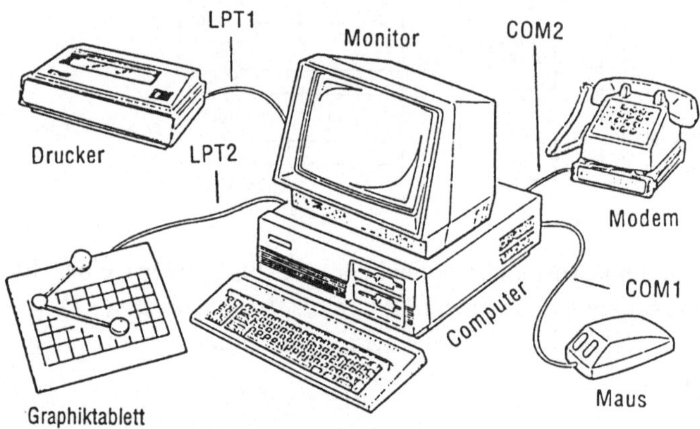

Bild 1.3 Typischer Personalcomputer (PC) mit den durch MS-DOS unterstützten Schnittstellen. COM: *Communication interface* (seriell), LPT: *Line Printer interface* (parallel)

• *Probleme* mit den digitalen Schnittstellen kommen also nicht nur von technisch überholten oder unvollständigen oder gar fehlenden Standards, sondern vor allem auch aus dem häufigen Mißverhältnis zwischen verfügbarer Schnittstellen-Hardware und notwendiger Software. Die Betriebssysteme unterstützen oft nur unzureichend oder gar nicht die Ein-/Ausgabeoperationen an den Schnittstellen (siehe oben); das Betriebssystem UNIX z.B. weist als Mehrbenutzer-System (mit *Timesharing*) ungünstige Echtzeiteigenschaften auf.

• *Programmiersprachen* in den meistbenutzten Ausführungen besitzen in der Regel keine geeigneten Sprachelemente für Messen, Steuern und Regeln. Die Programmierung von Schnittstellen ist dann schwierig und erfordert nicht selten den "Abstieg" bis auf die Prozessorebene (Assembler-Programmierung). Beispielsweise ist die dominierende Sprache BASIC ebenso wie das vorherrschende Betriebssystem MS-DOS vorwiegend für den Einsatz in kommerziellen Bereichen (*Büroautomatisierung*) geeignet. Für den Einsatz in technischen Bereichen (*Prozeßdatenverarbeitung*, PDV) sind aber über die Standard-Definitionen hinaus folgende Eigenschaften wünschenswert:

- lange Variablennamen (mindestens 6 oder 8 relevante Zeichen);
- echte Unterprogrammaufrufe (CALLs) und Sprunganweisungen mit symbolischen Namen;
- lokale Variablen;
- Schnittstellenunterstützung.

Ist beispielsweise über eine Schnittstelle mit der "Adresse" 7 ein 16-Bit-Wort auszugeben, sollte das etwa folgendermaßen möglich sein:

```
10  CONTROL 7,1;C(1)
20  OUTPUT 7 USING "W";A
```

Es wird in diesem vorbildlichen *Hewlett-Packard*-BASIC durch Schreiben des Wertes C(1) - des Kontrollbytes - in ein Steuerregister Nr. 1 die Schnittstelle 7 geeignet eingestellt (z.B.Datenrate in bit/s oder Prüfbit ja/nein). Dann wird mit Hilfe der USING-Anweisung ein 16-Bit-Wort ("W") aus der Variablen A nach außen gesendet.

• *Einsatz von Schnittstellen* und deren Programmierung erfordert in jedem Fall die Kenntnis grundsätzlicher Ein-/Ausgabeverfahren. Diese werden darum in Kapitel 2 besprochen. Hier sollen nachfolgend systematische Einteilungen vorgenommen und Merkmale zur Schnittstellenbeschreibung herausgearbeitet werden. Dabei wird manchmal auf die erst in Kapitel 2 behandelten Grundlagen vorgegriffen; dies wird jeweils durch gezielte Verweise unterstützt.

1.3 Merkmale, Klassifizierungen

In einer ersten Grobeinteilung wollen wir danach unterscheiden, ob die Verbindung zwischen einem Computer und der "Umwelt" (*Peripherie*) über eine "äußere" Standardschnittstelle (sog. *Peripherieschnittstelle*) oder per Zugriff auf den rechnerinternen *Systembus* (sog. *prozessornahe Schnittstelle*) erfolgt (**Bild 1.4**). Wichtige Eigenschaften beider Versionen sind nachfolgend aufgezählt.

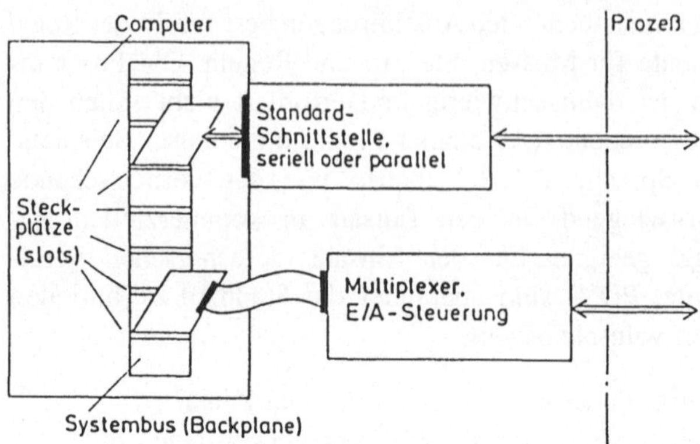

Bild 1.4 Grobeinteilung in "äußere" und "innere" Schnittstellen

• *Standardschnittstellen*: Anschluß in der Regel problemlos; Eigenschaften i.a. bekannt (z.B. Datenrate, mögliche Entfernung); Störsicherheit gut bis sehr gut (Details hierzu später); Benutzung bzw. Programmierung oft recht bequem, vor allem dann, wenn die Computer- bzw. Gerätehersteller dies im System unterstützen; Datenübertragungsrate für manche Anwendungsfälle zu niedrig; maximale Leitungslänge nicht immer ausreichend.

• *Systembusanschluß*: Eingriffe in den Computer nötig (Hardware und Software); Verbindung zwischen internem Busanschluß und dem äußeren "Adapter" oft sehr kritisch, weil diese "Busverlängerung" Störungen verursachen bzw. einfangen kann; zum Betrieb sind *Schnittstellentreiber* (Assemblerprogramme) nötig, deren Benutzung aus einer höheren Programmiersprache nicht immer bequem ist; bei sauberer Ausführung können aber sehr hohe Datenübertragungsraten erzielt werden.

Eine weitere Unterscheidung ist daraus abgeleitet, ob nur je zwei oder mehrere Geräte zusammengeschaltet werden können:

• *Punkt-zu-Punkt-Verbindung*, d.h. es gibt nur einen Sender und einen Empfänger, die entweder in nur einer Richtung (*simplex*, z.B. Drucker am PC), wechselweise in beiden Richtungen (*halbduplex*) oder gleichzeitig in beiden Richtungen (*duplex*) arbeiten können.

• *Mehrpunktverbindung*, d.h es können mehrere Geräte (z.B. 15 oder 32) zusammengeschaltet sein und Meldungen und Daten austauschen. Die Art der Verbindung (*Topologie*) kann sehr verschieden sein. Darauf kommen wir in Abschn. 2.3 zurück.

In sehr vielen Anwendungsfällen sind die zu übertragenden Daten in irgendeiner Form *codiert* (vgl. hierzu Abschn. 8.2); dabei überwiegt die 8-Bit-Struktur, die meist als *Byte* bezeichnet wird. Es kommen aber auch codefreie, binäre Datenströme vor und ebenfalls solche, bei denen für die Organisierung der Datenübertragung keine Rücksicht auf die Codestruktur genommen werden kann. Darum unterscheidet man:

> • *Codegebundene Übertragung* mit überwiegend 8-Bit-Codierung
>   (Byte-Organisation);
> • *Codeunabhängige Übertragung*, auch als *transparent* bezeichnet. Auch hierbei
>   gibt es in der Regel eine überlagerte 8-Bit-Struktur. Zur Unterscheidung
>   werden solche 8-Bit-Gruppen *Oktett* genannt.

• *Transparent* kommt als Begriff in der Datenübertragungstechnik in zwei Bedeutungen vor:

(1) Einen *Datenstrom* nennt man *transparent*, wenn Organisations- und Kontrollstrukturen nicht erkennbar sind, die Daten also während der Übertragung wie ein reiner Bitstrom "aussehen".

(2) *Datenübertragung* in einem Netzwerk nennt man *transparent*, wenn der Netzbenutzer nicht erkennen kann, auf welchem Wege sein Datenstrom läuft. Der Benutzer erkennt nur die Aktionen am Sender und am Empfänger; das Netzwerk ist "durchsichtig" (transparent). Später werden wir in diesem Zusammenhang auch den Begriff *virtuelle Übertragung* kennenlernen.

Schnittstellen werden auch danach unterschieden, ob die codierten oder transparenten Daten bitseriell oder bitparallel übertragen werden:

• *Parallele Übertragung* bedeutet im einfachsten Fall, daß zur Übergabe eines n bit breiten Digitalwortes $n + 1$ unabhängige Leitungen zwischen den Teilnehmern geschaltet werden. **Bild 1.5** zeigt dies am Beispiel $n = 8$ (8 Informationsbits im Digitalwort). Der zusätzliche Kanal (Leitung $n + 1$) dient dazu, die n Datenleitungen "gültig" zu schalten (*data valid*). Diesen Kanal nennt man z.B. auch *Strobe-Signal*.

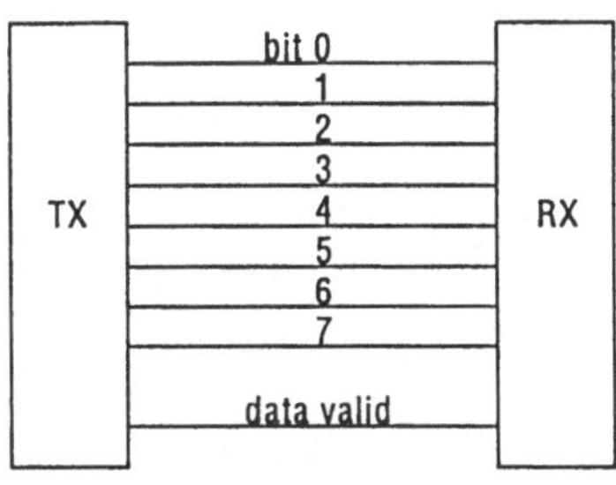

Bild 1.5
Prinzip der parallelen Datenübertragung
(TX: *Transmitter*, Sender; RX: *Receiver*,
Empfänger)

• *Serielle Übertragung* vermeidet das Schalten von $n + 1$ Leitungen, was besonders bei größeren Entfernungen (mehr als ca. 20 m) vorteilhaft und kostengünstig ist. Im Prinzip genügt zur Übertragung eine einzige Leitung, über die die n Bits eines Digitalwortes nacheinander (seriell) gesendet werden.

Bild 1.6 gibt als typisches Beispiel zwei zusätzliche Besonderheiten an: Die in der Regel parallel vorliegenden Eingangsdaten (*data in*) werden im Sender mit Hilfe eines *Schieberegisters* serialisiert (*serial data*), im Empfänger entsprechend wieder parallelisiert (*data out*). Und zur Gewährleistung einer ordnungsgemäßen Zuordnung zwischen Sende- und Empfangsdaten bzw. zwischen den Schieberegistern in Sender und Empfänger ist eine zweite Leitung angegeben, eine Taktleitung (*clock signal*). Wir werden später sehen, daß diese Art der Synchronisierung nicht die einzige Möglichkeit ist (s. Abschn. 2.2).

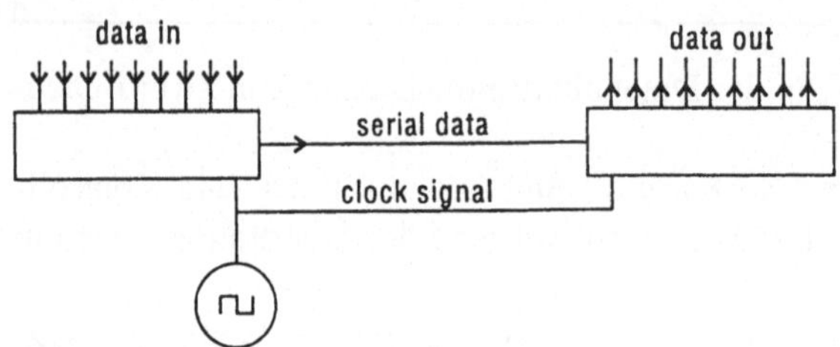

Bild 1.6
Prinzip der seriellen
Datenübertragung

Bild 1.7 zeigt die bislang besprochenen Kriterien und weitere Unterscheidungen. Zusätzliche Merkmale werden in Abschn. 2.2 aufgestellt. Dazu gehören z.B.

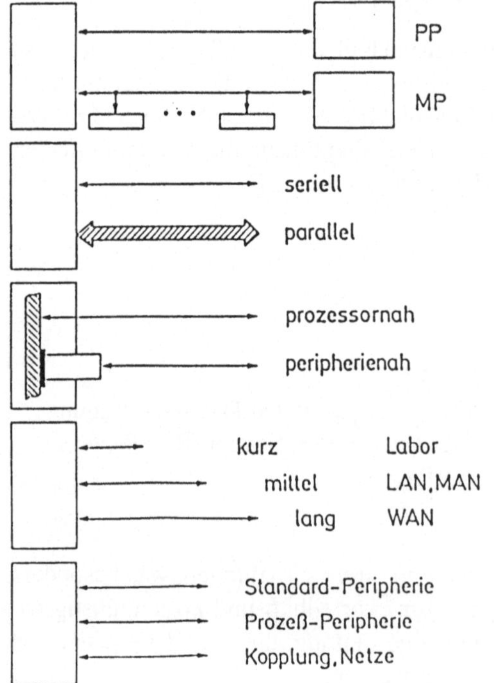

Bild 1.7
Schnittstellenkriterien.
PP: *Punkt-zu-Punkt*,
MP: *Mehrpunkt*,
LAN: *Local Area Network*,
MAN: *Metropolitan Area Network*,
WAN: *Wide Area Network*

   - Ein-/Ausgabeverfahren (*memory-mapped* oder *unmapped*)
   - Pufferung
   - Ein-/Ausgabeinitiativen (*zentral* oder *peripher*)
   - Polling, DMA, Alarmverarbeitung usw.
   - Steuerung der Schnittstelle (per *Hardware* oder *Software*)
   - Synchrone oder asynchrone Übertragung

• ***Eine Klassifizierung*** entsprechend **Bild 1.8** kann für die weiteren Ausführungen nützlich sein. Ebene 0 definiert die Leiterbahnen und Anschlüsse auf den Platinen (*boards*), also die "Schnittstellen" zwischen den Komponenten (*chips*). Zu den Ebenen 1 und 2 gehören die Karten- bzw. Systembusse (engl.: *backplane, motherboard*, vgl. Abschn. 11.1). Die Anschlußstellen und Steuerfunktionen dieser drei Ebenen sind in der Regel integrierter Bestandteil eines Arbeitsplatzcomputers, sie sind für den Benutzer meistens "unsichtbar". Es gibt allenfalls "Kontakte" damit, wenn Ergänzungsplatinen in den Computer eingesteckt werden oder mit einer Busverlängerung eine "Extension Box", Ein-/Ausgabesteuerung usw. angeschlossen wird.

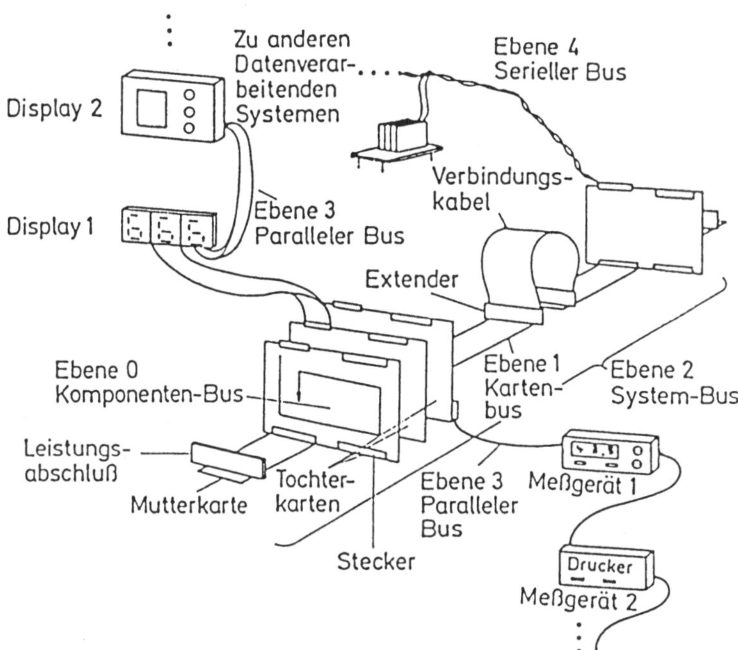

Bild 1.8 Schnittstellen-Klassifizierung

• ***Verbindungen zur "Außenwelt"*** werden über Anschlüsse (*Peripherieschnittstellen*) der Ebenen 4 (seriell) und 3 (parallel) hergestellt. Es soll an dieser Stelle noch einmal betont werden, daß Schnittstellen nicht allein durch ihre mechanischen und elektrischen Eigenschaften charakterisiert sind. Zu einer vollständigen Schnittstellendefinition gehören ebenfalls Verabredungen über zugehörige Software (geeignete Sprachelemente, Schnittstellentreiber, Steuerungsverfahren bzw. Ablaufprotokolle). Beispiele dazu folgen später.

Ein aufschlußreicher Zusammenhang zwischen den Hierarchieebenen nach Bild 1.8 und den etwa möglichen Leitungslängen ist in **Bild 1.9** dargestellt. Die Rückwandverdrahtung (Kartenbus bzw. *backplane*, Ebene 1) ist allgemein kaum länger als 0,5 m ausgeführt, weil darüber Signale im sehr schnellen Prozessortakt laufen (z.B. 33 MHz). Systembusse (Ebene 2) können manchmal auf bis zu 10 m verlängert werden (evtl. sind Signalformer notwendig). Die parallelen Peripherieschnittstellen (Ebene 3) können kaum längere Leitungen treiben (es sei denn, die Datenübertragungsrate wird sehr niedrig gehalten). Moderne serielle Schnittstellen (Ebene 4) können durchaus 1 km Leitung treiben. Künftige optische Systeme reichen weit darüber hinaus (nächste Ebene).

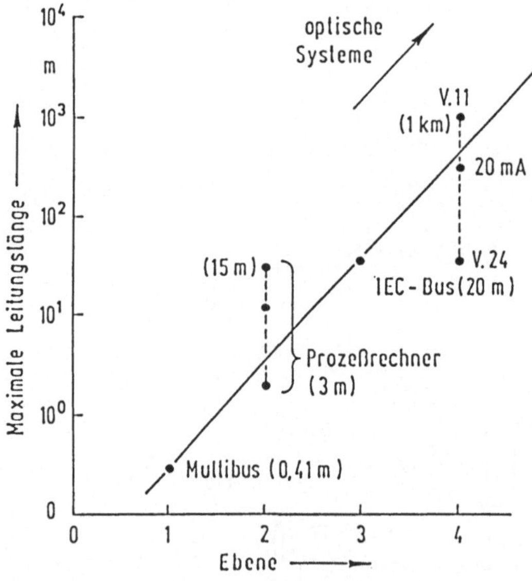

Bild 1.9
Die an den Schnittstellen der
Hierarchieebenen nach Bild 1.8
etwa möglichen Leitungslängen

1.4 ISO-Referenzmodell zur Schnittstellenbeschreibung

Ältere Schnittstellenfestlegungen galten häufig einem bestimmten Verwendungszweck, waren manchmal an spezielle Geräte oder Gerätegruppen gebunden, die Ausführung war oft unstrukturiert oder gar willkürlich. Aus diesen Gründen entstand die Idee, ein Modell zu entwickeln, mit dessen Hilfe es möglich werden sollte, daß informationsverarbeitende Systeme verschiedener Herkunft (sog. *Offene Systeme*) problemlos zusammenarbeiten können. Das Ergebnis ist das

"Referenzmodell für die Kommunikation Offener Systeme" (*Open Systems Interconnection*, OSI). Es liegt als internationale Norm ISO 7498 vor und wird deshalb auch ***ISO-OSI-Referenzmodell*** genannt.

In der entsprechenden Version DIN ISO 7498 wird als Einführung folgendes geäußert:

• Das Referenzmodell hat die Aufgabe, die für die Kommunikation Offener Systeme nötigen Funktionen zu identifizieren und zueinander in Beziehung zu setzen. Es soll helfen, existierende Normen einzuordnen, evtl. notwendige Verbesserungen an ihnen zu erkennen, zusätzlich notwendige Normen möglichst unabhängig voneinander, aber wohlkoordiniert zu entwickeln und das so entstehende Normenwerk konsistent zu halten.

• Das Referenzmodell beschreibt die Kommunikation zwischen Systemen, die über Übertragungsstrecken untereinander verbunden sind.

• Das Referenzmodell ist keine Spezifikation für eine Implementation, es enthält keine Festlegungen hinsichtlich einer Technologie weder für Systeme noch für die zur Verbindung von Systemen zu benutzenden Übertragungsstrecken, sondern bezieht sich ausschließlich auf die gegenseitige Anwendung genormter Verfahren für den Austausch von Daten.

• *Kommunikation Offener Systeme* beinhaltet nicht nur die Übertragung von Daten zwischen Systemen, sondern auch die Zusammenarbeit von Systemen mit dem Ziel, eine gemeinsame Aufgabe zu bewältigen, wozu jedes System Daten in einer für diese Aufgabe spezifischen Weise zu verarbeiten hat. Diese Zusammenarbeit erfordert die Einhaltung von Regeln, die in einem Satz von Normen festgelegt sind.

Das ***Referenzmodell*** (RM) ist allgemeingültig, läßt sich aber z.B. auch auf die Übertragung von Rechnerdaten über Poststrecken anwenden. Das Modell unterscheidet die drei in **Bild 1.10** dargestellten Grundelemente:

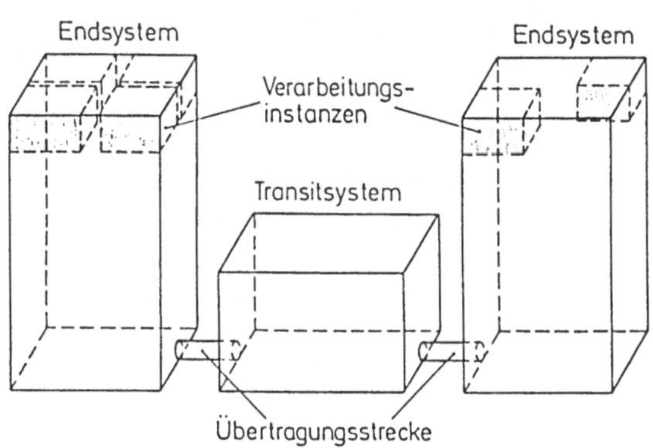

Bild 1.10
Grundelemente der
Kommunikationsarchitektur
(DIN ISO 7498)

• *Verarbeitungsinstanzen* als die logischen Einheiten, zwischen denen Kommunikation letztlich stattfindet;

• *Systeme*, die entweder als *Endsysteme* Verarbeitungsinstanzen enthalten oder als *Transitsysteme* die Verbindung zwischen Endsystemen herstellen, falls diese nicht direkt miteinander verbunden sind;

• *Übertragungsstrecken* zur Verbindung von Systemen.

Grundgedanke des Referenzmodells ist eine Schichtung in sieben Funktionsbereiche, die von der physikalischen Bitübertragung (Schicht oder "Layer" 1) bis zur Anwendung bzw. Verarbeitung selbst reichen (Schicht 7, siehe **Bild 1.11**).

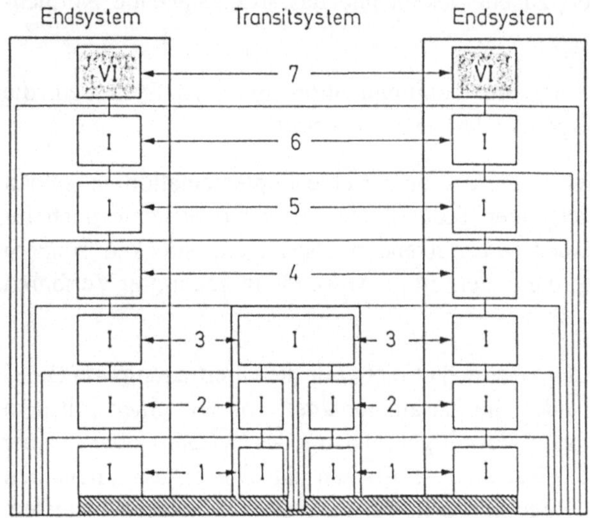

Bild 1.11 Schichten und Protokolle des OSI-Referenzmodells. VI: Verarbeitungsinstanz (*application entity*); I: Intanz (*entity*)

> *Die Schichten 1 bis 4 nennt man Transportsystem,*
> *die Schichten 5 bis 7 nennt man Anwendungssystem.*

• *Transportfunktionen* und *Anwendungsfunktionen* sind in **Bild 1.12** genannt. Den Schichten bzw. Funktionen sind *Protokolle* der Kommunikationsdienste zugeordnet. Das sind Programme, die die jeweils darunter liegenden *Dienste* (Funktionen) mitbenutzen. Andersherum: Das Protokoll auf einer Ebene unterstützt das jeweils darüberliegende. Eine Kurzbeschreibung der Funktionen und Dienste wird nachfolgend angegeben. Ausführliche Darstellungen sind in der Literatur zahlreich verfügbar (z.B. [Welz91, Conr89]).

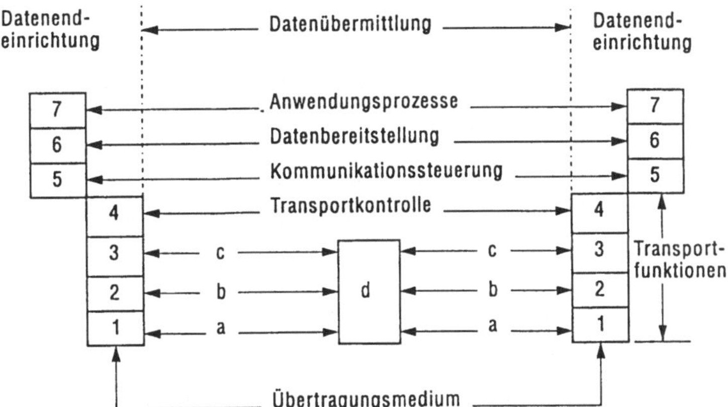

Bild 1.12 ISO-OSI-Referenzmodell mit Angabe der den Schichten zugeordneten Funktionen.

a: Bitübertragung (Schnittstellen-Hardware)

b: Datensicherung (auch: Prozedurschicht)

c: Vermittlung (Netzwerkfunktionen)

d: Transitsystem (z.B. vermittelnder Netzknoten)

Schicht 7 - Verarbeitung (*Application Layer*):
Anwendungsspezifische Festlegungen, Schnittstelle zum Anwendungsprozeß

Schicht 6 - Darstellung (*Presentation Layer*):
Aufbereitung der übertragenen Information in ein nutzbares Format

---

Schicht 5 - Kommunikationssteuerung (*Session Layer*):
Steuerung der gesamten Kommunikation mit Auf- und Abbau der Verbindung und Dialogverwaltung

---

Schicht 4 - Transport (*Transport Layer*):
Errichten und Auflösen der Transportverbindungen, die eigentliche Ende-zu-Ende-Transportkontrolle

---

Schicht 3 - Vermittlung (*Network Layer*):
Auswahl von Übertragungswegen, Segmentierung, Blockbildung, Multiplexen usw.

Schicht 2 - Sicherung (*Data Link Layer*):
Sicherung der Informationsübertragung durch Prüf- und Steuerzeichen

---

Schicht 1 - Bitübertragung (*Physical Layer*):
Ermöglichen der eigentlichen Bitübertragung, Aktivierung und Deaktivierung der Verbindung zwischen den Hardware-Komponenten.

In praktischen Ausführungen werden nicht immer alle sieben Funktionsschichten zu berücksichtigen sein. Ist beispielsweise nur die *ungesicherte Übertragung* einzelner ASCII-Zeichen zwischen einer Tastatur und einem Bildschirm gefordert, genügen Festlegungen innerhalb der Schicht 1:

- *physikalische Eigenschaften* des Anschlusses (Steckverbinder, Anschlußstifte);
- *elektrische Eigenschaften* der Sender-/Empfängerbausteine und Definitionen der binären Zustände;
- *Leitungseigenschaften*;
- *Bitübertragungsprotokoll*, also Verabredungen darüber, in welcher Form und Reihenfolge die den einzelnen Bits entsprechenden Impulse zu übertragen sind.

Reicht aber die ungesicherte Übertragung nicht aus, muß die nächsthöhere Schicht berücksichtigt werden, wodurch die ungesicherte zur gesicherten Systemverbindung verbessert wird. In beiden Fällen sind unter Umständen Absprachen über die obersten Schichten notwendig. Die "mittleren" Schichten (3 bis 5) haben ihre Bedeutung in Netzen. Für Vernetzungen müssen Funktionen bis mindestens zur Schicht 4 berücksichtigt werden.

• *Lokale Netzwerke* (LANs) haben eine etwas spezialisierte Bezeichnung für die unteren Schichten und eine Zweiteilung der Schicht 2 (**Bild 1.13**). Damit wird eine Trennung zwischen Medienzugriff (*Media Access Control*, MAC) und der allgemeinen Übertragungssteuerung (*Logical Link Control*, LLC) erreicht. Standards für beide Teilschichten sind verfügbar und werden später besprochen (Kapitel 15).

(3) Vermittlung	Network Layer
(2) Sicherung	LLC, Logical Link Control
	MAC, Media Access Control
(1) Bitübertragung	PHY, Physical Layer

Bild 1.13
Teilschichten der Schicht 2 in Lokalen Netzen

• *Ein Sonderfall des Referenzmodells* entsteht durch folgende Einschränkung: In manchen Anwendungsfällen, z.B. in der *Fernwirktechnik*, werden Vernetzungsdienste als nicht notwendig angesehen; außerdem werden alle Nachrichtencodierungs-, Formatierungs- und Darstellungsfunktionen den Verarbeitungsfunktionen (Schicht-7-Funktionen) zugeordnet. Daraus ist das sog. *verkürzte Referenzmodell* entstanden, das international auch *Collapsed RM* oder *Enhanced Protocol Architecture* (EPA) genannt wird und das aus nur den drei Schichten 1, 2 und 7 besteht (**Bild 1.14**). Bei der Besprechung von Feldbussen werden wir darauf zurückkommen.

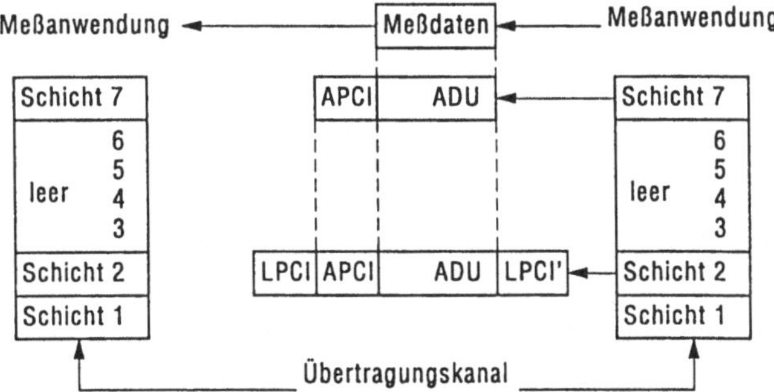

Bild 1.14 Verkürztes Referenzmodell (auch: *Collapsed RM* oder *Enhanced Protocol Architecture*, EPA). ADU: *Application Data Unit*, APCI: *Application Protocol Control Information*, LPCI: *Link Protocol Control Information*

• ***Telegrammaufbau*** nennt man oft die Art und Reihenfolge der zu übertragenden Daten und Steuerinformation. In Bild 1.14 ist ein prinzipieller Telegrammaufbau angegeben:
- Meßdaten bilden die *Application Data Unit* (ADU)
- Entsprechend definierter Schicht-7-Funktionen wird der ADU Steuerinformation vorangestellt, die *Application Protocol Control Information*, APCI
- Gemäß Schicht-2-Festlegungen werden Sicherungsschicht-Steuerinformationen dazugefügt; sie rahmen sozusagen die Anwendungsdaten ein; dieser Rahmen (*frame*, auch *Telegramm*) kann dann unter Beachtung der Schicht-1-Gegebenheiten (Hardware-Schnittstelle) auf den Übertragungskanal gelangen.

2 Grundlagen und Verfahren

2.1 Vorbemerkungen

Analoge oder digitale Meßwerte können nur in geeigneter Form in einen Rechner übertragen werden. Dafür sind Signalwandler und Signalformer nötig, außerdem muß bei vielen Meßstellen zwischen diesen umgeschaltet werden können. Von entscheidender Bedeutung für die Datenerfassung sind daher die Schnittstellen zwischen dem Computer und der technisch-wissenschaftlichen Umwelt (**Bild 2.1**).

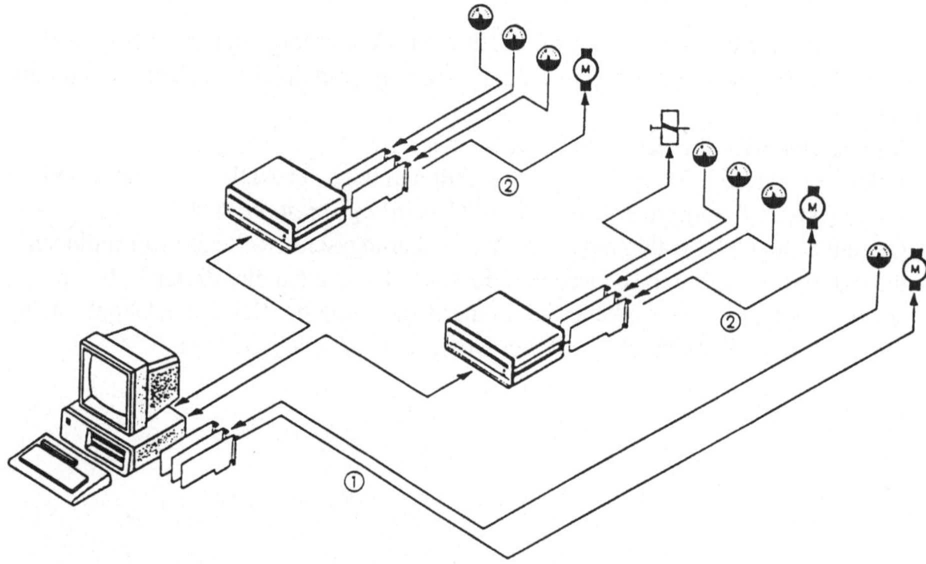

Bild 2.1 Datenerfassungskette vom Sensor bis zum Computer.
1: Direkter Anschluß von Prozeßgrößen durch Einstecken von Schnittstellenkarten in den PC; 2: Indirekter Anschluß durch Einstecken in externe Box

- *Sensoren* oder Meßgeräte ermitteln am Meßort Zustände oder Werte von Meßgrößen. Über serielle oder parallele Verbindungen gelangen diese Informationen zum Computer (vgl. auch Bild 1.2). Zwei *Informationsformen* müssen unterschieden werden:

- *Binärinformation*; hierbei stellen einzelne Bits z.B. Schalterstellungen oder Grenzwerte dar;

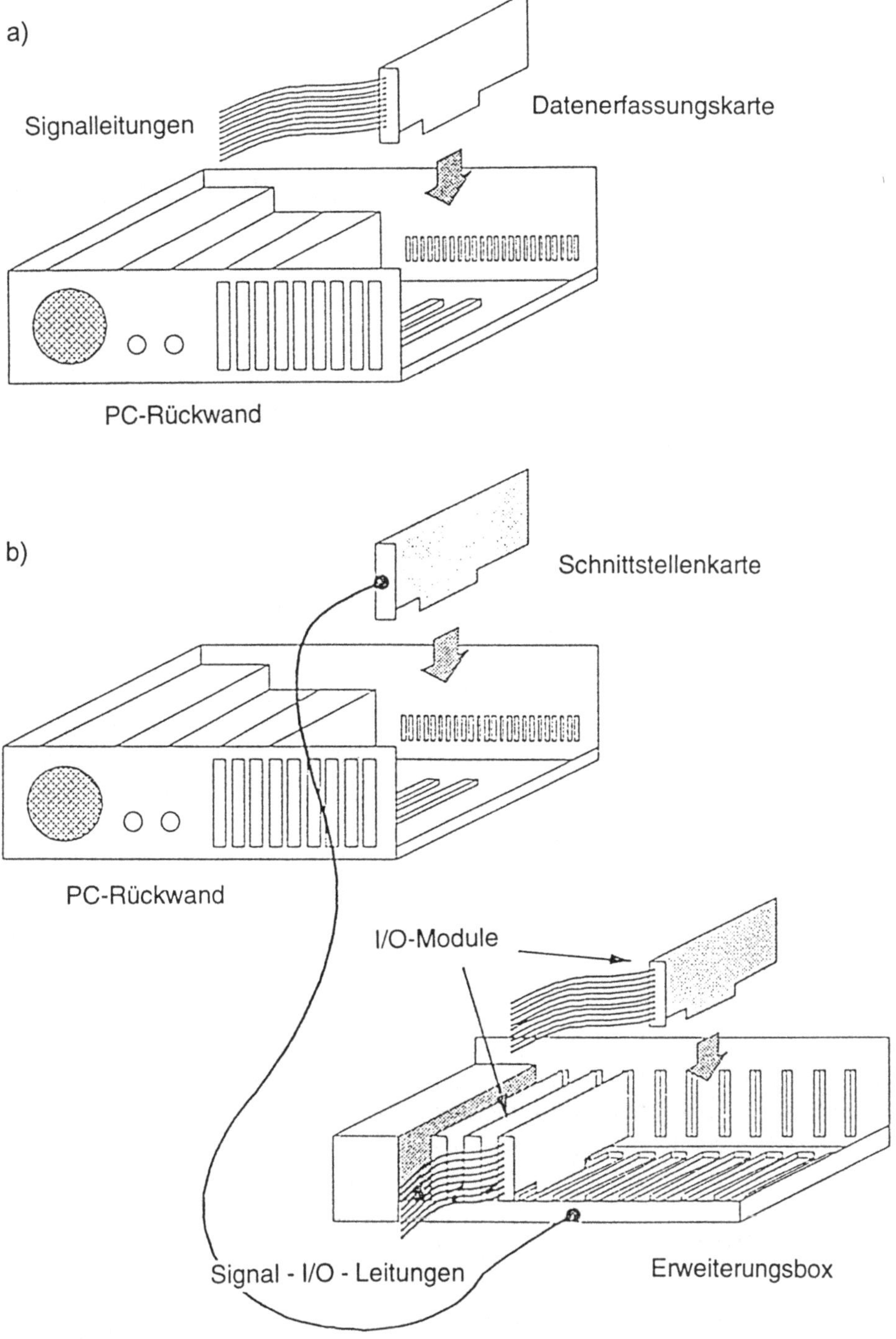

Bild 2.2 PC mit Steckplätzen für Erfassungs- bzw. Schnittstellenkarten.
a) Erfassungskarte direkt in PC; b) Nutzung einer externen Box

• **_Wortinformationen_**; hierbei werden z. B. Meßwerte oder andere Werte mit Hilfe von Datenwandlern als Binärworte dargestellt. Die "Wortlänge" beträgt häufig 8, 12 oder 16 bit.

• **_Datenwandler_** gehören nur bei "echten" Prozeßrechnern zur Normalausstattung. Personalcomputer (PC) müssen geeignet nachgerüstet werden. Manche PCs halten dafür frei zugängliche Steckplätze (_slots_) bereit, in die verschiedene Ergänzungsplatinen eingesteckt werden können (**Bild 2.2**). PC-Hersteller und Zulieferer bieten solche Ergänzungen an, aber auch Eigenentwicklungen sind denkbar. Die Anzahl der freien Steckplätze ist jedoch beschränkt, manchmal 2 oder 4, seltener sind 8 oder mehr verfügbar.

• **_Freie Steckplätze_** stehen nicht bei allen PCs in ausreichender Zahl zur Verfügung. Es gibt dann zwei Möglichkeiten:

- Wenn der PC einen _IEC-Bus-Anschluß_ hat, lassen sich daran bis zu 15 Meßgeräte und Stellglieder anschließen (GPIB in **Bild 2.3**).

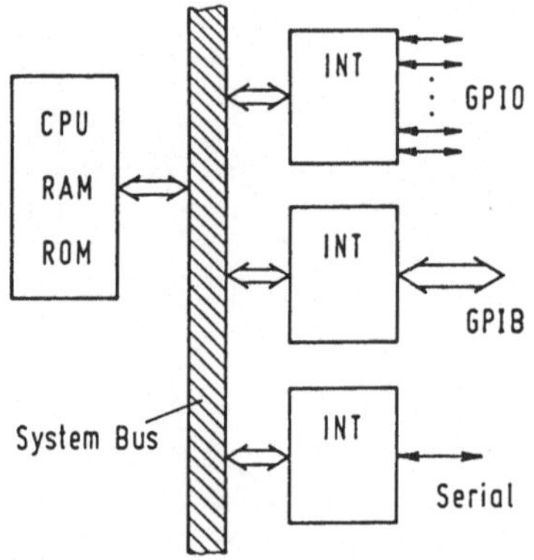

Bild 2.3
Computergesteuertes System mit Mindestausstattung an Prozeßschnittstellen.
INT: _Interface_;
GPIO: _General Purpose I/O_ (s. TTL-Schnittstelle);
GPIB: _General Purpose Interface Bus_
(auch IEC-Bus)

- Entweder ebenfalls am IEC-Bus, an einer bitparallelen Schnittstelle (_TTL-Port_ bzw. GPIO in Bild 2.3) oder an einem seriellen Anschluß kann ein externes Meßwerterfassungs- und Steuerungssystem betrieben werden. Andere Namen dafür sind: _Laborsystem, Ein-/Ausgabesteuerung, Akquisitionssystem, Datenlogger_. Damit sind viele analoge und digitale Signale erfaßbar, Meßstellenumschalter (_Scanner, Multiplexer_) stehen ebenfalls zur Verfügung. Der steuernde PC muß natürlich genügend Schreib-/Lesespeicher (RAM) und Massenspeicher bereitstellen.

Die genannten Schnittstellen werden später besprochen, Beispiele jeweils angegeben. Dabei wird im folgenden ausschließlich die "digitale Welt" berücksichtigt. Nachfolgend steht also der Begriff _Schnittstelle_ immer für "digitale Schnittstelle". Für die weitere Diskussion sollen nun einige Begriffe, Definitionen und Grundlagen geklärt werden.

2.2 Ein-/Ausgabeverfahren

2.2.1 Grundverfahren

Zwei wichtige Verfahren für Ein- und Ausgaben (E/A bzw. I/O von *Input/Output*)
sind:

• **Standard-E/A** (*unmapped I/O*). Dabei verfügt das System über separate Ein-/
Ausgabeeinrichtungen, die mit speziellen Programmbefehlen bedient werden.

Beispiel: IEC-Bus (s. Abschn. 12.4).

• **Speicherorientierte E/A** (*memory-mapped I/O*). Dabei werden die Anschlußstellen
(*I/O-Ports* bzw. *TTL-Schnittstellen*) durch den steuernden Computer wie Speicher-
stellen behandelt. Es können einzelne Bits, aber auch ganze Worte (z.B. 8 oder 16
Bits) gleichzeitig ein- und ausgegeben werden.

Für die Abwicklung der Ein- und Ausgaben werden einzelne Speicherzellen oder
Speicherblöcke zum temporären Zwischenspeichern benötigt. Solche *Puffer*
(*buffers*) werden entwender einzeln zugewiesen, oder sie stehen dynamisch der gesamten Peripherie zur Verfügung. *Beispiel* an Schnittstelle 701:

10 DIM B$ [...]	Puffergröße festlegen
20 IOBUFFER B$	Variable B$ wird Pufferspeicher
30 TRANSFER 701 TO B$ INTR	Bei einem Interrupt werden Daten von der Schnittstelle in den Puffer gespeichert

• **I/O-Ports** sind Puffer für ein Wort (Byte oder ASCII-Zeichen). Die Puffer für
Einbitsignale (Alarme, Meldungen) werden *Latch* (Halteglied) genannt. In der
technischen Literatur werden manchmal aber auch Wortpuffer als Latch bezeichnet. Eine wichtige Aufgabe solcher Halteglieder ist die *Synchronisation*, um z.B.
asynchron einlaufende Daten (*async-in*) in einen synchronen Datenstrom zu formen (*sync-out*); vgl. hierzu auch Ende von Abschnitt 2.2.3.

• **Die Datenübertragung** selbst erfolgt nach einer von zwei Möglichkeiten des
Anstoßes:

- *Zentrale Initiative* (vom Prozessor gesteuert). Hierbei fordert der Prozessor
eine periphere Einheit auf, Daten zu übernehmen oder zu senden.
- *Periphere Initiative*. Hier meldet umgekehrt die periphere Einheit, spontan
und zu jedem Zeitpunkt, daß sie Daten übernehmen oder zur Verfügung stellen möchte. Dieses Verfahren gewährleistet kürzeste Reaktionszeiten.

• *Zyklische Abfrage* (*Polling*) ist die übliche Methode, viele an einen Computer angeschlossene "Teilnehmer" auf ihren Zustand hin abzufragen und so z.B. eine periphere Initiative zu erkennen. **Bild 2.4a** zeigt das Prinzip. Bei umfangreichen Systemen kann die Zykluszeit bei Analogeingängen Sekunden betragen, bei Binäreingängen einige Millisekunden, weil Polling durch Software realisiert wird. **Bild 2.4b** verdeutlicht diese Software-Steuerung, die über eine sog. *Polling-Liste* organisiert wird.

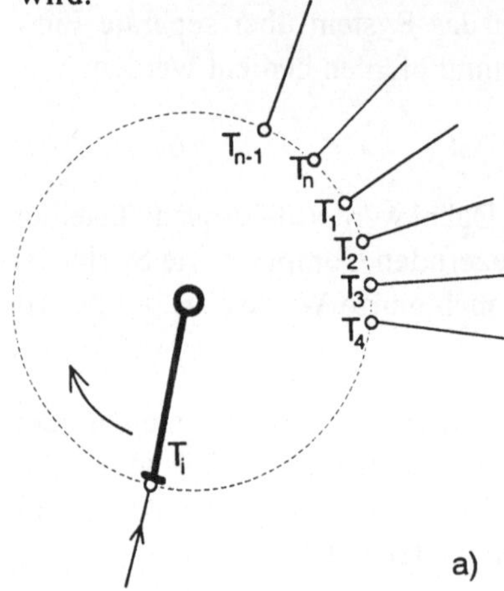

a)

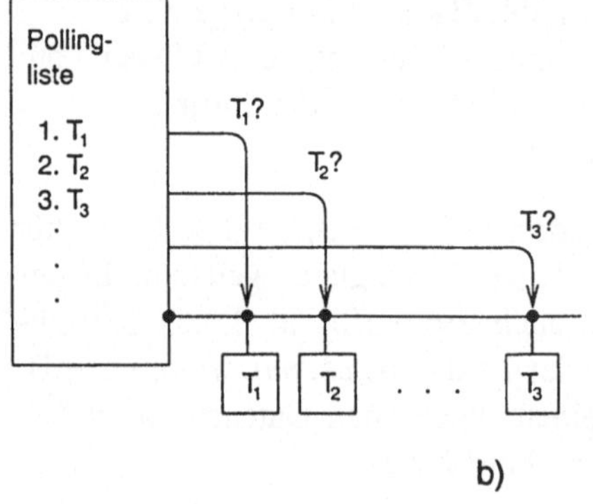

b)

Bild 2.4
Prinzip der zyklischen Abfrage
(*Polling*). T_i : Teilnehmer i.
a) Schema der Zeitscheibe (*time-sharing*);
b) Abfrage nach Polling-Liste

2.2.2 Direkter Speicherzugriff (DMA)

Eine viel schnellere Methode als die zyklische Abfrage (*Polling*) ist der „in Hardware" realisierte direkte Speicherzugriff (DMA, *Direct Memory Access*). Auf Anforderung (periphere Initiative) werden dabei Daten direkt, d.h. ohne den Zentralprozessor zu benutzen und mit höchster Geschwindigkeit (bis zu mehreren Millionen Bytes pro Sekunde) in den Arbeitsspeicher geladen oder daraus entnommen. DMA ist aber nicht für jeden Arbeitsplatzcomputer verfügbar bzw. nachrüstbar.

Einfache DMA-Implementierungen sind möglich, wenn der Prozessor Signale wie z.B. HLT (*Halt*) oder WAIT versteht und darauf durch beispielsweise BA (*Bus Available*) den Bus für den DMA-Verkehr freigibt. Es gibt verschiedene DMA-Verfahren, drei wichtige werden nachfolgend vorgestellt.

• *Idealer DMA* (**Bild 2.5** und ff. nach *K. Waldschmidt*, Universität Frankfurt). Diese Realisierung setzt einen *Zweitorspeicher* (*Dual-port memory*) voraus, der sich durch zwei Schnittstellen für den gleichzeitigen Zugriff auf den Speicher auszeichnet. Die DMA-Einrichtung ist in diesem Fall der CPU bezüglich des Speicherzugriffs völlig gleichberechtigt. Für jeden Speicherzugriff muß die DMA-Einheit eine Adresse, ein Schreib-/Lesesignal (*Read/Write*, R/W) und Synchronisationssignale zur Abstimmung mit den peripheren Geräten erzeugen.

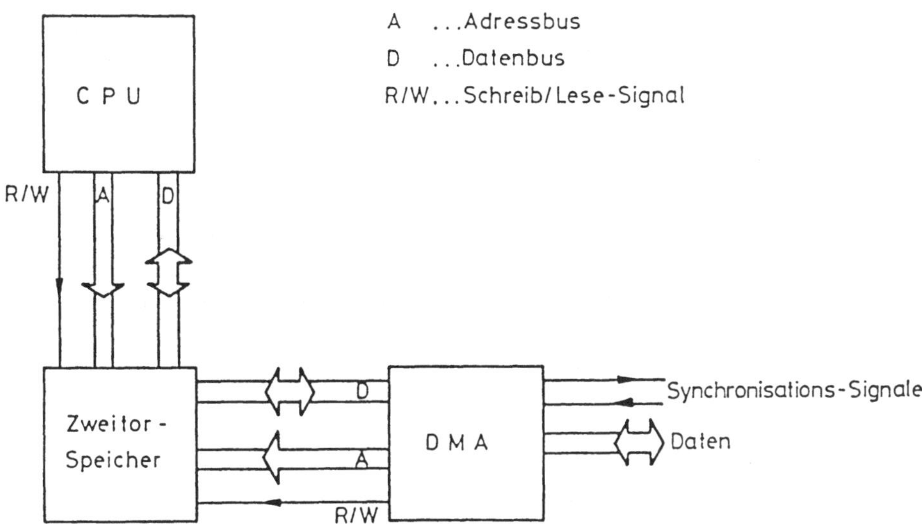

Bild 2.5 Ideale DMA-Anordnung (nach *K. Waldschmidt*, Universität Frankfurt)

Damit die DMA-Einheit diese Aufgaben bewältigen kann, muß sie mehrere Register-Speicher zur Aufnahme der Datenblock-Anfangsadresse, der Blocklänge und des DMA-Zustands enthalten. Zur Erzeugung fortlaufender Adressen muß sie einen Adreßzähler beinhalten, und zur Prüfung und Quittierung von Synchronisationssignalen muß sie mit einem minimalen Steuerwerk ausgestattet sein. Das einzige Problem, das beim Betrieb dieser DMA-Anordnung gelöst werden muß, ist der Speicherzugriffsschutz bei gleichzeitigem Schreibzugriff auf die selbe Speicherstelle.

• *Cycle-Stealing-Verfahren* (**Bild 2.6**). Bei diesem DMA-Verfahren sorgt ein Ablösemechanismus für das zeitweise Stillsetzen bzw. Einfrieren der CPU-Aktivitäten.

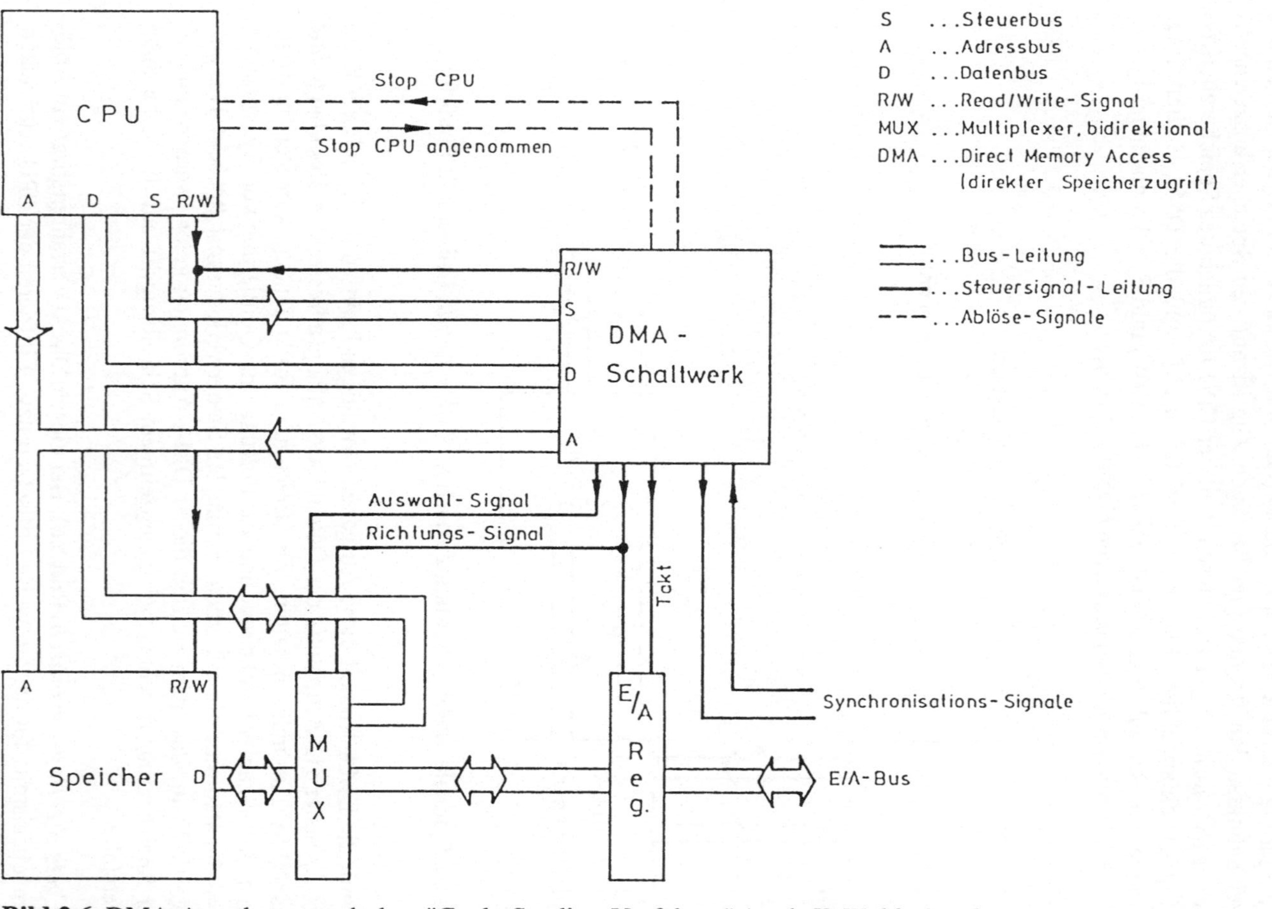

Bild 2.6 DMA-Anordnung nach dem "Cycle-Stealing-Verfahren" (nach *K. Waldschmidt*)

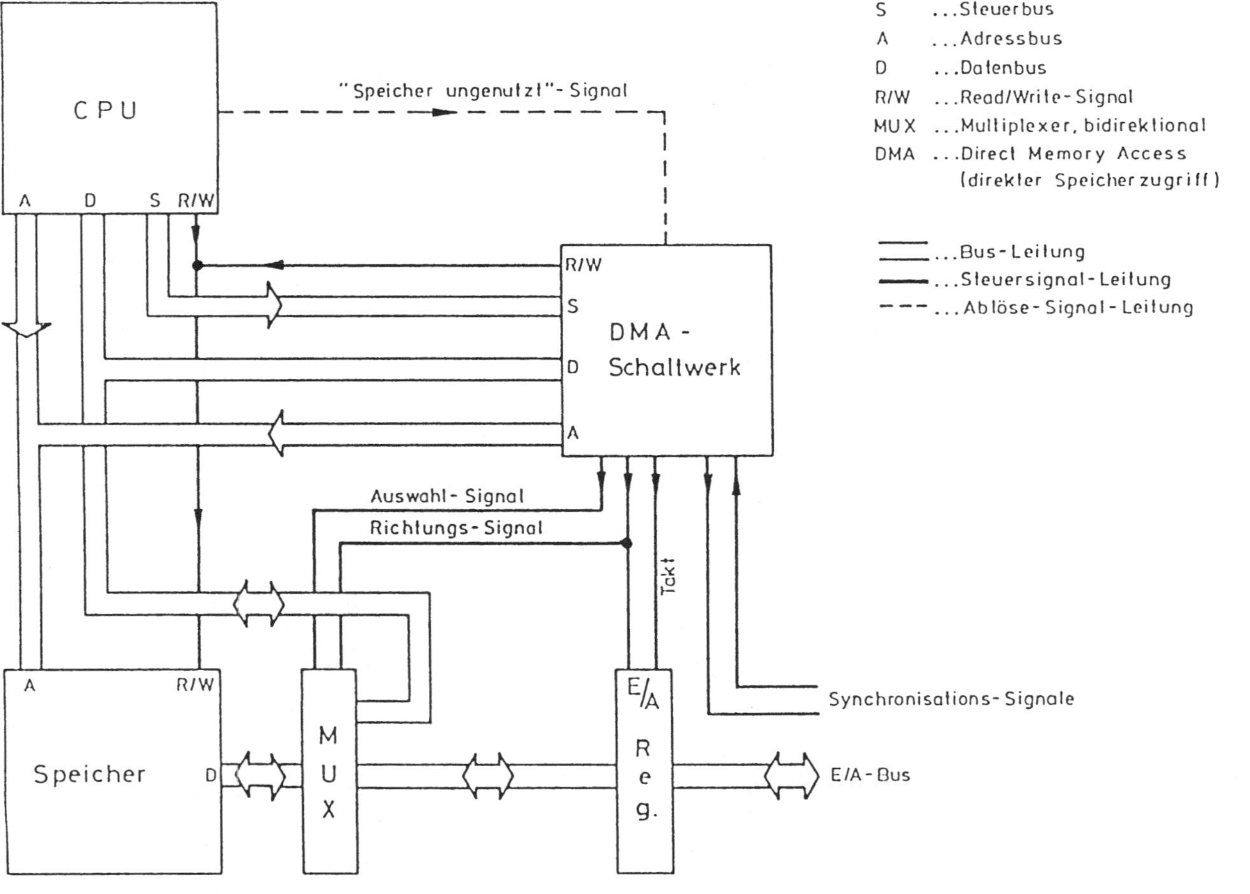

Bild 2.7 DMA-Anordnung nach dem "Memory-Idle-Verfahren" (*K. Waldschmidt*)

Während dieser Zeit hat die DMA-Einheit den alleinigen Zugriff auf den Speicher (*Cycle stealing* heißt: Wegnehmen von Speicherzugriffszyklen). Die CPU muß während dieser Zeit vollständig vom Speicher abgekoppelt werden. Zu diesem Zweck werden der unidirektionale Adreßbus und die Schreibleseleitung in den "High"-Zustand (hochohmig) geschaltet (potentialfrei geschalteter Zustand eines Tri-State-Logikausgangs) .

Der bidirektionale Datenbus wird durch einen bidirektionalen Multiplexer CPU-seitig entkoppelt. Vor jeder Datenübertragung muß die DMA-Einheit von der CPU aus über den Datenbus mit der Datenblock-Anfangsadresse und der Block-länge des zu übertragenden Datenblocks versorgt werden. Die CPU wird durch Ablösesignale (*Stop CPU*, *Stop CPU angenommen*) von der DMA-Einheit stillge-setzt.

• *Memory-Idle-Verfahren* (**Bild 2.7**). Das Bild zeigt, wie mit Hilfe eines "Speicher-Ungenutzt-Signals" (*Memory idle*) der DMA-Einheit alle Zeitintervalle angezeigt werden können, in denen der Speicher belegt werden kann. Der Zugriff zum Spei-cher erfolgt bei diesem Verfahren in ständigem Wechsel zwischen CPU und der DMA-Einheit. Die CPU-Zyklen werden hierbei weder unterbrochen noch ver-langsamt.

In der Praxis sind diese Verfahren nicht immer in reiner Form realisiert; sie kom-men vermischt oder in modifizierter Form vor. Damit eine DMA-Übertragung zu jedem Zeitpunkt von der Peripherie aus eingeleitet werden kann (*periphere Initia-tive*), wird häufig von den Möglichkeiten der Unterbrechung (*Interrupt*, s. nächsten Abschn. 2.2.3) von laufenden CPU-Aktionen Gebrauch gemacht. Das zum Inter-rupt gehörende Dienstprogramm (*Interrupt Service*) übernimmt dann das Laden der DMA-Einheit mit den Adreßinformationen sowie das Auslösen der DMA-Aktivität. Das vollständige Stillsetzen aller CPU-Aktivitäten während der Dauer der DMA-Übertragung kann umgangen werden, wenn die Tatsache genutzt wird, daß die CPU während einer Befehlszyklusdauer den Speicher nur zur Hälfte der Zyklusdauer belegt (*Memory-Idle-Verfahren*).

2.2.3 Alarmverarbeitung

Alarmverarbeitung (*Interrupt Handling*) sollte immer möglich sein, um auf spontan auftretende Ereignisse reagieren zu können (*Echtzeitverhalten*, d.h. Reagieren auf ein Interrupt-Signal mit definierter Antwortzeit). Die dafür benötigte Unter-brechungssteuerung muß den Zentralprozessor veranlassen, nach einer eingehen-den peripher initiierten Meldung (Alarm- oder Interrupt-Anforderung bzw. *Ser-vice Request*, SRQ) die gerade laufenden Aktionen zu unterbrechen, den "Melder" zu bedienen (*Interrupt Service*) und danach exakt in das unterbrochene Programm zurückzukehren.

Bild 2.8 zeigt ein Beispiel zur Alarmverarbeitung mit wesentlichen Anweisungen (programmiert in BASIC). Mit den Zeilen 20 bis 40 wird der IEC-Bus (s. hierzu Abschn. 12.4) für Service-Anforderungen (SRQ) vorbereitet. Danach können ab Zeile 50 beliebige Verarbeitungen programmiert werden (evtl. mit GOTO zu freien Zeilen springen). Ab Zeile 100 sind die Interrupt-Service-Unterprogramme aufgeführt. Es wird mit einem "Serial Poll" (SPOLL) nacheinander jeder Teilnehmer abgefragt, um den Melder festzustellen (Abfrage des Bit Nr. 6 im Antwortbyte). Ist der Melder erkannt, wird z. B. vom Gerät 10 mit **ENTER 710 USING "B";A** ein Byte ("B") in den Speicher des Computers geholt und der Variablen A zugewiesen usw.

```
10   ! ********************* Beispiel für Alarmverarbeitung
20   RESET 7 !              Schnittstelle mit Adr. 7 zurücksetzen
30   ON INTR 7 GOSUB 100 !  Vorbereitung
40   ENABLE INTR 7;8 !      SRQ am IEC-Bus freigeben
50   !    Hier können beliebige Aktionen programmiert werden
60   !    (evtl. mit GOTO... zu freien Zeilen)
70   OFF INTR 7 !           Abschluß der Alarmverarbeitung
80   RESET 7 !              Bus zurücksetzen
90   END
99   !     ------------------ Beginn der Interrupt-Service-Routine
100  S=SPOLL (710) !        serieller Poll am Gerät 10
110  IF BIT (S,6) THEN 120 ELSE 200 ! Auswertung der Antwort
120  ENTER 710 USING "B" ; A ! Meßwert in Variable A
130  CLEAR 710 !            Gerät 10 in Grundzustand
140  RETURN
200  S=SPOLL (711) !        serieller Poll am Gerät 11 .
210  IF BIT (S,6) THEN 230 ELSE 300
220  ENTER 711 USING "B" ; B ! Meßwert in Variable B
230  CLEAR 711 !            Gerät 11 in Grundzustand
240  RETURN
300  !    eventuell weitere Geräte ...
```

Bild 2.8 In HP-BASIC geschriebenes (unvollständiges) Beispiel für Alarmverarbeitung am IEC-Bus

• *Daisy Chaining* heißt ein weiteres wichtiges Verfahren zur Erkennung von Alarmen (Interrupts). Das zugrunde liegende Prinzip heißt *Prioritätskette (daisy chain)*. **Bild 2.9** zeigt eine Ausführung. Es ist dabei jedem "Kettenglied" eine eindeutige Priorität zugeordnet, wobei das dem Zuteiler (*arbiter*) am nächsten liegende Glied die höchste Priorität hat. Das Zuteilungssignal läuft so lange durch die Kette, bis es an der Stelle des anliegenden Interrupts das UND-Gatter schaltet und somit über die "Wired-OR"-Leitung die zugehörige Glied-Adresse an den Prozessor leitet. Dieses Verfahren wird auch für Multiprozessoranlagen benutzt.

• *Verfahren zur Übertragung von Steuerinformation*: Neben den physikalischen Schnittstellen und der Grundsoftware werden für eine geordnete Datenübertragung noch Möglichkeiten zur Übertragung von Steuerinformationen (z.B. Anmel-

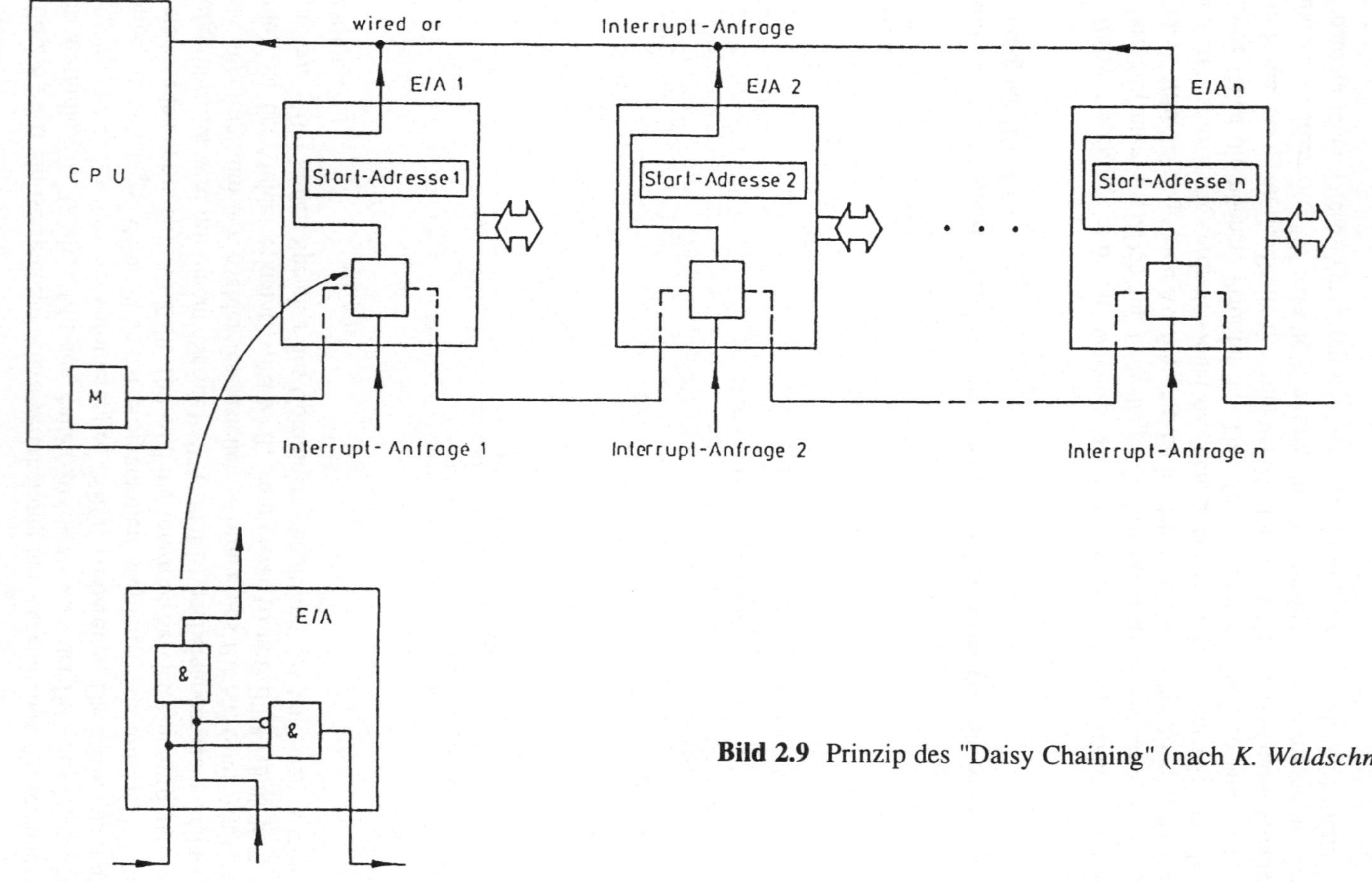

Bild 2.9 Prinzip des "Daisy Chaining" (nach *K. Waldschmidt*)

dung oder Interrupt, Rückmeldung oder Handshake, Fehlermeldung usw.) benötigt. Dabei sind zwei Verfahren zu unterscheiden (**Bild 2.10**):

> - Installierung von speziellen Schnittstellen-Meldeleitungen (ältere Methode, z.B. IEC-Bus und V.24);
> - keine zusätzlichen Meldeleitungen, sondern Übermittlung von Steuerzeichen auf der einen Datenleitung (Software-Steuerung nach Maßgabe eines Übermittlungsprotokolls, z.B. DIN 66 348 oder Ethernet; s. später).

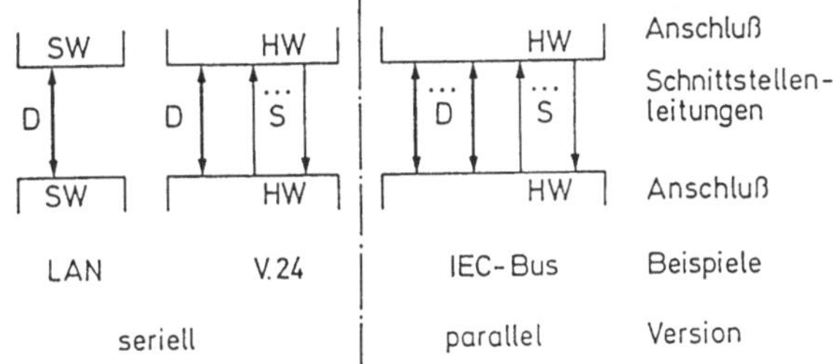

Bild 2.10 Grundverfahren zur Übertragung von Steuerinformation mit Software-(SW) und Hardware-Steuerung (HW). D: Datenleitungen; S: Steuerleitungen

Die zweite, modernere Methode kann bei hohen Echtzeitanforderungen zu langsam sein. Dann müssen auch dabei zumindest eine Interrupt-Meldeleitung und evtl. eine Handshake-Leitung vorgesehen werden.

• *Verfahren zur Bereitstellung des Bittaktes*: Mit Bild 1.6 in Abschn. 1.3 haben wir ein Verfahren zur Taktung von Sender und Empfänger mit Hilfe einer extra Taktleitung (*clock signal*) angegeben. Grundsätzlich werden zwei Methoden der Taktung unterschieden, die außerdem mit den oben erklärten Verfahren zur Übertragung von Steuerinformation gekoppelt sein können:

• *Synchrone Übertragung*: Dabei verfügt nur der Sender über einen Taktgenerator (*clock*). Der Takt muß in irgendeiner Form zum Empfänger übertragen werden, entweder in der in Bild 1.6 gezeigten Form (*Hardware-Steuerung*) oder in Form spezieller Synchronisations-Bitmuster (*Software-Steuerung*).

• *Asynchrone Übertragung*: Hierbei haben sowohl Sender als auch Empfänger je einen eigenen Taktgenerator, die auf dieselbe, vereinbarte Frequenz eingestellt sein müssen. Werden keine Daten gesendet, hält der Sender den Übertragungkanal in einem definierten Zustand ("logisch 1" in **Bild 2.11**), der Empfänger befindet sich im Ruhezustand. Um zu einem beliebigen Zeitpunkt (*asynchron*) ein Datenzeichen zu senden, wechselt der Sender die Polarität auf der Leitung, schaltet vom Ruhezustand(1) also in den Zustand *Startbit* ("logisch 0"). Dadurch wird im Empfänger der Taktgenerator gestartet, die nachfolgenden Datenbits können aufgenommen und zugeordnet werden. Am Ende solch eines Rahmens folgt ein *Stopbit* (oder seltener 1,5 bzw. 2 Stopbits), dessen Pegel wieder dem Ruhezustand entspricht. Auf diese Weise wird der Empfängergenerator bei jedem Datenwort angestoßen und abgestellt. Darum nennt man diese Art auch *Start-Stop-Betrieb* (vgl. auch Abschn. 8.1.4).

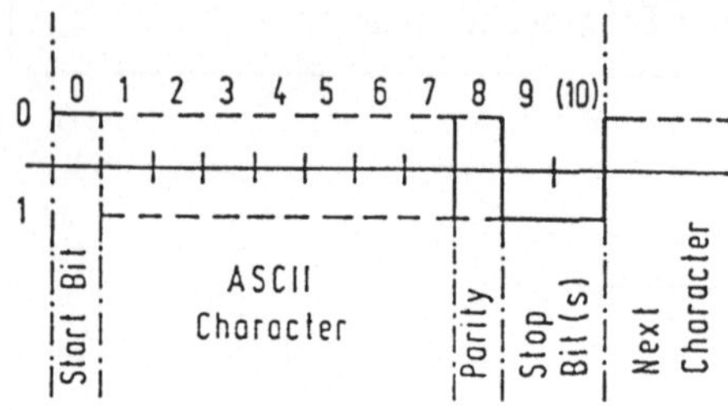

Bild 2.11
Start-Stop-Synchronisation

2.3 Topologien

2.3.1 Art der Verbindung

Hardware und Software digitaler Schnittstellen unterliegen verschiedenen Anforderungen, die auch dadurch bestimmt sind, wie Geräte oder Computer miteinander verbunden werden. Bei dem "wie" spricht man von der *Topologie der Anordnung*.

• *Die Topologie* eines Netzwerks wird gebildet aus der geometrischen Anordnung der Knoten (*nodes*) und Verbindungen (*links*). Eine Verbindung (andere Bezeichnungen: *line, channel, circuit*) stellt den Kommunikationspfad zwischen zwei Knoten dar.

Wesentliche Merkmale für Netzwerk-Topologien sind:

- Verbindung physikalisch (*physical link*) oder logisch (*logical link*);
- Verbindung in der Form
  Punkt-zu-Punkt (*point-to-point link*) oder
  Mehrpunkt (*multipoint link*), vgl. hierzu Abschn. 1.3;
- Verwaltung der Verbindungen (*channel control*).

In einem Netzwerk kommunizieren Knoten oft in einer Kombination aus physikalischen und logischen Verbindungen:
- *physikalische Verbindungen* sind die tatsächlichen Kanäle (Leitungen) zwischen den Knoten; sie können permanent oder temporär geschaltet sein;

- *logische Verbindungen* gewährleisten die Kommunikation zwischen zwei Knoten, gleichgültig ob sie direkt physikalisch verbunden sind oder nicht.

Ein *Beispiel*, **Bild 2.12**, soll dies verdeutlichen. Es sind dort physikalische Verbindungen (Leitungen) zwischen den Knoten A-B, A-D, C-B, C-D, E-C, E-D geschaltet. Es gibt aber keinen direkten Weg für E zur Kommunikation mit A oder B. Wenn jedoch die Knoten in diesem Netz in der Lage sind, Botschaften weiterzureichen (Durchschalten oder *routing*), dann kann jeder Knoten mit jedem anderen logisch verbunden sein. So kann A eine Nachricht nach E senden, indem sie durch D "geroutet" wird. In DIN 44 302 ist für *route* die deutsche Übersetzung "Leitweg" angegeben.

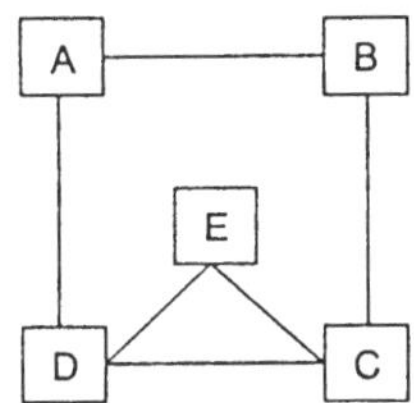

Bild 2.12
Physikalische und logische Verbindungen

• *Unterscheidungen* sind vor allem daraus abgeleitet, ob nur je zwei oder mehrere Geräte zusammengeschaltet werden können:
- *Punkt-zu-Punkt-Topologie* (auch *Zweipunktverbindung*; englisch *point-to-point link*);
- *Mehrpunkt-Topologie* (englisch *multipoint* oder *multidrop link*). Die Art der Verbindung kann hierbei sehr verschieden sein.

• *Punkt-zu-Punkt-Topologie* verbindet ausschließlich nur zwei Knoten. Ein Beispiel dafür ist bereits oben mit Bild 2.12 gezeigt. Weitere *Beispiele* gibt **Bild 2.13** an.

• **Fall 1:** Mehrere Knoten sollen ein Netzwerk bilden, es können wegen der Punkt-zu-Punkt-Topologie aber nur jeweils benachbarte Knoten miteinander kommunizieren. Haben die Knoten keine Routing-Fähigkeit (*nonrouting nodes*), muß für jeden Knoten eine Verbindung zu jedem anderen geschaltet werden. Das Ergebnis (**Bild 2.14a**) kann sehr komplex und unrealistisch werden. Außerdem ist die Kommunikation nach wie vor nur zwischen direkt benachbarten Knoten möglich.

• **Fall 2:** Die Knoten von Bild 2.14a sollen in der Lage sein, Botschaften durchzuschalten (zu *routen*). Dann löst sich das komplizierte Netz zu einer einfachen Kette auf (**Bild 2.14b**) mit logischen Verbindungen von jedem Knoten zu jedem anderen. Denn obwohl die Knoten immer noch nur mit direkt benachbarten Knoten kommunizieren können, ist der Austausch in der gesamten Struktur möglich mit Hilfe der *Routing Nodes*.

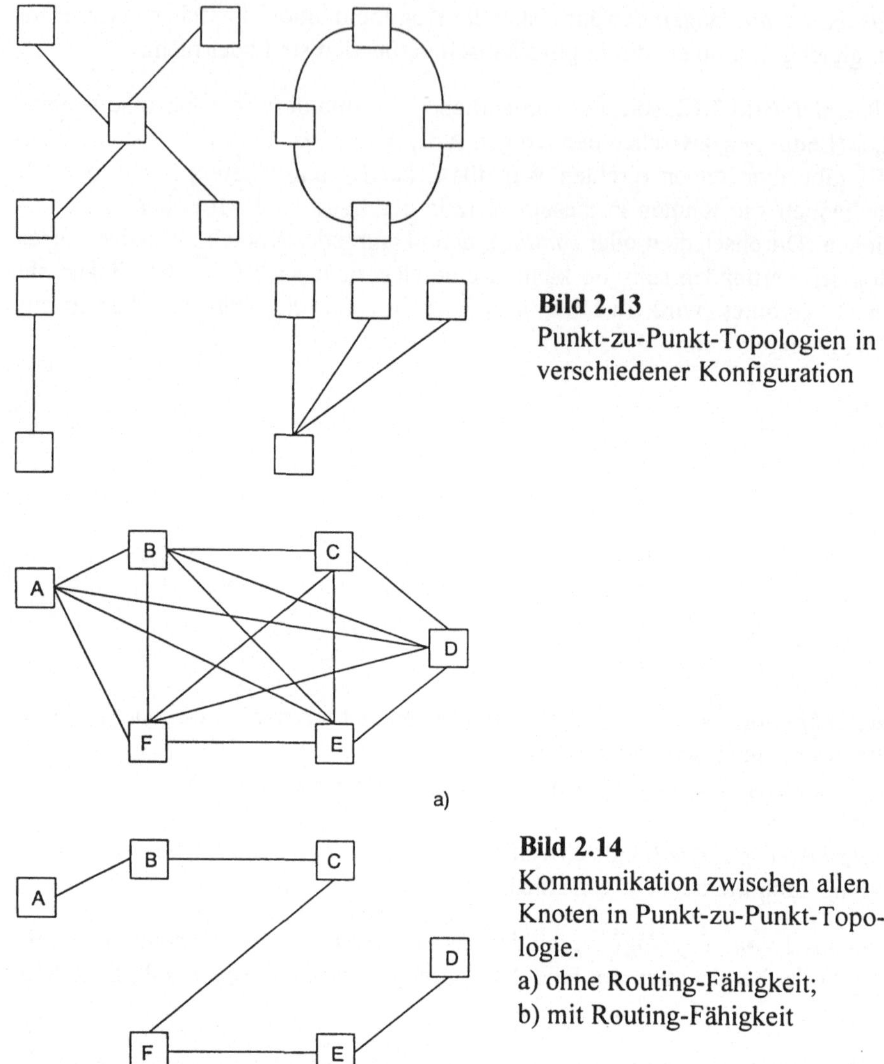

Bild 2.13
Punkt-zu-Punkt-Topologien in
verschiedener Konfiguration

Bild 2.14
Kommunikation zwischen allen
Knoten in Punkt-zu-Punkt-Topologie.
a) ohne Routing-Fähigkeit;
b) mit Routing-Fähigkeit

• *Mehrpunkt-Topologie* besteht im Grunde aus einer Leitung mit mehr als zwei
Knoten (**Bild 2.15**). Wenn wir diese Anordnung mit der in Bild 2.14 vergleichen,
stellen wir fest, daß hier mit nur einer Hauptleitung die gleiche Kommunikations-
möglichkeit erzielt wird wie im Fall 1 (*nonrouting nodes*) mit 15 Verbindungen, im
Fall 2 (*routing nodes*) immerhin noch mit sechs. Dieses Argument der Reduzierung
der Anzahl der Verbindungsleitungen (Kanäle) ist um so gravierender, je größer
die Distanzen und die Anzahl der Knoten werden.

Die in Bild 2.13 gezeigten Punkt-zu-Punkt-Konfigurationen nennt man auch *Stern*
und *Ring*. Eine häufige Erweiterung eines Sterns führt auf die *Baum-Topologie*
(**Bild 2.16**).

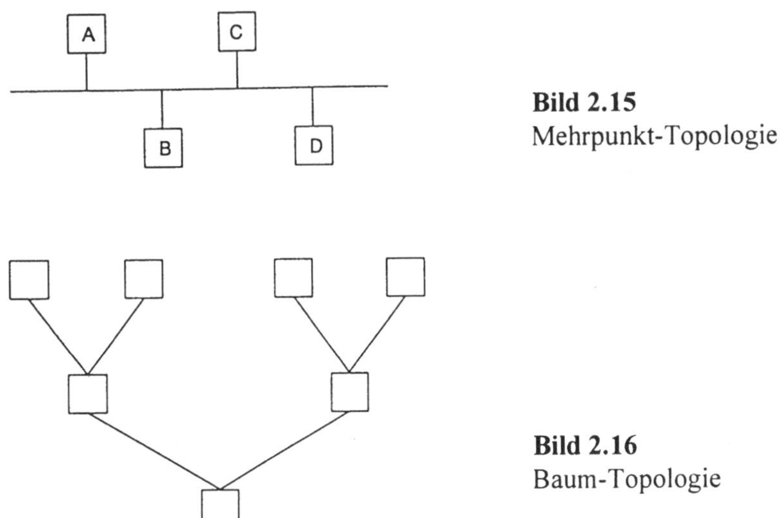

Bild 2.15
Mehrpunkt-Topologie

Bild 2.16
Baum-Topologie

• *Ungeordnete Topologien* nennt man vielerlei Gebilde, die aus den bisher angedeuteten Grundformen entstehen können (engl. *unconstrained* oder *hybrid* oder *mesh network topology*; deutsch auch "stark vermaschte Anordnung"). Die jeweilige Konfiguration entsteht dann aus der Anwendung heraus und kann sich sehr von anderen unterscheiden. Dabei können ökonomische Gründe eine Rolle spielen (kurze Leitungen, geringe Anzahl von Netzknoten usw.).

Jede Mischung von Punkt-zu-Punkt- und Mehrpunkt-Topologie (**Bild 2.17**) mit durchschaltenden (*routing*) oder nicht durschaltenden (*nonrouting*) Knoten ist vorstellbar. Anwendungen dieser Hybridtechnik findet man z.B. in den Weitverkehrsnetzen. In Lokalen Netzwerken (LANs) kommen dagegen in der Regel einfache Topologien wie Bus, Ring oder Stern zum Einsatz. Wir werden deshalb im nächsten Abschnitt 2.3.2 etwas ausführlicher darauf eingehen.

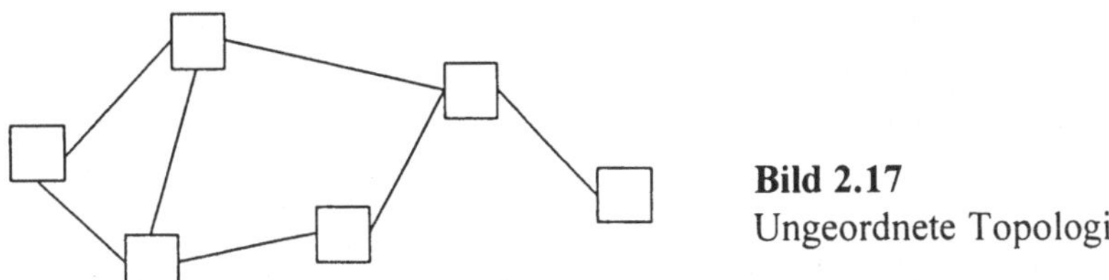

Bild 2.17
Ungeordnete Topologie

• *Kanalkontrolle* (*channel control*) ist ein wichtiges Stichwort im Zusammenhang mit der Planung einer Netzwerk-Topologie. Wir unterscheiden dabei im wesentlichen drei Methoden:

- zentrale Verwaltung
- verteilte Verwaltung
- vermittelnde Verwaltung.

• ***Zentralverwaltung*** (*centralized control*) bedeutet, daß ein Knoten die Netzwerk- bzw. Kanalverwaltung ausübt, d.h. einer der Rechner im Netz übernimmt die Funktion des Kommunikationsprozessors (**Bild 2.18a**) bzw. der Vermittlungszentrale (**Bild 2.18b**). Diese auch so gennante *Master-Slave-Anordnung* ist z.B. in DIN 66 348 Teil 2 für den "DIN-Meßbus" definiert (vgl. auch Abschn. 13.6). Dabei sorgt der Vierdrahtbus dafür, daß ein sehr sicherer serieller Bus mit getrennten Sende- und Empfangskanälen entsteht (**Bild 2.19a**). In dieser Anordnung kann nur *ein* Knoten (der *Master*) an alle anderen (die *Slaves*) senden bzw. von ihnen empfangen. Die Slaves können nicht untereinander direkt verkehren. Weitere Einzelheiten hierzu, beispielsweise auch zum Polling, werden in den Kapiteln 7 und 10 besprochen.

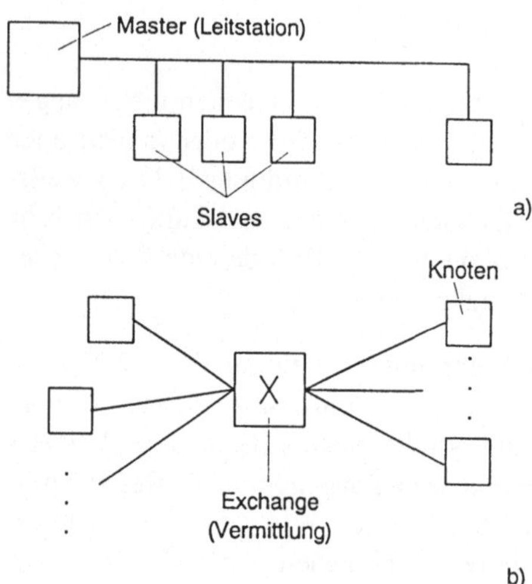

Bild 2.18
Netzwerkverwaltungen;
a) zentralisiert, b) vermittelt

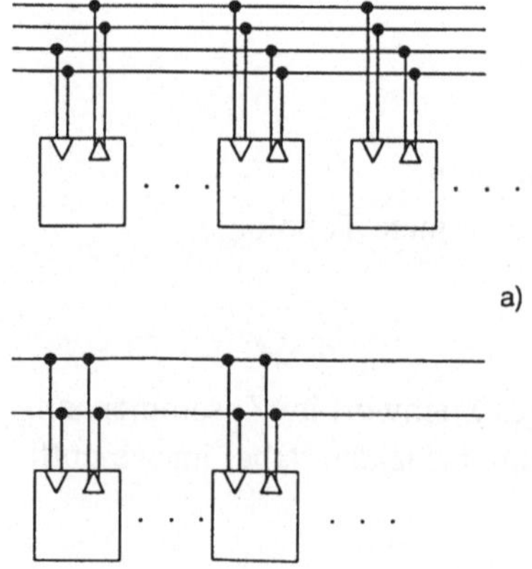

Bild 2.19
Serieller Bus mit zentraler Verwaltung (a, Vierdrahtbus) oder,
bei Bedarf, verteilter Verwaltung
(b, Zweidrahtbus)

• *Verteilte Verwaltung* (*distributed control*) bedeutet, daß jeder Knoten den Zugriff zum Netzwerk versuchen bzw. einleiten kann, wobei natürlich im speziellen Fall bestimmte, fest vereinbarte Regeln beachtet werden müssen. Darauf kommen wir in Kap. 7 zurück. In modernen Lokalen Netzen finden wir diese Verwaltung kombiniert mit verschiedenen Medien: Koaxialkabel, Lichtleiter, verdrillte Leitungen (siehe Kap. 3). Die Ausführung als serieller Zweidrahtbus mit verdrillten Leitungen (*twisted pairs*) ist in **Bild 2.19b** gezeigt. Man erkennt leicht den prinzipiellen Unterschied zum Vierdrahtbus.

• *Vermittelnde Verwaltung* ist eine Sonderform der Zentralverwaltung, die gut bei sternförmigen Anordnungen eingesetzt werden kann (Bild 2.18b). Die Telefonnetze mit ihren verdrillten Leitungen sind im wesentlichen in dieser Weise verwaltet, alle Gespräche laufen über vermittelnde Zentralen. Die Verwendung der in jedem Gebäude vorhandenen sternförmigen oder baumförmigen Leitungsführungen für die Lokale Vernetzung werden wir später besprechen.

2.3.2 Stern, Ring und Bus

Viele der bekannten und wichtigen Netzausführungen orientieren sich an Grundtopologien. So sind in spezielle Industrieversionen und in Normen Bus-Netzwerke (z.B. Ethernet oder DIN-Meßbus) oder Ring-Netzwerke (z.B. IBM Token Ring) definiert und weltweit im Einsatz. Bei vielen Ausführungen muß noch die physikalische Topologie von der logischen unterschieden werden. Es kommen beispielsweise Kombinationen wie "physikalisch Bus/logisch Ring" vor. Wir werden solche konkreten Schnittstellen und Anwendungen in Teil III vollständig behandeln. Hier sollen nur die wesentlichen Prinzipien angesprochen werden.

• *Sternnetze* zeichnen sich dadurch aus, daß alle Knoten an einem Ort kommunikativ zusammengeführt sind (**Bild 2.20**). Eine andere Bezeichnung für diese Stern-Topologie ist *Radial-Topologie*. Typisch ist auch, daß es hierbei nur Punkt-zu-Punkt-Verbindungen zwischen dem Zentralknoten und den äußeren Knoten gibt. Dadurch entfallen die bei anderen Topologien notwendigen und oft aufwendigen Schaltungs- und Steuerungsmaßnahmen.

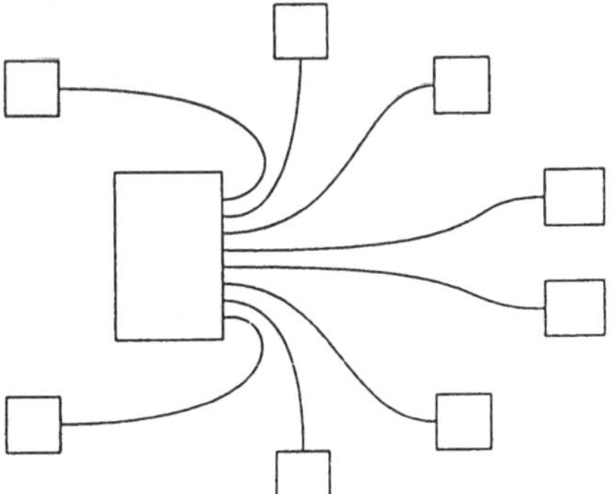

Bild 2.20
Stern-Topologie

Der *Zentralknoten* muß aber für jeden *Außenknoten* eine Schnittstelle bereitstellen, was bei großer Knotenzahl ebenfalls aufwendig werden kann (evtl. *Multiplexer*). Außerdem ist der Zentralknoten so etwas wie ein singulärer Punkt der Netzwerkverfügbarkeit. Fällt er aus, ist das Sternnetz funktionsunfähig. Deshalb sind Fragen der Sicherheit und Zuverlässigkeit der Hardware und Software bei dieser Topologie von besonderer Bedeutung.

• *Verwaltung von Sternnetzen* ist gewöhnlich auf eine der drei folgenden Arten möglich:

- *Netzkontrolle durch den zentralen Knoten* (Zentralstern bzw. zentrale Verwaltung) oder eine zentrale Vermittlung (*central switch*, vermittelnde Verwaltung). In diesem Fall wird der gesamte Netzwerkverkehr zwischen Zentrale und Außenknoten, zwischen den Außenknoten und zu eventuellen entfernten anderen Knoten durch den Zentralknoten gesteuert bzw. verwaltet.

- *Netzkontrolle durch einen Außenknoten*. Dann muß der Zentralknoten nur noch als Vermittlung (*switch*) zum Schalten von Leitungen zwischen Außenknoten dienen.

- *Netzkontrolle verteilt auf alle Außenknoten*. Auch in diesem Fall der verteilten Verwaltung muß der Zentralknoten vermitteln.

Die gleichen Überlegungen gelten für Baum-Topologien (vgl. Bild 2.16). Und für beide Fälle ist eine "Entartung" bekannt, wenn der Zentralknoten nicht als Datenstation, sondern als Vermittlung oder reine Durchschaltung ausgelegt ist. Dann zählt man solche Strukturen auch zu den Busnetzen, wobei die Busleitung sozusagen zum Schalt- oder Kontaktknoten entartet ist.

• *Stern-Topologie* findet man häufig bei Zeitscheiben-Anwendungen (*timesharing applications*) und in privaten Telefon-Nebenstellenanlagen (PBX, *Private Branch Exchange*).

• *Ringnetze* zeichnen sich dadurch aus, daß jede Station mit genau zwei anderen Stationen verbunden ist (jeder Knoten hat zwei Nachbarn). Die Kommunikationskanäle sind Punkt-zu-Punkt-Verbindungen und ketten das Ringnetz zu einer geschlossenen Struktur zusammen (**Bild 2.21a**). Jeder nicht adressierte Knoten muß in der Lage sein, empfangene Daten an den Nachbarknoten weiterzureichen (er muß als *active repeater* arbeiten können).

• *Ring-Topologie* ist in praktischen Ausführungen nicht beschränkt auf die typische Form gemäß Bild 2.21a, die man wegen ihrer Form auch als *Kreis* bezeichnet. In anderen Ausführungen werden die Verbindungsleitungen nicht direkt zwischen den Knoten verlegt, sondern von einem zentralen Verkabelungsort paarweise verteilt. Diese Ausführung nennt man auch *Stern* (**Bild 2.21b**). Eine andere, heute wichtige Ausführung erweitert die Grundformen zu dem in **Bild 2.21c** gezeigten Gebilde. Solch ein *Stern-Ring* verwendet sogenannte *Ringleitungsverteiler* zum Anschluß der Knoten und ist in der angedeuteten Weise erweiterbar. Dafür folgen später konkrete Beispiele.

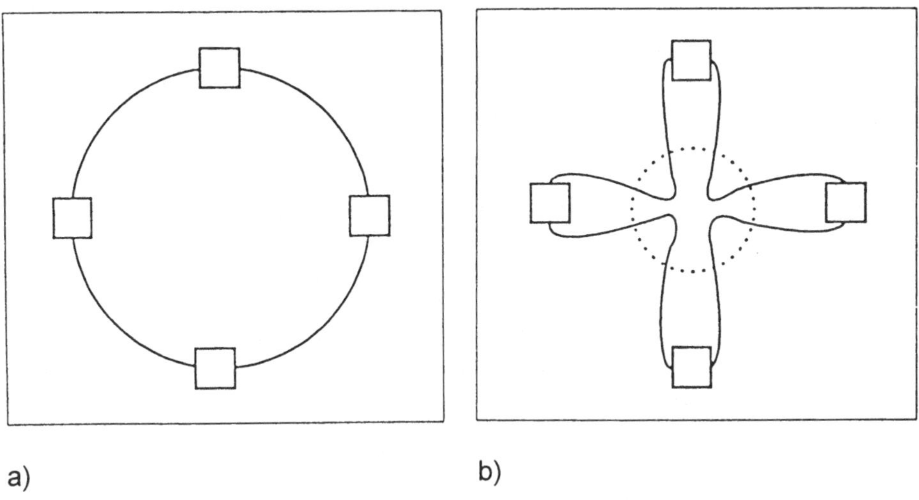

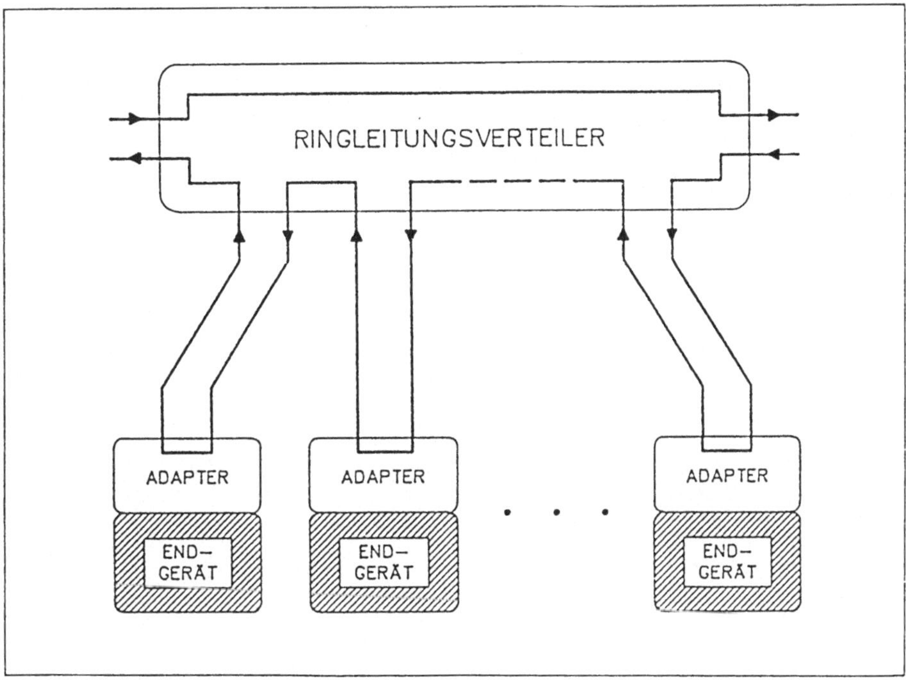

Bild 2.21 Ring-Topologien; a) als Kreis, b) als Stern, c) als Ring-Stern

• *Netzverwaltung* ist bei allen Ring-Topologien in folgenden Formen möglich:

> - *Netzkontrolle verteilt*, mit logischer Verbindung aller Knoten. Jeder Knoten kann direkt einen Kommunikationsversuch mit anderen starten.
>
> - *Netzkontrolle dezentral*, mit zeitlich getakteter, im Ring umlaufender Zugangsberechtigung. Solch ein System wird *Slotted Ring* genannt.
>
> - *Netzkontrolle zentralisiert*, durch einen ausgewählten Ringknoten, der dann Steuerknoten (*control node*) oder *Leitstation* genannt wird. Eine solche Struktur heißt auch Schleife (*loop*). Wenn in solch einer Schleife alle Informationen in jedem Fall die Leitstation durchlaufen müssen, funktioniert die Schleife wie ein Sternnetz.

• *Ring-Topologie* ist im Prinzip empfindlich gegen Unterbrechungen der geschlossenen Struktur. Es sind aber für praktische Ausführungen Methoden entwickelt, die im Falle von Unterbrechungen eine automatische Umleitung (*bypassing*) veranlassen. Der Ausfall der Leitstation in einer Schleife wird aber in jedem Fall zum Netzzusammenbruch führen.

• *Busnetze* setzen als einzige Mehrpunkt-Verbindungen voraus (vgl. Bild 2.15). Jeder Knoten ist mit einer Abzweigleitung (*drop cable*) oder einem Steckverbinder (*tap*) an die gemeinsame Leitung (*trunk cable*) angeschaltet, die meistens Bus genannt wird. Es sind verschiedene Möglichkeiten der Busnetzverwaltung bekannt, die wichtigsten sind in Abschn. 2.3.1 mit Bild 2.19 besprochen.

Ein wichtiger Sonderfall der Busnetzverwaltung ist mit **Bild 2.22** aufgezeigt. Es ist dabei dem "physikalischen", also wirklichen Bus ein logischer Ring überlagert. Die Verwaltung solch einer Konfiguration ist entweder entsprechend Bild 2.19a als *Master-Slave-System* ausgeführt, oder es handelt sich um ein verteiltes System,

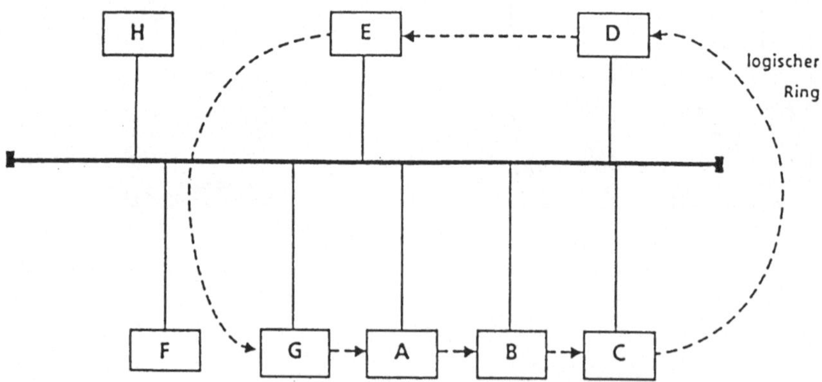

Bild 2.22 Physikalischer Bus mit überlagertem logischen Ring

bei dem mit Hilfe eines umlaufenden Signals die Zugriffsberechtigung vergeben
wird. Dieses *Token* genannte Signal und das zugehörige Steuerungsverfahren werden später besprochen (Abschn. 7.3). Eine solche Topologie bezeichnet man als
Token-Bus.

2.4 Signalübertragung

Für die Signalübertragung in vernetzten Systemen sind Steuerungsstrategien entwickelt, die festlegen
- wo die Netzverwaltung stattfindet (zentralisiert oder verteilt, s. Abschn. 2.3);
- wieviel Kanalkapazität einem Knoten zur Verfügung gestellt wird
  (engl. *allocation schemes*);
- wer auf den Kanal zugreifen darf (engl. *access techniques*).

Kanalzugriffsverfahren (*channel access methods*) werden in Kapitel 7 besprochen.
Kanalbereitstellung (*channel allocation*) ist Inhalt des nachfolgenden Abschnitts
2.4.4. Vorab werden Signal-Grundeigenschaften, Übertragungsverfahren und Modulationsverfahren behandelt.

2.4.1 Eigenschaften

• *Signale* bzw. Informationen werden über bestimmte Kanäle in analoger oder digitaler Form übertragen. Den Kanälen (Übertragungsmedien) selbst ist Kapitel 3
vorbehalten.

Nach DIN 44 300 unterscheiden wir wie folgt.
- *Daten oder Nachricht* (*message*): Zeichen oder kontinuierliche Funktionen, die
  zum Zweck der Weitergabe Information auf Grund bekannter oder unterstellter
  Abmachungen darstellen.
- *Digitale Daten*: Daten, die nur aus Zeichen bestehen.
- *Analoge Daten*: Daten, die nur aus kontinuierlichen Funktionen bestehen.
- *Signal*: Die physikalische Darstellung von Nachrichten oder Daten.

• *Digitale Signale* können üblicherweise in praktischen Anwendungen nur zwei
diskrete Werte annehmen, sie werden darum auch *binär* genannt (genau zweier
Werte fähig). Die beiden Binärwerte 0 und 1 heißen englisch *binary digits*, oder
kurz: *bits*.

Entsprechend DIN 44 300 unterscheiden wir

- **Bit**: Kurzform für *binary digit*; dabei wird also Großschreibung verwendet mit einem Plural-s für die Mehrzahl, z.B. "256 Bits".

- **bit**: Sondereinheit für die Anzahl von Binärentscheidungen, d.h. es wird Kleinschreibung verwendet ohne Plural-s. z.B. "9600 bit/s".

Eine entsprechende Regelung kann für das **Byte** angewendet werden, also beispielsweise 1 byte = 8 bit. Anstelle dieser "Einheit" byte wird heute oft für verallgemeinerte Darstellungen die Angabe **Oktett** (*octet*) benutzt, wenn codeunabhängige (transparente) 8-Bit-Gruppen bezeichnet werden.

• *Übertragung digitaler Signale* bedeutet nach den oben gemachten Ausführungen, daß schrittweise Binärzeichen (Bits) auf den Kanal gesendet werden. Die Übertragungsgeschwindigkeit v ergibt sich wie folgt, wenn der Kanal aus n parallelen Leitungen besteht

$$v = n \, / \, T \quad \text{bit/s}$$

mit T als Schrittdauer eines Bits. Bei serieller Übertragung ist $n = 1$; dann folgt

$$v = 1 \, / \, T \quad \text{bit/s}.$$

Dies ist aber die klassiche Definition der sog. *Schrittgeschwindigkeit* aus der Telegrafie, die in *Baud* (Bd) angegeben wird. Bei serieller Übertragung gilt also: 1 bit/s = 1 Bd. Sind mehr als die beiden binären Zustände möglich ($k > 2$), können mit einem Schritt auch mehrere verschiedene Zustände übertragen werden. Dann ist die Übertragungsgeschwindigkeit um den Faktor $\mathrm{lb}(k)$ größer als die Schrittgeschwindigkeit (lb bedeutet nach DIN 1302 "Logarithmus zur Basis 2"). Moderne Modems benutzen diese Technik.

• *Kanalkapazität* ist eine Angabe zur Kennzeichnung der Leistungsfähigkeit eines Netzwerks. In digitalen Systemen ist die wichtige Maßzahl dafür die oben definierte Übertragungsgeschwindigkeit in bit/s. In vielen Fällen wird aber für Übertragungsmedien die analoge Kapazität angegeben, die sich aus dem Tiefpaßverhalten jeder Leitung ergibt. Das ist die *Bandbreite in Hertz* (Hz), die in der Regel mit der größtmöglichen Frequenz übereinstimmt. (In praktischen Anwendungen wird diese Grenze meist bei einem Amplitudenabfall von 3 dB definiert.) Gibt es eine untere Grenzfrequenz größer null, bezeichnet die Bandbreite die Differenz zwischen größter und niedrigster Frequenz.

• *Kapazität eines Kanals mit Rauschen*: Rauschen beeinträchtigt nicht nur die analoge Signalübertragung. Auch die maximale Rate digitaler Signale wird dadurch bestimmt. Eine Formel dafür läßt sich aus der *Shannonschen Theorie* ableiten, wonach die maximale Datenrate *MD* eine Funktion des Signal/Rauschabstands (*signal/noise ratio S/N*) ist:

$$MD = B \; \text{lb}(1 + S/N) \;\; \text{bit/s}$$

mit der Bandbreite *B* des Kanals in Hz. *Beispiel*: Normale Telephonleitungen haben eine Bandbreite von etwa 3000 Hz mit z.B. *S/N* = 30 dB (Faktor 1000). Damit ergibt sich theoretisch

$$MD = 3000 \; \text{lb}(1001) \approx 30\,000 \;\; \text{bit/s} = 30 \; \text{kbit/s}$$

• *Signalübertragung* wird im wesentlichen wie folgt ausgeführt als
- *Basisbandübertragung* (*baseband transmission*), wobei die Signale in ihrer Originalfrequenz und -kurvenform übertragen werden;
- *Trägerfrequenzübertragung* (*carrier signal transmission*), auch: *Breitbandübertragung*, wobei die Signale einer Trägerfrequenz aufmoduliert sind.

Beide Verfahren werden in der digitalen Übertragungstechnik angewendet. Wir werden darauf zurückkommen.

2.4.2 Signalcodierung

Die Verfahren der Breitbandübertragung (*Trägerfrequenzübertragung*) werden vor allem genutzt, um Übertragungskapazität zu gewinnen und mehrere Kanäle mit einer Leitung zu realisieren. Wir kommen speziell hierauf im nächsten Abschnitt 2.4.3 zurück. Vorab werden hier die Signal- bzw. Leitungscodierungen besprochen, die gewissermaßen Modulationsverfahren für Basisbandübertragungen darstellen.

• *Basisbandübertragung* stellt sozusagen die Grundform dar. Im Falle digitaler Daten wird dabei einfach eine Folge von Impulsen gesendet, deren Höhe (Spannung, Strom oder allgemein Pegel) den Binärzuständen entspricht. Das *Beispiel* **Bild 2.23** zeigt, daß solch eine einfache Signalcodierung nicht frei von Gleichstromanteilen ist. Das spielt keine Rolle, wenn Sender und Empfänger galvanisch miteinander gekoppelt sind. Es gibt aber Fälle, die Gleichstromanteile nicht vertragen, z.B. wenn galvanische Trennung mit Spulen (Transformatoren) verlangt wird. Dann ist die Signalcodierung bzw. Modulation entsprechend zu wählen.

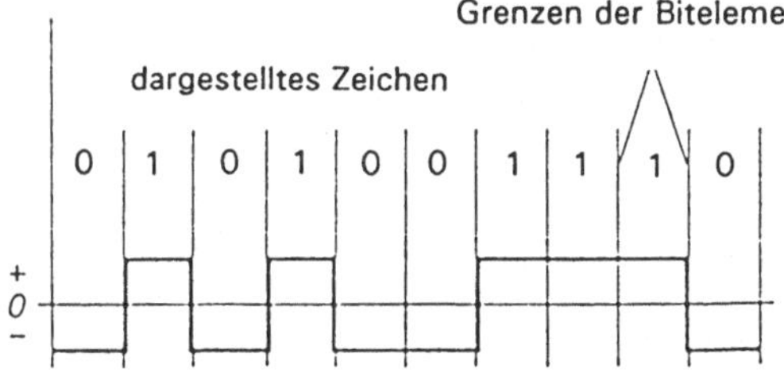

Bild 2.23
Beispiel für ein Basisbandsignal

• **Signalcodierung** muß unterschieden werden von der *Informationscodierung*, die in Kapitel 8 besprochen wird. Es sind hiermit die Verfahren zur Darstellung der Bits gemeint (z.B. Bild 2.23). Wir werden nachfolgend die wichtigen Darstellungen (auch: *Leitungscodes*) vorstellen und anschließend Modulationsverfahren besprechen, mit deren Hilfe z.B. codierte Binärsignale Trägerfrequenzen aufgeprägt werden können.

• **Leitungscodes** gibt es in großer Vielfalt. Häufig verwendete sind in **Bild 2.24** dargestellt und werden anschließend kurz erläutert.

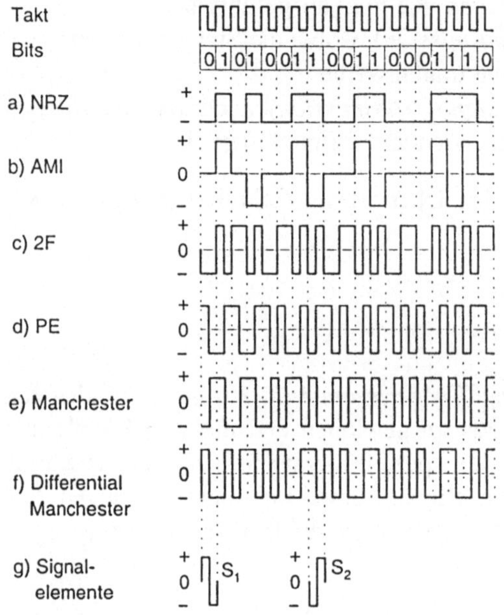

Bild 2.24
Wichtige Leitungscodes

• **NRZ** (*Non-Return to Zero*) ist das bereits in Bild 2.23 dargestellte Grundverfahren mit einfacher Zuordnung der Binärzustände zu zwei Signalpegeln. Dieser fundamentale Code ist nicht gleichstromfrei und nicht selbsttaktend.

• **AMI-Code** (*Alternate Mark Inversion*), auch Bipolar-Code oder *Biphase Coding*. Dabei wird dem Nullbit der Nullpegel zugeordnet; die Einsbits haben alternierend positive und negative Pegel. Damit existieren sozusagen drei Zustände (man spricht dann von einem *pseudoternären Code*), die aber nur zur Darstellung der zwei Binärzustände genutzt werden. Der Code ist gleichstromfrei. Eine Anwendung findet dieser Code an der S_0-Schnittstelle des ISDN (s. z.B. [Welz91]), allerdings mit vertauschten Null- und Einspegeln.

• **HDBn-Codes** (*High Density Bipolar*) sind aus dem AMI-Code abgeleitet. Um längere Nullfolgen zu vermeiden, wird nach jeweils *n* Nullbits ein Impuls mit der

gleichen Polarität des letzten regulären Einsbit erzeugt. Damit sind diese sogenannten Verletzungsbits oder *Codeverletzungen* von den regulären AMI-Einsbits
unterscheidbar. Mit diesem "Trick" bleibt der Code gleichstromfrei, und es ist
eine Takt-Neusynchronisierung nach jeweils *n* Bits möglich. Für *n* = 3 ist der
Code HDB3 vom CCITT für Übertragungen bei 2, 8 und 34 Mbit/s genormt.

• *Two-Frequency (2F)* oder *Pulse Width Code*. Bei diesem Verfahren sind grundsätzlich an den Grenzen der Signalelemente Polarisierungswechsel vorhanden, die
Einsbits haben einen zusätzlichen Wechsel in der Elementmitte. Dadurch entsteht
ein Code mit zwei verschiedenen Impulsweiten bzw. Frequenzen. Selbsttaktung
ist möglich, wobei allerdings die Taktfrequenz doppelt so hoch ist wie die
Schrittfrequenz. Das gilt ebenso für die nachfolgenden Codes.

• *Phase Encoding (PE)*. Dabei liegt die Information in der Richtung der Polaritätswechsel (*bit transition*) in der Elementmitte. Bei der Aufeinanderfolge gleicher
Binärzeichen wird ein zusätzlicher Wechsel an den Grenzen der Signalelemente
gefordert (*phase transition*). Auch hier ist Selbsttaktung möglich.

• *Manchester-Code (*auch *Bi-Phase-Code)*. Die Besonderheit hierbei ist die Zusammensetzung des Codes aus den Signalelementen S_1 und S_2 (**Bild 2.24g**), die
um 180° phasenverschoben sind. Daraus folgt, ein Einsbit wird dargestellt als Impuls der halben Elementlänge in der ersten Hälfte, ein Nullbit entsprechend in der
zweiten Hälfte. Es handelt sich also um einen inversen PE-Code. Der Code ist
gleichstromfrei und selbsttaktend.

• *Differential Manchester (*auch *Coded Diphase)*. Es werden die gleichen Signalelemente S_1 und S_2 verwendet, die Codierungsregel ist aber: Polaritätswechsel am
Schrittanfang für Nullbit, kein Polaritätswechsel am Anfang für Einsbit. Eine Anwendung hat dieser Code beim Token-Ring (s. dort).

2.4.3 Modulation

Nach den Leitungscodes sollen nun die wichtigen Modulationsverfahren für
Breitbandübertragung besprochen werden.

• *Modulationsarten* werden zunächst danach unterschieden, ob der Träger aus
kontinuierlichen Sinusschwingungen besteht (*Schwingungsmodulation*), oder ob
er aus einer hochfrequenten Impulsfolge (*pulse*) besteht (*Pulsmodulation*).

• *Pulsmodulation* bedeutet, daß der Träger aus einer periodischen Folge von gleichen Impulsen besteht. Für das "Abtasten" einer Signalschwingung, d.h. für die
mindestens notwendige Anzahl von Trägerimpulsen pro Signalperiode, gilt das

---

• *Abtasttheorem*: Die Abtastfrequenz muß mindestens doppelt so groß wie die
höchste Modulationsfrequenz sein, um eine formgetreue Signalübertragung zu
gewährleisten.

• *Pulsmodulationsarten* von Bedeutung sind:
   (1) Pulsamplitudenmodulation   (PAM)
   (2) Pulswinkelmodulation   (PWM)
      mit Pulsfrequenzmodulation   (PFM)
         Pulsphasenmodulation   (PPM)
         Pulslagenmodulation   (PLM)
   (3) Pulsdauermodulation   (PDM)
   (4) Deltamodulation   (Δ)
   (5) Pulscodemodulation   (PCM)

Die Verfahren 1 und 2 sind den Schwingungs-Modulationsverfahren AM, FM und PM (s. unten) verwandt. Bei PAM ist die Pulsamplitude das direkte Abbild der Signalschwingung. Bei PWM und PDM sind Impulslage bzw. Impulsbreite (Impulsdauer) eindeutig einem Signalamplitudenwert zugeordnet.

• *Bei Deltamodulation* und *PCM* wird nicht der Augenblickswert des Signals übertragen, sondern eine codierte Pulsfolge. Vorteile dieser Verfahren liegen in der hohen Störsicherheit. Nachteilig ist die große Frequenzbandbreite. Wegen weiterer Details muß auf die Spezialliteratur verwiesen werden (z.B. [Schu87]).

• *Schwingungsmodulation* bedeutet, daß das Signal eine der drei Bestimmungsgrößen des Trägers zeitlich verändert:
- **Amplitude** der Trägerschwingung (*Amplitudenmodulation*, AM);
- **Frequenz** der Trägerschwingung (*Frequenzmodulation*, FM);
- **Phase** der Trägerschwingung (*Phasenmodulation*, PM).
Die beiden letzteren Arten nennt man zusammengefaßt auch *Winkelmodulation*. Die Modulationsarten kommen auch gemischt vor.

Wir beschränken uns im folgenden auf **Schwingungsmodulation** (sinusförmige Trägerfrequenzen) und unterscheiden danach, ob die Modulationsschwingung (das modulierende Signal) analog oder digital vorliegen:

modulierendes Signal analog	**modulierendes Signal digital**
Amplitudenmodulation (AM)	Amplitudenumtastung (*Amplitude Shift Keying*, ASK)
Frequenzmodulation (FM)	Frequenzumtastung (*Frequency Shift Keying*, FSK)
Phasenmodulation (PM)	Phasenumtastung (*Phase Shift Keying*, PSK)

In Anlehnung an den hier vorgegebenen Zusammenhang (digitale Schnittstellen) reduzieren wir die Darstellung auch auf digitale Signale.

• *Amplitudenumtastung* (ASK) - dabei wird der Träger entsprechend dem Binärzustand "0" oder "1" an- oder abgeschaltet (*harte Tastung*, **Bild 2.25a**). Die Frequenz der Schwingung bleibt gleich. ASK wird in der Datenübertragung nur in Verbindung mit PSK verwendet (s. QAM).

• *Frequenzumtastung* (FSK) - dabei sind den Binärzuständen zwei wohlunterscheidbare Frequenzen zugeordnet (**Bild 2.25b**). Die Frequenzübergänge beim Signalwechsel erfolgen ohne Phasensprung. Die Amplitude des Signals bleibt gleich. FSK wird bis zu 1200 bit/s verwendet.

• *Phasenumtastung* (PSK) - dabei gibt es beim Wechsel des Binärzustands einen Phasensprung um z.B. 180° (**Bild 2.25c**). Amplitude und Frequenz bleiben gleich.

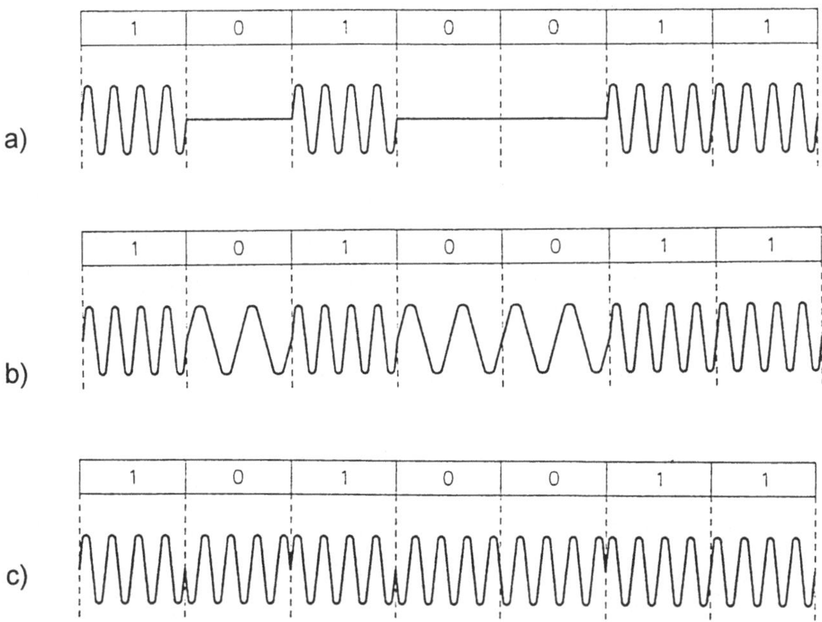

Bild 2.25 Binäre Modulationsverfahren. a) Amplitudenumtastung, b) Frequenzumtastung, c) Phasenumtastung

• *Differentielle Phasenumtastung* (*Differential Phase Shift Keying*, DPSK) - besondere Bezeichnung für PSK, um auf die Auswertung der Phasendifferenz hinzuweisen. Manchmal wird darum DPSK als Oberbegriff verwendet und beinhaltet sowohl den einfachsten Fall der Umschaltung zwischen zwei Phasenlagen wie in Bild 2.25c (zweistufige Verschlüsselung) als auch mehrstufige Verschlüsselungen. Von Bedeutung sind:

• *Vierstufige Verschlüsselung* (*Quadrature PSK*, QPSK) - dabei werden vier verschiedene Phasensprünge zugelassen, womit zwei Bits codierbar sind. Der Modulator faßt zwei solcher aufeinanderfolgenden Bits zu einem sog. *Dibit* zusammen. Übertragen wird dann z.B. mit 1200 Baud, was einer Informations-Datenrate von 2400 bit/s entspricht (z.B. Modem nach CCITT V.26).

• *Achtstufige Verschlüsselung* - dabei werden acht verschiedene Phasensprünge zugelassen, womit drei Bits codierbar sind. Mit solchen *Tribits* können dann bei z.B. 1600 Baud 4800 bit/s übertragen werden (z.B. Modem nach CCITT V.27).

Die eben besprochenen Modulationsverfahren kommen auch kombiniert vor. Die wichtigsten sind:

• *QAM, Quadrature Amplitude Modulation* - eine Kombination aus Phasen- und Amplitudenmodulation, wobei jeweils vier Bits (*Quadbits* oder *Quadribits* Q1 bis Q4) in einem Schritt übertragen werden (z.B. beim Modem nach CCITT V.29 9600 bit/s bei 2400 Baud). Bei dieser 16stufigen Verschlüsselung nach V.29 entscheidet das zeitlich erste Bit Q1 über die Amplitude des Signals, die drei nachfolgenden Bits über den Phasensprung.

• *TCM, Trellis Coded Modulation* - ein Verfahren, daß ähnlich wie QAM zur Datencodierung diskrete Kombinationen von Amplitude und Phase benutzt. Die Besonderheit ist die Verwendung von drei Sieben-Bit-Schritten zur Codierung von sechs Datenbits. Damit ergibt sich der Faktor 6 bei der "Effizienz" des Codes, z.B. überträgt ein V.33-Modem bei 2400 Baud 14400 bit/s. Jeder der genannten Sieben-Bit-Schritte enthält codierte Angaben über sich selbst sowie über vorhergehende und nachfolgende Schritte.

Eine wichtige Anwendung der besprochenen Verfahren finden wir bei der Übertragung digitaler Daten über das für analoge Signale installierte Telefonnetz. Dabei sorgen Modulatoren und Demodulatoren für die Umsetzung der digitalen Daten in Frequenzen des Sprachbandes (300 Hz bis 3400 Hz). Diese Modems werden in Kapitel 6 besprochen.

2.4.4 Kanalzuteilung

Unter dem Komplex Kanalzuteilung (*channel allocation*) verstehen wir die verschiedenen Multiplexverfahren (*multiplexing*), aber auch die mit diesen Verfahren zusammen genutzten Betriebsarten

- **Richtungsverkehr** (*Simplex-Übertragung*)
- **Wechselverkehr** (*Halbduplex-Übertragung*)
- **Gegenverkehr** (*Duplex-Übertragung*).

- **Richtungsverkehr** (*simplex*) bedeutet, daß Information nur in einer Richtung übertragen werden kann. Wie **Bild 2.26a** zeigt, sind in diesem Fall die Knoten reine Sender S (*transmitter*) oder Empfänger E (*receiver*). Um Informationsaustausch zu ermöglichen, müssen zwei Simplex-Kanäle parallel verwendet werden (Zweikanal-Gegensprechbetrieb, z.B. bei Richtfunkstrecken).

- **Wechselverkehr** (*halbduplex*) ermöglicht die Übertragung auf der selben Leitung, aber nur nacheinander (wechselweise). Die Knoten müssen als Sender und Empfänger arbeiten können (**Bild 2.26b**). Der englische Fachausdruck für diese Kombination ist *Transceiver*.

- **Gegenverkehr** (*duplex*) bedeutet den Informationsaustausch gleichzeitig auf der selben Leitung (**Bild 2.26c**). Die wichtigen Verfahren für Duplexverkehr sind *Frequenzmultiplex* (s. unten) und *Echo-Unterdrückung*.

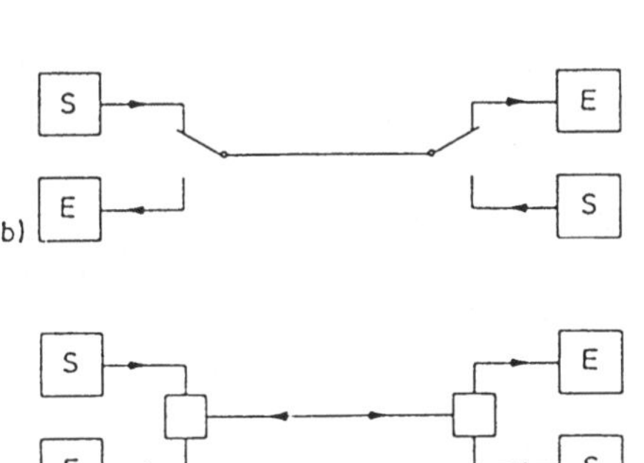

Bild 2.26
Betriebsarten der Übertragungstechnik;
S: Sender, E: Empfänger.
a) Richtungsverkehr (simplex);
b) Wechselverkehr (halbduplex);
c) Gegenverkehr (duplex)

- **Echo Suppression**, auch *Echo cancellation* (Echo-Unterdrückung) ist ein Verfahren, das einfach erklärt ist, aber einige technische Probleme bereitet. Das Prinzip entsprechend **Bild 2.27** geht davon aus, daß beide Knoten an einer Leitung gleichzeitig senden können, die Signale sich also überlagern. Jeder Knoten emp-

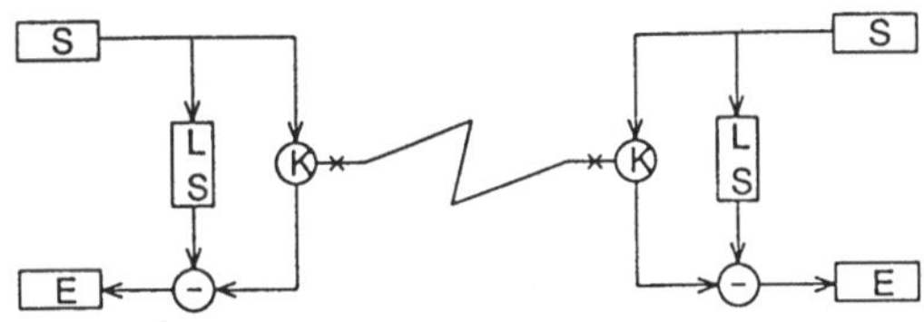

Bild 2.27 Duplexverkehr mit Echo-Unterdrückung. S: Sender, E: Empfänger, K: Koppler, LS: Leitungssimulator

fängt dann alle von beiden Sendern S kommenden Signale. Mit Hilfe der Subtraktionsstufe (-) wird aber in den Knoten das eigene gesendete Signal vom Gesamtsignal subtrahiert; zurück bleibt am Empfänger das Empfangssignal - das eigene Echo wird unterdrückt. Beispiel: Gabelschaltung beim Telefon.

• *Multiplexverfahren* werden zur Mehrfachnutzung von Übertragungskanälen verwendet. Die Hauptverfahren sind

- **Raumstaffelung** (*Space Division Multiplexing*, SDM)
- **Frequenzstaffelung** (*Frequency Division Multiplexing*, FDM)
- **Zeitstaffelung** (*Time Division Multiplexing*, TDM).

• *Raumstaffelung* bedeutet die räumlich getrennte Übertragung verschiedener Signale auf einem Kanal. Ein typisches Beispiel ist das Telefonsystem: die Hauptleitungen von den Zentralen zu den einzelnen Anschlüssen (also die einzelnen Fernsprechkanäle) sind oft dicke Bündel aus hunderten oder tausenden von einzelnen verdrillten Leitungen. Ein weiteres Beispiel sind die zellularen Dienste, bei denen räumlich getrennte Sendebereiche abgegrenzt werden (die *Zellen*).

• *Frequenzstaffelung* (FDM) bedeutet die gleichzeitige Übertragung verschiedener Nachrichten auf demselben Kanal, aber in der Frequenzlage getrennt. Mit Hilfe der Frequenzmodulation werden die individuellen Signale Trägern aufmoduliert, die in der Frequenz gestaffelt sind. Die verfügbare Bandbreite eines physikalischen Mediums wird also in schmale, unabhängige Frequenzkanäle unterteilt. Die bekanntesten Beispiele sind bei der Telefon-, Rundfunk- und Fernsehübertragung zu finden. Zur Nutzung der analogen Telefonkanäle zur Übertragung digitaler Daten werden Kombinationsgeräte aus Modulator und Demodulator benutzt: die **Modems**.

• *Zeitstaffelung* (TDM) bedeutet die gleichzeitige Übertragung verschiedener Nachrichten auf demselben Kanal, aber zeitlich nacheinander. Dafür sind *Abtaster* nötig, die in Form einer Zeitscheibe die einzelnen Signale nacheinander auf den gemeinsamen Kanal schalten (*Zeitscheibenverfahren*).

3 Übertragungsmedien

Übertragungsmedien bilden den physikalischen Kanal, mit dessen Hilfe die Knoten in einem Netz verbunden werden. Die Ausführungen sind sehr verschieden, ebenso die Grenzfrequenzen und die Art der Ankopplung an die Knoten. Einen grundsätzlichen Unterschied machen wir wie folgt:

• *Medium nicht leitungsgebunden*, also die freie Ausbreitung elektromagnetischer Wellen über der Erdoberfläche;

• *Medium leitungsgebunden*, z.B. verdrillte Leiterpaare (*twisted pairs*), Koaxialkabel (*coaxial cable*), Glasfaser (*optical fiber*) bzw. Lichtleiter (*fiber optical cable*).

Größte Bedeutung für Datensysteme haben leitungsgebundene Medien wie oben aufgeführt. Diese werden deshalb nun besprochen. Vorangestellt ist ein kurzer Einblick in die freie Wellenausbreitung. Abschließend werden wir das Thema Abschirmung sowie die elektrische Ankopplung an die leitungsgebundenen Medien darstellen.

3.1 Drahtlose Übertragung

Obwohl die Übertragung digitaler Daten überwiegend leitungsgebunden ausgeführt wird, kann man nicht ausschließen, daß sich dies künftig verschiebt. Nicht leitungsgebundene Informationsübertragung im erweiterten Sinne nutzen wir häufig, vor allem solche wie Radio, Television, Richtfunk, Satellitenfunk aber auch Mikrowellenübertragung und Infrarotstrecken, letztere z.B. bei der Fernbedienung von Unterhaltungselektronik und nun auch von Computer-Terminals.

Interessant ist in diesem Zusammenhang, daß eines der ersten lokalen Computernetze überhaupt die Datenübertragung mit Radiowellen einführte. Dieses *Alohanet* auf Hawaii benutzte auch schon Zugriffstechniken, die dem heute im Ethernet verwendeten CSMA/CD verwandt sind.

Eine Übersicht zu Frequenz- und Wellenbereichen gibt **Tabelle 3.1**. Als Ergänzung dazu sind mit **Bild 3.1** einige Bereiche zusammen mit der Art der jeweiligen Funkausbreitung gezeigt. Die darin und in Tabelle 3.1 verwendeten Abkürzungen sind auf Seite 50 oben erklärt.

Tabelle 3.1 Frequenz- und Wellenbereiche wichtiger Sendekanäle und Strahlungsarten (Abkürzungen im Text)

Bezeichnung	Frequenz f		Wellenlänge λ		
	Definition	praktisch	Definition	praktisch	
Netz	50 Hz		6000 km		
Akustik	1000 Hz		300 km		
Myriameter-wellen (VLF)	3 ... 30 kHz		100 ... 10 km		
Radiowellen-bereich (RF)	ab 30 kHz		ab 10 km		Telefon
Kilometer-wellen (LF, LW)	30 ... 300 kHz	150 ... 285 kHz	10 ... 1 km	2 ... 1,053 km	
Hektometer-wellen (MF, MW)	300 ... 3000 kHz	525 ... 1605 kHz	1000 ... 100 m	571 ... 187 m	
Amateurwellen		1875 kHz		160 m	
Dekameter-wellen (HF, KW)	3 ... 30 MHz	6 ... 19 MHz	100 ... 10 m	49 ... 16 m	
Amateurwellen		3,5 ... 30 MHz		80 ... 10 m	
Meterwellen (VHF)	30 ... 300 MHz		10 ... 1 m		
FS Band I		41 ... 68 MHz		7,3 ... 4,4 m	
Polizei		86,5 MHz		3,5 m	
UKW		87 ... 104 MHz		3,5 ... 2,9 m	Richtfunk und Radar
Amateure		150 MHz		2 m	
FS Band III		174 ... 230 MHz		1,7 ... 1,3 m	
Hochfrequenz-bereich	300 MHz ... 300 GHz		1 m ... 1 mm		
Dezimeter-wellen (UHF)	300 ... 3000 MHz		100 ... 10 cm		
FS Band IV/V		470 ... 960 MHz		64 ... 31 cm	
Amateure		430 ... 2500 MHz		70 ... 12 cm	
Zentimeter-wellen (SHF) (auch: Mikro-wellen)	3 ... 30 GHz		10 ... 1 cm		
Amateure		10 ... 20 GHz		3 ... 1,5 cm	
Kabel-FS		12 GHz		2,5 cm	
Millimeter-wellen (EHF)	30 ... 300 GHz		10 ... 1 mm		
Strahlungen	ab $3 \cdot 10^{12}$ Hz		ab 100 μm		
Wärmestrahlen		$3 \cdot 10^{13}$ Hz		10 μm	
Infrarot		$3 \cdot 10^{14}$ Hz		1 μm	
Licht		$5 \cdot 10^{14}$ Hz		$6 \cdot 10^{-7}$ m	
UV		$3 \cdot 10^{15}$ Hz		10^{-7} m	
Röntgenstrahlen		$3 \cdot 10^{18}$ Hz		10^{-10} m	
Atomstrahlen		$3 \cdot 10^{20}$ Hz		10^{-12} m	
Kosmische Strahlen		$3 \cdot 10^{23}$ Hz		10^{-15} m	

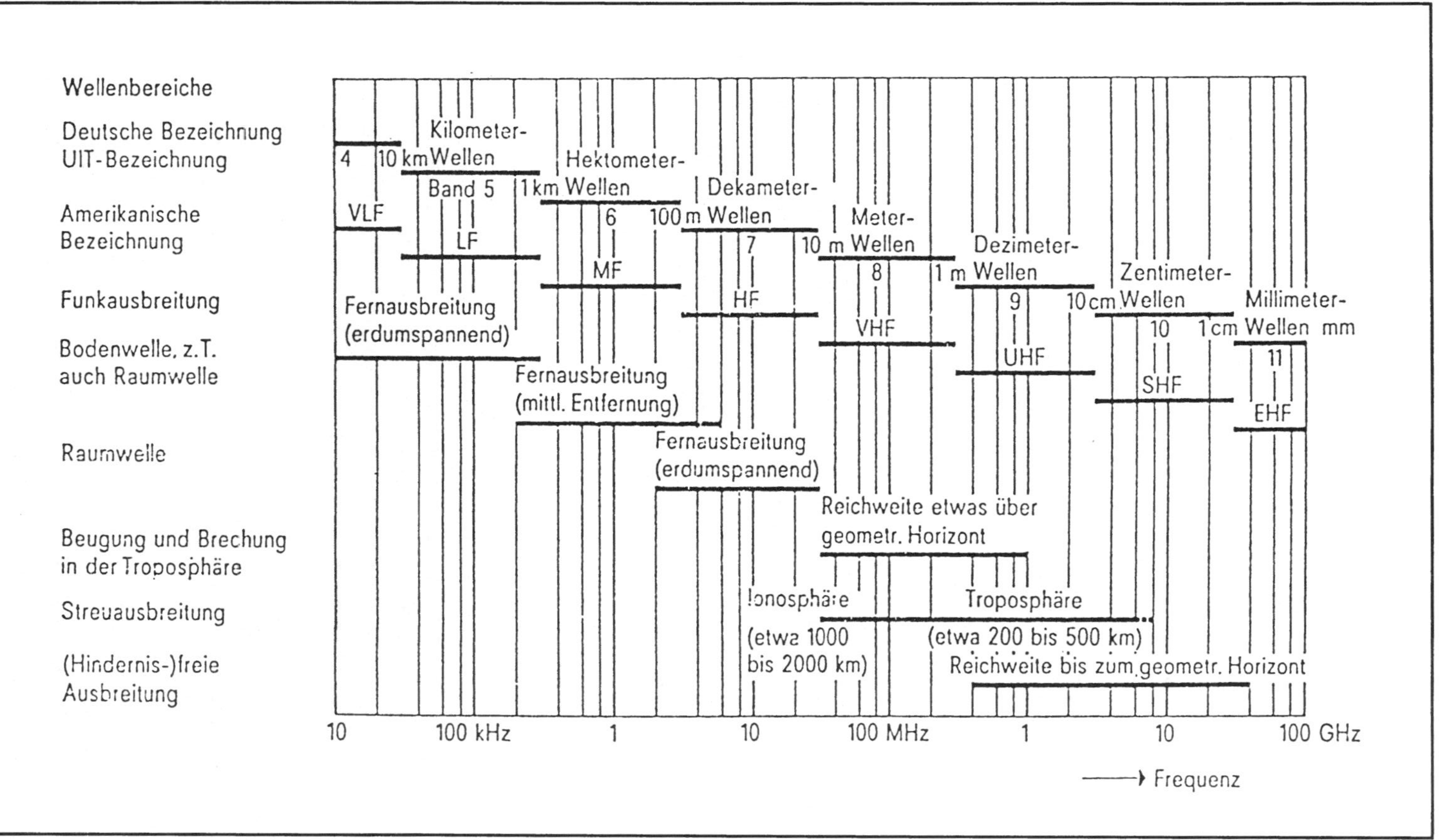

Bild 3.1 Übersicht zu Wellen- und Frequenzbereichen (aus [Bidl73])

Englische Bezeichnung		Deutsche Bezeichnung	
VLF	*Very Low Frequencies*	LstW	Längstwellen
RF	*Radio Frequencies*		
LF	*Low Frequencies*	LW	Langwellen
MF	*Medium Frequencies*	MW	Mittelwellen
HF	*High Frequencies*	KW	Kurzwellen
VHF	*Very High Frequencies*	UKW	Ultrakurzwellen auch: Meterwellen
		FS	Fernsehen
UHF	*Ultra High Frequencies*	dmW	Dezimeterwellen
SHF	*Super High Frequencies*	cmW	Zentimeterwellen, auch: Mikrowellen
EHF	*Extremely High Frequencies*	mmW	Millimeterwellen
		UV	Ultraviolett-Strahlung

• *Datenübertragung* in größerem Stil finden wir bei Richtfunkstrecken und über Satelliten. Dabei ist ständig mit Störungen durch Schwund (*fading*) und Rauschen (*noise*) zu rechnen; letztere sind gleichmäßig über die Zeit verteilt, die Störungen durch Schwund treten meist als Bündel (*burst*) auf, d.h. es treten in einem kurzen Zeitintervall mehrere Fehler auf, dann längere Zeit keine. Einzelheiten hierzu können der Signal- und Datenübertragungsliteratur entnommen werden (z.B. [Bidl73, Schu87, Welz91]).

3.2   Verdrillte Leiterpaare

Paarweise verdrillte Leiter (*twisted pairs*) waren und sind die wichtigsten Medien für Telefonnetze, heute auch für Datennetze. Die voneinander isolierten Leiter werden miteinander verdrillt, damit elektromagnetische Störungen auf beide in gleicher Weise einwirken und somit keine Spannungsdifferenz zwischen ihnen erzeugen. Dies wird erfolgreich bei den modernen Leitungsankopplungen gemäß RS-422 (V.11) und RS-485 ausgenutzt (siehe Kapitel 5).

• *Das Gewicht von Mehrleiterkabeln* wird allgemein nach der "Amerikanischen Drahtlehre für Litzenleiter" (*American Wire Gauge*, AWG) angegeben. Dabei ist zu unterscheiden zwischen den Maßen für Massivleiter aus blankem Kupfer und solchen für verzinnte Kupferlitze. **Tabelle 3.2** gibt einen Auszug. Bei den verzinnten Kupferlitzen hängt der Nenn-Außendurchmesser (Gesamt-Durchmesser) der Litze stark von der Verdrillung (Verseilung, engl. *strand*) ab. In der Tabelle sind beispielhaft die engsten Verseilungen (kürzeste Schlaglänge) angegeben, die den größten Außendurchmesser ergeben.

Tabelle 3.2 Auszug aus der AWG-Tabelle (*American Wire Gauge*) mit gerundeten metrischen Umrechnungsmaßen

| | Massivleiter aus blankem Kupfer | | Verzinnte Kupferlitze | |
AWG	Nenn-ϕ (mm)	Querschnitt (mm^2)	Außen-ϕ (mm)	Gesamt-ϕ (mm)
10	2,60	5,27		
11	2,30	4,15		
12	2,05	3,31	0,813	2,44
13	1,83	2,63		
14	1,63	2,08	0,643	1,85
15	1,45	1,65		
16	1,29	1,31	0,511	1,52
17	1,15	1,04		
18	1,02	0,82300	0,404	1,22
19	0,912	0,65300		
20	0,813	0,51900	0,254	0,890
21	0,724	0,41200		
22	0,643	0,32500	0,254	0,762
23	0,574	0,25900		
24	0,511	0,20500	0,203	0,610
25	0,455	0,16300		
26	0,404	0,12800	0,160	0,483
27	0,361	0,10200	0,142	0,457
28	0,320	0,08040	0,127	0,381
29	0,287	0,06460		
30	0,254	0,05030	0,102	0,305
31	0,226	0,04000		
32	0,203	0,03200	0,079	0,203
33	0,180	0,02525		
34	0,160	0,02000	0,064	0,191
35	0,142	0,01610		
36	0,127	0,01230	0,051	0,153
37	0,114	0,01000		
38	0,102	0,00795		
39	0,089	0,00632		
40	0,079	0,00487		

• *Der Leitungsdurchmesser* (**Bild 3.2**) beträgt z.B. $d = 0,8$ mm, was einen Schleifenwiderstand von 66 Ω/km ergibt. **Tabelle 3.3** enthält eine Übersicht verschiedener Leitungsdurchmesser. Der Mittenabstand der Leiterpaare ist beispielsweise $D = 1,3\ d$. Die Schlaglänge l wird so gewählt, daß der Kabel-Wellenwiderstand anwendungsabhängig bei Nennfrequenz zwischen etwa 60 und 120 Ω ist.

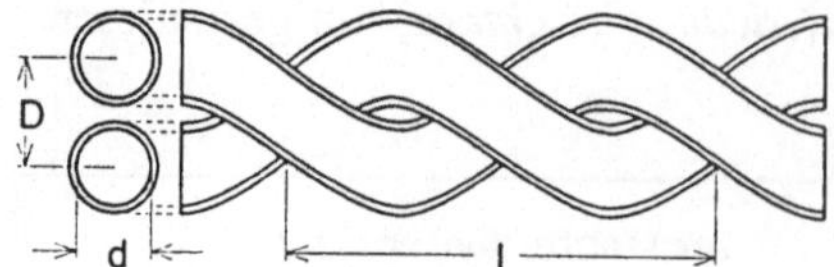

Bild 3.2
Verdrilltes Leiterpaar

Tabelle 3.3 Schleifenwiderstand verschiedener Leitungen (aus [Welz91])

Material	Leitungsdurchmesser in mm	Schleifenwiderstand in Ohm/km
Kupfer	0,4	262
Kupfer	0,6	117
Kupfer	0,8	66
Kupfer	0,9	52
Kupfer	1,2	30
Kupfer	1,4	22
Bronze (Freileitung)	1,5	31
Bronze	2,0	17
Hartkupfer	2,0	12
Hartkupfer	2,5	7,5
Hartkupfer	3,0	5,3
Hartkupfer	3,5	3,8
Eisen	2,0	91
Eisen	5,0	15

• **Schleifenwiderstand** (*loop resistance*) bezeichnet den Gesamtwiderstand für die Hin- und Rückführung des Leiterpaares.

• **Wellenwiderstand** einer Leitung (*characteristic impedance*) ist die (frequenzabhängige) Impedanz Z_W am Eingang einer unendlich langen elektrischen Leitung. Er läßt sich ermitteln durch Messung des Leerlaufwiderstands W_L und des Kurzschlußwiderstands W_K und Einsetzen in die Näherungsformel

$$Z_W = \sqrt{W_L\, W_K}$$

• **Abschirmung** ist neben dem Wellenwiderstand ein wichtiges Merkmal verdrillter Leiterpaare. Man unterscheidet:
- *nicht abgeschirmtes Leiterpaar* (*unshielded twisted pair*, UTP), z.B. mit einer Schlaglänge von etwa 20 mm und einem Wellenwiderstand bei etwa 100 Ω (**Bild 3.3**); Hauptanwendung bei der Ethernet-Variante 10Base-T (s. Abschn. 15.3.1);

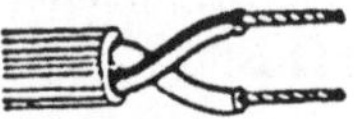

Bild 3.3 Ungeschirmtes verdrilltes Leiterpaar

- *abgeschirmtes Leiterpaar* (*shielded twisted pair*, STP) mit gegenüber UTP verbessertem Schutz gegen Einstreuungen, aber vergrößertem kapazitiven Leitungsbelag, wodurch Einschränkungen bei der maximalen Leitungslänge und der Übertragungsgeschwindigkeit hinzunehmen sind. **Bild 3.4** zeigt das Prinzip der Abschirmung im Vergleich mit anderen Leitungstypen, die in den nächsten Abschnitten besprochen werden.

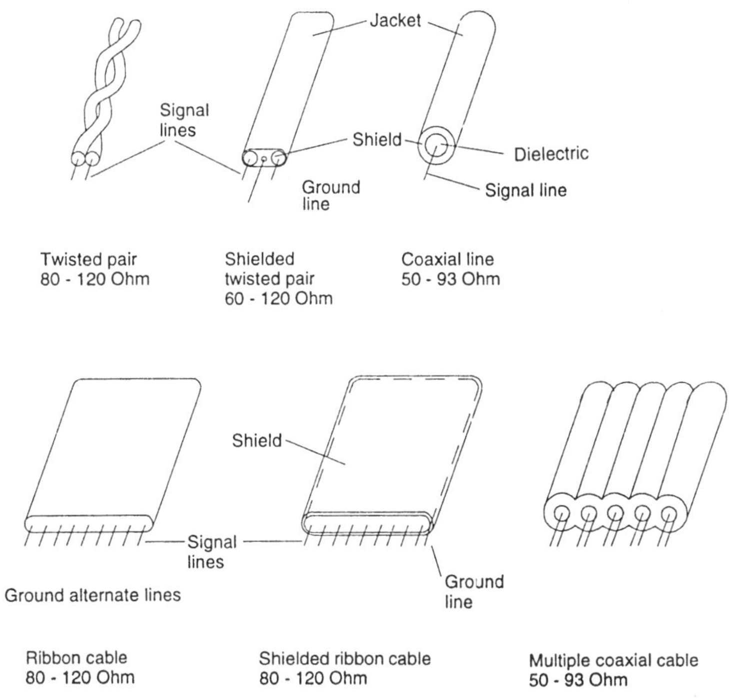

Bild 3.4 Abschirmungen verschiedener Leitungstypen im Vergleich

- *Datenkabel für Token-Ring:* Die STP-Leitungen für Token-Ring sind wie folgt definiert:
- Typ 1 mit zwei verdrillten Doppeladern aus massivem Kupferdraht, die jeweils paarig und zusätzlich mit einer Abschirmung versehen sind;
- Typ 2 entspricht Typ 1, hat aber zusätzlich vier einfache Telefondoppeladern außerhalb der Abschirmung;
- Typ 3 entspricht dem US-Telefonkabel und ist *nicht* abgeschirmt;
- Typ 5 enthält zwei optische Leiter und dient der Verbindung zwischen Verteilerräumen in Token-Ring-Systemen;
- Typ 6 ist eine flexible Ausführung von Typ 1 und wird meist als Verbindungskabel zwischen Anschlußdose und Engerät eingesetzt;

- Typ 8 ist ein spezielles Flachbandkabel (vgl. Abschn. 3.3), das für die Verlegung unter Teppichböden geeignet ist.

Ein paar weitere typische Beispiele verdrillter Leitungen sind in **Bild 3.5** angegeben, wichtige technische Daten dazu nachfolgend aufgelistet (PE: Polyäthylen, PP: Polypropylen). Eine interessante Erkenntnis kann man aus den Daten zu Bild 3.5a ablesen: Der Wellenwiderstand hängt offenbar stark von der Art der Isolierung zwischen Leiterpaar und Außenabschirmung ab.

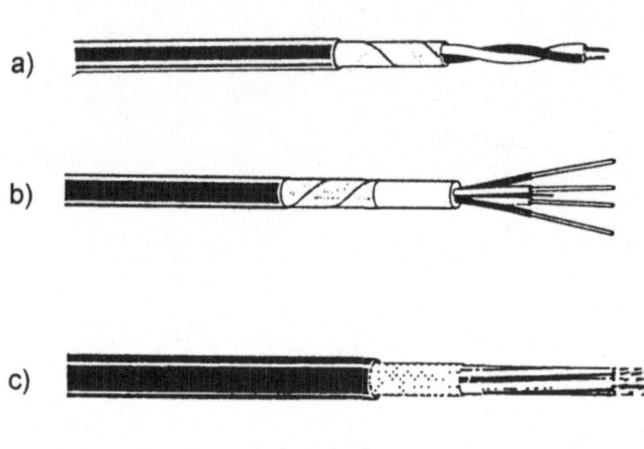

Bild 3.5
Beispiele für Leiterpaare.
Daten dazu im Text

• **Bild 3.5a**, *Einzelpaar mit Folienschirm und PVC-Außenmantel*

Leiterdurchmesser (mm)	7 x 0,203	7 x 0,254	7 x 0,254	16 x 0,254
Isolierung	PE	PE	PP	PE
Außendurchmesser (mm)	4,90	5,35	4,25	6,77
Gleichstrom-widerstand (Ohm/km)	89	58,7	58,7	24,9
Kapazität/1 kHz (pF/m)	72	66	111	89
Wellenwiderstand (Ohm) bei 1 MHz	68	75	44	55

• **Bild 3.5b**, *vier Paare mit Kupferbandschirm und PE-Außenmantel*

Leiterdurchmesser (mm)	1 x 0,74
Isolierung	PE
Außendurchmesser (mm)	5,72
Gleichstrom-widerstand (Ohm/km)	41,3
Kapazität/1 kHz (pF/m)	59
Wellenwiderstand (Ohm) bei 1 MHz	87,5

• **Bild 3.5c**, *sechs Paare mit Gesamtschirm aus verzinntem Cu-Drahtgeflecht und PVC-Außenmantel*

Leiterdurchmesser (mm)	7 x 0,20
Isolierung	PE
Außendurchmesser (mm)	10,03
Gleichstrom- widerstand (Ohm/km)	89
Kapazität/1 kHz (pF/m)	43
Wellenwiderstand (Ohm) bei 10 MHz	117

• **Bild 3.5d**, *mehrpaariges Kabel mit einzeln abgeschirmten Leiterpaaren (Folie) und PVC-Außenschirm*

Leiterdurchmesser (mm)	7 x 0,254
Isolierung	PP
Außendurchmesser (mm)	8,0 mit drei Leiterpaaren
Gleichstrom- widerstand (Ohm/km)	58,7
Kapazität/1 kHz (pF/m)	98
Wellenwiderstand (Ohm) bei 1 MHz	50

Konkrete Anwendungen von verdrillten Leiterpaaren werden wir später kennenlernen (Feldbusse mit 100 Ω bis 120 Ω Wellenwiderstand, Lokale Netze nach 10Base-T). Hier soll zur Abrundung ein *Beispiel* genannt werden:

• ***Transceiver-Kabel für Ethernet.*** Damit wird die Distanz zwischen einem Arbeitsplatzcomputer (z.B. auch PC) und dem eigentlichen Koaxialkabel (Buskabel) überbrückt, wobei maximal 50 m möglich sind und Daten mit der "Ethernet-Rate" von 10 Mbit/s übertragen werden. Die Signaldämpfung darf bei Maximallänge 3 dB nicht übersteigen, die Signal-Ausbreitungsgeschwindigkeit soll mindestens 65 % der Lichtgeschwindigkeit betragen. **Bild 3.6** zeigt solch ein Kabel, das aus vier Leiterpaaren bestehen muß und im Beispiel einen Geflechtschirm, PE-Isolation und einen PVC-Außenmantel hat (10,6 mm Außendurchmesser). Weitere wichtige Daten:

Gleichstromwiderstand	58,7 Ohm/km
Wellenwiderstand	78 ± 5 Ohm

Ein weiteres *Beispiel* sei noch erwähnt: Die vollständige Verbindung zwischen einem Computer und einem Drucker entsprechend der Centronics-Definition (s. Abschn. 12.3) besteht aus 36 Adern, wovon etwa die Hälfte als Rückleiter festgelegt ist. Diese sollen mit den Signalleitern verdrillt werden. Ein gutes Druckerkabel besteht demzufolge aus 18 verdrillten Leiterpaaren.

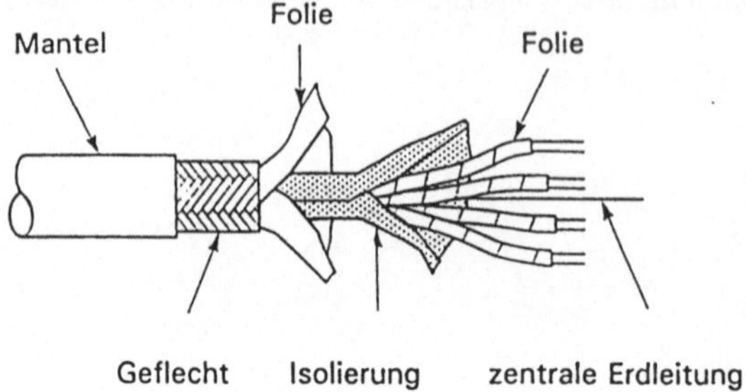

Bild 3.6
Transceiver-Kabel für
Ethernet

3.3 Flachbandkabel

Flache Kabel, auch *Bandkabel* (*ribbon cable*) haben eine große Bedeutung vor allem bei kurzen Entfernungen (bis zu einigen Metern). Bandbreiten bis zu 64 oder gar 80 Leitungen sind verfügbar. Damit lassen sich Systemverdrahtungen innerhalb von Geräten, aber auch vielerlei Peripherieverbindungen herstellen.

• Bauformen für Flachbandkabel sind sehr verschieden möglich, zudem geschirmt oder ungeschirmt, mit unterschiedlicher Isolierung und sehr flexibel (biegsam). Kabelhersteller liefern parallele, verdrillte und koaxiale Ausführungen. **Bild 3.7** bis **Bild 3.10** zeigen ein paar typische Bauformen. Daten dazu sind bei den Bildern angegeben.

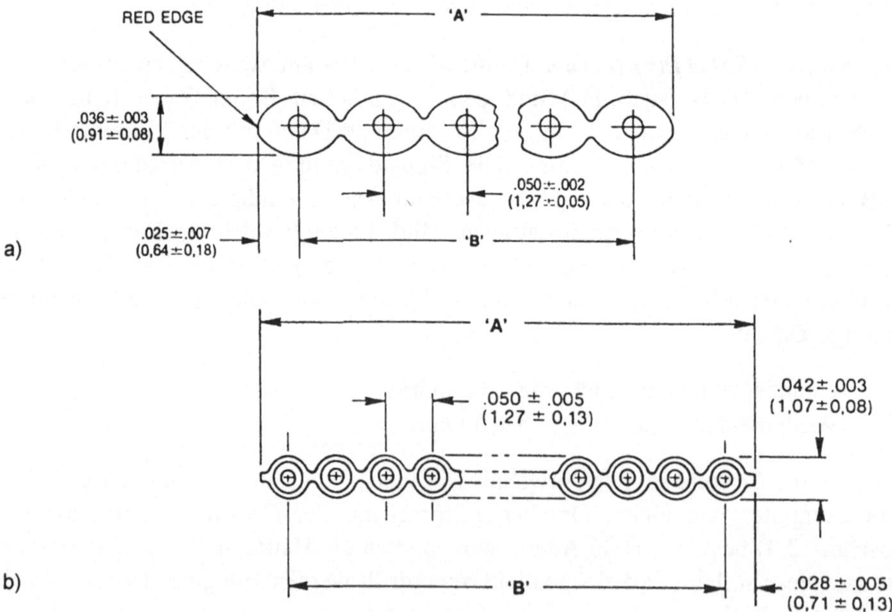

Bild 3.7 Parallelanordnung in kostengünstiger Ausführung mit PVC-Isolierung, Wellenwiderstand 105 Ω (a) bzw. 92 Ω (b), Leitermittenabstand 1,27 mm, Maß A 12,70 mm bei 10 Adern, 81,28 mm bei 64 Adern.

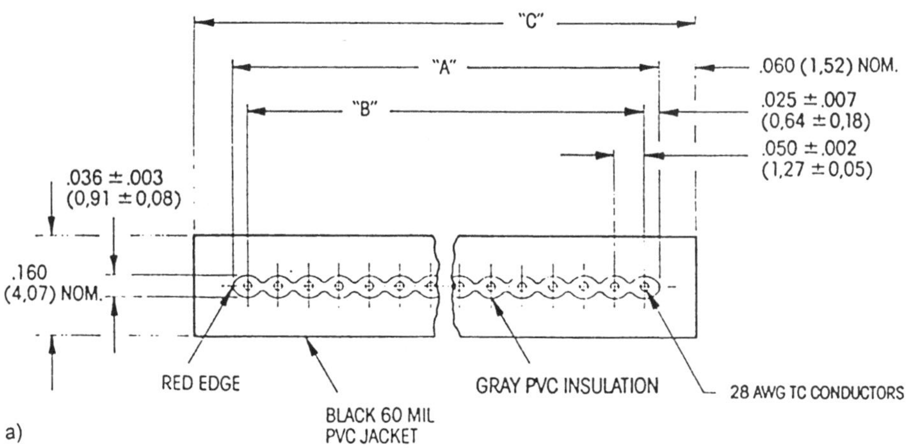

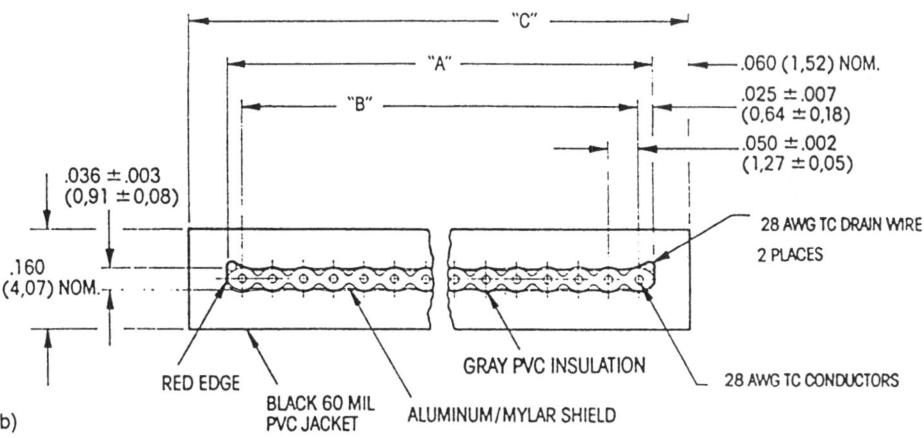

Bild 3.8 Parallelanordnung mit abziehbarer PVC-Umhüllung, 1,27 mm Mittenabstand, Wellenwiderstand 88 Ω ungeschirmt (a), 56 Ω geschirmt (b).

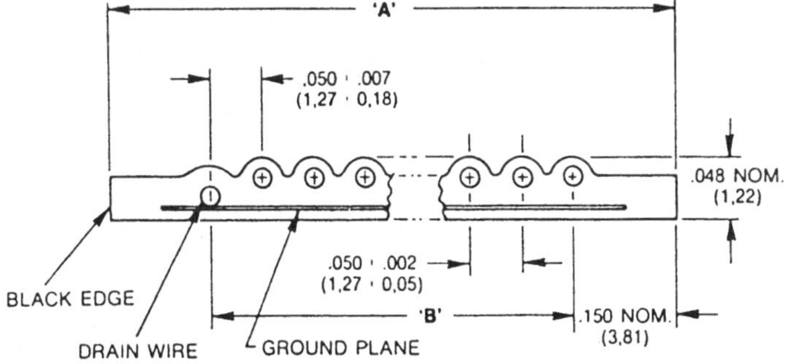

Bild 3.9 Parallelanordnung mit Erdungsfläche zur Reduzierung von Übersprechen, Wellenwiderstand 65 Ω.

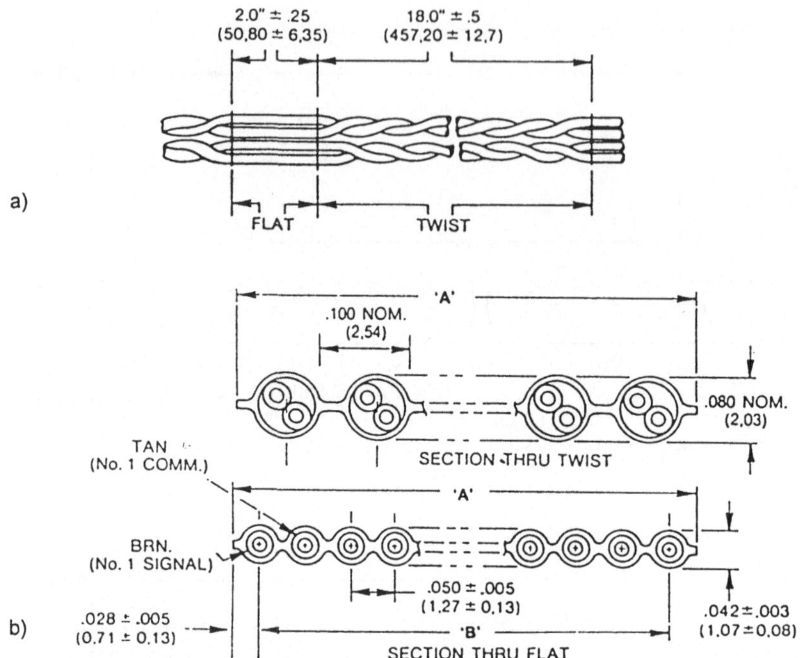

Bild 3.10 Verdrillte Leiterpaare ungeschirmt, Wellenwiderstand 105 Ω (a), 95 Ω (b), flache Parallelanordnung in (a) zur einfachen Montage von Anschlüssen.

3.4 Koaxialkabel

Koaxialkabel sind die bevorzugten Medien für Lokale Netze mit hohen Übertragungsraten (z.B. 10 Mbit/s über mehrere 100 Meter). Aber auch 50 Mbit/s über einen Kilometer und gar 400 Mbit/s über kürzere Strecken sind möglich. Diese günstigen Werte verbunden mit hoher Störsicherheit folgen aus der koaxialen Bauweise entsprechend **Bild 3.11** mit einem rohrförmigen Außenleiter, der den signalführenden Innenleiter gut abschirmt. Die Isolierung (das Dielektrikum) zwischen beiden Leitern beeinflußt wesentlich die Signal-Ausbreitungsgeschwindigkeit: bei Luft würde sie etwa 0,98 c betragen (c ist die Lichtgeschwindigkeit 3 · 10^8 m/s). Mit den üblichen Materialien werden 0,65 bis 0,8 c erreicht.

• *Das Gewicht von Koaxialkabeln* wird oft in Kilogramm pro Längeneinheit angegeben. Bei amerikanischen Firmen ist die Längeneinheit meist 304,8 m (1000 Fuß). In Europa findet man 1000 m. Allerdings muß darauf geachtet werden, ob das Gewicht des kompletten Kabels oder das "Kupfergewicht" gemeint ist. *Beispiel*: Das wichtige Kabel nach RG-62 AU (s. Tabelle 3.4) hat beim Außendurchmesser von 6,1 mm ein Gesamtgewicht von 50 kg/km, aber nur ein Kupfergewicht von 24 kg/km.

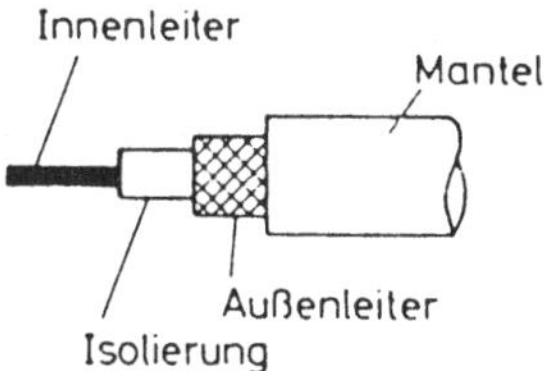

Bild 3.11
Prinzipieller Aufbau eines
Koaxialkabels

• *Bestimmungsgröße für Koaxialkabel* ist vor allem der Wellenwiderstand Z, der im allgemeinen eine komplexe Größe ist. Für praktische Anwendungen genügt jedoch die Kenntnis des Realteils. Man erhält ihn aus dem Logarithmus des Verhältnisses der Durchmesser von Außenleiter D und Innenleiter d zu

$$Z \sqrt{\epsilon} \approx 60 \ln (D/d)$$

Bild 3.12 gibt einen Eindruck der Berechnungen nach dieser Näherungsformel. Bei Kenntnis der Dielektrizitätskonstanten ϵ des benutzten Isoliermaterials läßt sich direkt der Wellenwiderstand ablesen. In praktischen Ausführungen sind Werte von 50 Ω, 75 Ω, 93 Ω häufig. Diese Werte und die zugehörigen Ausbreitungsgeschwindigkeiten sind bei Hochfrequenzausführungen bis zu recht hohen Frequenzen nahezu konstant. Ein Nachteil muß aber hier genannt werden, die

• *Dämpfung* (*attenuation*) von Koaxialkabeln ist relativ groß und nimmt mit der Frequenz zu. **Bild 3.13** zeigt für ein Kabel mit $Z = 60$ Ω die Abhängigkeit der Dämpfung α vom Kabelaußendurchmesser D und der Frequenz, angegeben in dB/km. Eine interessante Ergänzung bringt **Bild 3.14**, in dem die Dämpfung bekannter Koaxialkabel (siehe unten) im Vergleich zur frequenzunabhängigen Dämpfung verlustarmer Lichtleiter (s. nächsten Abschnitt) angegeben ist.

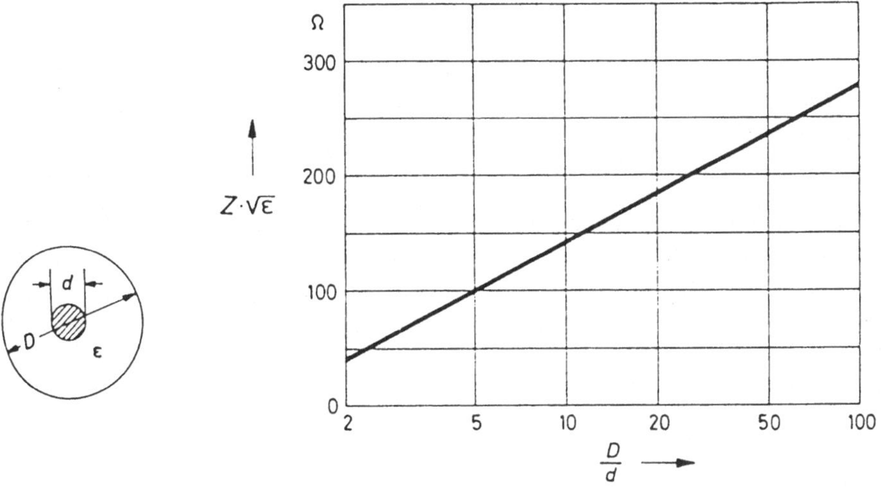

Bild 3.12 Wellenwiderstand von Koaxialkabeln in Abhängigkeit vom Durchmesser-Verhältnis D/d

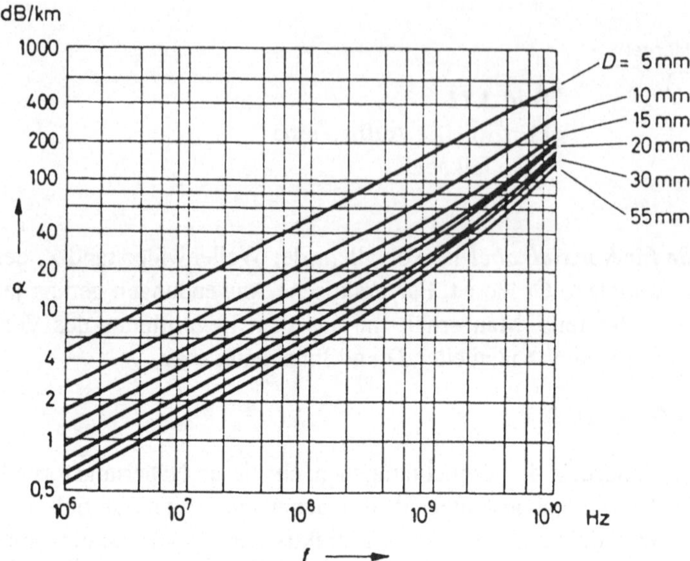

Bild 3.13 Einfluß des Außendurchmessers D eines Koaxialkabels auf die Dämpfung α mit $Z = 60\ \Omega$

• *Grenzen der Störsicherheit* werden deutlich, wenn Erdschleifen gebildet werden oder Störfelder durch die Koaxialanordnung hindurchgreifen.

• *Erdschleifen* entstehen, wenn wie in **Bild 3.15a** mehrere Erdungsstellen vorhanden sind (z.B. an Anschluß- und Verbindungskupplungen). Dann kann der im Bild benannte Störstrom i_N (*noise current*) fließen. Aber auch bei isolierten Anschlüssen ist diese Störung möglich, wenn beide Enden geerdet sind (**Bild 3.15b**).

> Die Gefahr der Entstehung störanfälliger Erdschleifen wächst mit der Anzahl der Erdungsstellen. Optimal ausgeführt ist eine Leitungsverbindung, wenn nur die Signalquelle geerdet wird (**Bild 3.15c**).

• *Feldeinstreuungen* durch energiereiche Rundfunk- und Radaranlagen, Hochspannungsleitungen oder Maschinen können sehr störend werden. So kann ein Koaxialkabel für elektrische Felder (E) als Antenne wirken (**Bild 3.16a**), oder es verhält sich etwa so wie die Sekundärwicklung eines Transformators. Magnetfelder (H) können gemäß **Bild 3.16b** durch das Kabel hindurchgreifen. Ein übler Effekt ist das in **Bild 3.16c** skizzierte Übersprechen (*crosstalk*) bei Mehrfachleitungen. Mit speziellen Bauformen wird diesen Effekten entgegengewirkt. Eine wichtige Form ist das Triaxialkabel (Seite 63).

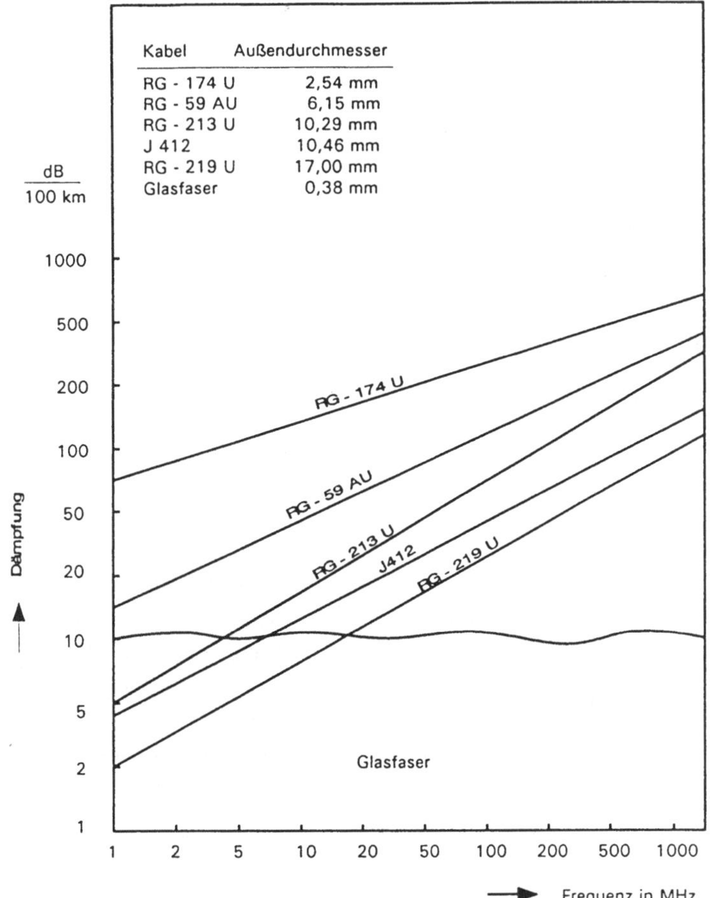

Bild 3.14 Dämpfung einiger ausgewählter Koaxialkabel und von Glasfasern

• *Triaxialkabel* entsprechend **Bild 3.17**. Dabei wird das eigentliche Koaxialkabel durch den dritten Mantel wirksam geschützt, Störströme fließen sozusagen außerhalb. Werden in der Anordnung nach **Bild 3.17c** Innenleiter und "innerer Außenleiter" an der Signalquelle parallel geschaltet, an der Last jedoch offen gehalten, entsteht eine Abschirmwirkung wie bei einem Faradayschen Käfig.

• *Ethernet* benutzt in der Normalausführung 10Base5 (siehe Abschn. 15.3) solch ein Triaxialkabel. Das Ethernetkabel entsprechend **Bild 3.18a** hat eine Nennimpedanz von 50 Ω. Mit gelbem PVC-Mantel (dann *Yellow Cable* genannt) beträgt der Außendurchmesser 10,28 mm (Nennausbreitungsgeschwindigkeit 78 %), mit meist rotem Teflon-Mantel ist der Außendurchmesser nur 9,53 mm (80 %).

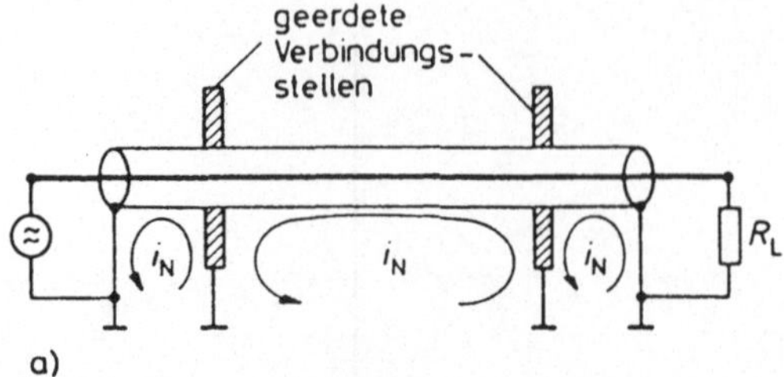

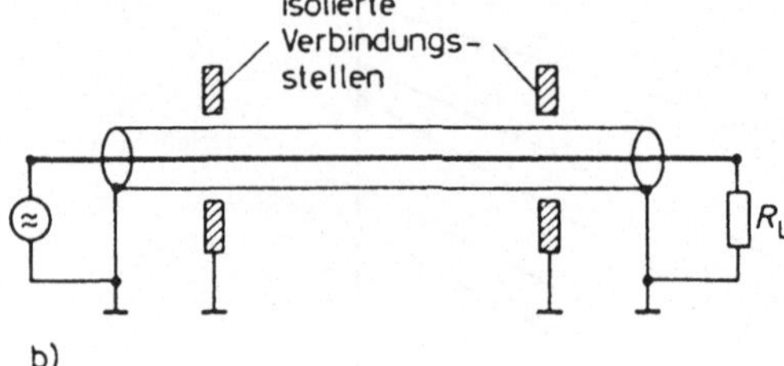

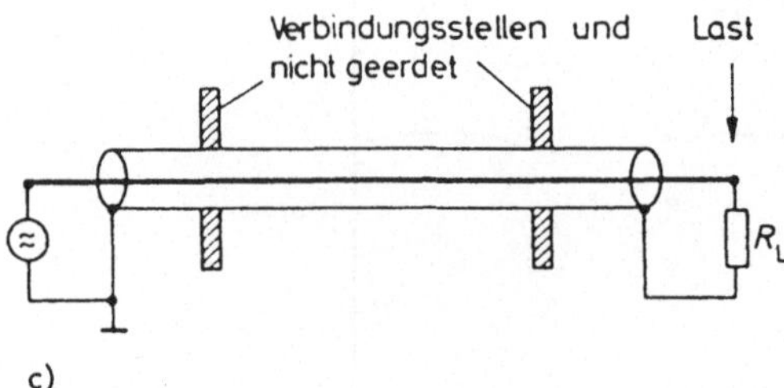

Bild 3.15
Erdungen an Koaxialkabeln.
a) Verbindungsstellen und Last geerdet, dadurch Bildung von Erdschleifen;
b) Verbindungsstellen isoliert;
c) Verbindungsstellen und Last nicht geerdet

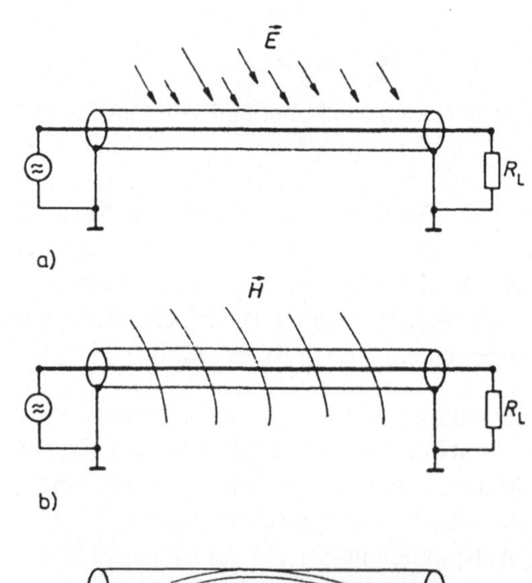

Bild 3.16
Feldeinstreuungen.
a) Störungen durch elektrische Felder E (Kabel wirkt als Antenne);
b) Störungen durch Magnetfelder H;
c) Übersprechen bei Mehrfachleitungen

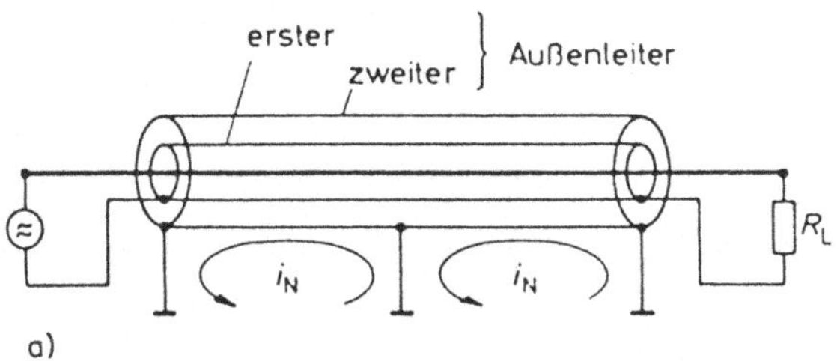

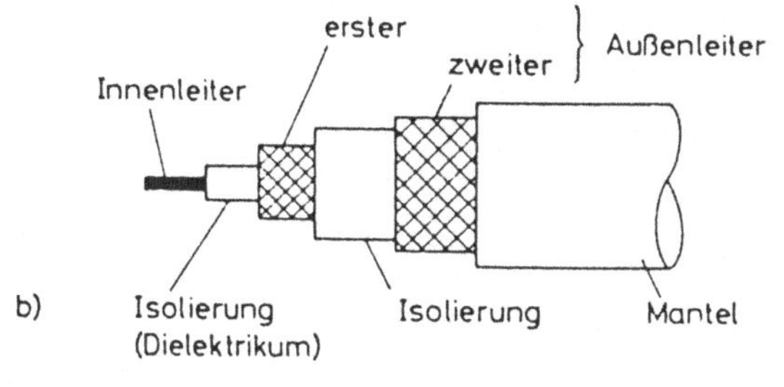

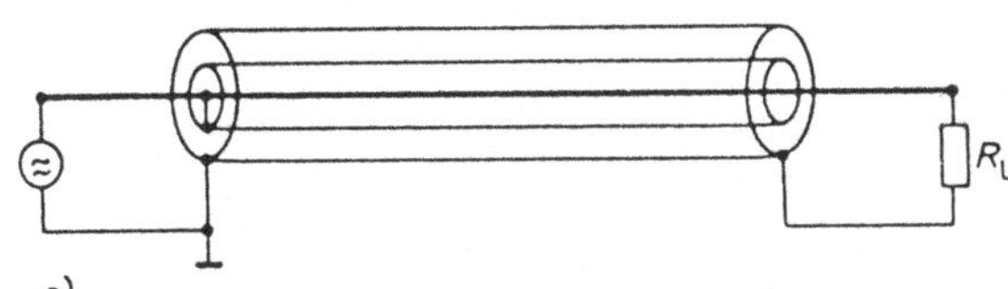

Bild 3.17
Triaxialkabel
a) Anordnung mit ge-
schirmtem Koaxialsystem;
b) Prinzipielle Ausführung;
c) Erster Innenleiter als
Faraday-Käfig

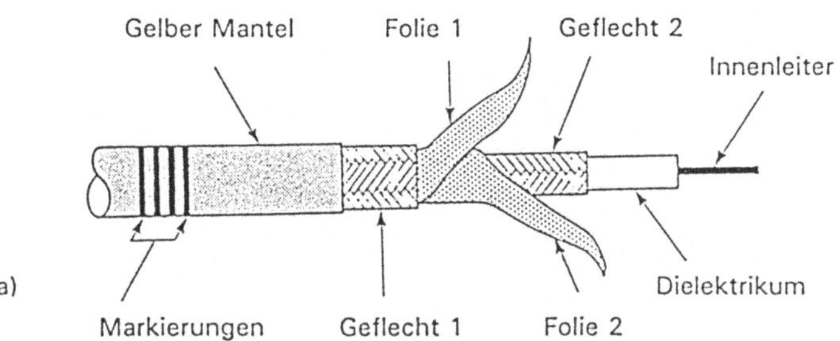

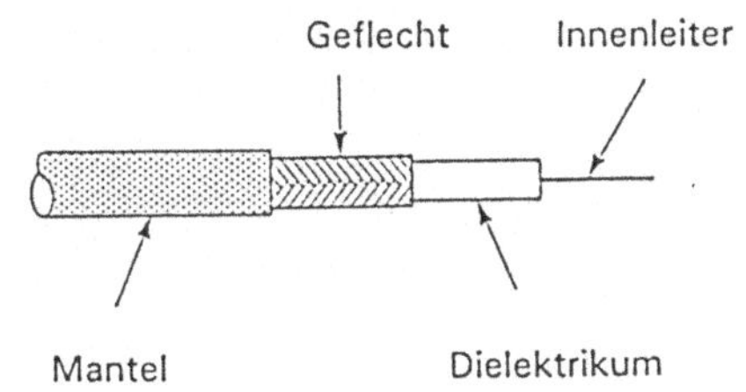

Bild 3.18
a) Ethernetkabel mit verzinntem Kupferleiter, PE-Dielektrikum, Außenleiter aus
0,2 mm verzinntem Kupferdrahtgeflecht, zwei Lagen Alu-Verbund-Folie, Schirm
aus Kupferdrahtgeflecht verzinnt, Markierungen im Abstand von 2,5 m;
b) Thinnetkabel aus PVC mit maximal 8,5 dB Dämpfung pro 185 m bei 10 MHz

• **Thinnet** oder *Cheapernet* mit dem Kürzel 10Base2 (Abschn. 15.3) ist die preiswerte Version für Ethernet-Verkablung. Benutzt wird ein 50-Ω-Koaxialkabel RG-58 nach **Bild 3.18b**, wie es mit BNC-Anschlußtechnik als "Standard" zu jeder Meßlaborausrüstung gehört.

Bild 3.19 stellt noch einmal beispielhaft vier Bauformen gegenüber. **Tabelle 3.4** enthält dazu wichtige Daten. **Tabelle 3.5** schließlich ist eine erweiterte Auflistung bekannter Koaxialkabel.

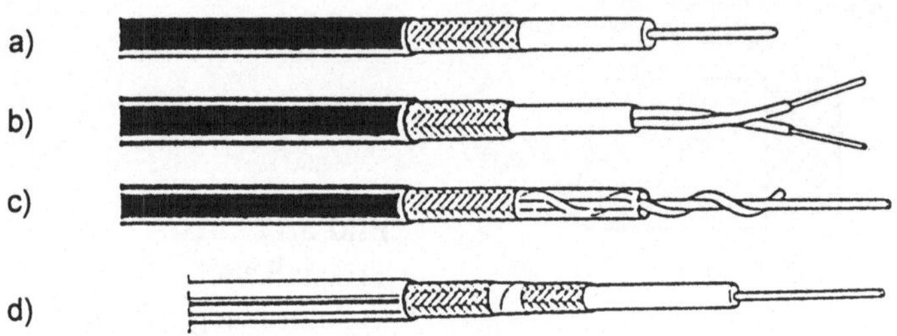

Bild 3.19 Ausgewählte Koaxialkabel.
a) Standardtyp, z.B. RG-58 CU (Standard-BNC-Kabel);
b) IBM-Twinaxkabel;
c) RG-62 AU (Arcnet-Kabel); d) Ethernet-Kabel (sog. *Yellow Cable*)

Tabelle 3.4 Daten zu den Koaxialkabeln von Bild 3.18/3.19

Typ	Bild 3.19	Impedanz Ω	Außen-ϕ mm	Dämpfung bei 10 MHz dB/100 m	Kapazität pF/m	Kupfergewicht kg/km
RG-6 U MAP Breitband	a	75	6,5		55	
RG-11 AU MAP Trägerfr.	a	75 ± 3	10,3	2,16	67,3	
RG-58 CU (Thinnet)	a	50 ± 2	4,95	4,59	93,5	19
RG-59 BU (Fernsehen)	a	75 ± 3	6,15	29,5 400 MHz	69	24
IBM Twinax	b	105 ± 5	8,33	14,8 100 MHz	48	48
RG-62 AU (Arcnet)	c	93 ± 5	6,15	2,79	39	24
Ethernet	d	50 ± 2	10,3	1,7		122

Tabelle 3.5 Datenübersicht einiger Koaxialkabel der Reihe RG

Typ RG- /U	Nenn-Impedanz Ω	Innen-leiter-ϕ mm	Außen-ϕ mm	Dämpfung dB/100 m 10 MHz	400 MHz	1 GHz
6	75	0,91	6,5		ca.15	25
8	50	2,04	10,29		13,8	23,3
8 A	52	1,62	10,29		15,4	
8 X	50	1,15	6,15		26,2	44,3
9	51	1,62				
11	75	1,44	9,65			
11 A	75	0,91	10,29	2,16	13,8	23,3
22	95		10,3	(Twinaxkabel)		
58	50	0,91	5,49	4,59	36	61,7
58 A	50	0,72	4,95		29,5	47,6
58 C	50	0,72	4,95		37,7	70,5
59	75	0,58	6,15		21,7	35,8
59 B	75	0,51	6,15	3,61	23	39,4
62	93	0,57	6,04		17,7	28,5
62 A	93	0,57	6,15	2,79	17,7	28,5
62 B	93	0,45	6,15	2,95	20,0	36,1
63 B	125	0,64	10,29	1,70		19,02
71 B	93	0,57	6,15	2,79	17,7	28,5
108 A	78	0,94	5,97	7,54		85,28
122	50	0,57	4,06		49,4	87,0
142 A	50	0,99	5,12		28	
142 B	50	0,99	4,95	3,61		44,28
174	50	0,36	2,56	12,79	57,4	98,4
178 B	50	0,31	1,90	18,37		150,88
179 B	75	0,31	2,67	17,38		78,72
180 B	95	0,31	3,68	10,82		55,76
187 A	75	0,30	2,70	17,38	56	78,82
188 A	50	0,51	2,79	19,86	55	101,68
195 A	95	0,39	3,80	10,82	43	55,76
196 A	50	0,30	1,90	18,37	95	150,88
213	50	1,62	10,29	1,80	15,4	26,24
214	50	1,62	10,80	2,16	15,4	28,86
216	75		10,8			
218	50	5,0	24,3			
223	50	0,81	5,38	3,93	30,2	53,5

3.5 Lichtleiter

• *Glasfaser* (*optical fibers*) werden aus Kunststoff oder Glas hergestellt. Solche Lichtleiter oder Lichtleitfasern übertragen Gigabits pro Sekunde, wobei z.B. pro 10^9 Bits nur ein Bitfehler auftritt. Weitere Vorteile:
- vollkommene Unempfindlichkeit gegen elektromagnetische Störfelder;
- keine Abstrahlung von Störfeldern;
- kleine Abmessungen, geringes Gewicht, große Biegsamkeit;
- geeignet für Signalübertragung zwischen Orten unterschiedlichen Potentials bis zu einigen 100 kV.

Der typische Aufbau (**Bild 3.20**) gleicht dem eines Koaxialkabels.

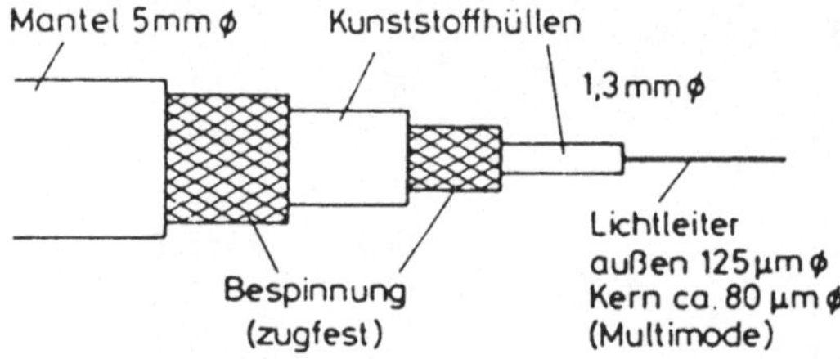

Bild 3.20
Aufbau eines optischen Nachrichtenkabels mit einer Multimode-Faser aus Glas

• *Totalreflexion* ist der zugrundeliegende Effekt für die Ausbreitung der Wellen in Glasfasern. Das bedeutet, bei hinreichend flachem Verlauf der Lichtstrahlen an der Grenze zwischen einem optisch dichteren und einem optisch dünneren Medium können keine Lichtstrahlen das optisch dichtere Medium verlassen, sie laufen zickzackförmig durch den Leiter. In **Bild 3.21** ist dieser Ausbreitungsvorgang für vier verschiedene Fasertypen dargestellt. Der Faserdurchmesser ist durch den Grenzwinkel für Totalreflexion festgelegt. Die Dämpfungsverluste von Lichtleitern liegen heute weit unter 10 dB/km.

• *Ummantelte Fasern* sind in den gezeigten Versionen als Multimode-Faser, Monomode-Faser und Gradientenfaser im Einsatz.

• *Multimode-Fasern* (*step-index fiber* oder Stufenindex-Faser) haben einen Kerndurchmesser von z.B. 200 μm mit Brechungsindex n_1 und einen Mantel von z.B. 300 μm Außendurchmesser mit $n_2 < n_1$. Es ist bei gegebener Frequenz die Übertragung der Grundwelle sowie von Oberwellen möglich. Weil man die Teilschwingungen *Moden* nennt, spricht man hier von Multimode-Faser. Die Dämpfung solch eines Leiters beträgt in einem Beispiel bei 20 MHz Bandbreite 4 dB/km.

• *Monomode-Faser* entsteht anschaulich durch Verdünnung des Kerns auf 2 bis 4 μm (**Bild 3.21c**). Dann kann nur noch die Grundschwingung der Lichtwelle übertragen werden. In einem Beispiel gibt es bei einer Bandbreite von 10 GHz nur eine Dämpfung von 0,5 dB/km.

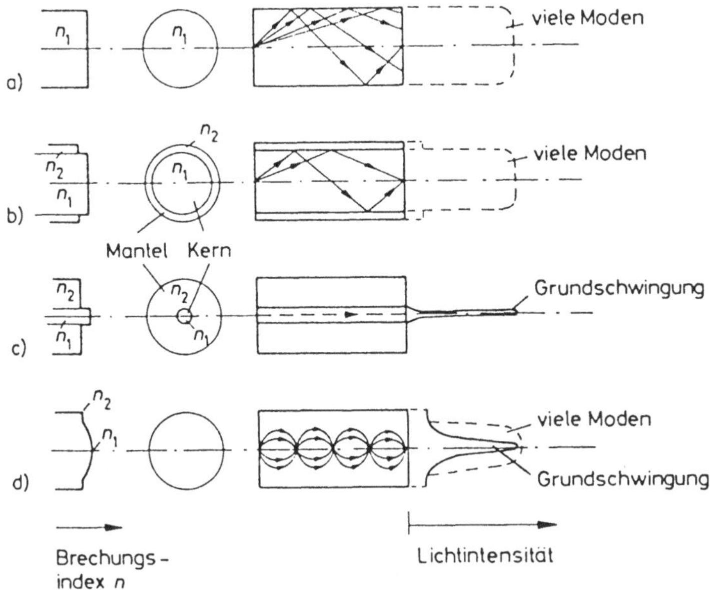

Bild 3.21 Bauformen von Lichtleitfasern mit Brechungsindex-Profilen.
a) Mantellose Faser   c) Monomode-Faser
b) Multimode-Faser   d) Gradientenfaser

• *Gradientenfasern* (*graded-index multimode*) weisen als Besonderheit auf, daß der Brechungsindex sich kontinuierlich vom Faserzentrum nach außen ändert (**Bild 3.21d**). Die Dämpfung beträgt in einem Fall bei 800 MHz 2 dB/km.

• *Lichtleiterübertragung* bedeutet, daß elektrische Signale in Lichtpulse umgewandelt, mit Hilfe einer geeigneten Lichtquelle eingespeist und im Empfänger zurückgewandelt werden müssen (**Bild 3.22**). Als Lichtquellen stehen LEDs (*Light Emitting Diodes*) oder Laser-Dioden zur Verfügung. Als Detektoren werden spezielle Fotodioden eingesetzt.

Ein aufschlußreicher Vergleich der Leistungsfähigkeit verschiedener Glasfasern ist mit **Tabelle 3.6** angegeben. Die der Fachliteratur im Mai 1993 entnommenen Werte nennen für jeweils maximale Leitungslängen die Datenübertragungsraten in Mbyte/s. Die daraus errechnete Bitübertragungsrate (*signaling rate*) in Megabaud (MBd) ist ebenfalls angegeben.

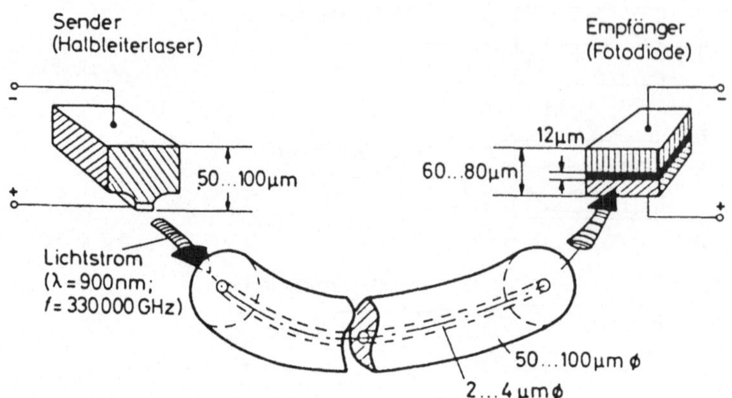

Bild 3.22 Übertragungsstrecke mit Lichtleiter

Tabelle 3.6 Leistungsfähigkeit verschiedener Glasfaser-Übertragungskanäle
(nach Electronic Design, 3. Mai 1993)

Glasfaser	Maximale Länge	Datenübertragungs-rate (Mbyte/s)	Bitübertragungs-rate (MBd)
Monomode-Faser	10 km	100	1062,5
	10 km	50	531,25
	10 km	25	265,6
50 μm Multimode	2 km	25	265,6
	1 km	50	531,25
	0,5 km	100	1002,5
62,5 μm Multimode	1 km	25	265,6
	0,5 km	12,5	132,8
Video-Koax	25 m	100	1062,5
	50 m	50	531,25
	75 m	25	265,6
	100 m	12,5	132,8
Miniatur-Koax	10 m	100	1062,5
	20 m	50	531,25
	30 m	25	265,6
	40 m	12,5	132,8
Twisted pair	50 m	25	265,6
	100 m	12,5	132,8

4 Steckverbindungen

Zu den zweifellos auffälligsten Merkmalen von Peripherieschnittstellen gehören die Stecker am Gehäuse. Oftmals lassen sie bereits Rückschlüsse auf die Art der Schnittstelle zu. Die hier dargestellten und angesprochenen Steckerformen können leider die in der Praxis auftretende Vielfalt nicht annähernd abdecken. Sie sollen dem Praktiker jedoch als erste Orientierungshilfe dienen.

Eine notwendige Voraussetzung dafür, daß Stecker unterschiedlicher Hersteller sowie Geräte zueinander passen und ihre Funktion erfüllen, sind detaillierte Absprachen über Form, Abmessungen und elektrische Kenngrößen dieser *Stecker*. Für alle Standardschnittstellen liegen sowohl nationale wie auch internationale Normen für deren Stecker vor.

• *Steckverbinder:* Im deutschen Sprachgebrauch sind Worte wie Stecker, Anschluß, Kupplung, Gegenstück, Stifte, Kontakte, Pol, Buchse oft mit ähnlicher Bedeutung zu finden. Im deutschen Normenwerk wird daher für Stecker als gesamtes *Verbindungselement* zwischen elektrischen Geräten nur der Begriff *Steckverbinder* verwendet. Dieser besteht im wesentlichen aus dem *Steckergehäuse* und den *Kontakten*. Für die meisten elektrischen Verbindungen werden Kontakte mit unterschiedlicher mechanischer Form verwendet. Häufig sind dabei Stifte von federnden Buchsenteilen umschlossen. In Schaltbildern und der Signalliste zur Kontaktbelegung sind oft die englischen Abkürzungen P (*pin*) für Stift und S (*socket*) für Buchse zu finden. Dabei sollte auf die Verwechslungsmöglichkeit zwischen S, Stift und S, Socket geachtet werden.

• *Kenngrößen:* Zur Charakterisierung von Steckern werden deren mechanische und elektrische Kenngrößen angegeben. Als die wichtigsten gelten die *Lebensdauer*, angegeben in "Anzahl von Steckungen", die *Strombelastbarkeit* der Kontakte in Ampere und das *Isolationsverhalten* gegen hohe Spannungen zwischen den Kontakten sowie zwischen Kontakt und Gehäuse. Die Strombelastbarkeit der Kontakte wird bestimmt durch die Federkraft, das Material, die Beschaffenheit und die Größe der Oberfläche.

• Realisierung und Standards: Für die Realisierung von firmenspezifischen Schnittstellen sind der Phantasie beim Erfinden neuer Steckertypen und Formen keine Grenzen gesetzt. **Bild 4.1** zeigt die Häufigkeit verschiedener Steckertypen bei Labormeßgeräten (gezählt von 1982 bis 1990). In der Vergangenheit bestand für den Anwender eine der wesentlichen Hürden beim Anschluß unbekannter Schnittstellen darin, sich den passenden Steckertyp zu beschaffen und die Anschlußbelegung richtig auszuführen. Durch die neuen Industriestandards Ende der 70er Jahre, z.B. den IBM-PC und zunehmender Verwendung von serieller Datenübertragung mit nur wenigen Leitungen, verlagern sich die Kompatibilitätsprobleme beim Anschluß von unbekannten digitalen Schnittstellen zunehmend von der Hardware hin zum *Übertragungsprotokoll*, der "Schnittstellen-Software".

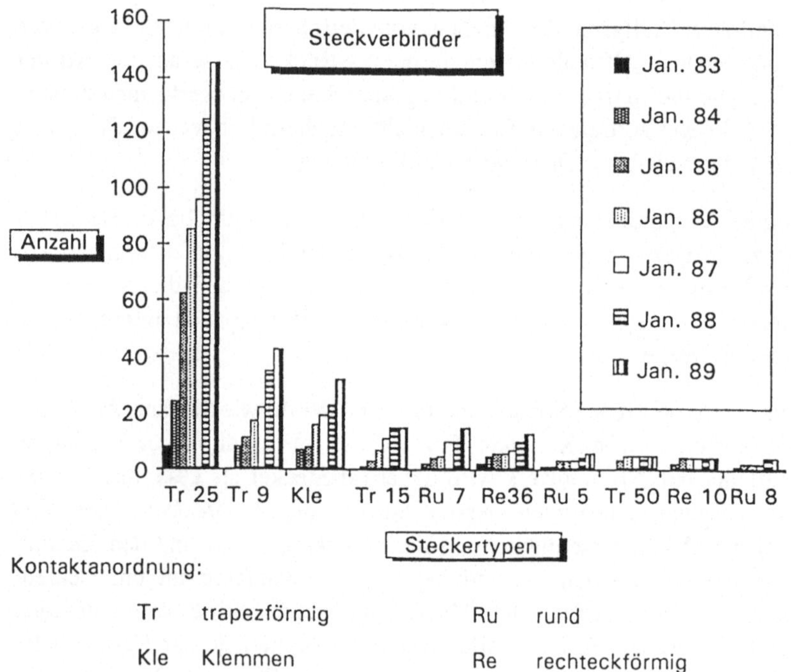

Bild 4.1 Häufigkeit verschiedener Steckertypen bei Meßgeräten

Für einige Anwendungsbereiche sind in diesem Kapitel die charakteristischen und wichtigsten Stecker und deren Anschlußbelegung zusammengestellt (**Bild 4.2**). Die ausführliche Erklärung der einzelnen Signale führt allerdings an dieser Stelle zu weit und wird zum Teil in den Kapiteln 12 und 13 über angewandte Schnittstellen ausführlicher behandelt. Im Bereich der Computerperipherie sind bei digitalen Schnittstellen hauptsächlich Sub-D-Stecker mit trapezförmiger Kontaktanordnung anzutreffen.

Steckertyp	Schnittstelle	Steckertyp	Schnittstelle
DB25	RS-232 (V.24)	36-pin	Centronics Schnittstelle
DB9	Atari, DAA, ... BM-PC seriell,	RJ11,RJ12,RJ45	Telefonie, DATA-PABX
DB15	Texas Instuments, NCR, POS, UNIX–Systeme	DIN 5	PC-Tastatur
DB37	RS-449,422,423	Telco	Telefonie, Netzwerke
DB50	Dataproducts, UNIVAC, Datapoint	Coax BNC; TNC	Coax-Systeme Ethernet
M34	V.35	BNC und TNC	WANG Dual Coax
M50	Dataproducts, UNIVAC, DEC, ...	Twinax	Twinax 3X-Systeme 5520, ...
IEEE-488	GPIB, HPIB		Current Loop
			Schraub-klemmen

Bild 4.2 Übersicht über typische Steckverbinder und deren Verwendung

4.1 Diodenbuchse

Für den Audio-Bereich wurde bereits Anfang der 60er Jahre für die niederfrequente, analoge Sprach- und Musikübertragung eine sogenannte *Diodenbuchse* mit Anschlußbelegung (**Bild 4.3**) genormt. Im Jargon wird sie häufig mit *DIN-Buchse* bezeichnet. Der Name Diodenbuchse rührt von den Radiogeräten her, die direkt hinter den Demodulator-Dioden ihren Niederfrequenzausgang an dieser Buchse herausgeführt hatten. Später wurde dann der NF-Verstärkereingang zum Anschluß z.B. eines Plattenspielers ebenfalls auf diese Buchse gelegt.

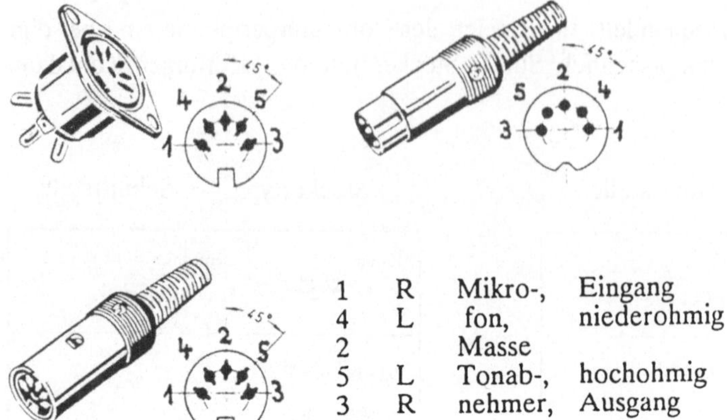

1	R	Mikro-,	Eingang
4	L	fon,	niederohmig
2		Masse	
5	L	Tonab-,	hochohmig
3	R	nehmer,	Ausgang

Für Steuerfunktionen: 72° - Buchse
(4, 5, 7 und 8polige Ausführung)

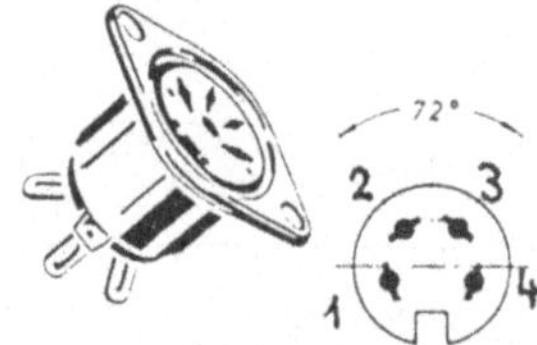

Bild 4.3 Diodenbuchse, z.B. an Tonbandgeräten

• *Anschlußschema:* Die Zählweise der Anschlüsse ergibt sich aus der Erweiterung der 3poligen Monobuchse zur 5poligen Stereobuchse. Die Anschlüsse 3 und 5 führen z.B. in der Überspielbuchse an Tonbandgeräten die Ausgangssignale, die Anschlüsse 1 und 4 bilden die Eingänge. Bei normgerechter Verschaltung muß also das Überspielkabel die Anschlüsse 3 und 5 mit den Anschlüssen 1 und 4 über Kreuz verbinden (**Bild 4.4**).

• *Cinch-Buchsen:* Viele Geräte japanischer Fertigung besitzen für Audio- und Videoanschlüsse einzelne *Cinch-Buchsen* (s. Bild 4.6). Die Signale in den Verbindungskabeln werden meist in getrennt abgeschirmten Koaxial-Leitungen geführt. Die Übersprechdämpfung zwischen den einzelnen Knälen sowie der Störspannungsabstand sind besser als beim abgebildeten DIN-Überspielkabel und genügen auch hohen Ansprüchen. Ein weiterer wesentlicher Vorteil besteht in der „manuellen" Verdrahtung der einzelnen Audiokanäle. Fehlende oder überflüssige Kreuzungen im Verbindungskabel können nicht vorkommen bzw. sind durch die anschließende Person leicht zu korrigieren.

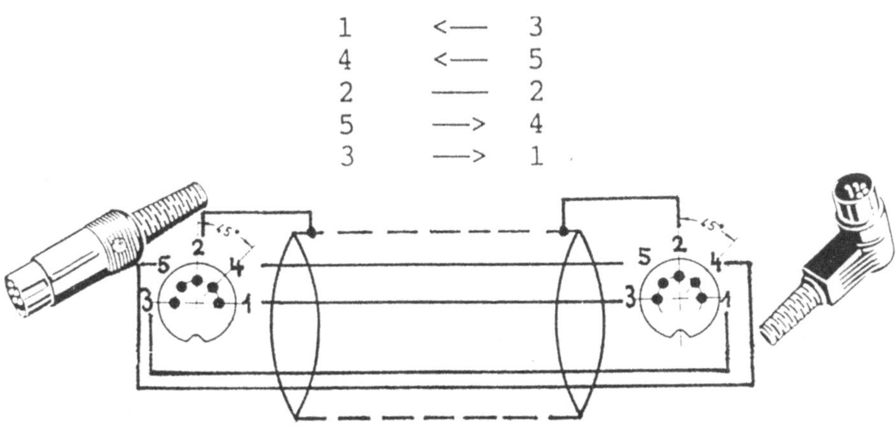

Bild 4.4 Überspielkabel (Diodenkabel)

4.2 Scart-, Hosiden-Buchse

• *Scart-Buchse:* Video-Anschlüsse sind entsprechend der VHS-Norm oft als *Scart-Buchse* (**Bild 4.5**) ausgeführt. In Anhang 17.1.2 finden wir die Anschlußbelegung und das Überspielkabel. Die Schaltspannung an Pin 8 beträgt in der Regel zwischen 6 V und 12 V. Sie wird von einigen Fernsehgeräten dazu benutzt, zwischen einem Hochfrequenzkanal und dem direkten Videoeingang über die Scart-Buchse umzuschalten.

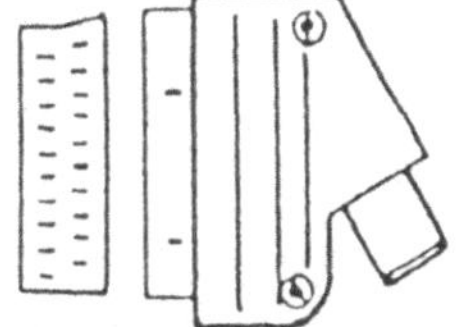

Scart- (Euro-AV)Anschluß
21polige Steckverbindung für Bild- und
Tonsignale. Je nach Beschaltung kann
eine Scart-Leitung Y/C-, FBAS-, RGB-
oder Computer-Signale übertragen.

Anschlußbelegung im Anhang 17.1.2

Bild 4.5 Scart-Buchse zur Verbindung von Videogeräten nach VHS-Norm

• *Hosiden-Buchse:* Gemäß der S-VHS-Norm wird hier die Bildinformation mit höherer Bandbreite und aufgeteilt in 2 Signale (C, *Chrominanz* und Y, *Luminanz*) übertragen. Sie müssen in getrennten Leitungen geführt werden. Für ihren Anschluß ist die *Hosiden-Buchse* (**Bild 4.6**) am weitesten verbreitet. Sie ist im Gegensatz zur Scart-Buchse wesentlich kleiner und somit an Gehäuserückwänden von Kameras und Mischpulten viel einfacher unterzubringen.

Bild 4.6 Hosiden-Buchse und Cinch-Buchse für S-VHS-Videogeräte

4.3 UHF-, BNC-, N-, Twinax-Stecker

Als Beispiel für Stecker bei Video- und Hochfrequenzanwendungen soll zunächst der UHF-Stecker (**Bild 4.7**) angesprochen werden. Seine Aufgabe besteht darin, einzelne, abgeschirmte, koaxiale Kabel mit niedriger Dämpfung und geringen Reflektionen in einem möglichst breiten Frequenzbereich zu verbinden.

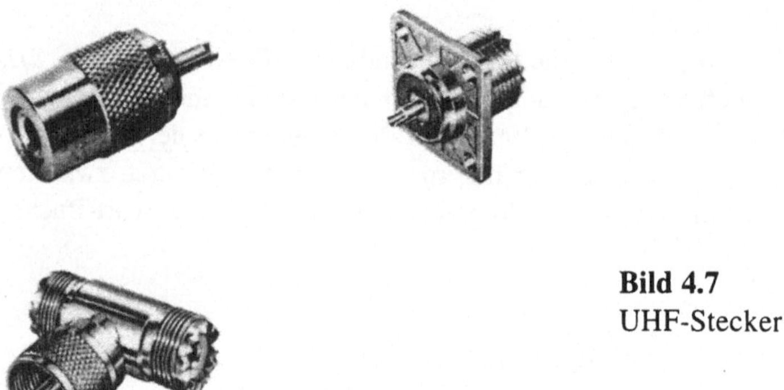

Bild 4.7
UHF-Stecker

• *Der UHF-Stecker:* wird im gesamten Kurzwellenbereich bis etwa 150 MHz verwendet. Er ist im praktischen Einsatz beliebt, da er unempfindlich gegen mechanische Einwirkungen, robust und preiswert ist. Das Steckergehäuse (PL-259) wird mit einem Überwurf mit der Buchse (SO-239) verschraubt. Für Präzisionsmessungen und höhere Frequenzen ist er jedoch ungeeignet, da u.a. wegen des nicht festgelegten Dielektrikums sein Wellenwiderstand nicht konstant und die Kontaktstelle des Außenleiters mechanisch nicht genau bestimmt ist.

• *BNC-Stecker:* In der Meßtechnik haben sich allgemein BNC-Stecker (*Basic Norm Connector*, **Bild 4.8**) durchgesetzt. Sie werden auch bei der digitalen Datenübertragung im Basisband bis zu mittleren Übertragungsraten, z.B. *Chea-*

pernet, mit Erfolg eingesetzt. Der Wellenwiderstand beträgt 50 Ohm, die Übergangswiderstände im Innen- wie im Außenleiter sind durch separate Kontaktfedern gering, und die Verbindung wird mechanisch durch ein Bajonett gehalten.

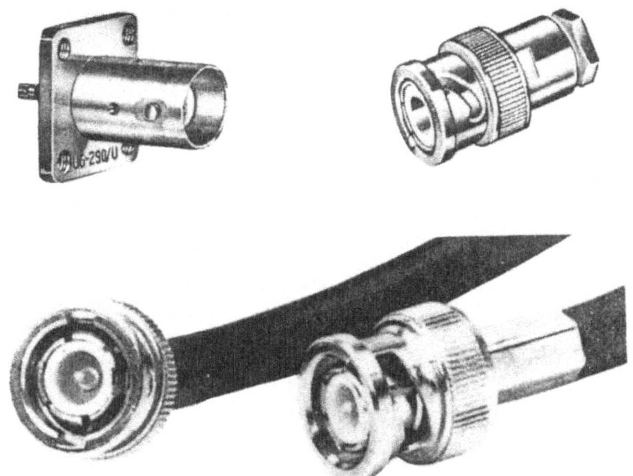

Bild 4.8
BNC-Stecker

• *N-Stecker:* Für hohe Frequenzen und Präzisionsmessungen werden Stecker der Serie N (*N-Connectors*, **Bild 4.9**) eingesetzt. In der Datenübertragung sind N-Stecker bei allen Breitbandübertragungssystemen oberhalb des Basisbandes oder in Systemen mit hohen Datenübertragungsraten, z.B. Ethernet (> 10 Mbit/s) notwendig. Sie sind dem BNC-Stecker im Aufbau sehr ähnlich, aber in den Außenabmessungen größer. Mechanisch sind sie allerdings nicht durch ein relativ bewegliches und elastisches Bajonett gehalten, sondern durch einen schraubbaren Überwurf an der Buchse befestigt, wie beim UHF-Stecker.

Bild 4.9 Stecker der Serie N, z.B. für Ethernet

• *Twinax-Stecker:* In mittleren und großen IBM-Rechnern, z.B. der Serien 34/, 36/, 38, 5251 Remote Model 12 und System/400, werden zur synchronen Datenübertragung Twinaxkabel eingesetzt (vgl. auch Bild 3.19b in Abschn. 3.4). Durch ihren Aufbau bedingt, erlauben sie eine zuverlässige Übertragung auch bei hohen Datenraten. Twinaxkabel bestehen aus einem Koaxialkabel mit 2 symmetrisch angeordneten Innenleitern im Dielektrikum. Die zugehörigen Stecker (**Bild 4.10**) ähneln den Steckern der Serie N.

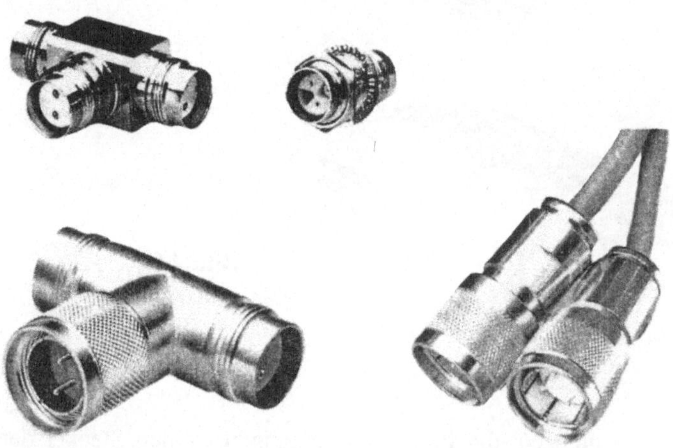

Bild 4.10 Twinax-Stecker für IBM-Systeme

4.4 15poliger D-Sub-Stecker

Die Signale der wichtigen digitalen Schnittstellen für Computerperipherie werden in Kapitel 12 und 13 behandelt. Daher sollen an dieser Stelle nur die gebräuchlichsten Steckertypen vorgestellt und einige allgemeine Hinweise über die häufig damit verbundenen Schnittstellen gegeben werden.

• *D-Sub-Stecker:* Der 15polige Stecker aus der Serie D-Sub (**Bild 4.11**) wird außer in einigen speziellen Anwendungen, z.B. *für Joy-Stick* und *Games-Port* an Rechnern, sehr häufig an Modems und Meßgeräten für serielle Schnittstellen mit elektrischen Eigenschaften nach CCITT V.11 bzw. EIA RS-422/RS-485 (siehe Abschn. 13.3) eingesetzt.

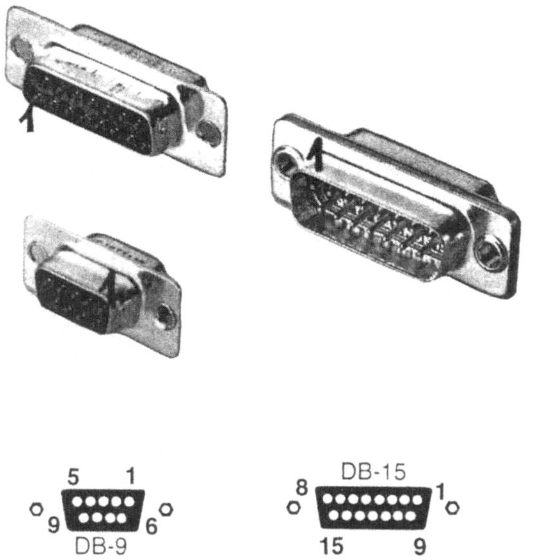

Bild 4.11 9poliger und 15poliger D-Sub-Stecker

4.5 25poliger D-Sub-Stecker

Wohl am meisten verbreitet ist der 25polige Stecker der Reihe D-Sub (**Bild 4.12**). Die Kontakte sind trapezförmig angeordnet. Wenn ein solcher Stecker am Gehäuse eines Computers, Meß- oder Peripheriegeräts vorhanden ist, deutet dies darauf hin, daß es sich um den Anschluß einer Schnittstelle ähnlich der RS-232 handelt (s. Abschn. 13.2).

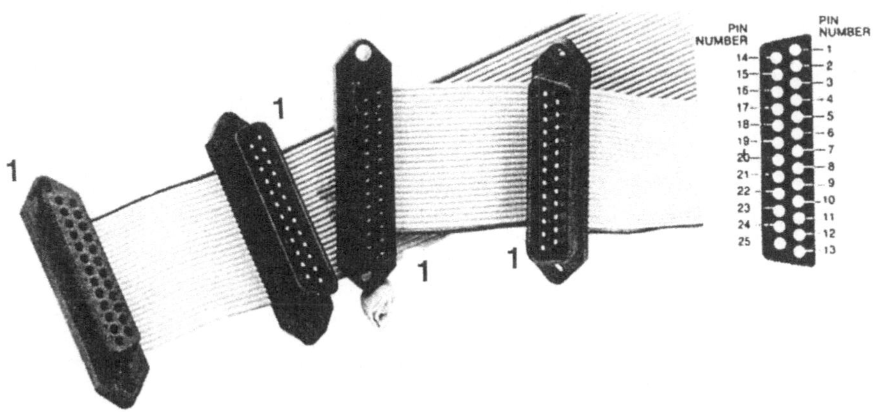

Bild 4.12 25poliger D-Sub-Stecker

Die Vermutung einer digitalen, seriellen, asynchronen Schnittstelle mit bipolaren
Pegeln zwischen 3 V und 15 V liegt nahe. Nachdem 1982 der IBM-PC auf dem
Markt erschien, kann sich hinter einem Buchsenteil dieses Typs, z.B. an IBM-
kompatiblen Rechnern, auch eine parallele Centronics-Schnittstelle verbergen.

4.6 36poliger Centronics-Stecker

Nur geringe Zweifel sind angebracht, wenn der Anwender auf einen 36poligen
Stecker mit rechteckförmiger Kontaktanordnung (**Bild 4.13**) trifft. Hierbei handelt
es sich meist um eine 8-Bit parallele Centronics-Schnittstelle (s. Abschn. 12.3.1)
mit TTL-Pegeln zum Anschluß eines Druckers. Der Steckverbinder gehört zur
gleichen Baureihe (Rechteckverbinder) wie der des IEEE-488-Busanschlusses mit
24 Kontakten.

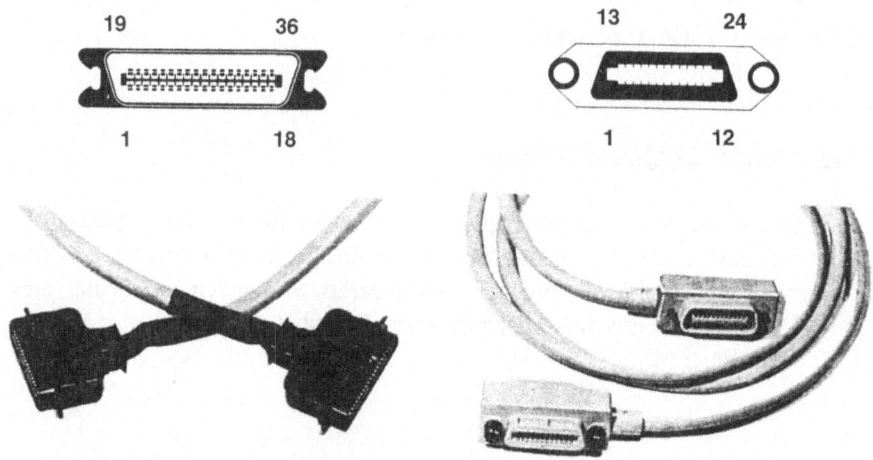

Bild 4.13 36poliger Centronics-Stecker, 24poliger IEC-Bus-Stecker

4.7 50poliger D-Sub-Stecker

Ein 50poliger Stecker der D-Sub-Bauart (**Bild 4.14**) an Rechner-Einsteckkarten oder Meßgeräten weist auf eine parallele *BCD-Schnittstelle* (s. Abschn. 12.2.2) hin, bei der meist TTL-Pegel verwendet werden. Dabei werden die Ziffern der Meßwerte jeweils in 4 Bits codiert. Diese Daten werden gleichzeitig auf jeweils getrennten Leitungen und Anschlüssen geführt. Die Breite der Daten kann in der Regel bis zu 10 Ziffern, also 40 Bits betragen. In seltenen Fällen wird dieser Stekkertyp auch bei Modem-Schnittstellen verwendet, wenn z.B. eine größere Anzahl von V.24-Signalen von einer Interfaceschaltung bedient werden sollen.

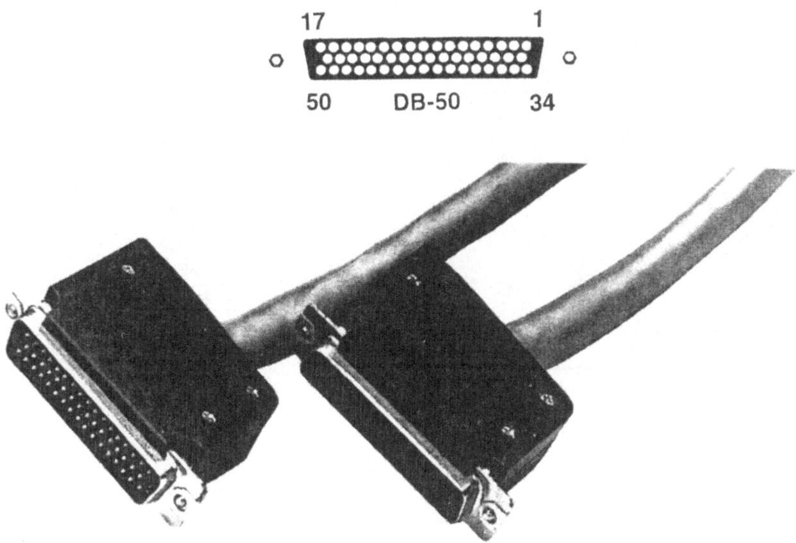

Bild 4.14 50poliger D-Sub-Stecker

Einige Steckertypen und Anwendungen sind mit **Bild 4.15** angegeben.

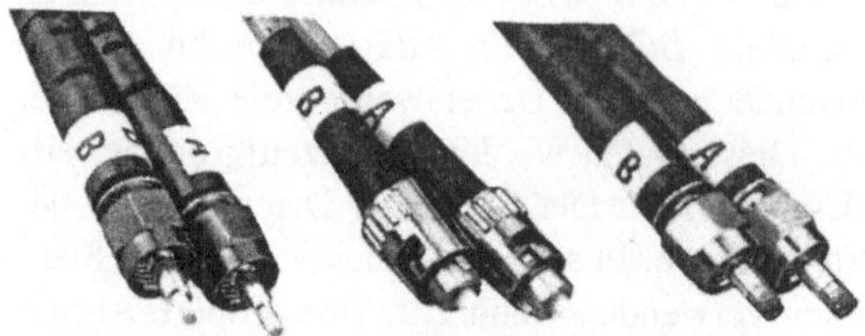

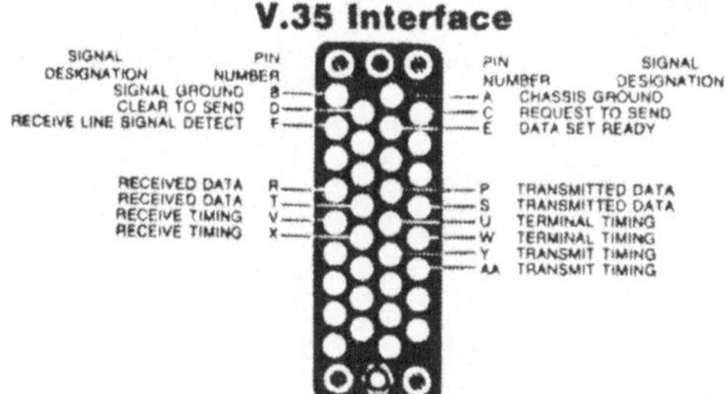

Bild 4.15 Weitere Stecker und Anwendungen

5 Elektrische Eigenschaften

Informationen können auf elektrischen Leitern nur übertragen werden, wenn die Elemente der Datenübertragung elektrischen Signalen zugeordnet sind. Die Beschreibung dieser elektrischen Eigenschaften ist ein wichtiger Bestandteil der Schicht 1 (*Physical Layer*) des ISO-Referenzmodells (vgl. Abschn. 1.4) und muß auf das Übertragungsmedium (Kapitel 3) abgestimmt sein.

5.1 Grundlagen

Die elektrischen Eigenschaften bestimmen im wesentlichen die maximale Übertragungsentfernung, Übertragungsgeschwindigkeit und Störsicherheit der gesamten Übertragungsstrecke. Daher ist ihrer Auswahl ganz besondere Aufmerksamkeit zu widmen. Charakteristische Merkmale werden in diesem Abschnitt angesprochen.

• *Normen* in großer Vielzahl beschreiben die elektrischen Verhältnisse bei der Datenübertragung. Im deutschen Normenwerk sind in DIN 66 259 Teil 1 bis 4 die elektrischen Eigenschaften zu finden. Zahlreiche internationale ISO- und IEC-Standards, z.B. ISO 8482, sowie europäische Normen, sorgen für die Austauschbarkeit von Peripheriegeräten der unterschiedlichsten Hersteller. Die bekanntesten internationalen Normen für den Postgebrauch, die auch in diesem Abschnitt behandelt werden, sind CCITT V.28 und CCITT V.11.

5.1.1 Übertragungsstrecke

Die sichere Übertragung einzelner Bits ist Aufgabe der Schicht 1 des Referenzmodells. Dabei wird von den zusätzlichen Merkmalen wie Datenformat, Codierung und Synchronisation in diesem Abschnitt zunächst abgesehen.

• *Übertragungsstrecke* (**Bild 5.1**) besteht aus einer Quelle mit Sendebaustein, der Leitung und der Senke mit dem Empfängerbaustein. Der Sender erzeugt entsprechend seiner elektrischen Eigenschaften den digitalen Spannungsverlauf einer Bitfolge. Im Übertragungskanal werden diese Signale sowohl zeitlich als auch in der Amplitude nach Betrag und Phase verzerrt. Diese Störungen können u.a. durch die *Tiefpaßcharakteristik* des Kabels, durch *Reflexionen* und durch *elektromagnetische Einstreuungen* verursacht werden.

• *Das Übertragungsmedium* ist, seinem mechanischen Aufbau folgend, gekennzeichnet durch seinen Widerstands-, Kapazitäts- und Induktivitätsbelag und damit durch seine *Impedanz* (Z). Nach den Regeln der Leitungstheorie (*Leistungsanpas-*

sung) muß bei zunehmender Übertragungsgeschwindigkeit und Übertragungsentfernung für reflexionsfreien Betrieb der Strecke der dynamische Innenwiderstand (R_i) des Senderbausteins gleich der Impedanz der Leitung und gleich dem Abschlußwiderstand (R_l) sein, wenn die Dämpfung (*Widerstandsbelag*) unberücksichtigt bleibt.

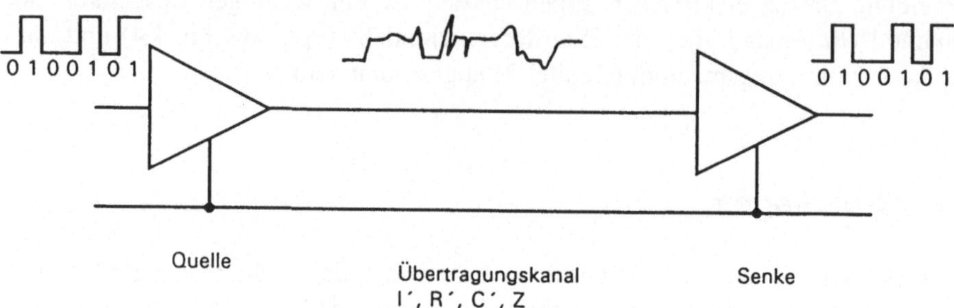

Bild 5.1 Übertragungsstrecke

• *Ein Beispiel* soll hier für die charakteristischen Daten (gerundet) einer Übertragungsstrecke mit verdrillten Leitungen (*Twisted Pairs*) gegeben werden. Die angegebenen Werte sind typisch für elektrische Eigenschaften nach RS-422 und RS-485. Die Leitung von 500 m Länge besitzt eine Abschirmung aus Kupfergeflecht und führt 2 Leiter mit einem Querschnitt von je 0,14 mm², die mit einer Schlaglänge von 20 mm sehr eng verseilt sind. Als *Leitungsbeläge* wurden zwischen den beiden Signalleitern die Kapazität bezogen auf die Länge von $C' = 119$ pF/m und die Induktivität bezogen auf die Länge von $L' = 1,45$ µH/m gemessen. Die Dämpfung (*spezifischer Widerstand*) beträgt je Ader $R' = 0,12$ Ohm/m. Daraus ergibt sich bei 500 m Länge eine Gesamtdämpfung von $R = 120$ Ohm, die in diesem Beispiel auf Grund des geringen Leitungsquerschnitts sehr hoch ausfällt. Es ergibt sich für den

Wellenwiderstand $Z = \sqrt{(L'/C')} \approx 110$ Ohm

Tiefpaß (bei 500 m) $f_g = 1/\sqrt{LC} \approx 75$ MHz

5.1.2 Signalzuordnung

Der Senderbaustein der Datenquelle kann im Ersatzschaltbild durch eine Spannungsquelle mit der *Leerlaufspannung* (U_o, maximaler Pegel am Sender) und dem *Innenwiderstand* (R_i) charakterisiert werden (**Bild 5.2**). Er ergibt sich aus dem maximalen Ausgangsstrom des Bausteins und muß bei der jeweiligen Übertragungsgeschwindigkeit (dynamisch) gemessen werden.

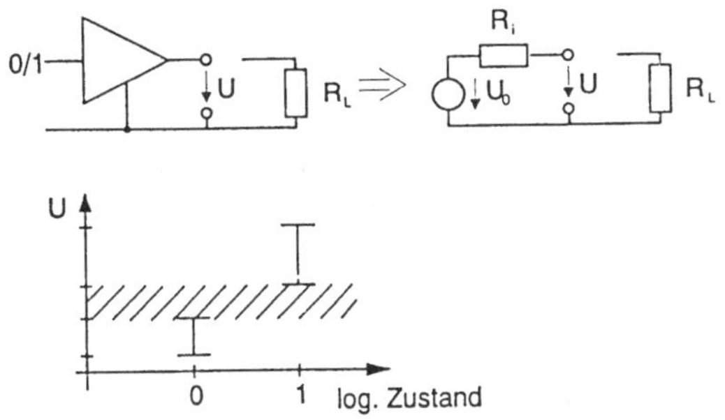

Bild 5.2
Spannung am Senderbaustein

• *Normen* und teilweise auch *Datenblätter* der Treiberbausteine geben für den Sender Bereiche für die Leerlaufspannung an. Die logischen Zustände sowohl der Daten- als auch der Steuerleitungen sind diesen Bereichen eindeutig zugeordnet. Im Bereich zwischen der minimalen Spannung für logisch Eins und logisch Null ist das Ausgangssignal nicht definiert und kann im Empfänger zu Störungen führen.

5.1.3 Signalrückgewinnung

Das im *Übertragungskanal* verzerrte Signal muß im Empfänger derart aufgearbeitet werden, daß die gesendete Information regeneriert werden kann. Im Empfänger muß zunächst die Reproduktion diskreter Amplitudenwerte zu einem binären Datenstrom erfolgen, anschließend sind durch Abtasten zu vorgegebenen Zeiten (*Synchronisation*, Abschn. 8.1) die zeitdiskreten Daten zurückzugewinnen.

• *Der Signalzustand am Empfänger* ist definiert, wenn der Betrag der Spannung zwischen den zugehörigen Meßpunkten, z.B. der signalführenden Ader und Betriebserde, den Festlegungen der entsprechenden Norm entspricht. Hierin wird die *Schaltschwelle* angegeben, oberhalb bzw. unterhalb derer die binären Zustände 0 und 1 zuzuordnen sind. Diese Zuordnung wird in den Normen als *Bereich der Signalerkennung* angegeben. Er ist nicht zu verwechseln mit dem Spannungsbereich, in dem noch keine Beschädigungen der Bausteine (*no damage*) auftreten, aber falsche oder undefinierte Zustände erkannt werden können.

• *Wechsel des logischen Zustands am Empfängerausgang* wird dadurch bewirkt, daß der Eingangspegel eine bestimmte Schwelle überschreitet (**Bild 5.3**). Für den Übergang von 0 nach 1 gilt eine andere Schwelle als von 1 nach 0. Der Zusammenhang zwischen Empfänger-Eingangsspannung und logischem Zustand weist also eine *Hysterese* auf.

• *Die Differenz der Schaltschwellen* bestimmt ihre Breite und stellt damit einen "verbotenen Bereich" dar, in dem ein Eingangssignal nicht fehlerfrei erkannt werden muß. Diese *Hysterese* ist bei allen peripheren Datenübertragungsstrecken notwendig, damit bei offenem Empfängereingang nicht bereits kleine Störspannungen ausreichen, um den Ausgang durchzuschalten. Sie bestimmt jedoch auch die Mindesthöhe des Nutzsignals (*Empfindlichkeit*), welches noch sicher erkannt wird. Wenn ein solches analoges Signal gemäß den Schaltschwellen bewertet wird, so entsteht ein binärer Datenstrom, der nur noch diskrete Amplitudenwerte aufweist.

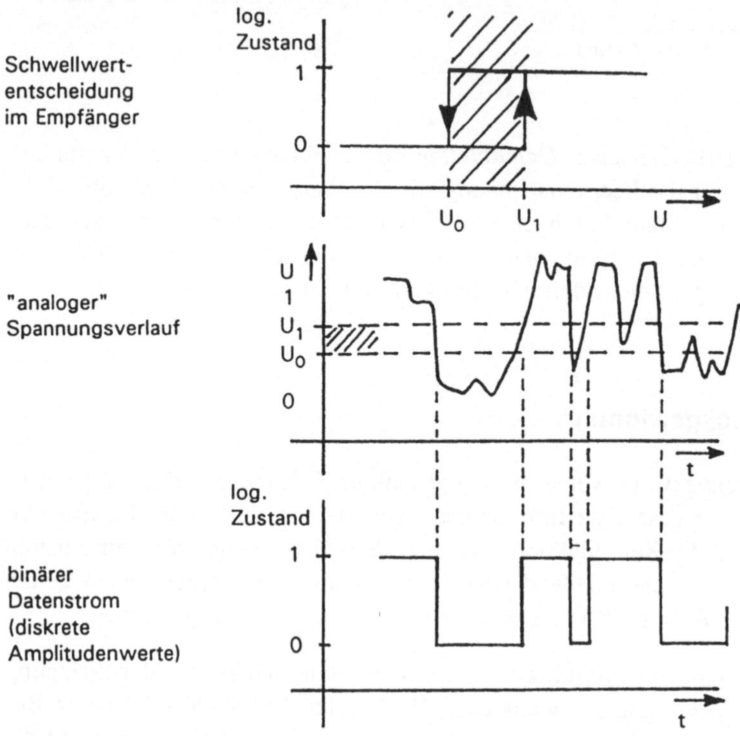

Bild 5.3 Amplitudenregeneration aus der verzerrten Spannung am Empfängereingang

5.2 TTL

Eine Voraussetzung für die Einführung der integrierten *Transistor-Transistor-Logik* (TTL) in der digitalen Schaltungstechnik war u.a. eine universelle, genormte elektrische Schnittstelle zwischen den Bausteinen. Auch für die periphere Datenübertragung, z.B. die Centronics-Schnittstelle, sind die "robusten" TTL-Signale für *Punkt-zu-Punkt-Verbindungen* sehr weit verbreitet.

• *Für die charakteristischen Werte* von 0 V für logisch Null und 5 V für logisch Eins gelten die Bereiche der Signalzuordnung am Sender und der Signalerkennung am Empfänger für *Standard-TTL* nach **Bild 5.4**. Die Schaltschwelle bei *Low-Power-Schottky-Bausteinen* (LS-TTL) für logisch Null beträgt 0,8 V.

	Signalzuordnung am Sender		Signalerkennung am Empfänger	
	$U_A = 0\ V$	$U_A = 5\ V$	$U_A \geq 2,4\ V$	$U_A \leq 0,4\ V$
Datenleitung, Binärzeichen Signalzustand	"EINS"	"NULL"	"EINS"	"NULL"

Bild 5.4 Signalzuordnung bei Transistor-Transistor-Logik

• *Die Strombelastbarkeit* der Ausgänge wird in *Einheitslasten* (bei Standard-TTL 1,6 mA) angegeben und mit *Fan-out* bezeichnet. Ein *Fan-out* von 10 bedeutet also, daß der Ausgang bei einer Belastung von 16 mA die Schwelle von 2,4 V für logisch Eins noch nicht unterschreitet. Für die modernen Leitungstreiber sollte der maximale Ausgangsstrom jedoch direkt dem Datenblatt entnommen werden. Alle Leitungs-Empfängerbausteine sind wegen der notwendigen Hysterese mit einer *Schmitt-Trigger-Funktion* ausgeführt.

5.3 Open Collector

Mit den gleichen Pegeln wie bei der Standard-Transistor-Transistor-Logik lassen sich einfache *Mehrpunktverbindungen* (**Bild 5.5**) aufbauen. Dabei wird der Arbeitswiderstand der letzten Transistorstufe nicht innerhalb der integrierten Schaltung realisiert, sondern muß von außen angeschlossen werden. Dadurch erreicht man, daß mehrere Bausteine auf den selben Kollektorwiderstand arbeiten können und die Signale Oder-verknüpft sind (*Wired or*, negative Logik).

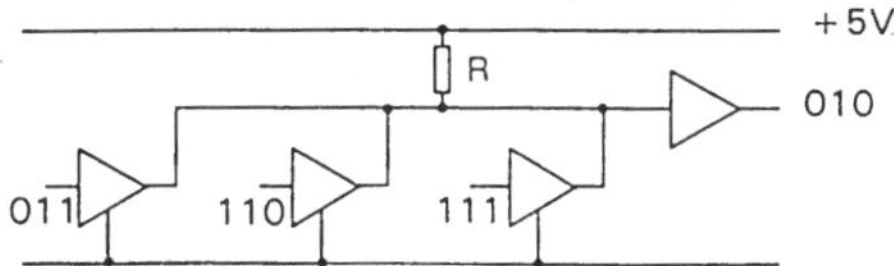

Bild 5.5
Mehrpunktverbindung mit Open-Collector-Schaltung

• *Beim IEC-Bus* beispielsweise (Abschn. 12.4) wird diese Schaltungstechnik angewendet. Durch den Einsatz von modernen *Gegentakt-* oder *Tri-State-Treibern* ist allerdings die Übertragungsgeschwindigkeit und Störsicherheit noch zu verbessern.

5.4 Stromschleife 20 mA

In Stromschleifen werden die zu übertragenden Informationen und Signalzustände verschiedenen Strömen zugeordnet und sind damit weitgehend unabhängig vom Spannungsverlauf, z.B. von hochohmigen Störspannungen. In der Stromschleife durchfließt der Strom einer 20-mA-Stromquelle zunächst eine Senderschaltung (*elektronischer Schalter*), anschließend die Schnittstellenleitung und dann eine Auswerteschaltung (*stromempfindlicher Schwellwertschalter*).

• *Charakteristische Werte* für die Signalzuordnung sind 0 mA für den Zustand Null und 20 mA für den Zustand Eins. Die Bereiche für die Signalzuordnung sind in **Bild 5.6** angegeben. Obgleich die Stromschleife zu den ältesten Datenübertragungstechniken gehört, sind Grenzwerte für Sender, Empfänger und Stromquelle erstmals in DIN 66 348 Teil 1 (1986) aufgeführt. Die Stromquellen sollen danach einen Strom von nicht mehr als 30 mA liefern und eine Leerlaufspannung von 24 V nicht überschreiten. Daraus resultiert ein Innenwiderstand von 800 Ohm.

	Signalzuordnung am Sender		Signalerkennung am Empfänger	
Signalstrom	$I_A \geq 11$ mA	$I_A \leq 2{,}5$ mA	$I_A \geq 9$ mA	$I_A \leq 3$ mA
Datenleitung, Binärzeichen Signalzustand	"EINS"	"NULL"	"EINS"	"NULL"
Takt-, Steuer- und Meldeleitungen	Aus	Ein	Aus	Ein

Bild 5.6 Signalzuordung und Signalerkennung bei 20-mA-Stromschleifen

• *Mögliche Anordnungen* von Stromquelle, Sender und Empfänger sind für die Verwendung von Optokopplern als Schalter in **Bild 5.7** zusammengestellt. Geräte, die eine oder zwei Stromquellen besitzen, werden als "aktive Geräte" und solche ohne Stromquelle als "passive Geräte" bezeichnet.

• *Stromquelle:* Zu beachten ist, daß in der Sende- wie auch der Empfangsschleife nur genau eine Stromquelle enthalten sein darf. Häufig werden die Ausgänge und/oder Eingänge "galvanisch getrennt" ausgeführt. Normalerweise störende Erdpotentialdifferenzen zwischen den beiden Geräten verursachen dann keine hohen Ausgleichsströme in den Masseverbindungen mehr.

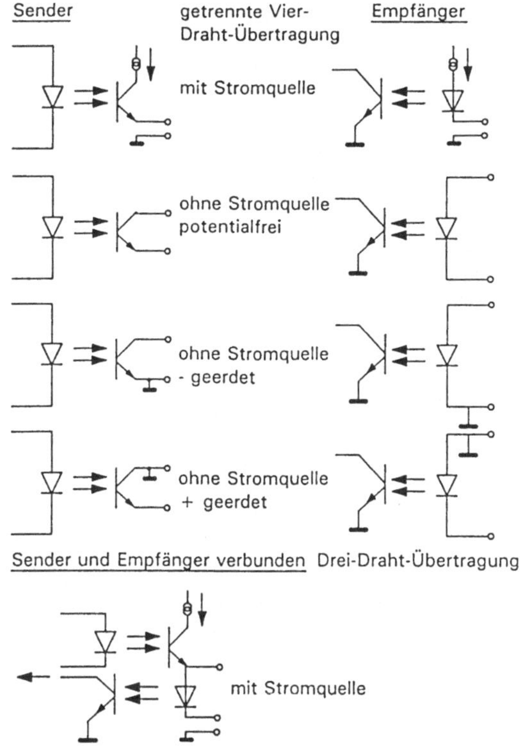

Bild 5.7
Schaltungsmöglichkeiten
für Sender, Quelle und
Empfänger (20 mA)

• *Die 20-mA-Übertragungselektrik* treibt Übertragungsentfernungen von mehreren 100 m. Die Verbindung ist niederohmiger als bei V.28 bzw. RS-232, allerdings ist auch die Übertragungsgeschwindigkeit meist niedriger.

5.5   EIA RS-232, CCITT V.28

Die elektrischen Eigenschaften nach CCITT V.28 (DIN 66 259 Teil 1) werden in zahlreichen Modem-Schnittstellen, z.B. V.24/V.28-Modems, verwendet. Der am weitesten verbreitete Vertreter ist aber die RS-232-Schnittstelle.

• *Übertragungspegel:* Die Übertragung wird als "bipolar" bezeichnet. Die zu übertragenden Pegel (**Bild 5.8**) dürfen auf der Senderseite bis max. ± 15 V betragen. Den beiden zu übertragenden logischen Signalen 0 und 1 werden elektrische Pegel zugeordnet, die annähernd gleichen Betrag aber unterschiedliche Polarität gegenüber der Betriebserde besitzen.

• *Die Empfängercharakteristik* weist eine Hysterese von max. ± 3 V auf. Alle Spannungen am Empfänger zwischen + 3 V und + 15 V werden der logischen Null zugeordnet, der Bereich von - 3 V und - 15 V wird der logischen Eins zugeordnet.

	Signalzuordnung am Sender		Signalerkennung am Empfänger	
	$-15 \leq U \leq -3V$	$15 \geq U \geq 3V$	$U \leq -3\,V$	$U \geq 3\,V$
Datenleitung, Binärzeichen Signalzustand	"EINS"	"NULL"	"EINS"	"NULL"
Takt-, Steuer- und Melde- leitungen	Aus	Ein	Aus	Ein

Bild 5.8 Signalzuordnung und Signalerkennung bei V.28, verwendet z.B. bei EIA RS-232

• **Pegel des Senders** sind auf Widerstände größer als 3 kΩ bezogen. Bei ausgeführten integrierten Schaltungen ist der *Innenwiderstand* noch wesentlich höher. Damit sind diese Ausgangspegel sehr hochohmig, was den Vorteil begründet, daß bei Schaltungsfehlern meist keine Zerstörung der Bausteine auftritt. Die hohen Innenwiderstände schützen sogar gegeneinander arbeitende Treiber, die entgegengesetzte Polarität erzeugen. Daraus ist jedoch auch der Nachteil zu verstehen, der die Übertragungsentfernung und die Übertragungsgeschwindigkeit z.B. bei RS-232-Schnittstellen stark einschränkt.

• **Leitungslänge:** In der Norm RS-232-C werden 15 m als maximale Entfernung angegeben. Praktisch geht man bei Büroumgebung oft von 30 m aus. Dieser Wert muß je nach örtlichem Störfeld angepaßt werden. Zum einen sind die hochohmigen Signale bereits durch geringe Störleistungen (z.B. elektromagnetische Einflüsse) zu stören, zum andern bilden die *Leitungskapazitäten* mit den hohen Innenwiderständen große Zeitkonstanten, die nur sehr langsam auf die Pegel der anderen Polarität umgeladen werden können.

Der Grund der weiten Verbreitung dieser elektrischen Eigenschaften liegt in der großen Anzahl der verfügbaren Peripheriegeräte, wie z.B. Drucker, Plotter und Modems.

5.6   EIA RS-422 und RS-485

Die "symmetrische" Spannungsdifferenz-Übertragung wurde zuerst in den amerikanischen Standards RS-422 und RS-485 beschrieben. Sie ist unter den preiswerten Lösungsmöglichkeiten für die störungsarme, serielle Datenübertragung über lange Distanzen (500 m - 2 km) am besten geeignet. Sie wird in lokalen Computernetzen und Feldbussystemen z.B. dem DIN-Meßbus (DIN 66 348 Teil 2) eingesetzt.

5.6.1 Punkt-zu-Punkt-Verbindung nach RS-422

Eine Reihe von Normen beschreiben die selben elektrischen Eigenschaften und decken sich inhaltlich: DIN 66 259 Teil 3, CCITT V.11 und EIA RS-422. Sie beschreiben "erdsymmetrische Doppelstrom-Schnittstellenleitungen für Punkt-zu-Punktverbindungen", die bei Entfernungen bis 1 km und darüber eingesetzt werden können und mit typisch bis zu 1 Mbit/s arbeiten.

• *Gegentaktsignale* werden übertragen (**Bild 5.9**). Der Empfänger wertet nur die Potentialdifferenzen der signalführenden Leiter aus. Die Signalerkennung ist damit, innerhalb der Bausteingrenzen, vom eigentlichen Potential weitgehend unabhängig. Das Vorzeichen der Potentialdifferenz am Empfänger ergibt den logischen Zustand entsprechend **Bild 5.10**. Einer positiven Spannungsdifferenz ist der Zustand 0 (*Space*) zugeordnet (*Space*: $U \geq 0,3$ V, *Mark* (1): $U \leq -3$ V). Der Betrag dieser Spannungsdifferenz soll für Null und Eins gleich und somit symmetrisch sein.

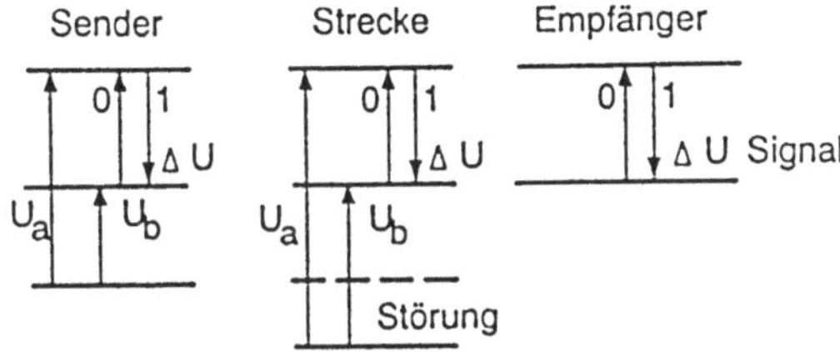

Bild 5.9
Spannungsverlauf bei
V.11-Schnittstellen

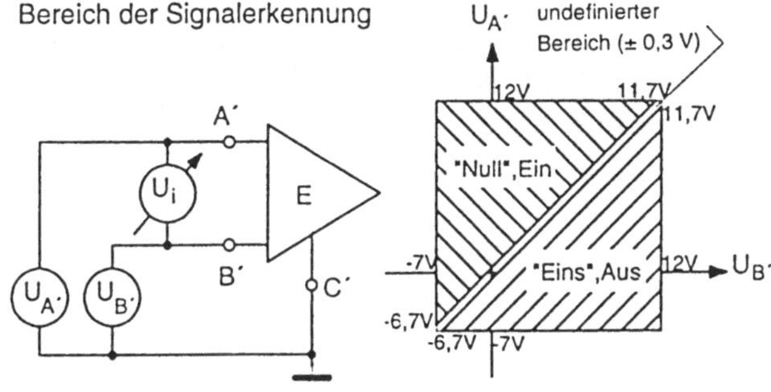

Bild 5.10
Signalzuordnung am
Empfänger (V.11)

• *Die Auswertung der Potentialdifferenz* hat den Vorteil, daß Störspannungen z.B. elektromagnetische Strahlung, durch magnetische Felder induzierte Ströme oder Impulsübersprechen zwischen Kommunikationsleitungen wirkungslos bleiben, solange sie auf beide Leitungen gleichzeitig wirken. Die Folge dieser Einflüsse ist nur eine gleichzeitige Anhebung oder Absenkung der Spannungen der A- und B-Ader gegeüber dem Erdpotential, ohne jedoch die Differenz zu beeinflussen.

• *Common-Mode-Störungen:* Diese Übertragungsart ist also gegen *symmetrische Common-Mode-Störungen* unempfindlich, solange diese keine Spannungsdifferenz zwischen den beiden Signalleitungen bewirken. Der Datenkanal befindet sich in einem "floating state" und ist nicht niederohmig auf das Erdpotential bezogen. In dieser Eigenschaft liegt der wesentliche Vorteil begründet, der die Übertragung nach V.11 von 20-mA-Stromschleifen wie auch von Übertragungen nach V.24/V.28 bzw. RS-232 unterscheidet.

• *Twisted pair:* Um sicherzustellen, daß selbst in stark inhomogenen Störfeldern der Einfluß auf beide Leiter gleich ist, werden paarweise verdrillte Leitungen (*Twisted pair*) verwendet (vgl. Abschn. 3.2). Bei Datenleitungen wird meist eine geringe Schlaglänge, z.B. 20 - 40 mm, gewählt und die Leitung mit ihrem Wellenwiderstand von 100 Ohm abgeschlossen.

5.6.2 Mehrpunktverbindungen nach RS-485

In ISO 8482, DIN 66 259 Teil 4 und EIA RS-485 werden die elektrischen Eigenschaften ähnlich CCITT V.11, aber erweitert für Mehrpunktverbindungen mit Übertragungsgeschwindigkeiten bis 1 Mbit/s beschrieben. Abhängig von der Übertragungsart (Wechselbetrieb, Halbduplex, Gegenbetrieb, Vollduplex) werden Verbindungen möglich, die auf 2-Draht- oder 4-Drahtleitungen mit einer maximalen Länge von 500 m bei 1 Mbit/s gleichzeitig 32 Teilnehmer versorgen.

• *Anwendungen:* Diese Übertragungsart wird seit längerer Zeit bereits in vielen militärischen Anwendungen, z.B. in Flugzeugen (*Avionics*) und in Computeranlagen (z.B. DEC Dataway, Omninet) und als *Local Area Network* (LAN) angewendet. Allen diesen Anwendungen ist gemeinsam, daß bei hoher Datenübertragungsrate auch eine hohe Störsicherheit gefordert wird. Auch bei "Low-cost"-Anwendungen, in kleinen Systemen, bei Personal-Computern und bei kleinen Einheiten für die Prozeßsteuerung (Messen und Regeln), werden *Interfaces* mit symmetrischem Ausgang immer häufiger.

• *Jeder Übertragungskannal* besteht aus zwei verseilten Stromleitern, einer Schaltung zur Signalerzeugung (Sender) und einer Schaltung zur Signalauswertung (Empfänger). Praktisch werden hier oft integrierte *Transceiverbausteine* z.B. 75176 eingesetzt. **Bild 5.11** zeigt die schematische Darstellung und die physikalische Gestaltung im Fall einer 2drähtigen bzw. einer 4drähtigen Mehrpunktverbindung. Die Anordnung besteht aus dem Hauptleitungskabel und den ebenfalls verseilten Stichleitungskabeln, mit denen die Teilnehmer angeschlossen werden.

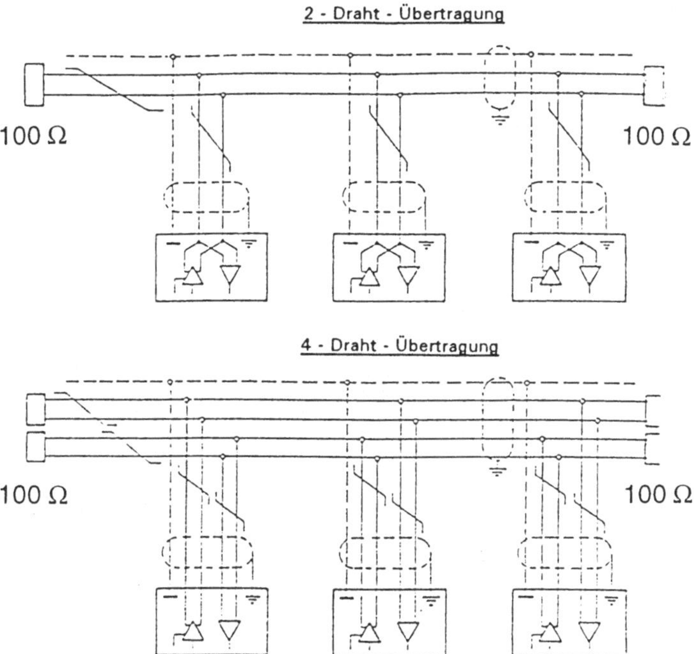

Bild 5.11 2-Draht- und 4-Draht-Bus nach RS-485

Die maximale Länge des Hauptleitungskabels beträgt 500 m. Es ist beidseitig mit seinem Wellenwiderstand (100 Ohm) abgeschlossen.

• *Elektrische Eigenschaften* sind den für Punkt-zu-Punkt-Verbindungen genormten Eigenschaften nach DIN 66 259 Teil 3 (entspricht CCITT V.11) ähnlich. Unter bestimmten Umständen ist es möglich, Sender und Empfänger zu fertigen, die die Anforderungen sowohl der DIN 66 259 Teil 3 als auch die des Teils 4 der Norm (ISO 8482) erfüllen. Die festgelegten Eigenschaften sind in **Bild 5.12** gegenübergestellt.

• *Senderbausteine:* Der Sender kann mit einer Betriebssteuerung in den aktiven, niederohmigen, oder den inaktiven, hochohmigen Zustand geschaltet werden. Damit wird der Betrieb mehrerer Sender im selben Übertragungskanal möglich. Die Senderbausteine müssen eine *Ausgangsstrombegrenzung* (z.B. thermisch) besitzen. Unter allen Betriebsbedingungen, jedoch auf eine Spannung zwischen -7 V und +12 V beschränkt, darf der Spitzenstrom in keiner Ausgangsleitung des Senders 250 mA überschreiten. Dieses Kriterium ist nicht so zu verstehen, daß der Sender in der Lage sein muß, 250 mA zu liefern. Vielmehr soll der stromaufnehmende Sender verhindern, daß der Fehlerstrom im Kokurrenzfall, falls mehrere stromliefernde Sender vorhanden sind, 250 mA übersteigt.

	CCITT V.11 EIA RS-422 DIN 66 259 Teil 3 (DIN 66 348 TEIL 1)	ISO 8482 EIA RS-485 DIN 66 259 Teil 4 (DIN 66 348 TEIL 2) (DIN-Meßbus)
Sender und Empfänger		
Versorgungsspannung	positiv / negativ	positiv
Gleichtaktspannung	-7 V bis +7 V	-7 V bis +7 V
Keine Beschädigung	-12 V bis +12 V	-10 V bis +15 V
Überspannungsimpulse	-	-25 V bis +25 V
Sender		
Leerlaufspannung	< 6,0 V	< 6,0 V
Senderspannung	2 V bis 6 V/100 Ω	1,5 V bis 5 V/54 Ω
Offsetspannung	< 3,0 V	< 3,0 V
"NULL"/"EINS"-Differenz	< 0,4 V	< 0,2 V
Anstiegs-/Abfallzeit	< 0,1 t_b	< 0,3 t_b
Unsymmetrie	< 0,4 V_{ss}	< 0,4 V_{ss}
Kurzschlußstrom	< 150 mA	-
Strombegrenzung	-	< 250mA
Empfänger		
Mindestempfindlichkeit	± 0,3 V	± 0,3 V
Empfindlichkeitsbereich	-10 V bis +10 V	-7 V bis +12 V
Unsymmetrie	± 0,72 V	± 0,6 V
interne Vorspannung	< 3,0 V	< 3,0 V
Signalüberwachung	3 Typen	-

Bild 5.12 Gegenüberstellung der elektrischen Eigenschaften von DIN 66 259 Teil 3 und Teil 4

• **Die Empfängerbausteine** besitzen einen großen zulässigen Bereich, in dem das Potential der Signaleingänge schwanken darf. Für jede Kombination zwischen - 7 bis + 12 V soll der Empfänger den zugeordneten Signalzustand annehmen. Bis zum Betrag der Differenzspannung von 0,3 V (*Hysterese*) ist kein Signalzustand definiert. Außerdem darf der Empfänger durch eine Empfänger-Eingangsspannung in einem Bereich von - 10 V bis + 15 V nicht beschädigt werden. Gleichtaktstörungen auf den Leitungen zwischen - 7 V und + 12 V bleiben wirkungslos.

• *Fehlerbehandlung*: Durch eine einzelne Fehlersituation soll am Bus elektrisch keine Beschädigung auftreten. Durch einen Kurzschluß des Busanschlusses wird der Sender nicht beschädigt. Im Fall der Sender-Konkurrenz nimmt ein Sender keinen Schaden, wenn seine Meßpunkte mit einer Testspannung verbunden werden, deren Variationsbereich zwischen - 10 V und + 15 V liegt. Das gilt sowohl für jeden Signalzustand als auch für den inaktiven, hochohmigen Zustand. Außerdem sind in den Leitungstreibern Schutzmaßnahmen gegen kurzzeitige Überspannungen realisiert. Sie können z.B. auf Schnittstellenleitungen auftreten, wenn ein Fehlerstrom unterbrochen wird, den zwei konkurrierende Sender erzeugen. Dabei wird ein Sender- oder Empfängerbaustein durch sowohl positive als auch negative 25-V-Impulse von 15 µs Dauer nicht beschädigt.

6 Modems

Eine über die elektrischen Eigenschaften hinausgehende Anpassung der seriellen Binärsignale an den Frequenzbereich des Übertragungskanals ist erforderlich, wenn z.B. Fernsprechleitungen oder Breitbandkanäle genutzt werden sollen. Modem-Schaltungen setzen dabei das Basisband in den erforderlichen Frequenzbereich um.

Das Kunstwort *Modem* ist aus den beiden Begriffen Modulator und Demodulator entstanden. Entsprechend dieser Namensgebung ist ein Modem zuständig sowohl für die Umwandlung von digitalen in analoge (trägerfrequente) Signale (*Modulation*) als auch für die Rückwandlung analoger in digitale Signale (*Demodulation*). Die Verfahren der Modulation sind in Abschnitt 2.4.3 besprochen. Nachfolgend werden ein paar Techniken der Modems sowie wichtige Ausführungen selbst vorgestellt und in Übertragungssysteme eingebunden.

6.1 Grundlagen

Modems werden zwischen digital arbeitende Einrichtungen (Datenendeinrichtung, DEE) und analoge Übertragungskanäle geschaltet. **Bild 6.1** zeigt ein Beispiel für die Nutzung des Telefonnetzes mit dem Fernsprechkanal der Frequenzbreite 300 bis 3400 Hz. Für Übertragungsgeschwindigkeiten von 600 bis 9600 bit/s sind Bandbreiten von etwa 1200 bis 2400 Hz üblich.

• *Datenendeinrichtungen* (Daten-Quelle und -Senke in Bild 6.1) und Modems werden durch eine Schnittstelle mit Leitungen (Signalen) aus der CCITT-Empfehlung V.24 (DIN 66 020) abgegrenzt. Auf diese sehr wichtigen Normen kommen wir später ausführlich zurück.

• *Modemausführungen* und *Modulationsverfahren* sind unterschiedlich, in der Regel aber international genormt. Man unterscheidet:
- *serielle Übergabe* mit Übertragung der Bits eines Zeichens nacheinander auf einer Leitung;
- *parallele Übergabe* mit Übertragung auf mehreren parallelen Leitungen;
- *synchrone Übergabe* mit taktgebundener Aussendung der Bits oder Zeichen, wobei der Sendetakt vom Modem oder der DEE geliefert werden kann;
- *asynchrone Übergabe* mit Begrenzung einer Bitfolge durch Start- und Stoppschritt und nicht taktgebundener Zeichenübergabe;
- *Simplex- oder Halbduplex-Betrieb* mit Hilfskanal (Rückkanal) für Rückmeldungen zur Gegenstelle (meist langsam mit z.B. 75 bit/s);
- *Vollduplex-Betrieb* in Vierdraht-Ausführung.

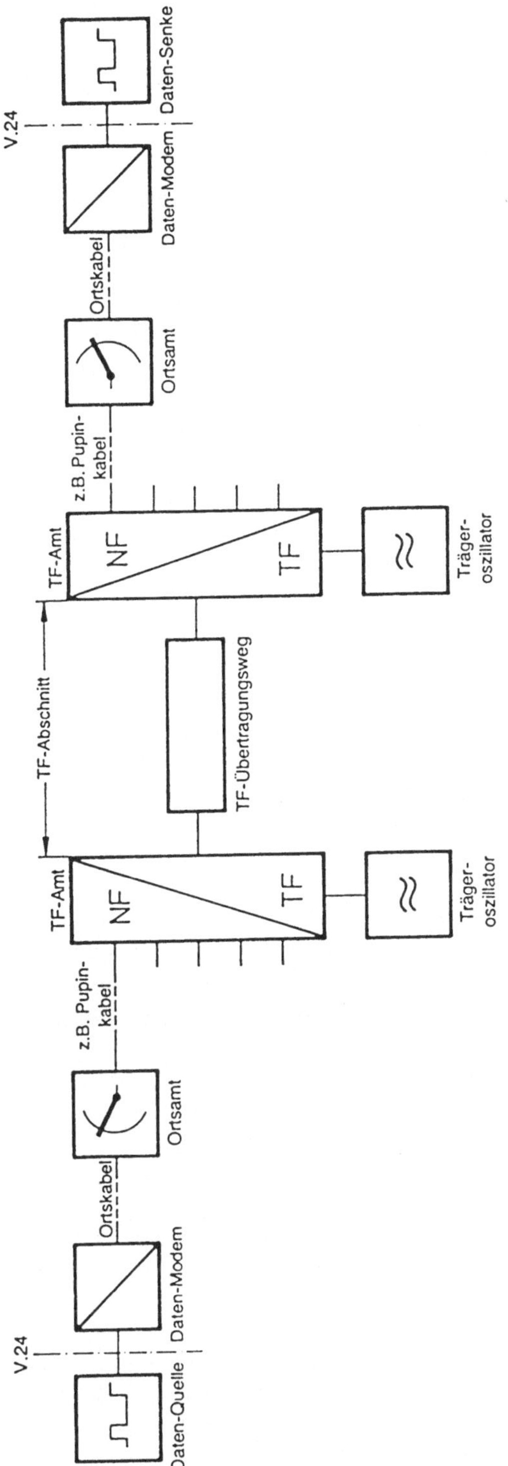

Bild 6.1 Prinzip der Übertragung digitaler Daten über einen Fernsprechkanal.
NF: Niederfrequenz; TF: Trägerfrequenz

Modems mit den genannten Eigenschaften werden später angegeben. Hier stellen wir beispielhaft ein klassisches Postmodem vor, das in verschiedenen Einbauversionen hergestellt wurde. **Bild 6.2** zeigt die Ausführung des Modems MDB 1200 als Europakarteneinschub zum Einstecken in 19"-Rahmen.

• Merkmale der Modembaugruppe MDB 1200-01:
- Modem für 1200 bit/s im öffentlichen Fernsprechnetz der Telekom,
- kompatibel zur CCITT-Empfehlung V.23 (s. Abschn. 6.2), aber ohne Hilfskanal und ohne Rückschaltung auf 600 bit/s,
- Halbduplexbetrieb auf Zweidraht-Verbindungswegen,
- transparente Übertragung von Datensignalen ohne Takt,
- automatische Anschaltung durch ankommenden Ruf oder manuelle Anschaltung mit Datentaste am Telefon,
- integrierte automatische Wähleinrichtung nach CCITT-Empfehlung V.28bis,
- Start-Stop-Betrieb mit Zeichen des 7-Bit-Code nach DIN 66 003 (auch: ASCII),
- Modem direkt einsetzbar in Datenendeinrichtungen,
- einfache Adaption über 64polige Steckverbinder nach DIN 41 612,
- Schnittstellenpegel TTL oder nach CCITT V.28,
- auch auf Standleitungen einsetzbar,
- Frequenzmodulation (FSK) mit Bandmittenfrequenz 1700 Hz und Hub ± 400 Hz,
- Binärzeichen "0" mit 2100 Hz, "1" mit 1300 Hz.

Die in dieser Merkmalsliste genannten Empfehlungen und Normen werden in späteren Kapiteln besprochen und in den sachlichen Zusammenhang gestellt. Von besonderer Bedeutung sind die CCITT-Empfehlungen V.24 (Schnittstellenleitungen) und V.28 (elektrische Eigenschaften).

Heute sind Modems oft als Tischgeräte oder auch Computer-Einsteckkarten (z.B. für PCs) verfügbar. Für Geräteentwickler sind hochintegrierte Chips oder Chipsätze am Markt. Im folgenden Abschnitt zählen wir die Haupteigenschaften von Modems auf, die nach CCITT-Empfehlungen für den Einsatz im Telefonnetz gedacht sind.

6.2 Modems für Telefonnetze

In den öffentlichen Fernsprechnetzen werden einige verschiedene Modemtypen eingesetzt. Eine Hauptunterscheidung ist die in Basisband- und Trägerfrequenz-Modems.

• Basisband-Modems werden z.B. verwendet, wenn eine direkte elektrische Verbindung zwischen den Teilnehmern besteht. Merkmale sind: Vierdrahtverbindung synchron oder asynchron, Datenraten bis 19200 bit/s. In einer anderen Ausführung arbeiten solche Modems vollduplex auf Zweidrahtleitungen mit Echounter-

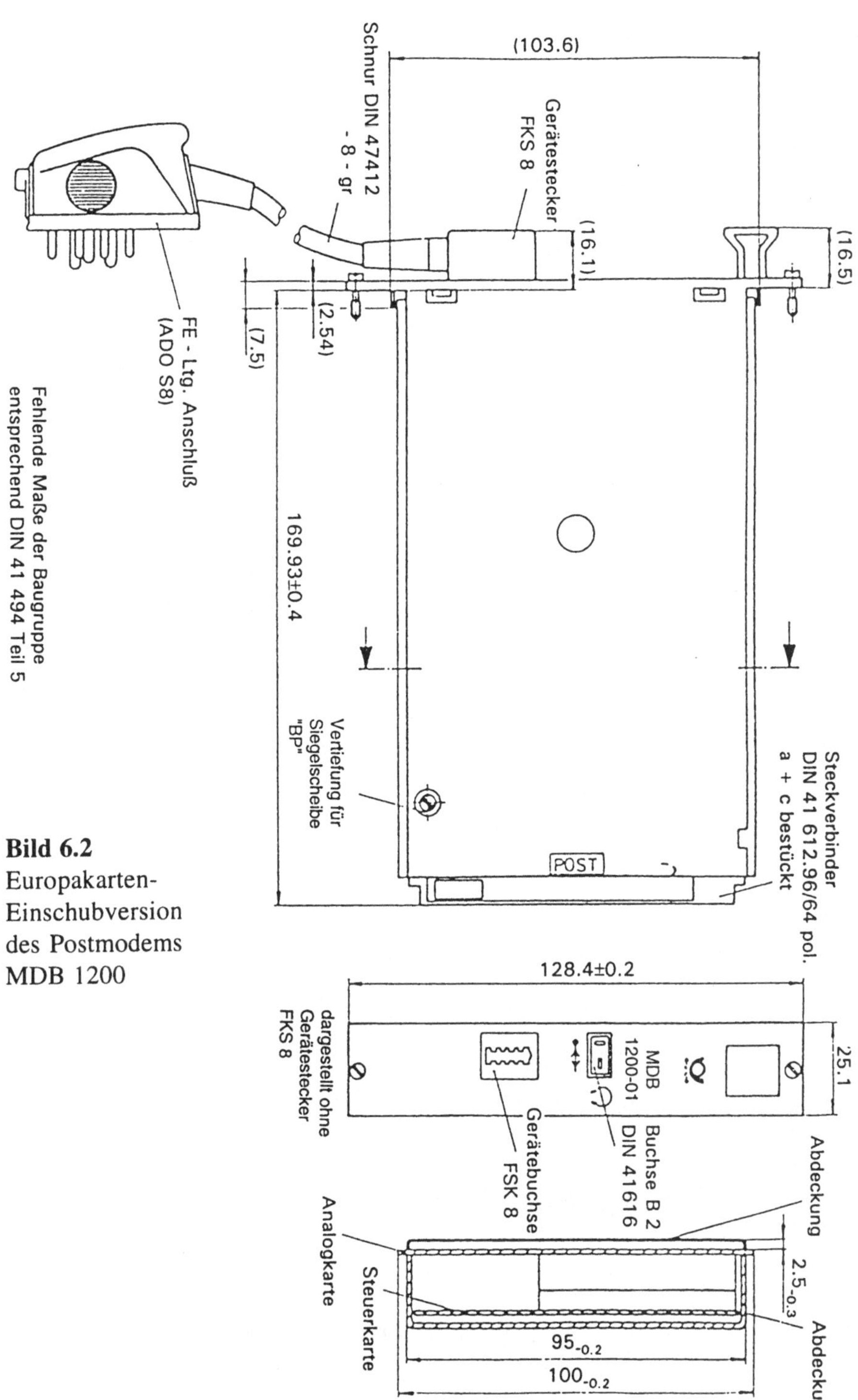

Bild 6.2
Europakarten-
Einschubversion
des Postmodems
MDB 1200

drückung und bis zu 9600 bit/s. Für den Einsatz im öffentlichen Datennetz gibt es spezielle Basisband-Modems zur Übertragung von 64 kbit/s.

• *Trägerfrequenz-Modems* werden im Telefonnetz in breitbandigen Kanälen verwendet. Die den Binärzeichen zugeordneten Frequenzen müssen im Bereich 300 Hz bis 3400 Hz liegen. Je nach geforderter Datenrate wird das geeignete Modulationsverfahren angewendet (vgl. Abschn. 2.4.3), und es werden mehrere Datenverbindungen unabhängig voneinander mit unterschiedlicher Mittenfrequenz (*Träger*) auf derselben Leitung hergestellt (*Trägerfrequenztechnik*).

• *Normierung und Regulierung* für die Telekommunikation obliegt dem CCITT (*Comité Consultatif International Télégraphique et Téléphonique*). In CCITT-Empfehlungen der V-Serie bzw. entsprechenden DIN-Normen sind die verschiedenen Modems definiert. Die Modem-Bezeichnungen orientieren sich in der Regel an den CCITT-Nummern. **Tabelle 6.1** ist eine Aufstellung grundsätzlicher CCITT-Empfehlungen der V-Serie.

• *Modem-Bezeichnungen* folgen internationalen aber auch häufig den Herstellerbezeichnungen, vor allem den der US-Firma *AT&T Bell Laboratories*. Auch die US-Firma *Hayes* ist in diesem Zusammenhang zu nennen, weil einige Modem-Protokolle sich daran orientieren. **Tabelle 6.2** gibt eine Auflistung von Modems mit Benennung von Entsprechungen. Einige dieser Modems werden anschließend kurz vorgestellt. Wichtige Begriffe und Zuordnungen sind in den folgenden Abschnitten erläutert und abschließend zusammengefaßt.

• *V.21:* *Modem zur Ankopplung von Akustikkopplern an das Telefonnetz*

Geschwindigkeit	maximal 200 bit/s, 300 bit/s ohne Gewähr
Modulation	FSK
Arbeitsweise	asynchron, vollduplex
Anzahl Leitungen	2
Trägerfrequenzen	Kanal 1 1080 ± 100 Hz;
	Kanal 2 1750 ± 100 Hz.
	Die höhere Frequenz repräsentiert "0".

• *V.22, V.22bis*

Geschwindigkeit	600 bit/s und 1200 bit/s bei V.22
	2400 bit/s bei V.22bis
Modulation	FSK
Arbeitsweise	asynchron, vollduplex
Anzahl Leitungen	2
Trägerfrequenzen	Kanal 1 2400 Hz;
	Subkanal 1200 Hz.
	Die höhere Frequenz repräsentiert "0". Kanal 1 wird vom Anrufer gerichtet auf den Angerufenen genutzt.

Tabelle 6.1 Grundsätzliche CCITT-Empfehlungen der V-Serie

V.1	Zuordnung zwischen Binärzeichen und den Code-Kennzuständen (z.B. 0 = Space, 1 = Mark)
V.2	Leistungspegel für Datenübertragungen über Fernsprechleitungen
V.4	Struktur von ASCII-codierten Signalen zur Übertragung im öffentlichen Fernsprechnetz
V.5	Normierung der Übertragungsgeschwindigkeit (bit/s) für synchrone Datenübertragung im öffentlichen Fernsprechwählnetz
V.6	Normierung der Übertragungsgeschwindigkeit für synchrone Datenübertragung auf Mietleitungen
V.7	Begriffsdefinitionen zur Datenübermittlung im Fernsprechnetz
V.10	Elektrische Eigenschaften für unsymmetrische Doppelstrom-Schnittstellenleitungen
V.11	Elektrische Eigenschaften für symmetrische Doppelstrom-Schnittstellenleitungen
V.13	Simulierte Trägersignal-Steuerung
V.14	Asynchron-/Synchron-Wandlung (*character-asynchronous over synchronous interfaces*)
V.15	Anwendung von akustischer Kopplung für die Datenübertragung
V.24	Definitionen für Schnittstellenleitungen zwischen DEE (DTE) und DÜE (DCE)
V.25	Protokolle mit Hayes-Kommandos für die Durchführung des Wählvorgangs
V.25bis	Automatische Wähl- und/oder Anrufbeantwortungseinrichtungen im öffentlichen Fernsprechwählnetz
V.28	Elektrische Eigenschaften für unsymmetrische Doppelstrom-Schnittstellenleitungen
V.42	Fehlerkorrektur für Modems (LAP-M)
V.42bis	Datenkompression für Modems (BTLZ-Algorithmus)
V.54	Schleifenschaltung für Modem-Diagnose
V.110	Unterstützung von Datenendeinrichtungen mit V-Schnittstellen durch ein ISDN

• V.23

Geschwindigkeit	1200 bit/s über gute Leitungen, 600 bit/s über Leitungen geringerer Qualität
Modulation	FSK
Arbeitsweise	asynchron, halbduplex, langsamer Rückkanal bei 75 bit/s
Anzahl Leitungen	2
Trägerfrequenzen	bei 1200 bit/s 1700 ± 400 Hz; bei 600 bit/s 1500 ± 200 Hz; im Rückkanal mit 75 bit/s 420 ± 30 Hz. Die höhere Frequenz repräsentiert "0".

Tabelle 6.2 Modem-Standards mit Entsprechungen

CCITT	USA (AT&T)	DIN *)	Bitrate bit/s	Daten **)	Modulations- technik ***)	Betriebsart
V.17			14400	S	QAM	G3-Telefax
V.21	Bell 103/113	66 021 T1	300	A	FSK	duplex
V.22	Bell 212A	66 021 T2	1200	A/S	QPSK	duplex
			600			duplex
V.22bis	Bell 2224	66 021 T3	1200	A/S	QAM	duplex
			2400			duplex
V.23	Bell 202	66 021 T3	1200/600	A/S	FSK	halbduplex
			1200/75			duplex
V.26	Bell 201B		2400	S	QPSK	duplex
V.26bis	Bell 201C	66 021 T3	1200	S	QPSK	halbduplex
			2400			halbduplex
V.26ter			1200	A/S	QPSK	duplex
			2400			duplex
V.27	Bell 208A		4800	S	DPSK	halbduplex
			2400			halbduplex
V.27bis	Bell 208		4800	S	DPSK	halbduplex
			2400			halbduplex
V.27ter	Bell 208B	66 021 T7	4800	S	DPSK	halbduplex
			2400			halbduplex
V.29	Bell 209		9600	S	QAM	halbduplex
			(7200/4800)			
V.32			9600	A/S	QAM	duplex
			4800			duplex
V.32bis			14400	S	TCM	Zweidrahtmodem
V.33			14400	S	TCM	duplex
V.34 ****)			28800			

*) T*n*: Teil *n*   **) A: asynchron, S: synchron
***) Abkürzungen siehe Abschnitt 2.4.3
****) Die Projektbezeichnung für V.34 ist V.fast

• *V.26*

Geschwindigkeit   2400 bit/s; 1200 bit/s bei schlechten Leitungen (*fallback*).
Modulation   DPSK in 2-Bit-Gruppen (*Dibits* mit 2400 bit/s, also 1200
                      Baud). Es kommen zwei Typen der Phasenmodulation zur
                      Anwendung (A und B, siehe nachfolgende Tabelle).
                      Typ B wird gewählt, wenn lange Folgen mit Nullbits zu
                      erwarten sind. Das linke Bit eines Dibit ist das erste.

V.26-Phasenmodulation	Dibit	Phasensprung	
		Typ A	Typ B
	0 0	0°	45°
	0 1	90°	135°
	1 1	180°	225°
	1 0	270°	315°

Arbeitsweise	synchron, vollduplex (4 Drähte), halbduplex (2 Drähte), optional 75 bit/s asynchron in beiden Richtungen.
Anzahl Leitungen	4 oder 2
Trägerfrequenz	1800 Hz. Pro Dibit wird innerhalb von 1,5 Perioden eine Trägerschwingung gesendet.
Synchronisation	Zur Synchronisierung der Taktbits wird am Anfang der Übertragung ein Einsbit gesendet.

• *V.27*

Geschwindigkeit	4800 bit/s; 2400 bit/s bei schlechten Leitungen (*fallback*)
Modulation	DPSK mit Dreibitgruppen (*Tribits*), also 1600 Baud

V.27-Phasenmodulation	Tribit	Phasensprung
	0 0 1	0°
	0 0 0	45°
	0 1 0	90°
	0 1 1	135°
	1 1 1	180°
	1 1 0	215°
	1 0 0	270°
	1 0 1	315°

Arbeitsweise	synchron, vollduplex (4 Drähte), halbduplex (2 Drähte), optional 75 bit/s asynchron in beiden Richtungen.
Anzahl Leitungen	4 oder 2
Trägerfrequenz	1800 Hz bei 4800 bit/s
Synchronisation	Am Anfang der Übertragung werden drei Synchronisationssignale gesendet:

1. Taktsynchronisation
2. Phasenkorrektur (*equalizer*)
3. "Scrambler initialization"

• *V.29*

Geschwindigkeit	9600 bit/s; 7200 bzw. 4800 bit/s bei schlechten Leitungen (*fallback*)
Modulation	Kombination von Amplituden- und Phasenmodulation (Phasenumtastung) mit Vierbitgruppen (*Quadribits*)
Arbeitsweise	synchron, vollduplex (4 Drähte), halbduplex (2 Drähte) optional 75 bit/s asynchron in beiden Richtungen
Anzahl Leitungen	4 oder 2
Trägerfrequenz	1700 Hz
Synchronisation	Am Anfang der Übertragung werden vier Synchronisationssignale gesendet: 1. Taktsynchronisation 2. und 3. Phasenkorrektur (*equalizer*) 4. "Scrambler initialization"

• *V.32*

Geschwindigkeit	9600 bit/s und 4800 bit/s
Modulation	QAM (Trelliscodierte Modulation, TCM) bei 2400 Bd mit Echounterdrückung
Arbeitsweise	asynchron oder synchron, vollduplex
Anzahl Leitungen	2
Trägerfrequenz	1800 Hz

• *V.33*

Geschwindigkeit	14 400 bit/s
Modulation	TCM bei 2400 Bd
Arbeitsweise	voll- und halbduplex
Anzahl Leitungen	4 oder 2

Die wichtigen CCITT-Modems sind noch einmal mit **Tabelle 6.3** zusammengestellt. Eine wesentliche Eigenschaft ist bislang nicht angesprochen: Fehlerkorrekturverfahren, mit deren Hilfe hohe Datenraten bis zu 19 200 bit/s im Telefonnetz (300 bis 3400 Hz Bandbreite) möglich sind.

• *MNP* (*Microcom Networking Protocol*) heißt das Verfahren zum fehlerfreien Austausch von Daten im störanfälligen Telefonnetz durch Blockwiederholung. Es sind mehrere Klassen definiert, die ersten vier sind durch die CCITT anerkannt, MNP 5 hat sich aber auch als Quasi-Standard durchgesetzt.

• *CCITT V.42* beschreibt Fehlerkorrektur-Techniken zur Umsetzung in Modems unabhängig von der Übertragungsrate und dem Modulationsverfahren. Die Empfehlung enthält die Verfahren LAP-M (*Link Access Protocol for Modems*) und MNP 2 bis 4 (*MNP Classes 2 to 4*). Mit MNP ist in den höheren Klassen (ab MNP 5) zusätzlich Datenkompression möglich, wodurch Übertragungsraten realisiert werden, die die Telefonnetzbandbreite mehrfach übersteigen.

Tabelle 6.3 Wichtige CCITT-Modems

	300 bit/s	1200 bit/s	2400 bit/s	4800 bit/s	9600 bit/s
halbduplex (Zweidraht)		V.23 V.27bis	V.26 V.27bis V.27ter	V.27bis V.27ter	
vollduplex (Zweidraht)	V.21	V.22		V.32	V.32
vollduplex (Vierdraht)			V.26	V.27	V.29

- *CCITT V.42bis* und *MNP 5* spezifizieren Algorithmen zur Datenkompression mit einem Kompressionsverhältnis 2:1 (MNP 5) bzw. 4:1 (V.42bis). Das bedeutet beispielsweise, daß ein mit MNP 5 ausgestattetes V.32-Modem statt 9600 bit/s bis 19 200 bit/s übertragen kann (200 % Effizienz). **Tabelle 6.4** gibt eine Übersicht der zehn MNP-Klassen. Dazu wird angemerkt, daß sich ein MNP-Modem gegenüber dem Datenendgerät stets vollduplex und asynchron verhält.

Tabelle 6.4 Übersicht der MNP-Klassen (Quelle: miniMicro magazin 7/1990)

MNP-Klasse	Arbeitsweise	Verfahren	Effizienz	Besonderheiten
1	halbduplex	asynchron	70 %	BSC-ähnlich
2	vollduplex	asynchron	84 %	BSC-ähnlich
3	vollduplex	synchron	108 %	SDLC-ähnlich
4	vollduplex	synchron	120 %	Protokoll-Optimierung
5	vollduplex	synchron	200 %	Datenkompression
6	halbduplex	synchron	200 %	Optimierung an V.29
7	vollduplex	synchron	300 %	Datenkompression
8	halbduplex	synchron	300 %	Optimierung an V.29
9	vollduplex	synchron	300 %	Optimierung an V.32
10	vollduplex	synchron	300 %	Optimierung

- *V.42bis* beschreibt eine herstellerunabhängige Datenkompression nach einem Vorschlag der *British Telecom*, weshalb der zugrundeliegende *Ziv-Lempel-Algorithmus* auch BTLZ heißt (*British Telecom Lempel and Ziv Code*).

Tabelle 6.5   Datenübertragungsdienste mit zugehöriger Bitfehlerwahrscheinlichkeit

Datenrate	Öffentliches Netz	Arbeitsweise	Verfahren	BER
10 Zeichen/s	Telefonnetz	sx	parallel	fehlerfrei
20/40 Zeichen/s	Telefonnetz	sx mit Rückkanal	parallel	fehlerfrei
bis 50 bit/s	Direktrufnetz	sx/hx/dx	asynchron	etwa 10^{-6}
50 Baud	Telexnetz	sx/hx	asynchron	1 bis $10 \cdot 10^{-6}$
bis 300 bit/s	Datex-P	dx	asynchron	etwa 10^{-6}
	Telefonnetz	sx/dx	asynchron	$5 \cdot 10^{-5}$
	Direktrufnetz	sx/dx	asynchron	etwa 10^{-6}
300 bit/s	Datex-L	sx/hx/dx	asynchron	etwa 10^{-6}
bis 1200 bit/s	Telefonnetz	sx/hx/dx	asynchron	$2 \cdot 10^{-4}$
1200 bit/s	Datex-P	dx	asynchron	etwa 10^{-6}
	Direktrufnetz	sx/hx/dx	synchron	etwa 10^{-6}
2400 bit/s	Datex-L	dx	synchron	etwa 10^{-5}
	Datex-P	dx	synchron	10^{-9} *)
	Telefonnetz	sx/hx,dx: Hifskanal	synchron	$2 \cdot 10^{-4}$
	Direktrufnetz	sx/hx/dx	synchron	etwa 10^{-6}
4800 bit/s	Datex-L	dx	synchron	etwa 10^{-5}
	Datex-P	dx	synchron	10^{-9} *)
	Telefonnetz	sx/hx,dx: Hilfskanal	synchron	etwa 10^{-4}
	Direktrufnetz	sx/hx/dx		etwa 10^{-6}
9600 bit/s	Datex-L	dx	synchron	etwa 10^{-5}
	Datex-P	dx	synchron	10^{-9} *)
	Direktrufnetz	sx/hx/dx	synchron	etwa 10^{-6}
48000 bit/s	Datex-P	dx	synchron	10^{-9} *)

Fortsetzung nächste Seite.

Tabelle 6.5 (Fortsetzung)

Datenrate	Öffentliches Netz	Arbeits-weise	Ver-fahren	BER
64 kbit/s	Datex-L	dx	synchron	$\geq 10^{-6}$
	Direktrufnetz	sx/dx	synchron	etwa 10^{-6}
2 · 64 kbit/s	Datex-L	dx	synchron	$\geq 10^{-6}$
1,92 Mbit/s	Direktrufnetz	sx/dx	synchron	$\geq 10^{-6}$

Datex-L: Datexnetz mit Leitungsvermittlung
Datex-P: Datexnetz mit Paketvermittlung
sx: Simplex, hx: Halbduplex, dx: Duplex
BER: *Bit Error Rate*, mittlere Bitfehlerwahrscheinlichkeit
*) Niedrige Bitfehlerwahrscheinlichkeit durch Verwendung des HDLC-Steuerungsverfahrens

• ***Bitfehlerwahrscheinlichkeit*** gibt eine wichtige Maßzahl für die Qualität einer Übertragungsstrecke. Diese auch Bitfehlerhäufigkeit oder Bitfehlerrate (*Bit Error Rate*, BER) genannte Größe quantifiziert allgemein das Verhältnis der fehlerhaften Bits zur Gesamtzahl von Bits. Bei der Datenübertragung ergibt sich BER aus der Anzahl der fehlerhaften Bits dividiert durch die Gesamtzahl der gesendeten Bits. **Tabelle 6.5** zeigt in einer Aufstellung wichtige Datenübertragungsdienste mit zugehöriger BER.

6.3 Modem-Schnittstellen

Wesentliche Bestandteile von Modem-Schnittstellen sind deren physikalische Eigenschaften gemäß Schicht 1 des ISO-Referenzmodells (OSI-RM, s. Abschn. 1.4) und die Art und Weise, wie Daten übertragen werden bzw. wie die Übertragung abgesichert wird (Schicht-2-Protokoll). **Bild 6.3** zeigt eine typische Anordnung.

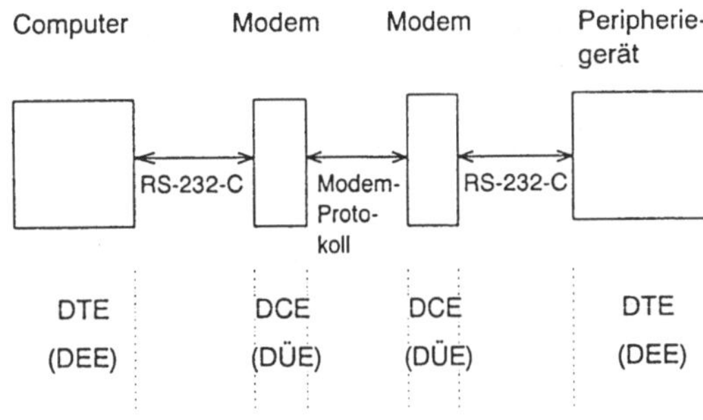

Bild 6.3
Anordnung und Art der Schnittstellen zwischen Endgeräten und Modems.
DTE: *Data Terminal Equipment* (Datenendeinrichtung, DEE);
DCE: *Data Circuit-terminating*

• *Verbindungen zwischen den Modems* - also die eigentlichen Übertragungswege im Telefonnetz - folgen den in den "Postnormen" festgelegten Vereinbarungen, den CCITT-Standards nämlich. Wichtige neuere Modem-Protokolle sind LAP-M und MNP (s. CCITT V.42).

• *Schnittstellen zwischen DTE und DCE* (vgl. Bild 1.1 in Abschn. 1.1) sind in den meisten Fällen "Standard-Schnittstellen" nach CCITT-Normen. Je nach Anschaltung an die Netzart gelten Standards der V-Serie (analoges Telefonnetz) oder der X-Serie (digitales Datennetz):

- Für das *Telefonnetz* von grundlegender Bedeutung sind V.24 (Definitionen für Schnittstellenleitungen zwischen DTE und DCE) und V.28 (Elektrische Eigenschaften für unsymmetrische Doppelstrom-Schnittstellenleitungen).

- Für das *digitale Datennetz* zuständig ist CCITT X.21.

Diese Festlegungen werden in den Kapiteln über konkrete Schnittstellen ausführlich vorgestellt. Hier sollen nur im Modem-Zusammenhang ein paar Besonderheiten genannt werden:

• *V.28* beschreibt elektrische Eigenschaften für die Ausführung von Schnittstellen-Bausteinen (Treiber und Empfänger, s. Abschn. 5.5). Damit ist ein wesentlicher Teil an Schicht-1-Festlegungen abgedeckt. Nicht berücksichtigt sind in diesen Papieren andere wichtige Schicht-1-Bestandteile wie Steckverbinder und Stiftbelegung. Diese findet man in den Modem-Papieren (s. Tab. 6.2).

• *V.24* enthält eine Liste von 54 Signalnamen bzw. -leitungen für alle denkbaren Fälle von Modem-Konfigurationen. Damit ist gewissermaßen ein allgemeiner Gesamtbestand für den Aufbau von "verdrahteten" Schicht-2-Protokollen definiert. Viele der zahlreichen Probleme, die bei der Anwendung des V.24-Standards auf Computerverbindungen entstehen können, resultieren aus der Tatsache, daß die V.24-Liste Wahlmöglichkeiten läßt und eigentlich nicht für solche Zwecke entwickelt wurde.

Fazit: Die oft so genannte V.24-Schnittstelle existiert gar nicht. Erst die Kombination einer V.24-Auswahl mit V.28-Elektrik und der Benennung einer Modem-Norm ergibt eine vollständige Schnittstelle, die die Schichten 1 und 2 des Referenzmodells erfüllt. Solch ein vollständige Modem-Schnittstelle ist

• **RS-232-C**, ein amerikanisches Dokument der EIA (*Electronic Industries Association*), eine vollständige Norm für eine Modem-Schnittstelle. Es sind darin enthalten:
- Definition der elektrischen Treiber- und Empfängereigenschaften entsprechend V.28;
- Spezifizierung eines 25poligen Trapezsteckverbinders (D-Sub);
- Zuordnung der Signale zu den Kontaktstiften;
- Benennung einer Auswahl von Signalen (Leitungen) aus der V.24-Liste.

Probleme, die daraus entstehen, daß solche Modem-Schnittstellen für den Anschluß von Rechnerperipherie an Computer "mißbraucht" werden, sind Diskussionsinhalt späterer Kapitel. Ebenfalls werden dort Lösungen dafür und moderne Alternativen aufgezeigt.

6.4 Modem-Glossar

Wir erklären hier in alphabetischer Reihenfolge einige Fachbegriffe, Bezeichnungen und Normen, die für Modems spezifisch sind, zum Teil aber auch an anderen Stellen in diesem Buch erläutert werden. Über das Sachwortverzeichnis sind diese Stellen leicht auffindbar. Manchmal wird auch direkt darauf verwiesen. Eine Ergänzung erfährt dieser spezielle Teil durch das allgemeine *Glossar der Datenkommunikation*, Abschnitt 17.3. Die Redundanz nehmen wir hier bewußt in Kauf, um das spezielle Gebiet der Modems möglichst vollständig zu beschreiben.

• *Adaptive Entzerrung* (*adaptive equalization*) - Eine in Modems benutzte Technik zum Nachstellen von Phasenverschiebungen, die durch den Wellenwiderstand der Telefonleitungen verursacht sind.

• *Akustikkoppler* - Spezielles Modem zum bequemen Einspeisen digitaler Daten in das analoge Telefonnetz mit Hilfe des Handapparats (Telefonhörer), ohne direkt mit dem Netz verbunden zu sein.

• *Amplitudenmodulation* (AM) - Eines von drei Basis-Modulationsverfahren (s. Abschn. 2.4.3) zum Aufprägen von Information auf einen hochfrequenten Träger. Das entsprechende digitale Verfahren heißt ASK (s. dort).

• *Analog loopback* (ALB), Analoge Rückschleife - Eine Diagnosemethode, wobei der analoge Ausgang eines Senders mit dem analogen Eingang des Empfängers verbunden ist. So können durch direkte Demodulation Fehler bei der digitalen Übertragung entdeckt werden.

• **Answer mode** (frei: Beantwortungsmodus, kurz *Ans*) - Dem Angerufenen (Empfänger, *Ans*) und dem Anrufer (Sender, *Originate*, kurz *Orig*) sind bestimmte Tonfrequenzen zugeordnet. Deshalb muß man beim Modem zwischen den Betriebsarten *Ans* und *Orig* umschalten, je nachdem ob gesendet oder empfangen wird. Manche Modems haben eine automatische Erkennung (Betriebsart *Auto*).

• **Answer tone** (Antwortton) - Der Antwortton des angerufenen Modems zeigt dem rufenden Modem (*originate*) an, daß der Verbindungsaufbau erfolgreich war.

• **Asynchrone Übertragung** - Dabei können zwischen der Aussendung einzelner Zeichen (*characters*) beliebige Zwischenräume eingehalten werden, die Übertragung ist mithin zeichenasynchron, aber bitsynchron. Start- und Stopbits kennzeichnen Anfang und Ende der Zeichen, weshalb diese Methode auch *Start-Stop-Übertragung* heißt.

• **Back channel** (Rückkanal) - Ein von Halbduplex-Modems genutzter Zusatzkanal, auf dem bestimmte Meldungen bei niedriger Geschwindigkeit in entgegengesetzter Richtung gesendet werden können. Beispiel: V.23-Modem.

• **Baud** (Bd), Schrittgeschwindigkeit, amerikanisch auch fälschlich *Baud rate* - Anzahl der Stromschritte oder Signalereignisse (*signal events*) pro Sekunde. Bei rein serieller Übertragung ist die Schrittgeschwindigkeit gleich der Übertragungsgeschwindigkeit, also 1 Bd = 1 bit/s.

• **Bell-Modems** - Die Modems der amerikanischen Firma AT&T sind gewissermaßen Standards und mit ihren "Bell"-Bezeichnungen international bekannt. Beispiele sind Bell 103 für 300 bit/s (entspricht V.21) oder Bell 212A für 1200 bit/s (entspricht V.22). Weitere Entsprechungen sind in Tabelle 6.2 angegeben.

• **Betriebsarten Answer** und **Originate** - siehe *Answer mode*.

• **Betriebsarten duplex, halbduplex, simplex** - siehe dort.

• **bis** - CCITT-Terminus zur Bezeichnung des "zweiten" Teils einer Empfehlungsfamilie, z.B. V.25bis.

• **BPS** (*bit per second*), auch Bitrate oder Übertragungsgeschwindigkeit - Anzahl der pro Sekunde übertragenen Bits.

• **BTLZ** (*British Telecom Lempel and Ziv Code*) - Verfahren zur Datenkompression für hohe Übertragungsraten, in CCITT V.42bis beschrieben.

• **CCITT** (*Comité Consultatif International Télégraphique et Téléphonique*) - Normungsorganisation für Telekommunikation in Europa mit weltweiter Wirkung.

• **Datex-L** - Datenübertragungsnetz der Bundespost Telekom (Datexnetz) mit Leitungsvermittlung.

• *Datex-P* - Datenübertragungsnetz der Bundespost Telekom (Datexnetz) mit Paketvermittlung.

• *Digital loopback* (DLB), Digitale Rückschleife - Eine Diagnosemethode, bei der empfangene digitale Daten zum sendenden Modem zurückgeführt werden.

• *DTMF* (*Dual Tone Multiple Frequency*), Zweiton-Mehrfachfrequenz - Bei diesem Verfahren werden zwei verschiedene Töne aus dem Fernsprechband zum Wählen benutzt.

• *Duplex* (dx, Gegenverkehr) - Übertragung auf einer Leitung (Kanal) in beiden Richtungen gleichzeitig möglich; auch als Vollduplex bezeichnet.

• *Duplexer* - Schaltkreis zum Anpassen eines Vierdrahtmodems an das Zweidraht-Telefonnetz.

• *Echounterdrückung* (*echo cancellation* oder *echo suppression*) - Aufwendige Technik zur Nutzung nur eines Übertragungskanals für Vollduplex-Verkehr. Das aussendende Modem muß dabei das eigene Signal vom Gesamtsignal abziehen (vgl. Abschn. 2.4.4).

• *Fallback* (zurückfallen) - Wichtige Modem-Funktion, die es möglich macht, daß bei schlechten Leitungen automatisch auf eine niedrigere Übertragungsrate zurückgeschaltet wird. Beispiel: V.29-Modem mit 9600 bit/s und Fallback auf 7200 oder gar 4800 bit/s.

• *Frequenzmodulation* (FM) - Eines von drei Basis-Modulationsverfahren (s. Abschn. 2.4.3) zum Aufprägen von Information auf einen hochfrequenten Träger. Das entsprechende digitale Verfahren heißt FSK (s. dort).

• *FSK* (*Frequency Shift Keying*), Frequenzumtastung - Digitale Frequenzmodulation (FM), wobei zwei unterschiedliche Frequenzen zur Darstellung von binär 0 und binär 1 verwendet werden (s. Abschn. 2.4.3). Typisch für FSK ist, daß pro Schritt (in Baud angegeben) genau ein Bit gesendet wird.

• *Fullduplex* - s. Duplex.

• *Guard tones* (Schutztöne) - Bestimmte Töne, in CCITT-Empfehlungen festgelegt, die bei manchen internationalen Telefonverbindungen mitgesendet werden müssen.

• *Halbduplex* (hx, Wechselverkehr) - Übertragung auf einer Leitung (Kanal) in beiden Richtungen wechselweise möglich (vgl. Abschn. 2.4.4).

• *Hayes-Kommandos* - Die Schnittstellen-Befehle für Modems der amerikanischen Firma *Hayes* sind weitgehend als Standard angesehen. Z.B. sind in den Modem-Dokumenten V.25 und V.25bis Schnittstellen-Protokolle mit Hayes-Kommandos spezifiziert.

• **LAP-M** (*Link Access Protocol for Modems*) - Fehlerkorrektur-Verfahren für schnelle Modems (vgl. Abschn. 6.2).

• **Mailbox** - Computer in einem Datennetz als elektronischer Briefkasten.

• **MNP** (*Microcom Networking Protocol*) - Verfahren zum fehlerfreien Austausch von Daten im störanfälligen Telefonnetz (auch in CCITT V.42 beschrieben).

• **Modem** (Modulator/Demodulator) - Gerät zur Übertragung digitaler Daten über das analoge Telefonnetz (vgl. Abschn. 6.1). Im Gegensatz zum Akustikkoppler (s. dort) ist ein Modem direkt mit dem Telefonnetz verbunden.

• **Originate mode** (frei: Herkunftsmodus, kurz Orig) - siehe *Answer mode*.

• **Phasenmodulation** - Eines von drei Basis-Modulationsverfahren (s. Abschn. 2.4.3) zum Aufprägen von Information auf einen hochfrequenten Träger. Das entsprechende digitale Verfahren heißt PSK (s. dort).

• **PSK** (*Phase Shift Keying*), Phasenumtastung - Eine Phasenmodulationstechnik, bei der diskrete Änderungen der Phase den Binärwerten 0 und 1 zugeordnet sind (s. Abschn. 2.4.3).

• **Protokoll** - Vorschrift darüber, wie Information zur Übertragung zu formatieren, auszusenden und zu prüfen ist. Beispiele dafür sind in diesem Buch vielfach gegeben.

• **QAM** (*Quadrature AM*) - Eine Kombination von Phasen- und Amplitudenmodulation mit dem Resulat, daß in einem Schritt (= 1 Bd) mehr als ein Bit codiert wird. In einem Beispiel können mit 16 bestimmten Kombinationen von Phase und Amplitude in einem Schritt (1 Bd) 4 Bits codiert sein.

• **QPSK** (*Quadrature PSK*) - Eine Phasenmodulationstechnik, bei der je zwei aufeinanderfolgende Bits in einem sog. *Dibit* codiert werden. Jeder mögliche Wert des Dibit korrespondiert mit einer bestimmten Phasenverschiebung des Trägers.

• **Simplex** (sx, Richtungsverkehr) - Übertragung auf einer Leitung (Kanal) nur in einer Richtung möglich (vgl. Abschn. 2.4.4).

• **Synchrone Übertragung** - Bei dieser Methode müssen die einzelnen Bits eines Zeichens und die Zeichen selbst synchron, also im festen Sendetakt auf den Übertragungskanal gegeben werden (vgl. Abschn. 2.2.3).

• **TCM** (*Trellis Coded Modulation*) - Ähnlich wie bei QAM werden hier diskrete Kombinationen von Phase und Amplitude zur Datencodierung definiert. Aber die Trellis-Codierung benutzt Daten von drei 7-Bit-Schritten zur Codierung von sechs Datenbits. Jeder solcher Schritt (= 1 Bd) enthält codierte Information über sich selbst sowie über vorhergehende und nachfolgende Schritte. Zur Decodierung werden Algorithmen eingesetzt, die denen der Fehlerkorrekturcodes ähneln, die z.B. bei Magnetplatten zum Einsatz kommen. In diesem Zusammenhang spricht man auch von *Viterbi-Decodierung*. Im Vergleich zu QAM ergibt sich mit TCM eine Verbesserung um 3 dB.

• *ter* - CCITT-Terminus zur Bezeichnung des dritten Teils einer Empfehlungs-familie, z.B. V.26ter.

• *T.4* - CCITT-Standard für Gruppe-3-Fax mit 200 dpi (*dot per inch*) Auflösung (entspricht etwa 8 Punkte pro mm). Als geeignete Modems dafür werden in die-sem Dokument V.27ter und V.29 angegeben.

• *T.5* - CCITT-Standard für Gruppe-4-Fax mit 400 dpi Auflösung und wechseln-dem Seitenformat. T.5 ist für verschiedene Übertragungsmedien und Technologi-en ausgelegt, einschließlich ISDN (*Integrated Services Digital Network*).

• *Vollduplex* - s. Duplex.

7 Zugriffsverfahren

7.1 Einteilungen

Für den Kanalzugang (*channel access*) sind verschiedene Techniken (*access techniques*) entwickelt und in Normen festgelegt worden. Ihre Bedeutung haben diese Verfahren bei Mehrpunktverbindungen und in Netzwerken, wenn also mehrere Teilnehmer vorhanden sind, die eventuell gleichzeitig den Übertragungskanal benutzen möchten. In reiner Form unterscheidet man zwei Methoden mit jeweils mehreren Ausformungen:

> - *Deterministische Verfahren* (auch: kontrollierter Zugriff) wie Polling und Token-Passing;
> - *Probabilistische Verfahren* (auch: zufälliger Zugriff oder *contention techniques*) wie Ethernet bzw. CSMA/CD.

In der Einordnung des ISO-Referenzmodells (Abschn. 1.4) gehören diese Verfahren in die Schicht 2, genauer in die mit Bild 1.13 abgegrenzte Unterschicht MAC (*Media Access Control*). Die gesicherte Übertragung der Daten selbst ist Aufgabe der oberen Teilschicht LLC (*Logical Link Control*) gemäß Standard IEEE-802.2. Die in Abschn. 7.3 vorgestellten Übertragungsrahmen enthalten solch ein LLC-Feld für Nutzdaten und höhere Steuerinformation.

• *Deterministische Verfahren* sind dadurch geprägt, daß vor Beginn einer Datenübertragung der Sender eindeutig bestimmt ist und im Prinzip der Zeitpunkt eines Buszugriffs vorhergesagt werden kann. Dies ist für manche Echtzeitanwendungen wichtig, weshalb z.B. Zentralpolling bei Feldbussen realisiert wurde.

• *Probabilistische Verfahren* gestatten es jedem Teilnehmer in einem Netzwerk, zu jedem Zeitpunkt einen Kanalzugriff zu versuchen. Das ist im Prinzip fair, kann aber bei hohen Netzauslastungen zu Wartezeiten führen, der Zuteilungszeitpunkt läßt sich nicht vorherberechnen. Die Diskussion darüber und zahlreiche Meßergebnisse sind in der Fachliteratur veröffentlicht, sollen darum hier nicht wiederholt werden.

Bei der Besprechung von Zugriffsverfahren muß berücksichtigt werden, ob Basisband- oder Breitbandtechniken angewendet werden. Damit zusammen hängt die Nutzung von Frequenzmultiplex oder Zeitmultiplex (vgl. Abschn. 2.4.4):

• *Frequenzmultiplex* (FDM, *Frequency Division Multiplexing*) ordnet innerhalb des zur Verfügung stehenden Träger-Frequenzbandes den einzelnen Stationen

Frequenzbereiche (Kanäle, *channels*) zu (je Richtung ein Kanal!). Diese Breitbandtechnik (*broadband technique*) wird z.B. bei MAP angewendet.

• *Zeitmultiplex* (TDM, *Time Division Multiplexing*) stellt für eine bestimmte Zeit der Station die gesamte vorhandene Bandbreite zur Verfügung. Zuteilung und Zeitbegrenzung werden mit Hilfe der nachfolgend besprochenen Verfahren geregelt:

• *Kontrollierte Zugriffsverfahren* mit den Versionen

- Zentrale Zugriffskontrolle (*centralized polling* oder einfach "Polling")
- Verteilte Zugriffskontrolle (*distributed polling* in den Spezialfällen "Token Passing" und "Slotted Ring")

• *Zufällige Zugriffsverfahren* (*contention techniques*) in den Ausführungen CSMA und CSMA/CD

7.2 Polling

Polling ist die auch im deutschen Sprachgebrauch übliche Bezeichnung für *Abfrageverfahren*. Durch die in unterschiedlicher Art möglichen Abfragen wird die Reihenfolge festgelegt, in der Teilnehmer (Knoten) Zugang zum Netz erlangen können, so daß direkte Konflikte zwischen Knoten vermieden werden. Unter der Überschrift "Polling" versteht man die beiden Hauptformen

- *Centralized polling* (die nachfolgend besprochene zentrale Zugriffskontrolle) und
- *Distributed polling* (im nächsten Abschnitt 7.3 besprochene Methoden des "Token Passing" in den wichtigen Formen Token-Bus und Token-Ring).

• *Zyklische Abfrage* (*centralized polling*) wurde bereits in den Abschnitten 2.2.1 und 2.3 als Grundverfahren für Datenein- und -ausgabe vorgestellt. Bild 2.4 zeigt dort, wie Software-Steuerung mit Hilfe einer Polling-Liste solche Schnittstellen-Abfragen organisiert. Diese Form wird auch als aktives Polling durch einen zentralen Rechner oder einen Steuerknoten bezeichnet. Die mit den Polling-Funktionen beauftragte Station wird auch *Leitstation* oder *Master* genannt, Alle anderen Stationen (die "gepollt" werden) heißen dann *Slaves*.

• *Zentralverkehr* ist die strengste Polling-Form, bei der Informations- und Datenaustausch nur zwischen der Leitstation und den Slaves möglich ist. Diese reine Zentralform ist beispielsweise beim DIN-Meßbus realisiert (DIN 66 348 Teil 2). Jede Kommunikation muß über die Leitstation laufen. Vorteil dieser *Mono-Ma-*

ster-Struktur: Die Kontroll-Software zur Abwicklung des Zentral-Polling ist optimal einfach, und der gesamte Kommunikationsablauf ist der Leitstation bekannt. Das grundsätzliche Ablaufschema ist mit **Bild 7.1** dargestellt. Dies ist gewissermaßen die Kurzdarstellung des Kommunikationsprotokolls (Schicht-2-Protokoll), wie es später konkret besprochen wird.

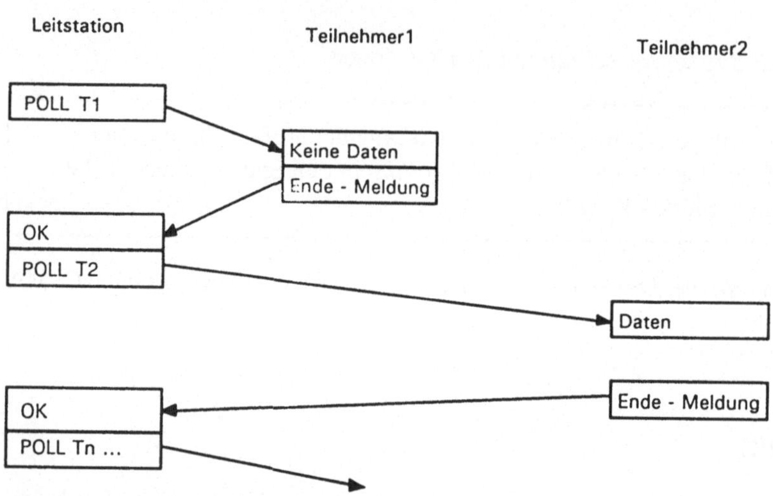

Bild 7.1 Ablaufschema beim Zentralverkehr

• *Querverkehr* erlaubt den direkten Austausch zwischen beliebigen Stationen, die mit ausreichender "Intelligenz" ausgestattet sind (bzw. sein müssen). **Bild 7.2** zeigt eine wichtige Möglichkeit der Abwicklung durch Übertragung von Sende- und Empfangsrecht an zwei Stationen. Dabei bleibt die Kontrolle aber letztendlich bei der Leitstation, es wird nur temporär der Datenaustausch zwischen zwei beliebigen Stationen erlaubt.

• *Multi-Master-Struktur* nennt man eine Anordnung von Stationen, wenn jede davon zumindest temporär die Kontroll- und Master-Funktionen ausüben kann. **Bild 7.3** verdeutlicht dies. Welche Station Master wird, ist entweder in der Leitstation festgelegt oder wird aus den aktuellen Anforderungen ermittelt. In jedem Fall muß für diese Betriebsart eine besondere Verwaltung vorgesehen werden, die als Zuteilung (*arbitration*) bezeichnet wird. Dies spielt eine spezielle Rolle bei Systembussen mit Multibusfähigkeit (s. dort).

• *Zuteilung der Übertragungskapazität* ist in jedem Fall die Aufgabe der angesprochenen Verfahren. Die Zuteilung wird in Grunde bestimmt durch entweder die Größe der Nachricht (dann kontrolliert durch einen Zuteiler bzw. *Arbiter*; vgl. hierzu auch Abschn. 11.2) oder ein irgendwie festgelegtes Zeitintervall für die Übertragung.

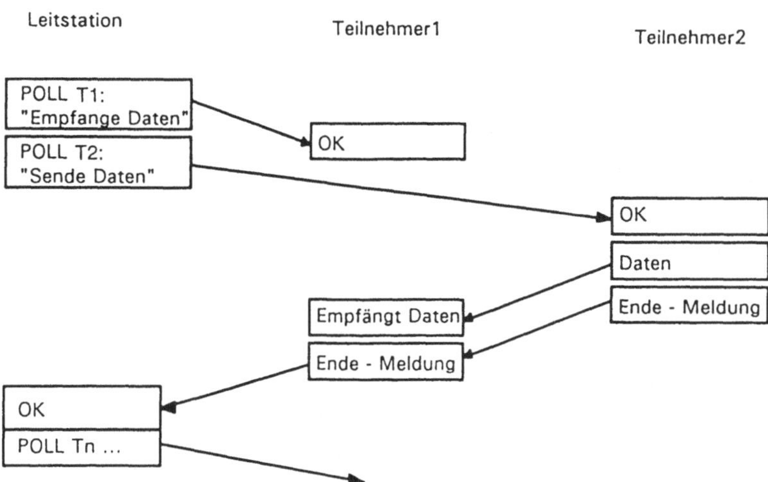

Bild 7.2 Ablaufschema beim Querverkehr mit zentraler Leitstation

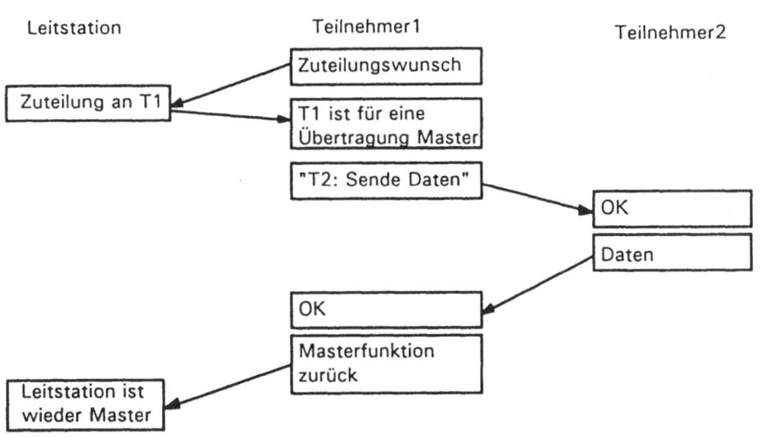

Bild 7.3 Ablaufschema in einer Multi-Master-Struktur mit Leitstation

- *Zeitscheibenverfahren* (*time-sharing*) ist die Hauptmethode zur Zuteilung von Zeitintervallen. Das Prinzip ist in Abschn. 2.2.1 mit Bild 2.4a aufgezeigt. **Bild 7.4** verdeutlicht in einer anderen Darstellung, wie für jeden Teilnehmer eine bestimmte Benutzungszeit fest und exklusiv reserviert ist. Ebenfalls angedeutet ist, wie mit Hilfe eines *Synchronisierungszeichens* (SYNCH) dafür gesorgt wird, daß zwischen Sender und Empfänger eine eindeutige Zuordnung erhalten bleibt (vgl. auch Bild 1.6 in Abschn. 1.3).

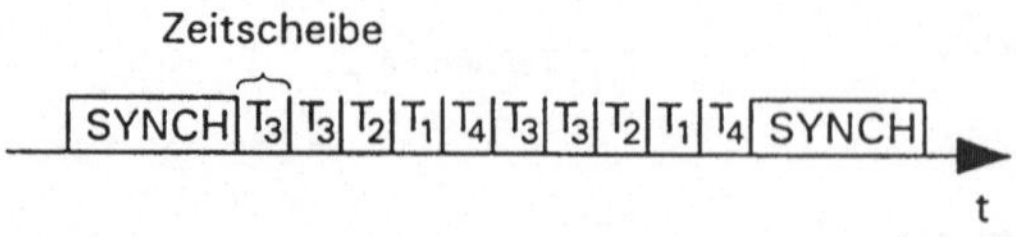

Zeitscheibe

| SYNCH | T₃ | T₃ | T₂ | T₁ | T₄ | T₃ | T₃ | T₂ | T₁ | T₄ | SYNCH | ▶

t

Bild 7.4 Zeitscheibenverfahren mit unterschiedlicher zeitlicher Belegung für die Teilnehmer. SYNCH: Synchronisierungszeichen

7.3 Token-Passing

Die Zugriffskontrolle kann auch ausgeübt werden, indem das Polling dezentralisiert bzw. verteilt (*distributed*) wird. Man unterscheidet bei *Distributed polling* im wesentlichen

---

- **Methoden**:   *Token-Passing* und *Slotted-Ring*
- **Topologien**:   *Token-Bus* und *Token-Ring*

Als typische Probleme, für die es verschiedene Lösungsmöglichkeiten gibt, seien genannt: 1. Token-Verlust, 2. Auftreten von Mehrfach-Token. In diesem Buch können wir darauf nicht eingehen.

7.3.1 Methoden

Die bisher besprochenen Verfahren sind vor allem solche der Klasse "Zeitmultiplex" (TDM, *Time Division Multiplexing*). Die wichtigste Methode für verteilte Zugriffskontrolle ist aber die als Token-Passing bekannte. Eine Sonderform wird als *Slotted-Ring* bezeichnet.

• *Token-Passing* wird in Bus- und Ring-Topologien angewendet. Dabei wird die Sendeberechtigung in Form eines definierten Bitmusters von Station zu Station weitergegeben. Der Empfang eines freien Token berechtigt zum Senden einer Nachricht. Um bei vielen sendewilligen Teilnehmern die Zugriffszeit nicht zu groß werden zu lassen, werden oft *Prioritäten* eingeführt.

• *Token* oder *Kennzeichen* ist ein spezielles Bitmuster oder ein Bitpaket, das in festgelegter Weise von Knoten zu Knoten zirkuliert, wenn gerade kein Nachrichtenaustausch stattfindet (**Bild 7.5**). Im Token gibt es ein Steuerzeichen, das signalisiert, ob der Token frei oder belegt ist. Nur wer im augenblicklichen Besitz des Token ist, darf am Bus senden.

• *Logischer Ring* ist eine häufig verwendete Bezeichnung für *Token Passing*, weil jeder Inhaber des Token diesen an einen genau definierten Nachbarn weitergibt. **Bild 7.6** zeigt, daß jede Station eine Tabelle enthält, die den Vorgänger *V* (*prede-*

cessor) beim Token-Umlauf und den Nachfolger *N* (*successor*) enthält. Der Token-Umlauf ist dadurch unabhängig von der physikalischen Topologie, die, wie im gezeigten Beispiel, auch ein Bus sein kann (s. nächsten Absch. 7.3.2).

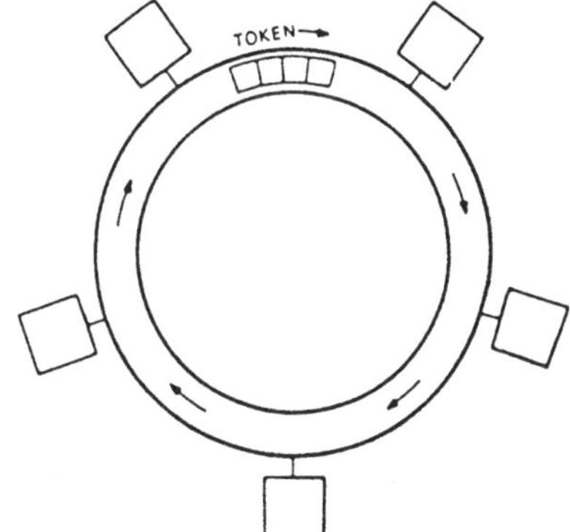

Bild 7.5
Freies Token im Umlauf von Station zu Station

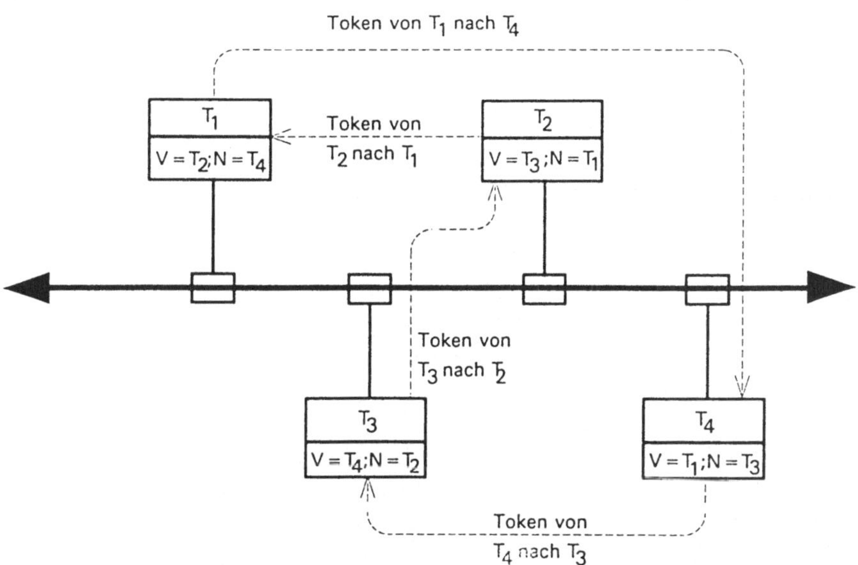

Bild 7.6 Token-Umlauf am Bus in Form eines logischen Rings. *V*: Vorgänger, *N*: Nachfolger der Teilnehmer T_n

• *Slotted-Rings* stellen eine weitere Form des verteilten Polling dar. Im einfachsten Fall wird auch hierbei das Prinzip der Zeitscheibe assoziiert. Ursprünglich war aber ein Verfahren entsprechend **Bild 7.7** gemeint. Es zirkuliert dabei eine gewisse Anzahl von Rahmen (*frames* oder auch *slots*) fester Länge im Ring. Jeder Rahmen hat Positionen für Bits oder Bitgruppen reserviert, die vorgesehen sind für Absender- und Empfängeradresse, Steuer- und Prüfinformation sowie für Daten.

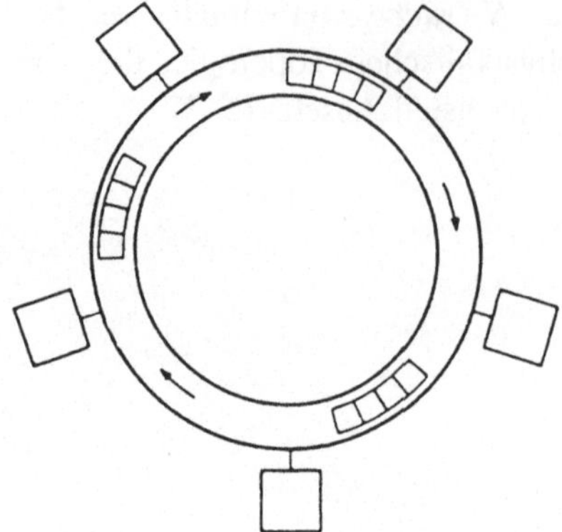

Bild 7.7
Slotted-Ring mit umlaufenden Steuer-
rahmen (*frames*)

Wenn ein Knoten Daten übertragen möchte (oder muß), wartet er auf einen freien oder unbenutzten Rahmen (*slot*), fügt Daten in das dafür vorgesehene Feld ein, setzt ein Bit zur Anzeige, daß der Rahmen voll ist und gibt schließlich Absender- und Empfängeradresse an. Die adressierte Station kopiert die Daten in ihren Empfangspuffer und markiert den Rahmen als wieder frei.

7.3.2 Token-Bus

Der Token-Bus nach dem Standard IEEE-802.4 ist mit Bild 7.6 im Prinzip erklärt. Die realen Ausführungen können, wie gezeigt, Busstruktur, aber auch Baumstruktur aufweisen; sie werden in der Regel in Breitbandtechnik betrieben. Das wichtigste Beispiel ist als MAP (*Manufacturing Automation Protocol*) bekannt. Die Datenraten betragen dabei, abhängig von der angewendeten Übertragungstechnik, 1, 5 oder 10 Mbit/s. Weiterentwicklungen zielen auf den Einsatz von Lichtwellenleitern, wobei dann Sterntopologie entstehen wird.

• *Token-Passing* ist das bereits oben erklärte Verwaltungsprinzip. Unabhängig von der Topologie wird die Verwaltung im logischen Ring ausgeübt. Es gibt aber beim Token-Bus keine natürliche Reihenfolge der Teilnehmerstationen wie beim Token-Ring. Die Token-Weitergabe kann demzufolge unabhängig von der realen Teilnehmerposition am Bus erfolgen (vgl. Bild 7.6).

• *Veränderungen im logischen Ring* (Eingliedern bzw. Ausgliedern von Stationen) erfordern besondere Maßnahmen, weil ein einmal etablierter Ring ein in sich geschlossenes Gebilde darstellt. Um trotzdem Veränderungen während des Betriebs zu ermöglichen, müssen die aktiven Stationen bei jedem Buszugriff (also immer dann, wenn sie im Besitz des Token sind) einen speziellen Abfragerahmen aussenden, der die aktuellen Vorgänger- und Nachfolgeradressen entsprechend der Stationstabelle enthält. Meldet sich eine bislang nicht eingetragene Station, können die Stationstabellen entsprechend geändert werden (**Bild 7.8**). Vergleichbar funktioniert das Ausgliedern aus dem logischen Ring.

a)

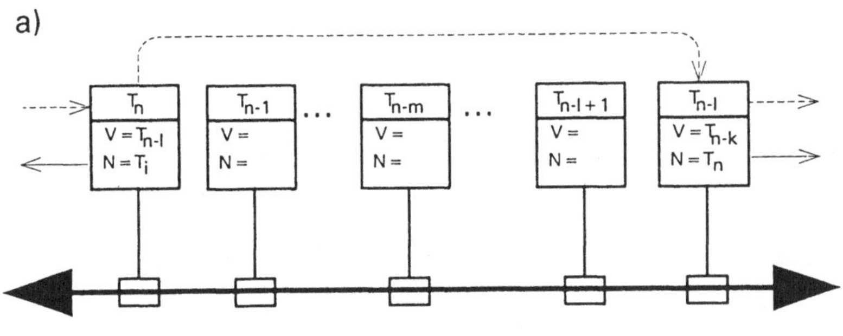

b)

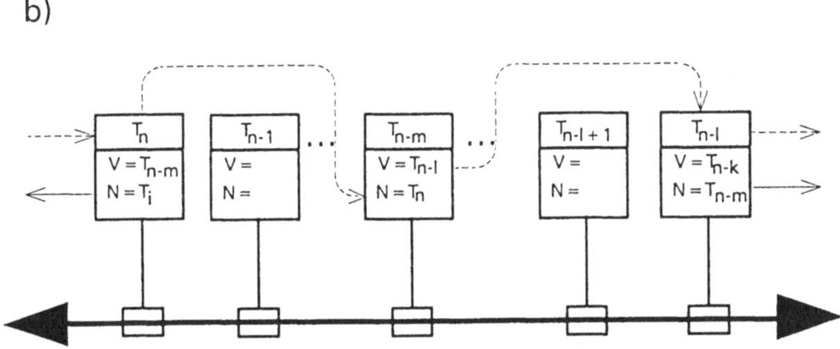

Bild 7.8 Eingliedern einer Station T_{n-m} in den logischen Ring;
a) vor, b) nach der Eingliederung

- *Das Rahmenformat* gemäß Standard IEEE-802.4 ist mit **Bild 7.9** dargestellt. Die Rahmenlänge beträgt mindestens 12 Oktette (Bytes), kann aber auch 20 Oktette plus Anzahl der Datenbytes im Feld LLC lang sein. Die Übertragungsdauer der Präambel (*preamble*) ist so gewählt, daß sich je nach Übertragungsrate eine Länge von mindestens einem Byte ergibt. Definiert das Kontrollfeld den Rahmen als Datenblock, werden die Nutzdaten in das LLC-Feld gepackt. Wird der Rahmen als *Token Frame* definiert, enthält das Feld *DA* die Nachfolgeradresse im logischen Ring.

- *Die Adressierung* ist mit 16 oder 48 Bits möglich (innerhalb eines Netzwerks jedoch einheitlich). Dies gibt einen Umfang von etwa 10^4 Adressen, weshalb jeder Station eine weltweit eindeutige Adresse zugeordnet wird. Die globalen Adressen (*globally administrated addresses*) werden vom IEEE verwaltet.

7.3.3 Token-Ring

Der Token-Ring nach dem Standard IEEE-802.5 ist voll verträglich (kompatibel) mit dem IBM Token-Ring-Netz, das auch auf PCs einsatzfähig ist. Demzufolge

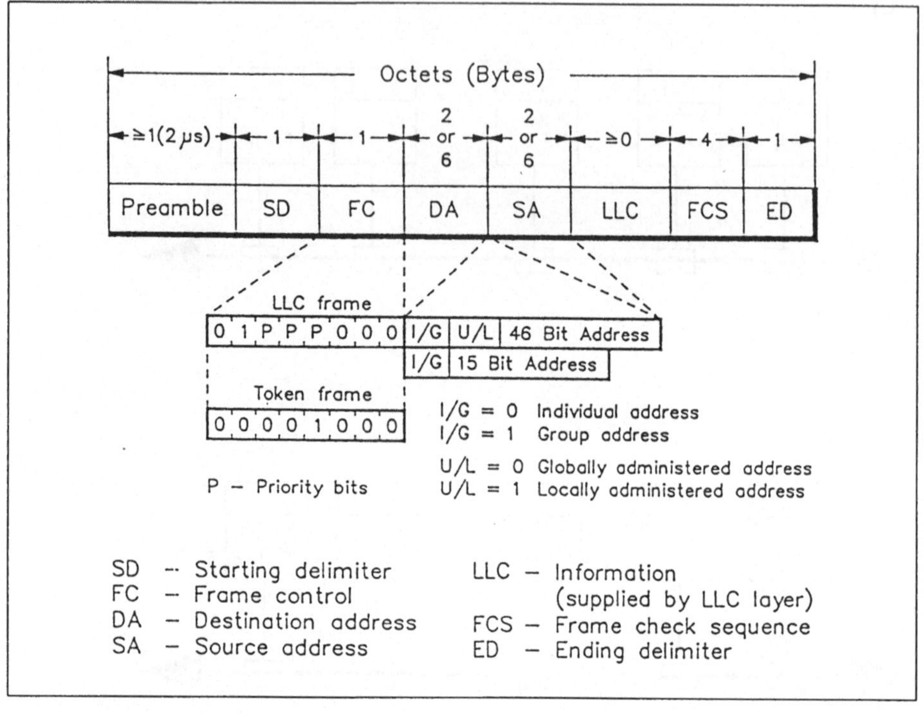

Bild 7.9 Rahmenformat des Token-Bus nach IEEE-802.4.
LLC: *Logical Link Control*, Schicht-2-Protokoll für LANs. FCS entspricht CRC-32 nach CCITT

sind die verfügbaren Komponenten und Verkabelungssysteme verträglich. Der Token kreist normalerweise entsprechend **Bild 7.10** im Ring. Die adressierte Station übernimmt die Daten, leitet den Informationsrahmen aber weiter durch den Ring bis zurück zum Absender. Der wertet dies als Bestätigung einer ordnungsgemäßen Übertragung und entfernt diesen Rahmen wieder aus dem Ring.

• *Komponenten des Token-Ring-Netzes* sind:
- Datenkabel Typ 1 (zwei einzeln und insgesamt abgeschirmte verdrillte Kupferdoppelleiter)
- Adapter zum Anschluß von Endgeräten an den Token-Ring; Gerät und Adapter zusammen realisieren eine Teilnehmerstation
- Ringleitungsverteiler
- Brücken zum Aufbau komplexer Ringe.

• *Komplexe Token-Ring-Netze* entstehen, wenn mehrere Ringe zusammengekoppelt werden. Bild 7.10 deutet dafür die Ein- und Ausgänge an. Die zur Kopplung solcher gleichartiger Teilnetze vorgesehenen Komponenten heißen Brücken (*bridges*). **Bild 7.11** zeigt darüberhinaus einen *Gateway* zur Verbindung mit einem

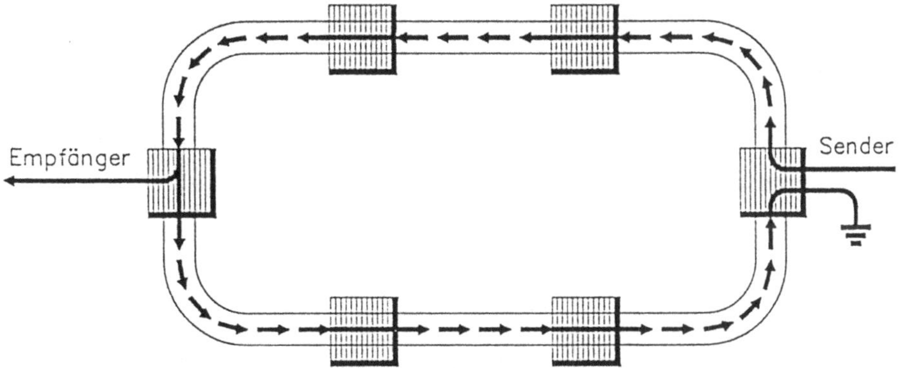

Bild 7.10 Token-Ring mit umlaufenden Rahmen und Ein- sowie Ausgängen

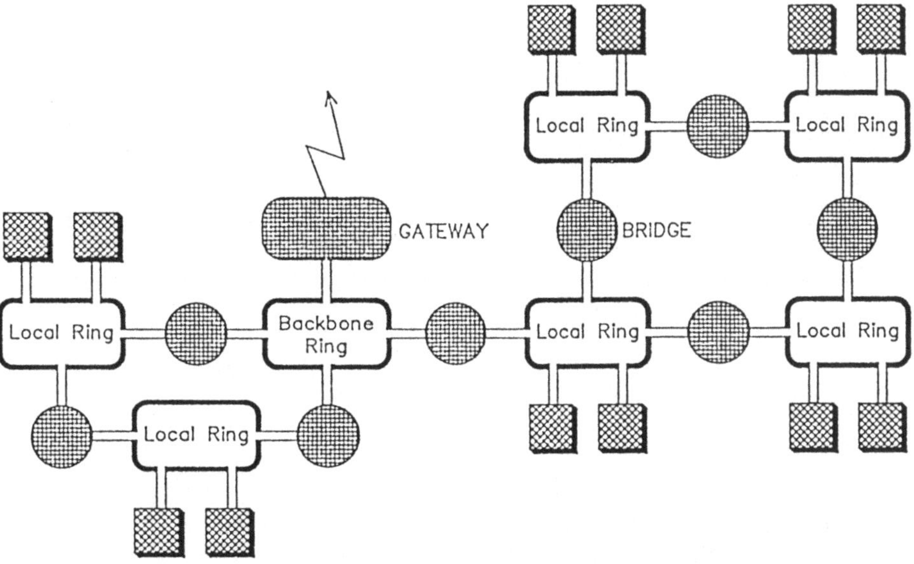

Bild 7.11 Aufbau komplexer Token-Ring-Netze mit Hilfe von Brücken (*Bridges*) und *Gateways*

andersartigen Netzwerk (z.B. per Datenfernübertragung). Hat einer der Ringe eine gewisse Zentralbedeutung, weil an ihn nur *Bridges* und *Gateways* angeschaltet sind, wird er *Backbone Ring* (Rückgrat-Ring) genannt.

• *Ringleitungsverteiler* sind passive Geräte, mit deren Hilfe die praktische Stern-Ring-Topologie realisiert wird. Ein solcher Verteiler entsprechend **Bild 7.12** kann bis zu acht sternförmig herangeführte Verbindungen zum Ring verbinden. Dazu kommen Möglichkeiten der Bildung von Ketten und des Schaltens eines Ersatz-rings.

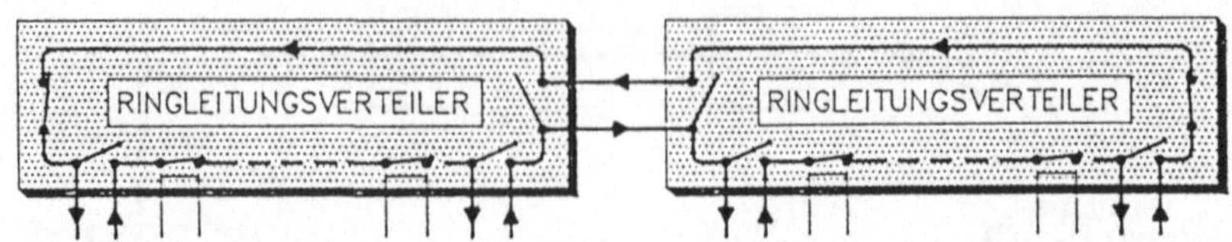

a) Zusammenschaltung mehrerer Ringleitungsverteiler

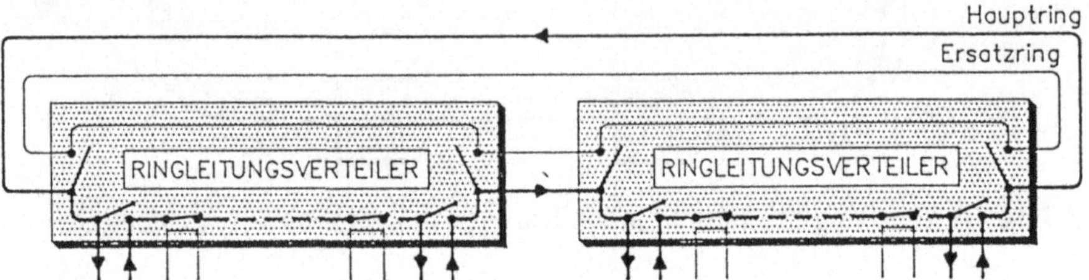

b) Zusammenschaltung mehrerer Ringleitungsverteiler zu einem Ring

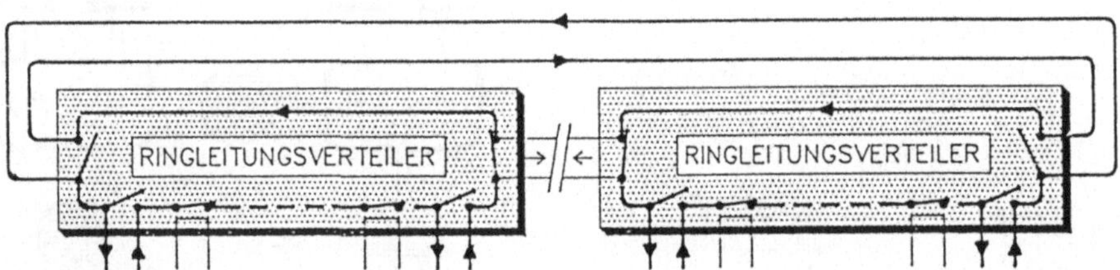

c) Nutzung des Ersatzrings bei einer Kabelunterbrechung zwischen zwei Ringleitungsverteilern

Bild 7.12 Möglichkeiten beim Zusammenschalten von Ringleitungsverteilern (nach [Conr89])

- *Grunddaten des Token-Ring-Netzes* sind:
- Übertragungsrate 4 Mbit/s; 16 Mbit/s sind nun ebenfalls möglich
- maximal 260 Stationen an einem Ring
- maximale Entfernung zwischen Ringleitungsverteiler und Endgeräte-Adapter ca. 300 m
- Entfernung zwischen zwei Ringleitungsverteilern 200 m, beim Einsatz eines Verstärkers 750 m, beim Einsatz von Lichtleitern (IBM-Datenleitung Typ 5) 2000 m. Diese Längen sind nicht unabhängig voneinander.

- *Das Rahmenformat* gemäß Standard IEEE-802.5 ist mit **Bild 7.13** dargestellt. Das Token-Format entsteht durch Weglassen einiger Kontrollfelder und des Datenfeldes (LLC). Das Datenfeld kann maximal 4096 byte lang sein.

- *Die Adressierung* ist wie beim Token-Bus mit 16 oder 48 Bits möglich (innerhalb eines Netzwerks einheitlich). Die Adressenverwaltung ist ebenfalls wie beim Token-Bus geregelt.

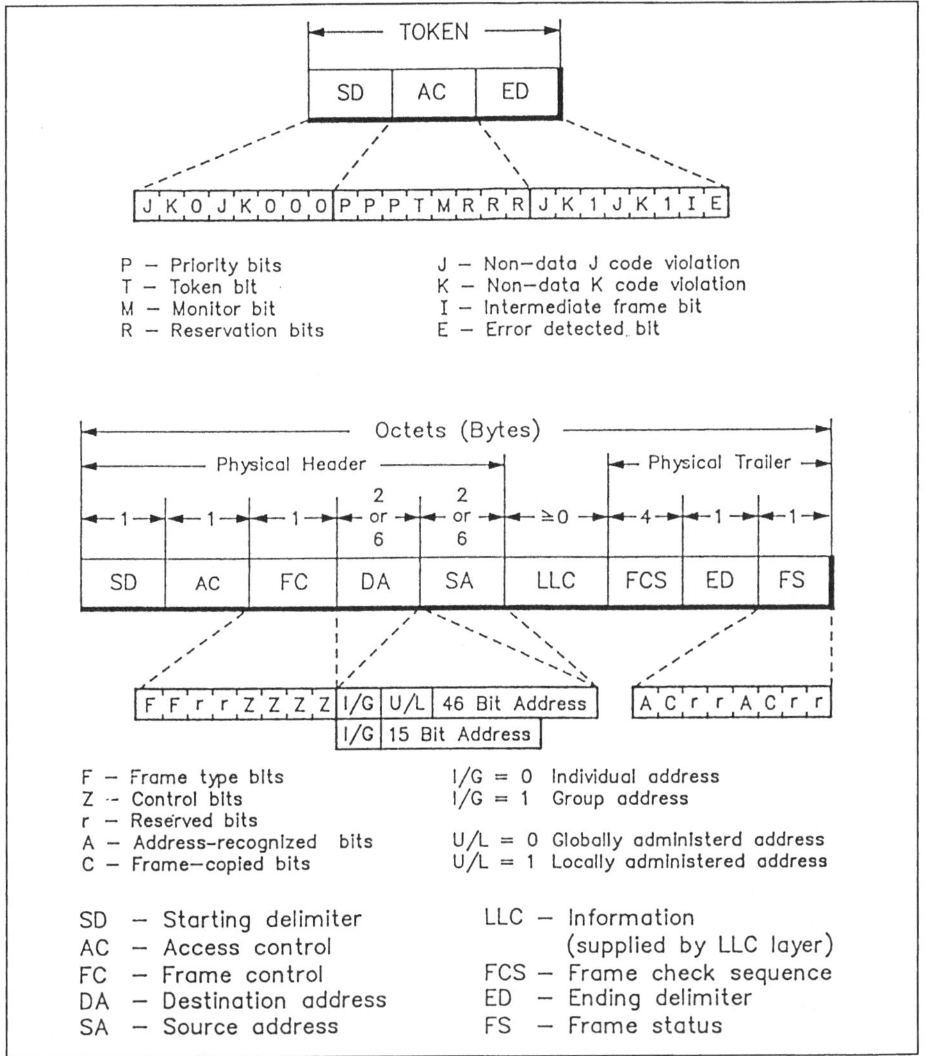

Bild 7.13 Rahmenformat des Token-Ring nach IEEE-802.5.
LLC und FCS wie beim Token-Bus, Bild 7.9

7.4 Zufällige Zugriffsverfahren

Bei diesen Verfahren ist vor Beginn einer Übertragung nicht bekannt, welcher
Teilnehmer als nächster den Bus belegen kann, weshalb der Zugriff als zufällig
(*random access*) bezeichnet wird. Es werden vom Prinzip Kollisionen auf dem
Übertragungskanal in Kauf genommen, wobei allerdings Nachrichten nicht zer-
stört werden. Die heute dominierende Haupttechnik ist CSMA/CD, auch als
Ethernet bekannt (vgl. Abschn. 15.3). Vorgestellt und zur Standardisierung vorge-

schlagen wurde diese Technik von der DIX-Firmengruppe (*DEC, Intel, Xerox*). Die Vorlage dafür war das an der Universität von Hawaii entwickelte *Aloha-Konzept*, das zur drahtlosen Verbindung (über den Äther, engl. *ether*) zwischen den Inseln diente.

7.4.1 Aloha und CSMA

Das Hawaii-Konzept war als *Pure Aloha* und *Slotted Aloha* (mit Zeitschlitzen) verwirklicht. Beim reinen Aloha-Verfahren sendet jede Station, die einen Zugriffswunsch hat, ihre Nachricht. Weil gleichzeitig auf der Leitung andere Nachrichten laufen können, kann es zu Überlagerungen kommen, durch die ein ordentlicher Empfang unmöglich wird. Solch eine Kollision wird vom Absender nur daran festgestellt, daß er für seine Nachricht keine Quittierung erhält.

• *Slotted Aloha* bedeutet, daß die Übertragungszeit in Zeitschlitze (*time slots*) eingeteilt wird. Eine Sendung darf nur am Anfang eines Zeitschlitzes beginnen. Dadurch wird die Wahrscheinlichkeit der Störung von Nachrichten durch Kollisionen herabgesetzt. Voraussetzung ist die Begrenzung der Nachrichtenlänge auf die Länge eines Zeitschlitzes.

• *CSMA* (*Carrier Sense Multiple Access*, also etwa "Vielfach-Zugriff mit Abhören des Trägers") bedeutet einen erheblichen Unterschied zu den Aloha-Verfahren: Jede sendewillige Station horcht die Leitung daraufhin ab, ob bereits Verkehr besteht (*Listen Before Talking*, LBT). Im negativen Fall wird mit dem Senden begonnen. Aufgrund der Laufzeiten auf dem Übertragungskanal kann es aber trotzdem zu Kollisionen kommen, die auf höheren Ebenen gemäß dem ISO/OSI-Referenzmodell abgefangen werden müßten. Darum hat sich das Verfahren mit Kollisionserkennung (*CSMA with Collision Detection*, CSMA/CD) durchgesetzt.

7.4.2 CSMA/CD

Ein Hauptunterschied zu den oben vorgestellten Verfahren ist, daß Zuhörpflicht nicht nur vor dem Senden, sondern auch während des Sendens besteht (*Listen While Talking*, LWT). Darum wird dieses Verfahren auch manchmal als "*Listen before and while talking*" bezeichnet.

• *Multiple Access* (Vielfach-Zugriff) bedeutet für jeden Teilnehmer die Möglichkeit, eine Übertragung zu beginnen, wenn der Kanal durch Abhören (*Listen Before Talking*, LBT) als frei erkannt wurde. Das ist prinzipiell anders als beim Polling, wo eine sendewillige Station warten muß, bis der Polling-Zyklus abgeschlossen ist. Auch beim Token-Verfahren muß gewartet werden, bis ein freier Token "vorbeikommt".

• ***Carrier Sense*** (Abhorchen des Kanals) nennt man die oben erwähnte Abhörpflicht (LBT). Knoten brechen jeden Übertragungsversuch ab, wenn sie feststellen, daß auf dem Kanal Signale laufen, die nicht ihren Sendesignalen entsprechen, wenn also bereits Verkehr stattfindet. Wegen der Laufzeiten (*propagation delay*) auf dem Übertragungsweg kann es aber geschehen, daß Stationen den Kanal für frei halten und in etwa gleichzeitig einen Übertragungsversuch starten. Dann sind Kollisionen unvermeidlich, und es setzt der Mechanismus der Kollisionserkennung ein:

• ***Collision Detection*** ist dadurch möglich, daß jede Station den Kanal während einer Aussendung weiter beobachtet (*Listen While Talking*, LWT), indem sie den Signalpegel mißt. Erkannt wird eine Kollision an der Energiezunahme durch Überlagerung der verschiedenen Signale. Ist dies geschehen, zieht sich jede beteiligte Station vom Kanal zurück (*back-off*), wartet eine statistisch verteilte Zeitspanne und startet einen neuen Zugriffsversuch.

• ***Jam-Signal*** ist eine weitere wesentliche Komponente des Kollisions-Managements. Jede Station sendet nämlich nach Erkennen einer Kollision ein kurzes Geräuschsignal (*short burst of noise* mit der Bezeichnung "jam"), durch das sichergestellt werden soll, daß alle gerade an der Übertragung beteiligten Stationen den Kollisionsvorgang registrieren.

• ***Das Rahmenformat*** gemäß Standard IEEE-802.3 ist mit **Bild 7.14** dargestellt. Der zeitliche Abstand zwischen aufeinanderfolgenden Rahmen (*inter frame gap*) muß mindestens 9,6 µs betragen. Das Datenfeld (Feld LLC) kann maximal 1500 Bytes lang sein. Die Prüfsequenz FCS wird wie bei den Token-Verfahren entsprechend CCITT CRC-32 gebildet.

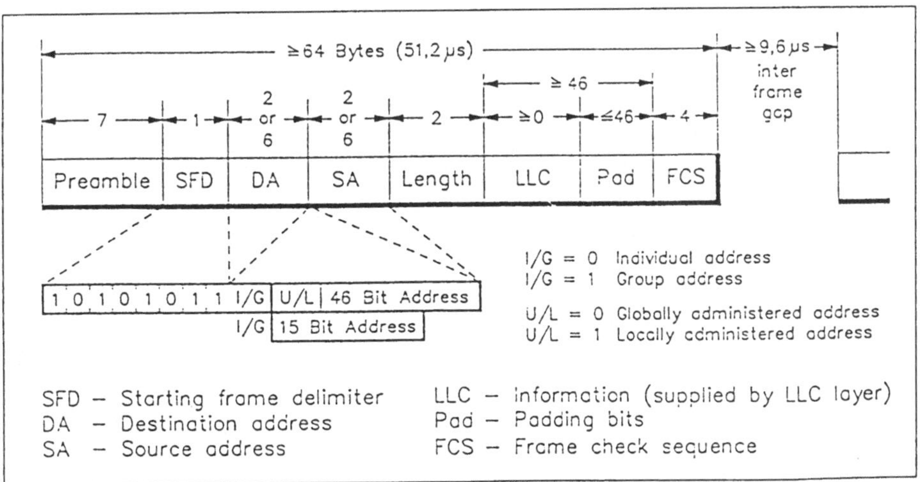

Bild 7.14 Rahmenformat für Ethernet nach IEEE-802.3 mit CSMA/CD

• **Die Adressierung** ist wie bei Token-Bus und Token-Ring mit 16 oder 48 Bits möglich (innerhalb eines Netzwerks einheitlich). Die Adressenverwaltung ist ebenfalls wie bei den Token-Verfahren geregelt und durch IEEE verwaltet.

• **CSMA/CD** gestattet, wie oben ausgeführt, keine Vorhersage über den Zugriffs-zeitpunkt; deshalb kann auch keine maximale Wartezeit definiert bzw. garantiert werden. Weil aber jeder Knoten zufällig verteilte Zugriffsversuche startet, kann wenigstens eine statistische Wartezeit (*statistical guaranty*) angegeben werden. Polling-Netzwerke dagegen zeichnen sich durch exakt spezifizierbare Zugriffs-zeitpunkte aus (*deterministic guaranty*).

8 Synchronisation, Codierung, Sicherung

Dieses Kapitel beschreibt weitere grundlegende Bausteine für die Schichten 1 und 2 des Referenzmodells, wie sie zur Interpretation der Signale nach Anwendung der elektrischen Eigenschaften nötig sind. Analog zum täglichen Leben kann eine Kommunikation erst erfolgreich stattfinden, wenn sich die Gesprächspartner zur gleichen Zeit ihre Aufmerksamkeit widmen. Auch bei jeder Art der digitalen Datenkommunikation ist die Aufgabe der zeitlichen Abstimmung, der Synchronisation, von elementarer Bedeutung. Daher umfaßt das *Synchronisationsverfahren* z.B. die Beschreibung der Steuersignale oder Zeichen, deren zeitlichen Ablauf und ihren logischen Bezug untereinander.

Am Ausgang der Übertragungsstrecke erfolgt nach der Bewertung der Signale entsprechend den elektrischen Eigenschaften (Abschn. 5.1) zunächst die *Bitsynchronisation*. Dabei wird der logische Pegel zum Synchronisationszeitpunkt jeweils einem Binärzeichen zugeordnet. Die entstehende Bitfolge muß anschließend noch in Datenworte gegliedert werden. Diese *Wort-Synchronisation*, oder *Byte-Synchronisation* (falls 8-Bit-Worte verwendet werden) erfolgt ebenfalls anhand der Festlegungen im Synchronisationsverfahren.

Die Rückgewinnung der gesendeten Informationen erfordert die Zuordnung der übertragenen Datenworte anhand einer *Codierungsvorschrift*. Der am weitesten verbreitete Übertragungscode, der internationale 7-Bit-Code, wird u.a. im folgenden näher beschrieben.

Wenn Teile der übertragenen Zeichen aus den anderen Informationszeichen abgeleitet oder bestimmt werden können, enthält der Datenblock *Redundanz*. Diese kann genutzt werden, um die übertragenen Datenworte auf Übertragungsfehler zu prüfen. In vielen Fällen wird ein zusätzliches Bit übertragen, das zur Paritätsprüfung (*Parity Check*) eines Bytes dient. Ein besserer Schutz gegen Übertragungsfehler kann durch Blockprüfzeichen (*Block Check Character*) erreicht werden, wenn diese nach geeigneten Vorschriften, z.B. CRC 16, berechnet werden.

8.1 Synchronisation

Abhängig von der Art der Datenübertragung können verschiedene Synchronisationsmethoden unterschieden werden. Allen Verfahren gemeinsam ist die richtige Zuordung des Zeitpunkts der Gültigkeit (*Synchronisationszeitpunkt*) eines Bits bzw. eines Wortes zu dem jeweiligen logischen Pegel. Dieser Zeitpunkt bestimmt die Abtastung der Empfängereingangsspannung wie auch die Übernahme in den Speicher der Interface-Schaltung. Die sichere und ungestörte Erkennung des richtigen Synchronisations-Zeitpunkts ist wichtiger für eine erfolgreiche Datenübertragung als der übertragene logische Pegel selbst. Ist dieser gestört, führt das meist nur zur Verfälschung eines einzelnen Datenwortes. Wenn jedoch der Synchronisationszeitpunkt falsch erkannt wird oder durch Verzerrungen verschoben ist, folgt meist eine Serie von gestörten Datenworten bzw. wird die ganze Datenkommunikation unmöglich.

8.1.1 Parallele Übertragung

In parallelen Schnittstellen sind neben den einzeln geführten Datenleitungen immer *Steuerleitungen* vorhanden, die anhand der übertragenen Impulse den Synchronisationszeitpunkt für die Empfängerschaltung liefern (**Bild 8.1**). Da bei fast allen bekannten parallelen Schnittstellen die Bits eines Datenwortes zur gleichen Zeit an den Datenleitungen anstehen und übernommen werden müssen, fällt bei parallelen Schnittstellen der Zeitpunkt der Bitsynchronisation mit dem der Wortsynchronisation zusammen. *Die Übertragung erfolgt bitparallel und byteseriell.*

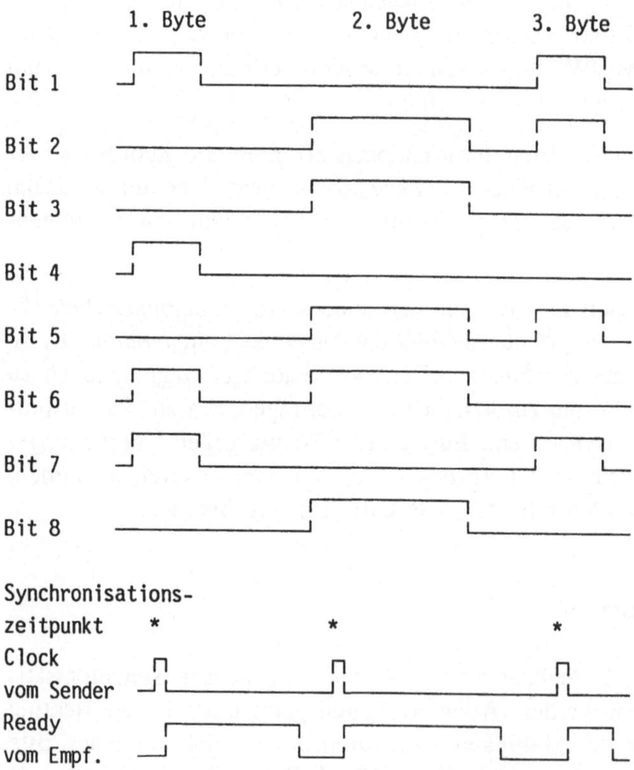

Bild 8.1 Synchronisationszeitpunkt (*) bei paralleler Datenübertragung

• *Synchronisationssignale* werden in Signalbeschreibungen und Anschlußbelegungen meist mit *Strobe*, *Clock* oder *Qualifier* bezeichnet. Für die Übernahme der Daten in die Interface-Schaltung steht immer ein Zeitabschnitt zur Verfügung, in dem die Daten stabil anstehen. Der Beginn (* im Bild) wird meist durch die Vorderflanke des Synchronsignals gegeben und z.B. durch Setzen eines Quittungssignals (z.B. *Ready*) oder eines anderen Steuersignals (z.B. *Busy*, *Acknowledge*) abgeschlossen. Die Rückflanke des Ready-Signals gibt die Änderung der Datenleitungen für das nächste Byte frei.

8.1.2 Serielle, synchrone Übertragung

Bei serieller Datenübertragung, synchron zu einem auf separater Leitung mitgelieferten Takt (**Bild 8.2**) sind die Synchronisationsverhältnisse ganz ähnlich wie bei der parallelen Übertragung. Obgleich bei synchroner Übertragung meist äquidistante Synchronisationsimpulse verwendet werden, ist das nicht zwingend. Gleiche Impulsabstände bieten den Vorteil erheblich gesteigerter Störsicherheit, wenn in geeigneten Filterschaltungen die konstante Phasenbeziehung zwischen den Impulsen zur Entzerrung ausgenutzt wird. Bei unregelmäßigen Abständen bestimmt das Auftreten der Impulse allein den Zeitpunkt der Gültigkeit eines Datenbits. Meist werden die Synchronisationsimpulse in der Interface-Schaltung dazu verwendet, mit der Impulsflanke das Bit in ein Schieberegister zu übernehmen, an dessen Ausgang es entsprechend der Wort-Synchronisation parallel weiterverarbeitet werden kann.

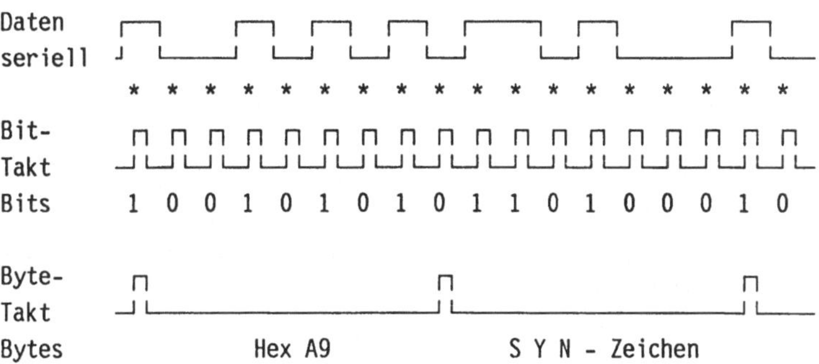

Bild 8.2 Synchronisationszeitpunkt (*) und Byte-Synchronisation bei serieller Datenübertragung

• *Byte-Synchronisation* erfolgt bei synchroner Datenübertragung entweder durch einen weiteren separat übertragenen Impuls, z.B. *Byte-Qualifier*, oder muß anhand des Dateninhalts des Bitstroms erkannt werden. Dazu werden in vereinbarten Mindestabständen bestimmte Bitkombinationen übertragen. Sie leisten keinen Beitrag zur Informationsübermittlung und müssen ausgefiltert werden. Diese Synchronisationszeichen kennzeichnen z.B. den Beginn eines neuen Bytes.

• ***BSC-Protokoll:*** Im verbreiteten, besonders bei IBM verwendeten BSC-Protokoll (*Binary Synchronous Communication*) dient das SYN-Zeichen (Hex 16) aus dem 7-Bit-Code zur Byte-Synchronisation. Es wird in allen Sendepausen übertragen, mindestens also nach Abschluß eines Datenblocks. Da dieses Verfahren nur die Übertragung von codegebundenen Informationen, also z.B. 7-Bit-codierte Buchstaben und Zahlen vorsieht, kann das SYN-Zeichen innerhalb des Informationsteils des Datenblocks nicht vorkommen. Bei codeunabhängiger Übertragung, also z.B. bei beliebigen binären Bitfolgen, müssen die Synchronisationszeichen, wie auch die anderen Übertragungssteuerzeichen besonders geschützt werden (vergl. Abschn. 8.2.3).

8.1.3 HDLC-Übertragungsformat bei synchroner Übertragung

Bei modernen seriellen Schnittstellen wird insbesondere in Netzwerken und im Postgebrauch häufig synchron mit dem bitorientierten HDLC-Protokoll (*High-level Data Link Control*) übertragen. Die Bit-Synchronisation unterscheidet sich dabei nicht von den im vorherigen Abschnitt beschriebenen Verfahren. Der Zeitpunkt wird aus separat übertragenen Impulsen oder selbsttaktenden Codierungen abgeleitet. Die Besonderheit liegt in der Blocksynchronisation aus der Bitfolge. Das HDLC-Steuerungsverfahren verwendet zur Synchronisation des gesamten Übertragungsblocks eine charakteristische 8-Bit-Kombination (*Flag*), die jeweils zu Beginn und am Ende des Blocks gesendet wird. Der Aufbau eines Datenblocks mit solchen Kennungen wird mit *HDLC Frame Structure* bezeichnet (**Bild 8.3**). Das HDLC-Steuerungsverfahren ist in zahlreichen internationalen Normen festgelegt (vgl. Abschn. 9.4).

• ***Das HDLC-Protokoll*** erlaubt innerhalb des Informationsfeldes die codeunabhängige Übertragung von beliebigen Binärdaten. Diese "transparente" Übertragung ist sogar unabhängig vom Byte-Raster. Sie wird durch die unabhängige *Rahmen-Synchronisation* ermöglicht. Alle Bits, die zwischen einem Rahmen-Start und Rahmen-Ende erkannt werden, müssen entsprechend des HDLC-Rahmen-Aufbaus (*HDLC Frame Structure*) interpretiert und Adreß-, Steuer-, Informations- und Prüfungsfeldern zugeordnet werden.

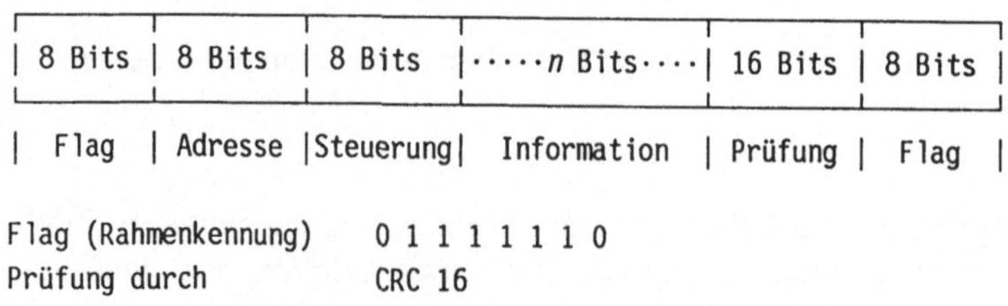

Bild 8.3 HDLC-Datenformat, Aufbau des Datenblocks

• *Flag*: Der Empfänger hat den gesamten Strom der Binärdaten ständig auf Rahmen-Synchronisationszeichen (*Flags*) zu durchsuchen. Diese dürfen allerdings niemals innerhalb eines Informationsfeldes vorkommen, da sonst Synchronisationsfehler auftreten würden. Das HDLC-Übertragungsverfahren enthält daher eine Regelung, die trotz transparenter, bitfolgeunabhängiger Übertragung im Informationsfeld falsche Rahmenkennungen durch "Bit-Stopfen" (*Bit-Stuffing*) verhindert.

• *Bit-Stuffing* bedeutet, daß vom Sender immer dann, wenn ein Rahmen-Synchron-Zeichen innerhalb des Übertragungsblocks vorkommt, ein weiteres 0-Bit hinzugefügt wird (**Bild 8.4**). Aus einer zu übertragenen Bit-Kombination von z.B. ...101111110... entsteht somit die hinter der fünften Eins erweiterte Bit-Kombination ...1011111010.... Sie verhindert, daß im Empfänger ein Rahmen-Synchron-Zeichen erkannt wird. Vor der Auswertung der empfangenen Daten muß das *Bit-Stuffing* allerdings in der Schnittstelle des Empfängers rückgängig gemacht werden. Dabei wird aus der übertragenen, erweiterten Bit-Kombination ...1011111010... durch Reduzieren einer Null wieder die ursprüngliche Bitfolge des Rahmen-Synchron-Zeichens. Falls im ursprünglichen Datenblock tatsächlich die Kombination des durch Bit-Stuffing erweiterten Rahmen-Synchron-Zeichens übertragen werden soll, muß diese vor der Reduktion durch den Empfänger geschützt werden. Auch sie muß also bereits im Sender durch ein weiteres Bit ergänzt sein.

```
zu übertragende 01..1 0 1 1 1 1  1 0 ..1 0 1 1 1 1  0 1 0..
Bit-Kombination    | Rahmenkennung |  | erweiterte Kennung |


Nach jeweils 5 Einsbits wird eine Null eingefügt


erweiterte      01..1 0 1 1 1 1 0 1 0 ..1 0 1 1 1 1 0 0 1 0..
Bit-Kombination    |        *     |  |           *       |
```

Bild 8.4 *Bit-Stuffing* zum Schutz der Rahmenkennung (*Flag*)
beim HDLC-Protokoll

• *Die Bit-Stuffing-Regel* besagt also, daß in der Schnittstelle des Senders nach fünf unmittelbar aufeinander folgenden Binärzeichen "1" eine Null eingefügt werden muß. Um die Erweiterung rückgängig zu machen, muß der Empfänger jedes Binärzeichen "0" entfernen, wenn es unmittelbar nach fünf aufeinander folgenden Eins-Bits erkannt wird.

Der Anwender des HDLC-Protokolls hat mit der Rahmen-Synchronisation sowie dem Bit-Stuffing meist nichts zu tun, da diese Funktionen in den HDLC-Interface-Bausteinen integriert sind und ohne äußere Beeinflussung ablaufen.

8.1.4 Nachrichtenformat bei asynchroner Übertragung

Bei asynchroner Übertragung wird das *Start-Stop-Verfahren* (DIN 66 022 Teil 1) angewendet. Dabei kann der Abstand zwischen zwei seriell übertragenen Datenworten unbestimmte Zeit betragen. Innerhalb eines Zeichens wird synchron zu einem im Sender und Empfänger getrennt erzeugten Takt übertragen. Das Merkmal der *Asynchronität* bezieht sich auf die unabhängige und zufällige Phasenlage des Taktes zweier aufeinanderfolgender Zeichen. Einige Absprachen sind nötig, um die asynchrone Datenübertragung zu ermöglichen. Sie werden im folgenden erläutert.

• *Im Ruhezustand*, also in der Übertragungspause zwischen den Zeichen, herrscht auf den Signalleitungen die Polarität des Binärzustands "1". Er wird auch mit *Stoppolarität* bezeichnet. Während dieser Zeit ist der Taktgenerator des Empfängers nicht aktiviert. Er wird gestartet, sobald ein Polaritätswechsel auf der Leitung auftritt. Von diesem Wechsel wird der Synchronisationszeitpunkt aller übertragenen Bits abgeleitet. Er bestimmt ebenfalls den Beginn eines Datenwortes und damit die Wortsynchronisation.

• *Das asynchrone Datenformat* ist in **Bild 8.5** entsprechend dem Spannungsverlauf auf einem Oszillographenschirm dargestellt. Jedes Zeichen beginnt mit einem Startbit (Zustand 0), auf das die Übertragung des Datenwortes mit seinem niedrigstwertigen Bit (B0, LSB, *Least Significant Bit*) folgt. Das Bit mit der höchsten Wertigkeit (B6, MSB, *Most Significant Bit*) wird gefolgt vom Paritätsbit und von einer festgelegten Anzahl von Stopbits.

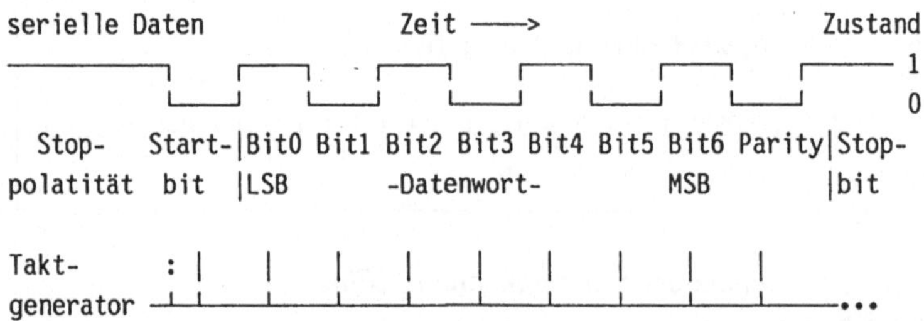

Bild 8.5 Asynchrones Datenformat bei serieller Datenübertragung

• *Stopbit:* Meist wird mit *einem* Stopbit gearbeitet. Nur bei der Übertragungsgeschwindigkeit von 110 bit/s dürfen nach den geltenden Normen zwei Stopbits vereinbart werden. In älteren Telefonnetzen der USA mußten in einigen Fällen auch 1,5 Stopbits gesetzt werden. Früher wurden elektromechanische Taktgeneratoren z.B. Motoren zur Impulserzeugung verwendet. Bei 1,5 und 2 Stopbits waren diese besser zu synchronisieren. Mit heutiger Technik bringen längere Intervalle jedoch keine Vorteile in der Störsicherheit gegenüber *einem* Stopbit, da auch bei z.B. um 90° in der Phase verschobenen Abtastzeitpunkten zwischen benachbarten Datenworten Synchronisationsfehler auftreten können. Bei modernen Peripheriegeräten wird generell ein Stopbit angewendet.

• *Startbit*: Die Vorderflanke des Startbits bestimmt den Start des Taktgenerators. Einige Interface-Schaltungen erhöhen die Störsicherheit, indem zusätzlich das Startbit in der Mitte abgetastet wird und so von kurzen Störimpulsen unterschieden werden kann. Die Abtastimpulse für die Spannung auf der Signalleitung haben gleichen Abstand. Er beträgt den Reziprokwert der Übertragungsgeschwindigkeit. Die Anzahl der Impulse entspricht dem eingestellten Datenformat bzw. der Anzahl der übertragenen Bits. Der Abtastzeitpunkt liegt in Bitmitte bezogen auf die Vorderflanke des Startbits. Während des Stopbits wird der Taktgenerator angehalten, insbesondere um die Phase auf das nächste Zeichen zu synchronisieren.

• *Übertragungsgeschwindigkeit* in der Sendestation und in der Empfangsstation müssen jeweils übereinstimmen; darum ist es notwendig, sich auf wenige diskrete, genormte und allgemein angewandte Geschwindigkeiten zu beschränken. Sie sind in CCITT V.6 für die serielle synchrone Datenübertragung festgelegt und werden gleichermaßen auch für asynchrone Übertragung (**Bild 8.6**) angewendet. Die Übertragungsgeschwindigkeit wird in der Einheit *Baud* (abgekürzt Bd) angegeben. Dabei gilt: 1 bit/s = 1 Bd.

```
synchron und asynchron (in Bd, bit/s):

┌─────────────────────────────────────────────────────────────────┐
║ 110   300   600   1 200   2 400   4 800   9 600   19 200 ║
└─────────────────────────────────────────────────────────────────┘
```

```
nur synchron:

┌─────────────────────────────────────────────────┐
║ 64 kBd   128 kBd   256 kBd   512 kBd   ...  ║
└─────────────────────────────────────────────────┘
```

Bild 8.6 Übertragungsgeschwindigkeiten für serielle Datenübertragung

• *Schnittstellenbausteine*: Moderne integrierte Schnittstellenbausteine oder Mikroprozessoren mit serieller Schnittstelle enthalten bereits alle nötigen Register und Taktgeneratoren. An diesen Bausteinen muß in der Regel nur die Übertragungsgeschwindigkeit, die Parität und die Zeichenlänge eingestellt werden, um eine erfolgreiche asynchrone Datenübertragung durchzuführen.

• *Synchronisationsfehler*: Es lassen sich einige ungünstige Fälle konstruieren, in denen bei asynchroner Datenübertragung Synchronisationsfehler auftreten können. Unter bestimmten Umständen werden diese bei einfacher Sicherung durch Paritätsbit nicht erkannt. Es soll die Konfiguration "1 Startbit, 7 Datenbits, gerade Parität und 1 Stopbit" betrachtet werden. Übertragen wird die ununterbochene

Folge des Zeichens "*" mit dem Hex-Code 2A. Mit gerader Parität lautet das Datenwort also Hex AA (**Bild 8.7**). Da kontinuierlich gesendet wird, befinden sich alle aufeinander folgenden Zeichen samt Start- und Stopbit synchron zum phasenstarren Bittakt. Bei richtiger Wort-Synchronisation (Fall 1) wird im Empfänger das Zeichen "*" (Hex AA) erkannt. Wenn jedoch kurzzeitig einige Bits gestört werden, muß die Schnittstelle im Empfänger ein neues Startbit suchen. Sie wird das nächste 0-Bit als Rahmenanfang interpretieren (Fall 2) und Hex 35 erkennen. Als Zeichen (Dezimalziffer 5) mit gerader Parität wird es als ungestört bewertet und zur Weiterverarbeitung übergeben. Bei der nächsten Störung soll wiederum Synchronisationsverlust und sofortige Neusynchronisation (Fall 3) angenommen werden. Das Zeichen Hex 4D wird erkannt und wegen der geraden Parität als Buchstabe M interpretiert. Als weitere Möglichkeit kann auch Hex 53 (Fall 4) ebenfalls mit ungestörter Parität als S erkannt werden.

```
Kontinuierliche Bitfolge, Parity even


   ···0 1 0 1 0 1 1 0 0 1 0 1 0 1 0 1 1 0 0 1 0 1 0 1 0 1 1 0 0···
          ·      ·    ·    ·      ·      ·    ·    ·

Synchronisation  ·      ·    ·      ·      ·      ·      ·
Fall 1   Hex AA   |X 0 1 2 3 4 5 6 P Y|
Fall 2   Hex 35        |X 0 1 2 3 4 5 6 P Y|
Fall 3   Hex 4D          |X 0 1 2 3 4 5 6 P Y|
Fall 4   Hex 53            |X 0 1 2 3 4 5 6 P Y|
Fall 1   Hex AA              |X 0 1 2 3 4 5 6 P Y|
Startbit  X  (log.Zust. 0)
Stopbit   Y  (log.Zust. 1)
```

Bild 8.7 Rahmenverschiebung oder Schlupf bei serieller asynchroner Datenübertragung

• *Schlupf:* Das beschriebene Phänomen der Verschiebung des Synchronisationsrahmens entlang des Datenstroms wird mit "Rahmenverschiebung" oder "Schlupf" bezeichnet. Es kann nur bei einigen Bitkombinationen unerkannt auftreten. Als Voraussetzungen müssen eine kontinuierliche Bitfolge übertragen werden und außerdem einzelne Störimpulse auftreten, die mehr als 11 Bittakte lang logisch 1 erzeugen. Bei der Sicherung der Übertragung durch zusätzliches *Blockprüfzeichen* werden diese Fehler allerdings sofort erkannt. Die Synchronisation wird in jedem Fall korrigiert und erfolgt anschließend richtig, wenn zwischen zwei Zeichen eine Übertragungspause auftritt, die mindestens eine Zeichenlänge beträgt.

8.2 Codierung

Die Festlegung einer geeigneten Codierung für die Datenübertragung gehört mit zu den Aufgaben der Schicht 2 des Referenzmodells. In vielen Fällen besteht ein enger Bezug zur Darstellung und Anwendung dieser Informationen im Gerät und somit zu den Anforderungen der Schichten 6 und 7.

Vor allem ältere Code-Festlegungen sind eng mit dem Zweck der Datenübertragung und der Funktion des Gerätes verbunden. Bei den modernen peripheren Schnittstellen jedoch werden häufig die unterschiedlichsten Geräte verschiedener Hersteller miteinander verbunden. Die Codierung der übertragenen Informationen müssen dabei unbedingt übereinstimmen und, im Sinne einer einheitlichen automatischen Datenübertragung, universell anwendbar und von den speziellen Geräteeigenschaften unabhängig sein. Mehrere Standards und Normen wurden im Laufe der Zeit hierfür entworfen.

8.2.1 Telegraphie, Fernschreiben und Datenübertragung

In den Anfängen der leitungsgebundenen Fernübertragung von elektrischen Signalen (Daten und Sprache) war an eine automatische digitale Datenverarbeitung noch nicht zu denken. Zu Beginn der Datenübertragungstechnik waren die verwendeten Codierungen stark anwendungsorientiert und wenig universell.

• *Morse-Code:* Die Post benötigte ein Verfahren der Datenübertragung, mit dem sie, im Gegensatz zum Fernsprechen, trotz der Kabelverluste ohne aufwendige Verstärker, z.B. Telegramme über große Entfernungen übertragen konnte. Das führte zur Entwicklung des Morse-Codes (**Bild 8.8**), mit dessen Hilfe die Telegraphie erst möglich wurde. Er verwendet drei Elemente: Strich, Punkt und Pause. Dabei sind nur die zeitlichen Verhältnisse zwischen den Elementen festgelegt, nicht aber ihre absolute Dauer. Die Geschwindigkeit der Übertragung konnte daher in weiten Grenzen variiert werden. Sie konnte so auf die persönlichen Fähigkeiten des Menschen abgestimmt werden, der den zu telegraphierenden Text übergab. Das erfolgte meist von Hand mittels einer *Morse-Taste*. Da auf der Telegraphenleitung ein beliebiger Strom nur unterschiedlich lange eingeschaltet wurde, reichte ein einfaches *Telegraphenrelais* aus, um die Pegel nach der zulässigen Leitungsdämpfung wieder aufzufrischen. Große und kleine Buchstaben werden nicht voneinander unterschieden.

a	· –	ä	· – · –		
b	– · · ·	ö	· · – –		
c	– · – ·	ü	– – – ·		
d	– · ·				
e	·	0	– – – – –		
f	· · – ·	1	· – – – –		
g	– – ·	2	· · – – –		
h	· · · ·	3	· · · – –		
i	· ·	4	· · · · –		
j	· – – –	5	· · · · ·		
k	– · –	6	– · · · ·		
l	· – · ·	7	– – · · ·		
m	– –	8	– – – · ·		
n	– ·	9	– – – – ·		
o	– – –				
p	· – – ·	Punkt	· – · – · –	aaa
q	– – · –	Frage-	· · – – · ·	ud
r	· – ·	zeichen		
s	· · ·	Komma	– – · · – –	mim
t	–	Kommen	– · –	k
u	· · –	Warten	· – · · ·	eb
v	· · · –	Irrung	· · · · · · · ·	hh
w	· – –	Schluß	· · · – · –	sk
x	– · · –				
y	– · – –				
z	– – · ·				

Bild 8.8 Morse-Code für die Telegraphie

• ***Morse-Alphabet:*** Der Morse-Code ist in seiner Zeichenlänge abgestimmt und
optimiert auf die Häufigkeit der Buchstaben in der natürlichen Sprache. Die häufigsten Buchstaben E, I und T sind im Gegensatz zu den selteneren Q und X sehr
kurz und helfen somit im Mittel die Übertragungszeit zu reduzieren. Die Decodierung des Morse-Alphabets ist in Form eines Entscheidungsbaums in **Bild 8.9** dargestellt. Heute wird der Morse-Code vornehmlich auf Kurzwelle eingesetzt, da er
selbst bei widrigsten atmosphärischen Übertragungsbedingungen durch das
menschliche Ohr fehlerfreier aufzunehmen ist, als vergleichsweise bei maschinel-
ler Übertragung.

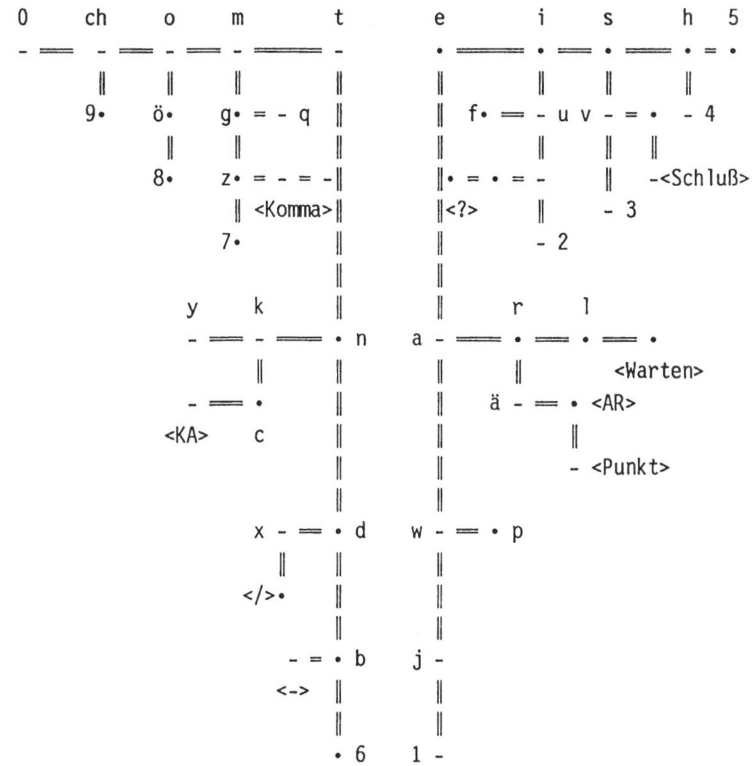

Bild 8.9 Decodierung des Morse-Codes als Entscheidungsbaum

• **_Baudot-Code_**: Mit der Weiterentwicklung der "Datenübertragungsautomaten"
wurde ein Code benötigt, der maschinengeeigneter war, als der Morse-Code mit
seiner ungleichen Zeichenlänge. Der Baudot-Code (**Bild 8.10**) liegt in der Fern-
schreibtechnik historisch begründet. Er ist angelegt zur Fernbedienung von
Schreibmaschinen mit elektromechanisch betätigter Tastatur über Telefonleitungen. Der Baudot-Code besitzt Zeichen gleicher Länge (5 bit) und ist somit wesentlich leichter zu decodieren als der Code nach Morse. Wie bei Fernschreibma-
schinen üblich, enthält auch der Baudot-Code nur große Buchstaben. Die
Betätigung der _Shift-Taste_ wird mit übertragen. Ihr entspricht das Zeichen _Shift-In_
(SI, 11111), das die Umschaltung auf die Zeichenebene (Satz- und Sonderzeichen) bewirkt. Das Zeichen _Shift-Out_ (SO, 11011) schaltet den Zeichensatz wieder auf die andere Ebene zurück.

• **_BCD-Code_**: In der Meßtechnik ist eine der wichtigsten Voraussetzungen für die
automatische Erfassung und Verarbeitung von Daten eine geeignete Schnittstelle
am Meßgerät. Da die gemessenen Werte in der Regel numerisch vorliegen und
weiter verarbeitet werden sollen, liegt es nahe, diese ziffernweise zu übertragen.

BAUDOT INTERNATIONAL CODE CHART

$0 \stackrel{\wedge}{=} SI$
$1 \stackrel{\wedge}{=} SO$

CONTROL CHARACTERS
NU – Null
CR – Carriage Return
LF – Line Feed
SO – Figs. Shift
SI – Ltrs. Shift
BL – Bell

Display Is Blank For Space

2nd HEX DIGIT				1st HEX DIGIT	0	0	1	1
					0	1	0	1
4	3	2	1		0	1	0	1
0	0	0	0	0	NU	E	NU	3
0	0	0	1	1	T	Z	5	+
0	0	1	0	2	CR	D	CR	92
0	0	1	1	3	O	B	9	?
0	1	0	0	4		S		/
0	1	0	1	5	H	Y	85	6
0	1	1	0	6	N	F	,	96
0	1	1	1	7	M	X	.	/
1	0	0	0	8	LF	A	LF	–
1	0	0	1	9	L	W	)	2
1	0	1	0	A	R	J	4	BL
1	0	1	1	B	G	SO	8B	SO
1	1	0	0	C	I	U	8	7
1	1	0	1	D	P	Q	Ø	1
1	1	1	0	E	C	K	:	(
1	1	1	1	F	V	SI	=	SI

Bild 8.10
Baudot-Code für die Fernschreib-technik

Binary	Hexadecimal	Binary Coded
		Decimal
BIN	Hex	BCD
0000	0	0
0001	1	1
0010	2	2
0011	3	3
0100	4	4
0101	5	5
0110	6	6
0111	7	7
1000	8	8
1001	9	9
1010	A	
1011	B	
1100	C	
1101	D	
1110	E	
1111	F	

Bild 8.11
Binary Coded Decimal (BCD) Code für die Meßtechnik

Für einfache Meßgeräte ist der BCD-Code (*Binary Coded Decimal,* **Bild 8.11**) weit verbreitet. Er umfaßt 4 Bits zur Darstellung jeweils einer Dezimalziffer. Jedoch sind wichtige Merkmale, die zum Meßwert gehören, wie z.B. das Vorzeichen, das Dezimalkomma, der Exponent und die Einheiten, noch nicht definiert. Sie unterliegen der Benutzerabsprache.

• *EBCDIC:* Aus diesem Bedürfnis heraus resultiert die Erweiterung des BCD-Codes zum *Extended Binary Coded Decimal Interchange Code* (EBCDIC). Er besteht aus 8 Bits und enthält neben den Ziffern von 1 bis 9 auch die wichtigsten druckbaren Zeichen (**Bild 8.12**), wie z.B. Buchstaben und Sonderzeichen. Er wurde z.B. bei älteren Siemens-Rechnern (R30, 4004) zur Datenübertragung verwendet.

EBCDIC CODE CHART

b8 →	0	0	0	0	0	0	0	0	1	1	1	1	1	1	1	1
b7 →	0	0	0	0	1	1	1	1	0	0	0	0	1	1	1	1
b6 →	0	0	1	1	0	0	1	1	0	0	1	1	0	0	1	1
b5 →	0	1	0	1	0	1	0	1	0	1	0	1	0	1	0	1
1st HEX DIGIT	0	1	2	3	4	5	6	7	8	9	A	B	C	D	E	F

b4	b3	b2	b1	2nd HEX DIGIT	0	1	2	3	4	5	6	7	8	9	A	B	C	D	E	F
0	0	0	0	0	NU	DL	DS	30	'	&	-	70	80	90	A0	B0	C0	D0	E0	0
0	0	0	1	1	SH	D1	SS	31	41	51	/	71	a	j	A1	B1	A	J	E1	1
0	0	1	0	2	SX	D2	FS	SY	42	52	62	72	b	k	s	B2	B	K	S	2
0	0	1	1	3	EX	D3	23	33	43	53	63	73	c	l	t	B3	C	L	T	3
0	1	0	0	4	PF	RE	BP	PN	44	54	64	74	d	m	u	B4	D	M	U	4
0	1	0	1	5	HT	NL	LF	RS	45	55	65	75	e	n	v	B5	E	N	V	5
0	1	1	0	6	LC	BS	EB	UC	46	56	66	76	f	o	w	B6	F	O	W	6
0	1	1	1	7	DT	IL	EC	ET	47	57	67	77	g	p	x	B7	G	P	X	7
1	0	0	0	8	08	CN	28	38	48	58	68	78	h	q	y	B8	H	Q	Y	8
1	0	0	1	9	09	EM	29	39	49	59	69	79	I	r	z	B9	I	R	Z	9
1	0	1	0	A	MM	CC	SM	3A	¢	!	70	:	8A	9A	AA	BA	CA	DA	EA	FA
1	0	1	1	B	VT	1B	2B	3B	.	S	,	↓	8B	9B	AB	BB	CB	DB	EB	FB
1	1	0	0	C	FF	1F	2C	D4	<	*	%	@	8C	9C	AC	BC	CC	DC	EC	FC
1	1	0	1	D	CR	IG	EQ	NK	(	)	—	'	8D	9D	AD	BD	CD	DD	ED	FD
1	1	1	0	E	SO	IR	AK	3E	+	;	>	=	8E	9E	AE	BE	CE	DE	EE	FE
1	1	1	1	F	SI	US	BL	SB			¬	?	"	8F	9F	AF	BF	CF	DF	EF	FF

CONTROL CHARACTERS

NU - Null Character	PN - Punch On	RS - Reader Stop
LC - Lower Case	ET - End of Transmission	NL - New Line
BP - Bypass	LF - Line Feed	EB - End Transmission Block
CN - Cancel	MM - Strart Manual Message	CR - Carriage Return
BS - Back Space	PF - Punch Off	HT - Horizontal Tab
DS - Digit Select	Dt - Delete	SO - Shift Out
SH - Start of Header	SX - Start of Text	EX - End of Text
EQ - Enquiry	.K - Acknowledge	BL - Bell
SI - Shift In	VT - Vertical Tab	RE - Restore
FS - Field Separator	NA - Negative Achknowledge	SY - Synchronous Idle
EM - End of Medium	SB - Substitute	EC - Escape
SS - Start of Significance	FF - Form Feed	DL - Data LINK Escape
D1 - Device Control 1	D2 - Device Control 2	D3 - Device Control 3
D4 - Device Control 4	UC - Upper Case	SM - Set MADE
IL - Idle	CC - Cursor Control	IF - Info. Field Sep.
IG - Info Group Sep.	IR - Info Record Sep.	US - Info Unit Sep.

Bild 8.12 *Extended Binary Coded Decimal Interchange Code* (EBCDIC) für die Datenübertragung

8.2.2 Datenverarbeitung, Internationaler 7-Bit-Code

Zur Informationsverarbeitung in Rechnersystemen und zur Übertragung beliebiger Daten zwischen Komponenten oder sogar in Netzwerken, wird heute allgemein der internationale 7-Bit-Code (**Bild 8.13**) angewendet. Er wurde mit dem Anspruch festgelegt, universell einsetzbar und einheitlich für beliebige Anwendungen in der Datenübertragung geeignet zu sein. Vor dem Hintergrund der 8-Bit-(Byte)-weisen Datenverarbeitung beschränken sich die Festlegungen für die Übertragung bewußt auf sieben Informationsbits, damit ein weiteres Bit zur Sicherung, z.B. als *Paritätsbit* genutzt werden kann.

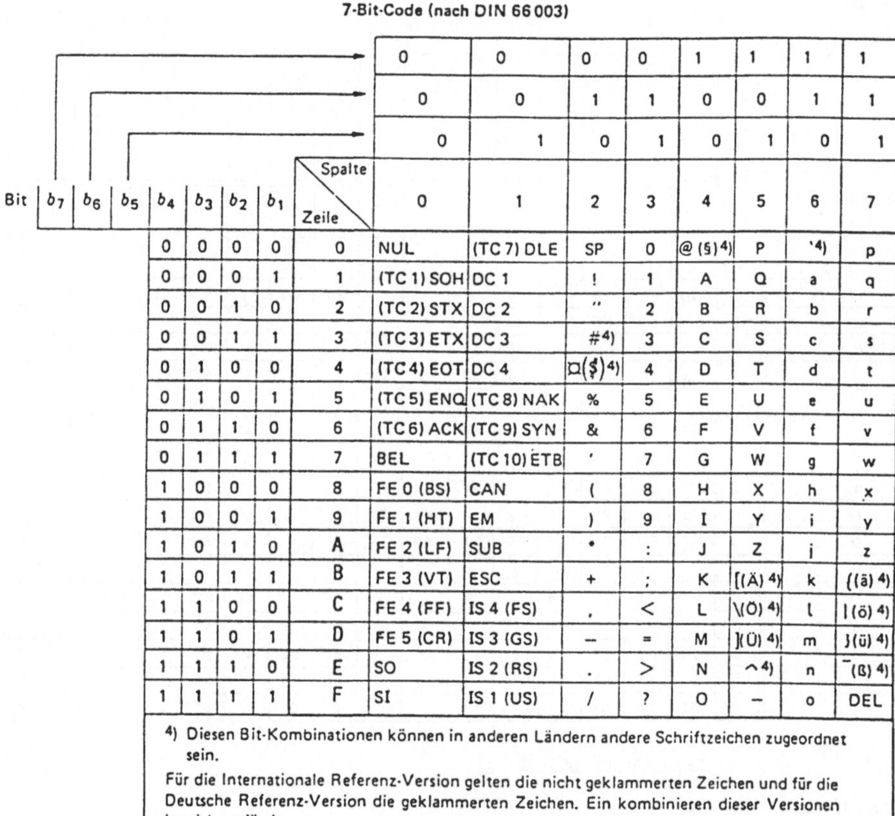

7-Bit-Code (nach DIN 66 003)

b_7	b_6	b_5	b_4	b_3	b_2	b_1	Spalte / Zeile	0	1	2	3	4	5	6	7
0	0	0						0	0	0	0	1	1	1	1
								0	0	1	1	0	0	1	1
								0	1	0	1	0	1	0	1
			0	0	0	0	0	NUL	(TC 7) DLE	SP	0	@ (§)⁴⁾	P	`⁴⁾	p
			0	0	0	1	1	(TC 1) SOH	DC 1	!	1	A	Q	a	q
			0	0	1	0	2	(TC 2) STX	DC 2	''	2	B	R	b	r
			0	0	1	1	3	(TC 3) ETX	DC 3	#⁴⁾	3	C	S	c	s
			0	1	0	0	4	(TC 4) EOT	DC 4	¤($)⁴⁾	4	D	T	d	t
			0	1	0	1	5	(TC 5) ENQ	(TC 8) NAK	%	5	E	U	e	u
			0	1	1	0	6	(TC 6) ACK	(TC 9) SYN	&	6	F	V	f	v
			0	1	1	1	7	BEL	(TC 10) ETB	'	7	G	W	g	w
			1	0	0	0	8	FE 0 (BS)	CAN	(	8	H	X	h	x
			1	0	0	1	9	FE 1 (HT)	EM	)	9	I	Y	i	y
			1	0	1	0	A	FE 2 (LF)	SUB	*	:	J	Z	j	z
			1	0	1	1	B	FE 3 (VT)	ESC	+	;	K	[(Ä)⁴⁾	k	{(ä)⁴⁾
			1	1	0	0	C	FE 4 (FF)	IS 4 (FS)	,	<	L	\(Ö)⁴⁾	l	|(ö)⁴⁾
			1	1	0	1	D	FE 5 (CR)	IS 3 (GS)	–	=	M	](Ü)⁴⁾	m	}(ü)⁴⁾
			1	1	1	0	E	SO	IS 2 (RS)	.	>	N	^⁴⁾	n	‾(ß)⁴⁾
			1	1	1	1	F	SI	IS 1 (US)	/	?	O	–	o	DEL

⁴⁾ Diesen Bit-Kombinationen können in anderen Ländern andere Schriftzeichen zugeordnet sein.

Für die Internationale Referenz-Version gelten die nicht geklammerten Zeichen und für die Deutsche Referenz-Version die geklammerten Zeichen. Ein kombinieren dieser Versionen ist nicht zulässig.

Bild 8.13 Internationaler 7-Bit-Code für die universelle, anwendungsunabhängige Datenübertragung

• *Der 7-Bit-Code* enthält verschiedene Gruppen von Zeichen. Die druckbaren Zeichen befinden sich im Bereich zwischen Hex 20 und Hex 7F. Die Zahlen sowie die kleinen und großen Buchstaben sind jeweils als Gruppe zusammenhängend enthalten und fortlaufend codiert. Sie umfassen auch Sonderzeichen, wie z.B. Satzzeichen und den Leerschritt.

• *Nationale Sonderzeichen:* Im Bereich der druckbaren Zeichen sind ingesamt 12 Bitkombinationen vorgesehen, denen nationale Sonderzeichen zugeordnet werden können. Alle anderen Zeichen sind international verbindlich und unveränderbar festgelegt. Die Regelung der 12 Sonderzeichen bleibt jeweils nationalen Normen vorbehalten und ist für den deutschen Zeichensatz z.B. mit Umlauten in DIN 66 003 festgelegt. Besonders bei Druckern ist zu beachten, daß verschiedene Ländervarianten existieren. Die Gegenüberstellung in **Bild 8.14** zeigt die europäischen Ländervarianten. In Deutschland werden z. B. die eckigen Klammern durch die Umlaute Ä und Ü ersetzt und sind daher im deutschen Druckerzeichenvorrat nicht enthalten. Im Ausdruck von Programmlisten tritt diese Eigenschaft oft störend in Erscheinung.

Zeile	2	2	4	5	5	5	5	6	7	7	7	7
Spalte	3	4	0	B	C	D	E	0	B	C	D	E
Ger./Aus./Switz.			§	Ä	Ö	Ü			ä	ö	ü	ß
Norway/Denmark				Æ	Ø	Å			æ	ø	å	
Sweden/Finland	¤	É	Ä	Ö	Å	Ü	é		ä	ö	å	ü
United Kingdom	£											
France			à	°	ç	§			é	ù	è	¨
Italy				°		é		ù	à	ò	è	ì
Spain	Pt			¡	Ñ	¿			¨	ñ		

Bild 8.14 Festlegung der nationalen Sonderzeichen für die europäischen Referenzversionen des Internationalen 7-Bit-Codes für die Datenübertragung

• *Die Steuerzeichen* in den ersten beiden Spalten der Code-Tabelle sind in **Bild 8.15** erklärt und bleiben von nationalen Änderungen immer unberührt. Unterhalb Hex 20 sind die verschiedenen Gruppen von Steuerzeichen enthalten. Am häufigsten werden die Druckersteuerzeichen (*Format Effectors*, FE) eingesetzt. Sie enthalten z.B. den Zeilenrücklauf (*Carriage Return*, CR, Hex 0D) und Zeilenschaltung (*Line Feed*, LF, Hex 0A). Die Gruppe der *Information Separators* (IS) wird heute seltener verwendet. Sie können bei großen Datenmengen, z.B. umfangreichen Programmen, zur blockweisen Gliederung und Strukturierung eingesetzt werden. Die vier allgemeinen Gerätesteuerzeichen (*Device Control*, DC) sind nicht näher festgelegt. DC1 und DC3 werden verbreitet zur Druckersteuerung im X-on/X-off-Protokoll (Abschnitt 9.2.2) eingesetzt. Die Gruppe der Übertragungssteuerzeichen (*Transmission Control*, TC) dient zur Steuerung der Datenübertragung und stellt die Bausteine für Übertragungsprotokolle im *Basic Mode* dar. Sie besitzen besondere Bedeutung und werden in Abschnitt 9.3 näher beschrieben.

(siehe auch DIN 65 003; die in Klammern in kursiver Schrift hinzugefügten englischen Benennungen sind der Internationalen Norm ISO 646 entnommen)

Platz (Spalte/Zeile)	Kurz-zeichen	Benennung	Platz (Spalte/Zeile)	Kurz-zeichen	Benennung
00/00	NUL	Nil *(Null)*	01/00	DLE	Datenübertragungs-umschaltung *(Data Link Escape)*
00/01 und weitere	TC	Übertragungssteuerzeichen *(Transmission Control Characters)*	01/01 bis 01/04	DC	Gerätesteuerzeichen *(Device Control Characters)*
00/01	SOH	Anfang des Kopfes *(Start of Heading)*	01/05	NAK	Negative Rückmeldung *(Negative Acknowledge)*
00/02	STX	Anfang des Textes *(Start of Text)*	01/06	SYN	Synchronisierung *(Synchronous Idle)*
00/03	ETX	Ende des Textes *(End of Text)*	01/07	ETB	Ende des Daten-übertragungsblocks *(End of Transmission Block)*
00/04	EOT	Ende der Übertragung *(End of Transmission)*	01/08	CAN	Ungültig *(Cancel)*
00/05	ENQ	Stationsaufforderung *(Enquiry)*	01/09	EM	Ende der Aufzeichnung *(End of Medium)*
00/06	ACK	Positive Rückmeldung *(Acknowledge)*	01/ A	SUB	Substitutionszeichen *(Substitute Character)*
00/07	BEL	Klingel *(Bell)*	01/ B	ESC	Code-Umschaltung *(Escape)*
00/08 bis 00/ D	FE	Formatsteuerzeichen *(Format Effectors)*	01/ C bis 01/ E	IS	Informationstrennzeichen *(Information Separators)*
00/08	BS	Rückwärtsschritt *(Backspace)*	01/ C	FS	Hauptgruppen-Trennzeichen *(File Separator)*
00/09	HT	Horizontal-Tabulator *(Horizontal Tabulation)*	01/ D	GS	Gruppen-Trennzeichen *(Group Separator)*
00/ A	LF	Zeilenvorschub *(Line Feed)*	01/ E	RS	Untergruppen-Trennzeichen *(Record Separator)*
00/ B	VT	Vertikal-Tabulator *(Vertical Tabulation)*	01/ F	US	Teilgruppen-Trennzeichen *(Unit Separator)*
00/ C	FF	Formularvorschub *(Form Feed)*	02/00	SP	Zwischenraum, Leerzeichen *(Space)*
00/ D	CR	Wagenrücklauf *(Carriage Return)*	07/ F	DEL	Löschen *(Delete)*

Bild 8.15 Steuerzeichen der ersten beiden Spalten des Internationalen 7-Bit-Codes

• *ASCII:* Der historische Ursprung des internationalen 7-Bit-Codes liegt im *American Standard Code for Information Interchange* (ASCII). Dieser ist als amerikanische Variante des internationalen 7-Bit-Codes (**Bild 8.16**) weltweit verbreitet. Er unterscheidet sich z.B. in den Zeichen @, $ und \ vom internationalen 7-Bit-Code.

	Hex. No.	0	1	2	3	4	5	6	7
Hex. No	Binary No.	0000	0001	0010	0011	0100	0101	0110	0111
0	0000	NUL 0	16	SP 32	0 48	@ 64	P 80	` 96	p 112
1	0001	1	DC1 17	! 33	1 49	A 65	Q 81	a 97	q 113
2	0010	2	DC2 18	" 34	2 50	B 66	R 82	b 98	r 114
3	0011	3	DC3 19	# 35	3 51	C 67	S 83	c 99	s 115
4	0100	4	DC4 20	$ 36	4 52	D 68	T 84	d 100	t 116
5	0101	5	21	% 37	5 53	E 69	U 85	e 101	u 117
6	0110	6	22	& 38	6 54	F 70	V 86	f 102	v 118
7	0111	BEL 7	CAN 23	' 39	7 55	G 71	W 87	g 103	w 119
8	1000	BS 8	24	(40	8 56	H 72	X 88	h 104	x 120
9	1001	HT 9	25	) 41	9 57	I 73	Y 89	i 105	y 121
A	1010	LF 10	26	* 42	: 58	J 74	Z 90	j 106	z 122
B	1011	VT 11	ESC 27	+ 43	; 59	K 75	[91	k 107	{ 123
C	1100	FF 12	28	, 44	< 60	L 76	\ 92	l 108		124
D	1101	CR 13	29	- 45	= 61	M 77	] 93	m 109	} 125
E	1110	SO 14	30	. 46	> 62	N 78	^ 94	n 110	~ 126
F	1111	SI 15	31	/ 47	? 63	O 79	_ 95	o 111	DEL 127

Bild 8.16 *American Standard Code for Information Interchange* (ASCII), amerikanische Variante des Internationalen 7-Bit-Codes mit Druckersteuerzeichen und gekennzeichneten nationalen Sonderzeichen

• *8-Bit-Erweiterung:* Wenn beim 8-Bit-Datenformat bewußt auf die Möglichkeit der Paritätsprüfung verzichtet werden soll, kann der auf 256 Zeichen erweiterte Code nach DIN 66 303 angewendet werden. Er enthält im Bereich unterhalb Hex 7F die deutsche Ländervariante des internationalen 7-Bit-Codes und im oberen Bereich die diakritischen und akzentuierten Zeichen (**Bild 8.17**) oder wahlweise

b_8		1	1	1	1	1	1	1	1
b_7		0	0	0	0	1	1	1	1
b_6		0	0	1	1	0	0	1	1
b_5		0	1	0	1	0	1	0	1
$b_4\,b_3\,b_2\,b_1$		08	09	10	11	12	13	14	15
0 0 0 0	00			NBSP	°	À	Ð	à	ð
0 0 0 1	01			¡	±	Á	Ñ	á	ñ
0 0 1 0	02			¢	²	Â	Ò	â	ò
0 0 1 1	03			£	³	Ã	Ó	ã	ó
0 1 0 0	04			¤	´	Ä	Ô	ä	ô
0 1 0 1	05			¥	µ	Å	Õ	å	õ
0 1 1 0	06			¦	¶	Æ	Ö	æ	ö
0 1 1 1	07			@	·	Ç	×	ç	÷
1 0 0 0	08			¨	¸	È	Ø	è	ø
1 0 0 1	09			©	¹	É	Ù	é	ù
1 0 1 0	10			ª	º	Ê	Ú	ê	ú
1 0 1 1	11			«	»	Ë	Û	ë	û
1 1 0 0	12			¬	¼	Ì	Ü	ì	ü
1 1 0 1	13			SHY	½	Í	Ý	í	ý
1 1 1 0	14			®	¾	Î	Þ	î	þ
1 1 1 1	15			¯	¿	Ï	ß	ï	ÿ

Bild 8.17 Erweiterung der deutschen Referenzversion zur 8-Bit-Codezuordnung nach DIN 66303 mit diakritischen und akzentuierten Zeichen.

alternative Zeichensätze, wie z.B. für wissenschaftliche Anwedungen den griechischen Zeichensatz. Allerdings sind die meisten Drucker in ihrer Grundausstattung nicht in der Lage, diesen wiederzugeben.

• **PC-Zeichensatz**: Mit der zunehmenden Verbreitung des IBM-Personal-Computers muß eine weitere 8-Bit-Codezuordnung als Industriestandard betrachtet werden. Der "IBM-PC-Zeichensatz" ist in **Bild 8.18** dargestellt. Strenggenommen handelt es sich hierbei um den *Video-Zeichensatz*, wie er auf dem Bildschirm des PC zu sehen ist. Er besteht aus 256 Zeichen. Der Bereich von Hex 20 bis Hex 7F enthält die druckbaren Zeichen in der eingestellten nationalen Referenzversion. Die Steuerzeichen in den unteren zwei Spalten (Hex 00 bis Hex 1F) sind mit zahlreichen Spezialzeichen wie z.B. Gesichtern oder den Farben des Skat-Spiels belegt. Diese Zeichen sind beim Bildschirmabdruck selbst bei der Ausgabe auf einem IBM-kompatiblen Drucker in der Regel nicht zu erzeugen. Sie werden durch die im 7-Bit-Code festgelegten Drucker-, Übertragungs- und Gerätesteuerzeichen ersetzt. Die Bitkombinationen oberhalb Hex 7F sind mit nationalen Sonderzeichen, Blockgraphik und einigen griechischen Zeichen belegt. Das Druckbild der Zeichen oberhalb Hex 20 stimmt in den meisten Fällen mit dem Schirmbild überein.

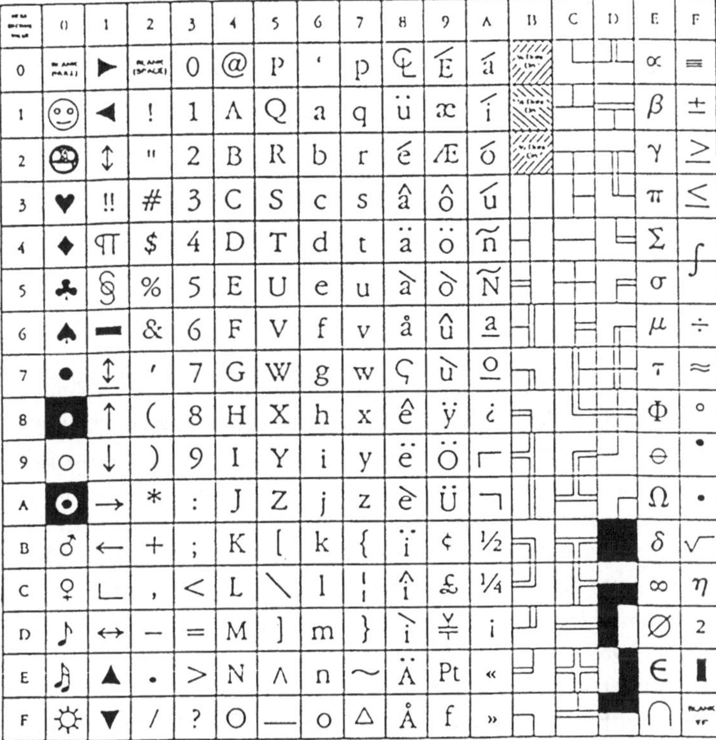

Bild 8.18 IBM-PC-Zeichensatz, 8-Bit-Code für Bildschirmdarstellung und Ausdruck

• *ISO-Uni-Code:* Viele Computerhersteller verwenden neben oder zusätzlich zum 7-Bit-Code auch ihre eigenen rechnerspezifischen Codes. Um im Zuge des offenen Datenaustauschs auch beliebige Zeichensätze, wie z.B. den Atari ST, Apple Macintosh und IBM-PC ineinander überführen zu können, ist ein Code erforderlich, in dem alle Zeichen repräsentiert sind und der eine beliebige Konvertierung gestattet. Zur Zeit wird von der ISO als Erweiterung des 7-Bit-Codes nach ISO 646 an einem umfassenden 32-Bit-Code gearbeitet, der in ISO 10 646 beschrieben werden soll. Der angestrebte Codeumfang von 4 Bytes bietet Platz für alle Schriftzeichen, die weltweit verwendet werden. Der Code nach ISO 10 646 wird als *Universal Multiple-Octet Coded Character Set (UCS)* bezeichnet. Der Aufbau für den 4-Byte-Umfang (UCS-4) ist in **Bild 8.19** für das Beispiel des ASCII-Zeichens "M" dargestellt. Wenn der Codeumfang als *3dimensionale Matrix* aufgefaßt wird, entsteht die Darstellung nach **Bild 8.20**. Dabei werden durch die 2 niederwertigen Bytes (Reihe und Zelle) Ebenen, sogenannte Plateaus (engl. *planes*) aufgespannt, die entsprechend den höherwertigen Bytes (Gruppen) gezählt bzw. numeriert sind. Das nullte Plateau ist im Normentwurf ISO DIS 10646 Teil 1"Architecture and Basic Multilingual Plane" beschrieben und 1992 verabschiedet worden. Dieses Plateau benötigt im Grunde nur 2-Byte-Adressen (16 bit), da die oberen 2 Bytes für die nullte Ebene immer 00 sind. Diese ersten 64 kbyte werden als *Basic Multilingual Plane* (BMP) bezeichnet und auch mit UCS-2 (2-Byte-Ebene) abgekürzt.

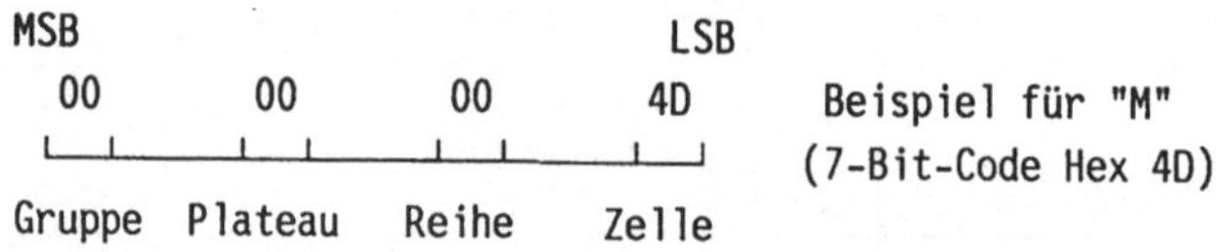

Bild 8.19 4-Byte-Aufbau (USC-4) nach ISO DIS 10 646, *Universal Multiple-Octet-Coded Character Set*

• *Zeichenumfang:* Der 4-Byte-UCS-Code bietet Raum für 4 294 967 296 Zeichen und könnte somit alle Zeichen der Welt aus allen Sprachräumen, z.B. japanisch, chinesisch und anderen asiatischen Sprachen oder kyrillisch, arabisch und griechisch bereithalten. Die 128 Zeichen des 7-Bit-Codes waren eigentlich immer vor allem für die Amerikaner ausreichend. Der Bereich von 128 - 255 wurde von den Systementwicklern immer willkürlich mit den speziellen Sonderzeichen belegt. Der Atari ST z.B. ist bis jetzt der einzige Rechner, der über das hebräische Alphabet verfügt. Zahlreiche amerikanische Firmen, von Apple über IBM und Next bis Xerox, entwickelten seit 1987 den *Unicode* (UCS-2), der nun in ISO DIS 10 646 in die Ebene des BMP übernommen wurde. Die erste Zeile des UCS-2, also die Zeichen von 00 00 bis 00 FF enthalten den *8-Bit-Code aus ISO 646*, also *Latin-1*, und somit auch bis 00 7F den internationalen 7-Bit-Code. Außerdem sind z.B.

Segmente vorgesehen für: *Extended Latin-B, Additional Extended Latin, Greek Extensions* oder akzentuierte und diakritische Zeichen. Eine Konvertierung oder Unterstützung dieser Unicodes wird für künftige Text- und Konvertierungsprogramme, wie auch für Windows NT diskutiert.

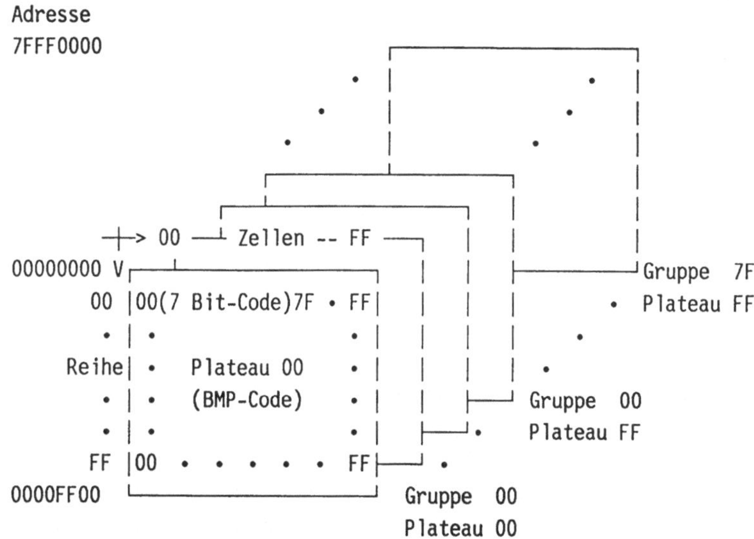

Bild 8.20 Aufbau des Unicode, Zeichensatzstandard nach ISO DIS 10646

8.2.3 Codeunabhängige Datenübermittlung

In einschlägigen Normen wird die Datenübertragung auf der Basis des internationalen 7-Bit-Codes als *codegebunden* bezeichnet. Eine Konsequenz aus der anwendungsunabhängigen, codegebundenen Festlegung liegt in der Tatsache, daß in einem zu übertragenden Textblock nicht alle Bitkombinationen vorkommen können. Die Übertragungssteuerzeichen müssen z.B. immer ausgespart bleiben. Für die Übertragung von Programmen oder beliebigen Speicherinhalten ist diese Eigenschaft oft störend.

Der internationale 7-Bit-Code enthält jedoch auch Festlegungen für die *codeunabhängige Datenübertragung*. Sie gestatten es, im Übertragungsblock beliebige Bitkombinationen zu senden und erfüllen damit die Anforderungen bei der Übertragung von beliebigen Binärdaten.

• *Übertragungsprotokolle* mit den Steuerzeichen aus dem 7-Bit-Code können sogar bei codeunabhängiger Datenübertragung angewendet werden. Es ist jedoch

immer zu verhindern, daß Bitkombinationen innerhalb des Informationsfeldes als
Steuerzeichen interpretiert werden. Um diese kenntlich zu machen, wird daher jeder Bitkombination eines Übertragungssteuerzeichens im Informationsfeld ein
Zeichen DLE (Hex 10) vorangestellt. Im Empfänger muß dies wieder rückgängig
gemacht weden. Dabei wird jedes *Zeichen DLE* eliminiert, auf das eine der
Bitkombinationen der 10 Übertragungssteuerzeichen folgt. Nur Steuerzeichen
ohne vorangestelltes DLE werden in ihrer Steuerfunktion interpretiert. Auch die
Bitkombination des Zeiches DLE selbst muß nach den gleichen Regeln geschützt
werden. Dieser Vorgang ähnelt dem *Bit-Stuffing-Verfahren* beim HDLC-Protokoll
und wird daher auch gelegentlich als *Byte-Stuffing* bezeichnet. Bei codeunabhängiger Übertragung wird zur Übertragungssicherung anstelle von Paritätsbits und
Blockprüfzeichen ein zyklisches Verfahren (CRC 16, Abschnitt 8.3.3) angewendet.

8.3 Sicherungsverfahren

Nach der Übertragung von Datenblöcken und der Decodierung der Informationen
sind die empfangenen Zeichen auf eventuell eingetretene Störungen zu untersuchen. Dabei sollen möglichst alle veränderten Zeichen erkannt werden. Innerhalb
der Schicht 2 des Referenzmodells muß hierfür der Codeumfang durch zusätzliche Redundanz ergänzt werden. Die Reaktion auf erkannte Fehler, z.B. die Wiederholung der Übertragung, ist nicht Gegenstand dieses Abschnitts. Sie werden
bei den Festlegungen des Protokolls beschrieben.

• *Der Nachrichtengehalt* jedes Zeichens einer Nachricht kann nach [Elsn74] so
aufgespalten werden, daß ein *redundanter* und ein *nicht redundanter* oder ein
relevanter und ein *irrelevanter* Anteil entsteht (**Bild 8.21**). Ein Zeichen ist redun-
dant, wenn es sich aus den vorhergehenden berechnen läßt. Es ist dann vorhersag-
bar und enthält keine Information. Wenn beispielsweise in einem sinnvollen Wort

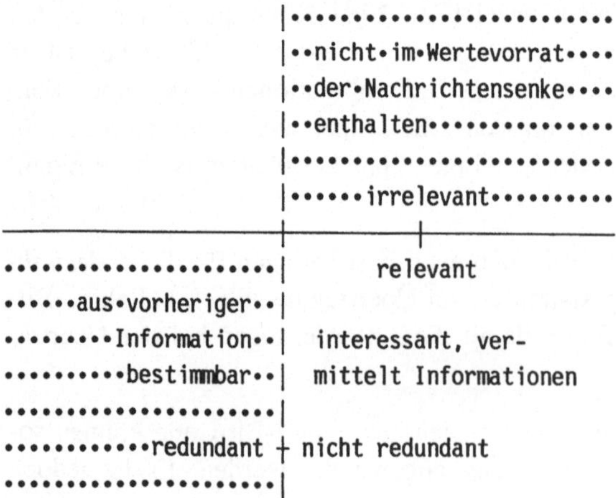

Bild 8.21
Nachrichtengehalt eines
Zeichens

ein einzelner Buchstabe durch einen anderen ersetzt wird, so läßt sich dieser meist aus der Wortbedeutung heraus korrigieren. Dieses Zeichen hat also einen hohen redundanten Anteil.

• **_Irrelevante Zeichen_** sind solche, die im Wertevorrat der Nachrichtensenke (Empfänger) nicht vorhanden sind. Es handelt sich dabei also um einen Code, der nicht vollständig zugeordnet ist und somit Bitkombinationen enthält, die nicht ausgewertet werden können. Wenn beispielsweise in einen sinnvollen deutschen Satz ein Wort in unbekannter Fremdsprache eingefügt wurde, so kann dieses meist nicht verstanden bzw. zugeordnet werden, das Wort ist irrelevant. Informationen werden nur von den relevanten nicht redundanten Zeichen vermittelt.

• **_Zur Sicherung der Übertragung_** wird also zusätzlich zum informationstragenden nicht redundanten Anteil bewußt ein redundanter Teil ergänzt. Auf der einen Seite wird dabei Übertragungszeit verschenkt, andererseits wird die Möglichkeit eröffnet, unter Ausnutzung der Berechnungsvorschrift das redundante Zeichen aus den übertragenen Informationszeichen zu bestimmen und mit dem übertragenen redundanten zu vergleichen. Bei Abweichungen ist mindestens ein Übertragungsfehler aufgetreten. Einige technisch wichtige Verfahren zur Fehlererkennung werden im folgenden betrachtet.

• **_Hamming-Distanz D_** (in der technischen Literatur auch _HD_) ist abgeleitet vom Hamming-Abstand d zwischen zwei Codeworten, der die Anzahl der Bitpositionen angibt, in denen sich einzelne Worte unterscheiden. Die Distanz D eines Codes ist das Minimum der Abstände d aller Codeworte. Werden alle Kombinationsmöglichkeiten genutzt (_nichtredundanter Code_), unterscheiden sich die Codeworte in mindestens einer Position, d.h. $D = 1$. Ein einfacher Fehler führt auf $d=1$ zwischen gesendetem und empfangenem Wort, d.h. beim nichtredundanten Code entsteht durch einen Einbitfehler ein erlaubtes Codewort. Solche Fehler sind also nicht erkennbar. Erst wenn aus einem Code mit $D = 1$ durch Hinzufügen eines sog. _Paritätsbits_ ein redundanter Code mit $D = 2$ konstruiert wird, lassen sich Einbitfehler erkennen. Die Verfahren dafür werden nachfolgend besprochen. Die folgende Merkregel möchten wir an dieser Stelle angeben:

Die _Hamming-Distanz D = n_ eines Codes gibt an, daß Fehler der Klasse n (n-Bit-Fehler) nicht erkennbar sind. Im oben zitierten Beispiel mit Paritätsbit und $D = 2$ sind Einbitfehler erkennbar, nicht jedoch Zweibitfehler.

8.3.1 Zeichen-Parität

Das am häufigsten verwendete Verfahren zur Fehlererkennung ist die Sicherung der codegebundenen Übertragung durch _Paritätsbits_. Dabei wird jedem übertragenen 7-Bit-Zeichen ein weiteres Bit hinzugefügt, welches aus den Bits des Zeichens abzuleiteten ist. Dieses Bit wird mit Paritätsbit (_Paritybit_ oder _Parity_) bezeichnet und zur Fehlerüberwachung des Zeichens eingesetzt.

• *Parität:* Bei gerader Parität wird die Anzahl der Eins-Bits des übertragenen Zeichens von der Sendestation durch das Paritätsbit zu einer geraden Anzahl ergänzt. Bei ungerader Parität beträgt die Summe der Eins-Bits einschließlich des Paritätsbits eine ungerade Zahl. Das ungerade Paritätsbit wird also derart erzeugt, daß die Modulo-2-Summe 1 ergibt.

• *Mehrbitfehler:* In der Empfangsstation wird das Einhalten dieser Regel überprüft. Wenn ein Datenwort durch eine Störung verfälscht ist, werden durch die Kontrolle des Paritätsbits alle Fälle erkannt, bei denen ein einzelnes Bit verändert wurde (*Einbitfehler*). In den Fällen, in denen mehrere Bits verändert wurden (*Mehrbitfehler*), sieht das Ergebnis nicht so gut aus. Wenn 7 Bits mit *Parity* übertragen werden, kann durch Verfälschung beliebiger Bits eine von 256 möglichen Bitkombinationen entstehen. Da die Hälfte davon gerade Parität besitzt, wird unter der Voraussetzung, daß alle Bitkombinationen mit gleicher Wahrscheinlichkeit auftreten, die Verfälschung mit einer Wahrscheinlichkeit von 50 % erkannt.

• *Paritätsbit:* Der internationale 7-Bit-Code, wie auch DIN 66 003, sieht das achte Bit als Paritätsbit vor. Für die Fehlererkennung wird von den Normen bei asynchroner Übertragung immer gerade Parität vorgeschrieben. Bei synchroner Übertragung im 7-Bit-Code muß immer ungerade Prität verwendet werden.

8.3.2 Block-Parität

Die Texte und Informationszeichen werden häufig zu Übertragungsblöcken zusammengefaßt, um dem Block weitere Redundanz hinzufügen zu können. Dann können auch Mehrbitfehler mit einer höheren Wahrscheinlichkeit erkannt werden, als dies mit einfachem Paritätsbit zu erreichen ist. Jeder Übertragungsblock wird bei zeichenorientierter, codegebundener Datenübertragung durch ein weiteres redundantes 7-Bit-Zeichen als Blockprüfzeichen (BPZ, engl. *Block Check Character*, BCC) ergänzt. Alle Zeichen, auch das BCC, werden mit Parität übertragen.

• *Der Datenblock* beginnt nach DIN 66 019 mit dem Zeichen SOH, wenn ein Kopf (*Header*) dem Text vorangestellt ist, oder mit dem Zeichen STX, das ggf. den Kopf beendet und immer den Textanfang kennzeichnet. Das Ende des Textes wird durch ETX angegeben. Bei der Aufteilung eines gesamten Textes in verschiedene Datenübertragungsblöcke werden diese von ETB beendet und erst der letzte mit ETX abgeschlossen. Das BCC muß immer unmittelbar im Anschluß an ETX oder ETB am Ende des Datenblocks gesendet werden.

• *Jedes Bit des BCC* stellt ein Paritätsbit dar, das aus derjenigen Bitfolge berechnet wird, die aus den jeweiligen Bits der selben Wertigkeit über den gesamten Block gebildet ist. Das ist anhand eines Beispiels in **Bild 8.22** dargestellt. Die Zeichenfolge, über die das BCC zu berechnen ist, beginnt mit dem ersten Zeichen nach STX oder SOH und spart dieses Zeichen somit aus. Das beendende Steuerzeichen ETB oder ETX muß bei der Berechnung des BCC mit berücksichtigt wer-

```
2^0 2^1 2^2  ...  2^6 Parity    Bedeutung
0  1  0  0  0  0  0  1 STX: Start of Text, Textanfang
       ┌─┐
0  0  |0| 1  0  0  1  0      H
1  0  |0| 0  0  1  1  1      a    Datenzeichen
0  0  |1| 1  0  1  1  0      l   (Informationsfeld)
0  0  |1| 1  0  1  1  0      l
1  1  |1| 1  0  1  1  0      o
1  1  |0| 0  0  0  0  0 ETX: End of Text, Textende
       └─┘
        ||
1  1  1  0  0  0  1==0 BCC: Block Check Char.,
                            Blockprüfzeichen
```

Bild 8.22 Übertragungsblock mit Beispiel für die Berechnung des Blockprüfzeichens

den. Die Spalte 2^7, die die Paritätsbits enthält, wird nicht vom BCC erfaßt. An dieser Stelle steht das Paritätsbit des Blockprüfzeichens.

• ***Die Modulo-2-Summe*** muß gemäß den Festlegungen in den Normen, z.B. in ISO 1155 und DIN 66 219, wie auch das Paritätsbit, bei asynchroner Datenübertragung 0 und bei synchroner Übertragung 1 betragen. Das Verfahren der *Blockprüfung* ist unter der Bezeichnung *Längsparität* oder *Longitudinal Redundancy Check* (LRC) bekannt. Das der Prüfung eines Zeichens mit Paritätsbit zugrundeliegende Prinzip wird auch mit *Querparität* oder *Vertical Redundancy Check* (VRC) bezeichnet.

• ***Rechteckfehler**:* Die Grenzen dieses Verfahrens liegen in der Erkennung von "Rechteckfehlern" (**Bild 8.23**). Hierunter wird die Verfälschung von 4 Bits verstanden, die jeweils paarweise in 2 Zeilen und 2 Spalten des Übertragungsblocks, also rechteckförmig, auftreten. Bei der Sicherung durch Zeilen- und Spaltenparität können diese Fehler dann nicht erkannt werden, wenn bei allen 4 zu berechnenden Paritätsbits jeweils 2 verfälschte Bits erfaßt werden.

In einer realen Störumgebung ist es allerdings wesentlich wahrscheinlicher, daß gleichzeitig zum Rechteckfehler weitere gestörte Einzelbits auftreten und der Datenblock aus diesem Grunde trotzdem als falsch erkannt wird. Bei technischen Anwendungen gilt eine derart gesicherte Datenübertragung daher in den meisten Fällen als hinreichend gesichert.

8.3.3 Zyklische Blockprüfung

Die Sicherung der Übertragung durch zyklische Blockprüfung (*Cyclic Redundancy Check*, CRC) muß angewendet werden, wenn bei der Übertragung die Informationen codeunabhängig, nicht im Byteraster oder sogar als beliebige Ansammlung

```
2⁰ 2¹ 2²  ...  2⁶ Parity        Bedeutung


0  1  0  0  0  0  0  1 STX
0  0  0  1  0  0  1  0      H

      ┌─┐      ┌─┐
1  0  │1│ 0  0 │0│ 1==1       a      Rechteck-
      └─┘      └─┘                   fehler

0  0  1  1  0  1  1  0      l

      ┌─┐      ┌─┐                 4 Bits jeweils
0  0  │0│ 1  0 │0│ 1==0     l      geändert
      └─┘      └─┘

1  1  1  1  0  1  1  0      o

1  1  0  0  0  0  0  0 ETX
      ‖        ‖
1  1  1  0  0  0  1  0 BCC      unverändert
```

Bild 8.23
Übertragungs-
block mit 4-Bit-
Rechteckfehler;
Paritätsbit und
Blockprüfzeichen
unverändert

von Binärzeichen vorliegen. Die Fehlerüberwachung kann dann nicht mehr durch
ein zeichenweise zugeordnetes Paritätsbit unterstützt werden. Ein Blockprüfzeichen kann ebenfalls nicht sinnvoll berechnet werden. Das bitorientierte Datenformat *High-level Data Link Control* (HDLC) sieht z.B. *codetransparente Datenblöcke* vor. Es ist daher also bei der Prüfung der Übertragungsblöcke auf
Verfahren der zyklischen Blockprüfung angewiesen. Aber auch codegebundene
Datenblöcke können durch zyklische Verfahren sehr gut gesichert werden.

• *Die zyklische Redundanzprüfung* ist ein Verfahren, bei dem eine Bitfolge, z.B.
16 Bits oder 8 Bits, als Blockprüfzeichen (engl. *Block Check Character*, BCC) bestimmt wird. Die zu prüfenden Binärzeichen der Übertragungszeichenfolge werden fortlaufend als Koeffizienten eines Polynoms $M(x)$ (*Message*) aufgefaßt, welches durch ein *Generatorpolynom* modulo-2 dividiert wird. Der verbleibende Rest
wird als Blockprüfzeichenfolge zur Redundanzprüfung verwendet. Seine Länge
wird durch die höchste Potenz des Generatorpolynoms bestimmt.

• *CRC:* Am weitesten verbreitet ist die zyklische Redundanzprüfung (*Cyclic Redundancy Check*, CRC) nach DIN 66 219 bzw. ISO 2111 oder CCITT V.41, in
denen das

   Generatorpolynom $G(x) = x^{16} + x^{12} + x^5 + 1$

angegeben ist. Es generiert eine Prüfzeichenfolge mit 16 bit Länge und wird daher
auch mit CRC 16 bezeichnet. In selteneren Fällen wird auch ein CRC 8 angewendet.

• *Bildung des Prüfzeichens R ist festgelegt durch den Quotienten zweier Polynome:*

   $R = M(x) / G(x)$

Die Division erfolgt nach den Regeln der *Modulo-2-Divison*. Die Divisionsoperation ist dabei äquivalent der Ausführung einer Exklusiv-Oder-Operation Bit für Bit über das gesamte Zählerpolynom. Das Ergebnis ist das resultierende Blockprüfzeichen R, das bei dem oben angegebenen Generatorpolynom $G(x)$ im Nenner vom Grad $n = 16$ auch 16 Bits umfaßt. Das Zählerpolynom $M(x)$ setzt sich bei einer Nachrichtenlänge von k bit zusammen aus den Gliedern von $x^{(k+n-1)}$ bis $x^{(n)}$, wobei die Bits der zu übertragenden Nachricht die Koeffizienten bilden. Die Glieder $x^{(n-1)}$ bis x^0 enthalten die Bits des Prüfzeichens R als Koeffizienten und werden bei der Bestimmung des Quotienten im Sender zunächst auf 0 gesetzt. Bei der Blockprüfung in der Empfangsstation wird dann das vollständige Polynom $M(x)$ durch das Generatorpolynom $G(x)$ dividiert. Wenn keine Übertragungsfehler aufgetreten sind, ergibt sich bei dieser Division kein Rest.

• *Schieberegister:* Häufig wird dieser Algorithmus in Hardware mit rückgekoppelten Schieberegistern realisiert. **Bild 8.24** zeigt eine Anordnung aus CCITT V.41 zur Realisierung des CRC-16-Prüfzeichens. Die Blöcke zeigen Speicherstufen, die teilweise XOR-verknüpft sind. **Bild 8.25** zeigt an einem einfacheren Beispiel die Wirkungsweise solcher rückgekoppelten Schieberegister. Hier wird ein 3-Bit-CRC mit dem Generatorpolynom $x^3 + 1$ erzeugt. Zu Beginn der Codierung werden alle Speicherstufen auf 0 gesetzt, wie Zeile 1 der Zustandstabelle bei x^0 bis x^3 zeigt. Das zu übertragende Zeichen lautet Hex E6. Schritt für Schritt erscheinen diese Bits am Ausgangstor und werden gleichzeitig im rückgekoppelten Schieberegister verknüpft, so daß nach 8 Taktschritten, am Ende des Datenblocks, der Ausgangsschalter umschaltet und den Inhalt der Speicherstufen als Blockprüfzeichen freigibt.

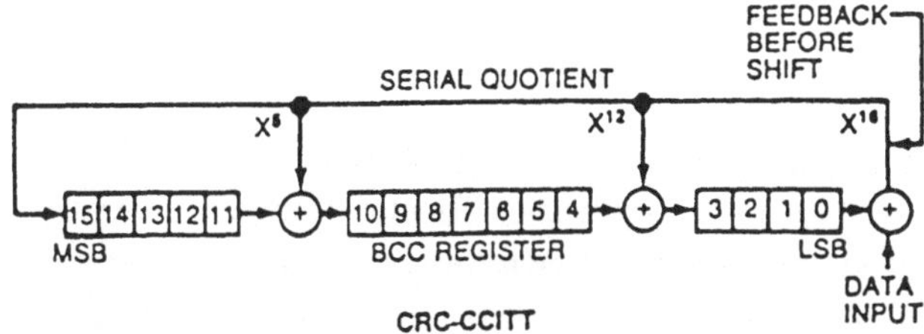

Bild 8.24 Prinzipielle Darstellung einer Schaltung für das CRC-16-Blockprüfzeichen

• *Beim HDLC-Datenformat* umfaßt die Blockprüfzeichenfolge (*Frame Checking Sequence*, FCS) den gesamten Blockinhalt und schließt die Blockanfang- und Blockendekennung (*Flag*) mit ein. Es wird ein zyklischer Redundanztest (CRC 16) angewendet, der 16 Prüfbits erzeugt. Sie werden innerhalb des Datenformats übertragen. Das Prüfzeichen ist beschrieben in DIN ISO 3309. Fehlerhafte Blöcke werden im HDLC-Protokoll von der empfangenden Station nicht berücksichtigt. Anhand der ausbleibenden Quittung mit der fehlenden HDLC-Blocknummer wird der Verlust des Datenblocks erkannt und dieser erneut übertragen.

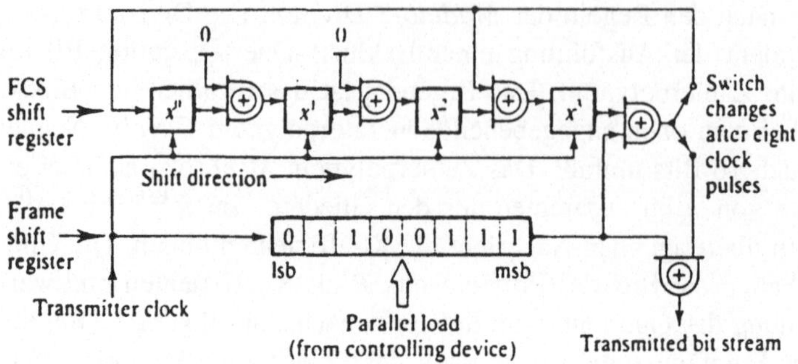

Transmitter clock (shift) pulses	Frame shift register (SR) contents								FCS SR contents			
	lsb							msb	x^0	x^1	x^2	x^3
0	0	1	1	0	0	1	1	1	0	0	0	0
1	0	0	1	1	0	0	1	1	1	0	0	1
2	0	0	0	1	1	0	0	1	0	1	0	0
3	0	0	0	0	1	1	0	0	1	0	1	1
4	0	0	0	0	0	1	1	0	1	1	0	0
5		0	0	0	0	0	1	1	0	1	1	0
6			0	0	0	0	0	1	1	0	1	0
7			0	0	0	0	0	0	1	1	0	0
8					0	0	0	0	0	1	1	0
9						0	0	0		0	1	1
10							0	0			0	1
11								0				0

Bild 8.25   Realisierung eines 3-Bit-CRC mit rückgekoppeltem Schieberegister

• *Bei codeunabhängiger Übertragung* mit einem *Basic-Mode-Protokoll* nach DIN 66 019 ist ebenfalls das Verfahren der zyklischen Blockprüfung anzuwenden. Wie bereits in Abschnitt 8.2.3 angesprochen, müssen im Datenblock Bitkombinationen, die den Übertragungssteuerzeichen entsprechen, von der Sendestation durch Einfügen von DLE als Textzeichen kenntlich gemacht werden. Nach DIN 66 219 beginnt die Binärzeichenfolge, auf die die Blockprüfung anzuwenden ist, unmittelbar nach den Steuerzeichen DLE SOH oder, falls kein Kopf (*Header*) verwendet wird, nach DLE STX. Diese Steuerzeichen selbst sind also nicht enthalten. Die Binärzeichenfolge endet mit den Steuerzeichen DLE ETB oder DLE ETX, die den Übertragungsblock abschließen. Sie werden bei der Berechnung des Prüfzeichens mit erfaßt. Alle in die Übertragungszeichenfolge eingeblendeten Füllzeichen, z.B. zusätzliche DLE-Zeichen, werden im Blockprüfzeichen nicht berücksichtigt. Alle Übertragungssteuerzeichen werden grundsätzlich immer durch ein Patritätsbit ergänzt. Die berechneten 16 Bits der Blockprüfzeichenfolge werden im Anschluß an den Datenblock nach DLE ETB oder DLE ETX übertragen. Dabei wird mit dem höchstwertigen Bit begonnen.

• *Die Übertragungssicherheit*, die durch CRC 16 erreicht wird, ist wesentlich höher, als bei anderen vergleichbaren Verfahren, die mit 16-Bit-Redundanz auskommen. Der Vorteil des CRC-Algorithmus liegt darin begründet, daß jede Änderung eines Bit in der Übertragungzeichenfolge jeweils die Änderung mehrer Sicherungsbits zur Folge hat. Der Abstand zweier Bitkombinationen des Datenblocks, die das gleiche CRC-16-Prüfzeichen erzeugen, also die Periode des Verfahrens, ist wesentlich größer, als bei vergleichbarem Aufwand mit anderen Verfahren zu erreichen wäre. Das CRC 16 gilt bei praktischen Anwendungen der Datenfernübertragung als hinreichend sichere Methode und wird z.B. bei Rechner-Rechner-Verbindungen und in Postnetzen eingesetzt.

9 Steuerungsverfahren

Zur Steuerung der digitalen Datenübertragung werden Verfahren angewendet, die entweder mit Hilfe von *Leitungsfunktionen* oder von *Protokollen* die Kommunikationsabläufe im Sender und Empfänger aufeinander abstimmen. Neben den in Kapitel 8 beschriebenen Methoden der Synchronisation, Codierung und Sicherung stellen die *Übertragungssteuerungsverfahren* den wesentlichen Bestandteil der Schicht 2 des OSI-Referezmodells dar. Ihre Aufgabe ist es, den störungsfreien und gesicherten logischen Ablauf des Datenaustauschs sicherzustellen.

• *Übertragungsprotokoll* meint das Steuerungsverfahren der Kommunikation, wenn die Steuerfunktionen nicht über separate Leitungen, wie z.B. bei parallelen Schnittstellen, sondern durch Binärzeichen, z.B. häufig bei seriellen Schnittstellen, repräsentiert werden. Das Steuerungsverfahren ist in der Regel völlig unabhängig von der Art, dem Inhalt und der Länge der zu übertragenden Informationen.

Da die Abläufe generell bei jeder digitalen Datenübertragung sehr ähnlich sind, und die Aufgaben von Übertragungssteuerungsverfahren unabhängig vom Verfahren auftreten, kann eine systematische Analyse und das Verständnis unbekannter Protokolle sehr erleichtert werden. Die allgemeinen Funktionen der Steuerung sind in nahezu allen Protokollabläufen für gesicherte Übertragung wiederzufinden:

- Bestätigung des Verbindungsaufbaus zwischen Sender und Empfänger.
- Blockweise Segmentierung der zu übertragenden Informationen.
- Positive Rückmeldung bei Störungsfreiheit.
- Wiederholung des Blocks bei Störungen.
- Freigabe für das nächste Zeichen oder den nächsten Block.
- Anpassung von Sender und Empfänger an die Verarbeitungszeit der Daten.
- Abschluß der Übertragung.

9.1 Übertragungssteuerung mit Leitungen nach CCITT V.24

Das Telefonnetz als Leitungsnetz für Fernsprechgeräte sollte bereits sehr früh auch für die digitale Datenübertragung genutzt werden (**Bild 9.1**). Zur Anpassung der Übertragungskanäle des digitalen Basisbandes (Frequenzspektrum ab 0 Hz, Gleichspannung) und des Fernsprechkanals (von 300 Hz bis 3,4 kHz) sind Telefonmodems einzusetzen (vgl. Kapitel 6). Da die Post solche Geräte zur Miete anbietet, muß sie auch ordnungsgemäß funktionierende *Teilnehmerschnittstellen* garantieren. Eine eindeutige Festlegung aller Schnittstelleneigenschaften, sowohl der Geräte- als auch der Übertagungssteuerung, ist dazu unerläßlich.

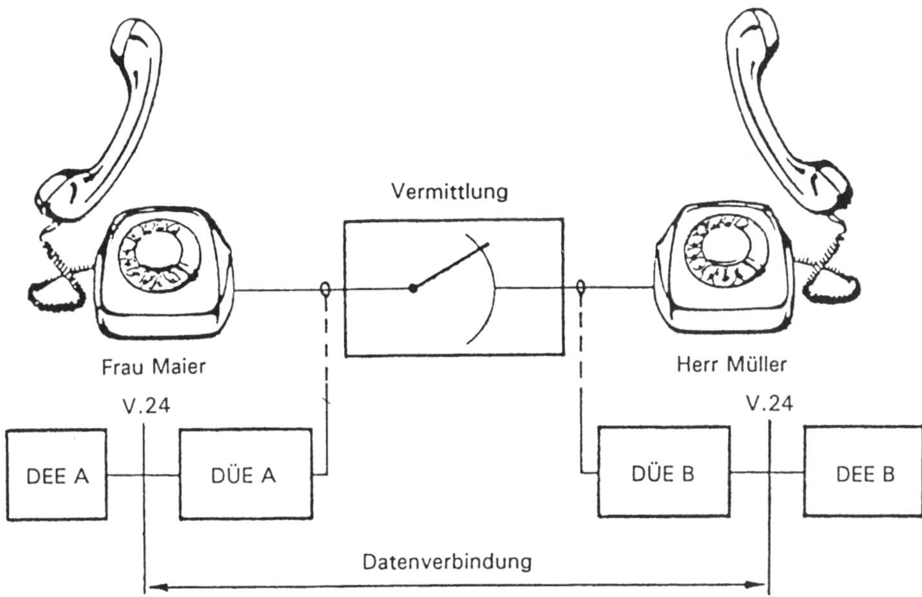

Bild 9.1 Fernsprechleitungen und Vermittlungen werden zur Datenübertragung mit Modems genutzt

• *Normung:* Für den Postgebrauch sind daher eine Reihe von Normen entstanden, die noch lange vor der Festlegung von Peripherie-Schnittstellen an Rechnern die Modem-Schnittstellen für die Datenfernübertragung beschrieben. Neben den verschiedenen nationalen Standards, z.B. DIN-Normen, sind vom CCITT (*Comité Consultatif International Télégraphique et Téléphonique*) zahlreiche internationale Normen veröffentlicht worden, die die Realisierung von Schnittstellen für den Postgebrauch behandeln. Dabei können Grundlagennormen z.B. über elektrische Eigenschaften, Leitungsfunktionen und Codierungen von Normen unterschieden werden, die vollständige Schnittstellen für spezielle Modems beschreiben.

• *Daten-Schnittstellen an Modems* arbeiten heute wie die historischen Telegraphie-Schnittstellen meist seriell, da ja auch im Telefonnetz nur 2 Leiter zu Verfügung stehen. Die Post muß vor allem die Schnittstelle zum Anwender, also z.B. zum Terminal oder Computer (Datenendeinrichtung, DEE, engl. *Data Terminal Equipment*, DTE) genau beschreiben.

• *CCITT-Normen:* Die internationale Norm CCITT V.24 soll diesem Zweck dienen. Im Normenwerk des CCITT weist die Bezeichnung V auf das Fernsprechnetz hin und steht im Gegensatz zu der Normenreihe X (z.B. X.21) für das Datennetz. Das V kann in Verbindung gebracht werden mit dem Sprachnetz (engl. *voice*) und das X steht für *Data Exchange* in Datennetzen. Die Zahl 24 ist die laufende Nummer beim CCITT und hat keine weitere Bedeutung. In DIN 66 020 Teil 1 sind für den Bereich der Deutschen Bundespost Telekom die Festlegungen entsprechend V.24 veröffentlicht.

• **Die Norm CCITT V.24** enthält eine Zusammenstellung aller leitungsgebundenen Schnittstellensignale, die in Modem-Schnittstellen für das Fernsprechnetz verwendet werden dürfen. Dabei sind die Übertragungssteuerungsfunktionen teilweise nur schwer von den Gerätesteuerungsfunktionen zu trennen, so daß auch bei V.24 eine konsequente Unterscheidung nicht durchgeführt ist. Sie zählt zu den Grundlagennormen und legt somit keine konkrete Schnittstelle fest. In V.24 sind 54 verschiedene Leitungsfunktionen mit ihrer Bedeutung beschrieben. Allerdings besteht keine Verpflichtung, diese Signale in einer konkreten Schnittstelle zu implementieren. Nur wenn diese Funktionen angewendet werden sollen, müssen sie in der von V.24 angegebenen Weise realisiert sein. Das hat zur Folge, daß Schnittstellen mit der Bezeichnung "V.24-Schnittstelle" zwar eine Untermenge der Signale enthalten, die in V.24 beschrieben sind, aber mit der Angabe dieser Norm noch nicht die Auswahl festgelegt ist. Das wird im folgenden noch deutlicher.

• **DIN 66 020:** Eine vollständige Zusammenstellung der Signale und der deutschen Bedeutung ist in **Bild 9.2** entsprechend DIN 66 020 Teil 1 dargestellt. Auf der linken Seite ist die Datenendeinrichtung (DEE, engl. *Data Terminal Equipment*, DTE), z.B. das Terminal oder der Computer, auf der rechten Seite die Datenübertragungseinrichtung (DÜE, engl. *Data Circuit-terminating Equipment*, DCE) gezeigt. Die eingetragenen Leitungen besitzen Pfeile entsprechend ihrer Signalrichtung. Diese ist jeweils fest mit dem Signal verbunden, so daß z.B. das Signal Sendedaten (D1) immer seinen Ursprung in der DEE hat und auf einen Eingang in der DÜE trifft.

• **Gruppen von Leitungsfunktionen** können unterschieden werden. Grundsätzlich sind Leitungen für die automatische Wahl (unterer Teil des Bildes) von Leitungen für die Datenübergabe getrennt. Die Vorgänge bei der automatischen Wahl sind anhand der Leitungsbezeichnungen zu verstehen und sollen hier nicht näher betrachtet werden. Zusätzlich zu den Leitungen zur Datenübertragung sieht V.24 sogar auch einen Fernsprechkanal auf den Leitungen A1 und A2 vor. Er wird jedoch bei den verbreiteten Modems zur digitalen Datenübertragung nicht angewendet. Die weiteren Schnittstellenleitungen zur Datenübergabe (im oberen Teil von Bild 9.2) besitzen in ihrer Kurzbezeichnung einen Buchstaben, der auf die Verwendung hindeutet. Hier werden die Erdleitungen E2 von den Datenleitungen D1 und D2 und den Steuer- (S1-S12) und Meldeleitungen (M1-M8) unterschieden. Die Steuerleitungen sind immer vom Terminal auf das Modem gerichtet, wogegen die Meldeleitungen immer die andere Richtung besitzen. Sie melden häufig den Vollzug der gesteuerten Funktion an das Terminal zurück. Außerdem gibt es einen separaten digitalen Hilfskanal (HD1, HD2, HS2, HM2, HM5, HM6), der mit reduzierter Übertragungsgeschwindigkeit arbeitet und die Takt- und Synchronisationsleitungen (T1-T5), die bei synchroner Übertragung erforderlich sind. Die Leitungen PS2, PS3 und PM1 sind zur Bedienung von Modemfunktionen vorgesehen, mit denen die Qualität des Übertragungskanals, also der Telefonverbindung, getestet werden kann.

Übersicht über die Schnittstellenleitungen

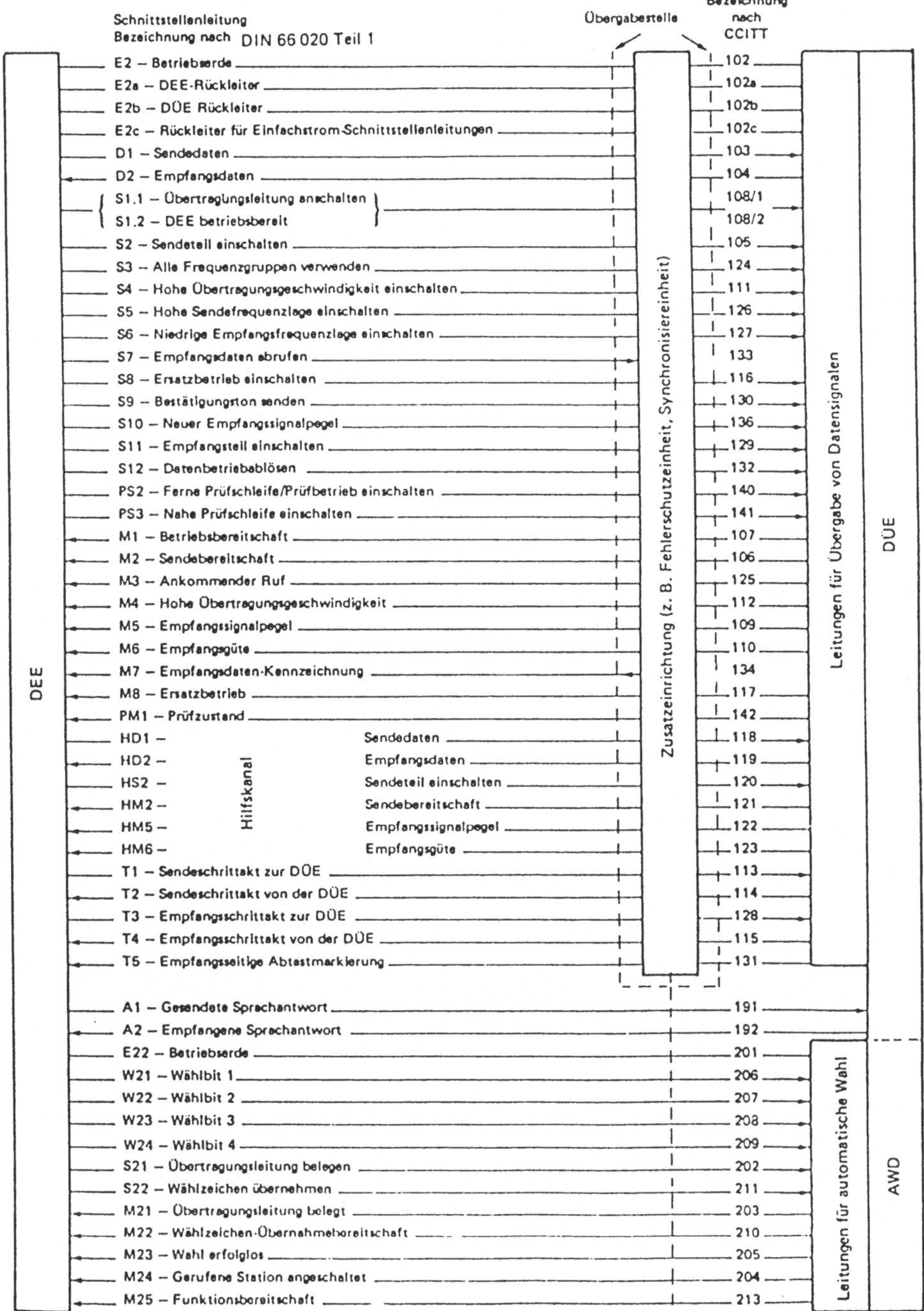

Bild 9.2 Liste der Übertragungssteuerleitungen nach CCITT V.24

> Zugunsten einer besseren Übersichtlichkeit können hier nicht alle Leitungs-
> funktionen angesprochen bzw. erklärt werden. Bei speziellen Fragen sollte
> die Norm DIN 66 020 Teil 1 weiterhelfen oder die Beschreibung der jeweili-
> gen Modem-Schnittstelle zu Rate gezogen werden.

• **Modems:** Die am meisten verbreiteten und häufigsten Modems wenden in ihren
V.24-Schnittstellen u.a. die Leitungsfunktionen E2, D1, D2, S1, S2, S4, M1, M2,
M3 und M5 und bei synchroner Übertragung T2 und T4 an. Die anderen werden
weitaus seltener verwendet. Die Leitung Betriebserde, E2 überträgt das Bezugs-
potential, das den elektrischen Eigenschaften als Referenz dient und den Sender-
und Empfängerschaltungen zugrunde liegt. Die Leitungen Sendedaten, D1 und
Empfangsdaten, D2, bei denen die Richtung jeweils auf die DTE bezogen ist, enthalten immer den seriellen Hauptkanal für die Datenübertragung. Bei synchroner
Übertragung wird der zu D1 gehörige Sendeschrittakt T2 oft vom Modem geliefert, so daß das Terminal fremdsynchronisiert arbeiten muß. Der Empfangsschritt-
takt T4 zur Synchronisation der Daten D2 wird dann ebenfalls vom empfangenden Modem erzeugt. Bei asynchronen Schnittstellen entfallen diese Taktleitungen
immer.

• **Beispiel** für den Gebrauch soll der folgende Ablauf sein. Die Aktivierung des
Modems (DÜE) wird von der DEE eingeleitet, indem das Signal "Übertragungsleitung einschalten" bzw. "betriebsbereit", S1 gesetzt und auf die Rückmeldung
"Betriebsbereitschaft", M1 von der DÜE gewartet wird. Der Verbindungsaufbau
über die Telefonstrecke zwischen den beiden am Datenaustausch beteiligten Stationen wird durch die Schnittstellenleitung "Sendeteil einschalten", S2 von der
DEE ausgelöst. Die erfolgreiche Durchführung wird durch das Signal "Sendebereitschaft", M2 zurückgemeldet. Beim Verbindungsaufbau werden u.a. die Träger
zwischen den Teilnehmern (*Originate, Answer*) ausgetauscht und dies den DEEs
jeweils durch die Signale "Empfangssignalpegel", M5 gemeldet. Darüberhinaus
kann eine DÜE dem angeschlossenen Terminal, auch ohne daß die Leitungen S2
und M2 gesetzt sind, die aktivierte Übertragungsstrecke durch die Leitung "ankommender Ruf", M3 anzeigen. Ob das Terminal auf diese Leitung reagieren
kann oder muß, ist jedoch nicht festgelegt.

• **Modem-Schnittstellen:** In CCITT V.24 ist nichts ausgesagt über eine bestimmte,
konkrete Schnittstelle. Weder die elektrischen Eigenschaften noch ein Stecker
oder gar die Steckerbelegung sind dort angesprochen. Sie bleiben anderen Normen, nämlich denen über konkrete Modems (vgl. Kap. 6) vorbehalten. Dies sind
z.B. Modems nach V.20, V.21, V.22, V.23, V.25 oder V.26, usw. Sie sind für
Deutschland in DIN 66 021 Teil 1 bis Teil 10 zusammengestellt. Viele dieser Modems verwenden eine unterschiedliche Signalauswahl aus V.24, benutzen unterschiedliche Stecker (25polig, 36polig usw.) und arbeiten z.B. mit TTL-Pegeln
oder mit V.28-Pegeln in synchroner oder asynchroner Betriebsart bei ganz
unterschiedlichen Geschwindigkeiten.

• *RS-232:* Für die Beziehung zwischen CCITT V.24 und Schnittstellen nach EIA RS-232 wird auf Abschnitt 13.2 verwiesen. In EIA RS-232 wird eine konkrete Modem-Schnittstelle z.B. mit elektrischen Eigenschaften nach CCITT V.28, einer Auswahl an Steuerleitungen nach V.24 und einer Steckerbelegung für den 25poligen Sub-D-Stecker angegeben. Über Schnittstellen nach V.24 werden häufig auch Rechner mit Peripheriegeräten oder zwei Rechner miteinander verbunden. Die Bedeutung und die Richtung der Signale zur Modem-Steuerung ist dafür nicht festgelegt. Der Gebrauch oder die Bedienung dieser Signale führt häufig zu Problemen bei der Rechnerkopplung. Vor der Datenübertragung müssen meist erst mit Glück und Ausdauer die richtigen Steuersignale gefunden und verbunden werden.

9.2 Einfache Übertragungsprotokolle

Da die Schwierigkeiten bei der Handhabung von V.24-Schnittstellen häufig in der unterschiedlichen Verwendung der Steuersignale liegen, schafft hier eine rein serielle Datenübertragung mit Steuerung durch ein *Übertragungsprotokoll* Abhilfe.

• *Grundlegende Funktionen*, die von den unterschiedlichen Steuerungsverfahren realisiert werden, sind sehr ähnlich. Die wichtigsten sind: Prüfung der Aufnahmebereitschaft des Empfängers, Kontrolle der gesendeten Daten auf Übertragungsfehler, Rückmeldung nach der Übertragung bei erkannten Fehlern, Umkehr der Übertragungsrichtung und erfolgreiche Beendigung der Datenübertragung. Der Informationsfluß der *Nachrichtenquelle* und die Verarbeitungsgeschwindigkeit in der *Nachrichtensenke* müssen dabei stets aufeinander abgestimmt sein. Diese grundlegenden Protokollfunktionen sind nicht nur für die digitale Datenkommunikation unerläßlich. Sie sollen hier an einem Beispiel aus dem täglichen Leben veranschaulicht werden.

• *Zu einem fruchtbaren Gesprächsverlauf* sind Absprachen über dessen Regeln nötig. Dazu gehören: Aufmerksamkeit beim Zuhören, ausreden lassen, Rückfragen, wenn etwas nicht verstanden wurde und die Beobachtung des Zuhörers durch den Redner auf Zustimmung oder Unterbrechungswünsche. Bei einer Unterhaltung muß der Redefluß des Sprechers auf die Aufnahmegeschwindigkeit des Zuhörers abgestimmt sein, sonst kommt es zu Informationsverlust. Früher konnte der Student die Mitschrift der Vorlesung seines Professors ergänzen und korrigieren, solange das Tafelbild aufgebaut wurde und noch nicht gelöscht war. Bei moderneren Vortragstechniken mit Tageslichtprojektoren, Computer- und Video-unterstützung konnte der Informationsfluß stark erhöht werden. Die Pausen zwischen den Folien sind so kurz, daß sie als Pufferzeit für die Mitschrift nicht mehr ausreichen. Daher mußte u.a. auf Vorlesungsskripten und Umdrucke übergegangen werden.

• ***Bei digitalem Datenaustausch*** mit Peripheriegeräten, z.B. Rechner und Drukker, werden Steuerungsverfahren eingesetzt, die bezüglich des Komforts, der Steuerungsfunktionen und der Datenübertragungssicherheit verschiedene Stufen darstellen. Diese reichen vom einfachen "Send-and-Pray-Mode" ohne jede Berücksichtigung der Empfangsbereitschaft und der Störungen bei der Übertragung, über die gesicherte Datenübertragung mit Aufbauphase, Datenübertragung mit Rückmeldung und Abschlußphase bis hin zu Protokollen für gesicherte Mehrpunktverbindungen.

9.2.1 Zeilenprotokoll

Zu den wohl einfachsten Druckerprotokollen zählt die zeilenweise Übertragung. Die Segmentierung der Daten in einzelne Zeilenblöcke dient der Anpassung der Übertragungsgeschwindigkeit an die Ausführungsgeschwindigkeit des Druckers, insbesondere bei niedrigen Übertragungsraten. Der kontinuierliche Informationsfluß wird dabei durch die Steuerzeichen CR und LF (Hex 0D, Hex 0A) in einzelne Abschnitte eingeteilt (**Bild 9.3**), die auf dem Drucker jeweils einer Zeile zugeordnet werden. Geräte mit diesem Protokoll besitzen in der Regel einen *Pufferspeicher*, der mehrere Zeilen umfaßt. Die mittlere Verarbeitungsgeschwindigkeit ist bei Zeilendruckern höher als bei Druckern ohne Zeilenspeicher (Zeichendrucker) und gleicher Übertragungsgeschwindigkeit. Die relativ langen Ausführungszeiten für Wagenrücklauf und Zeilensprung können dabei zusätzlich für die Datenübertragung ausgenutzt werden.

Wenn die maximale Zeilenpufferlänge, z.B. durch Formatierungsfehler, überschritten wird, führt das in der Regel zum Überlauf und somit zu Informationsverlust. Der Sender erfährt nicht, ob der Drucker die Daten richtig empfangen und verarbeitet hat. Bei diesem primitivsten Protokoll handelt es sich noch nicht um eine Übertragungssteuerung, sondern nur um eine Maßnahme, die mittlere Verarbeitungsgeschwindigkeit etwas anzuheben.

9.2.2 X-On/X-Off

Einen Schritt weiter geht da bereits die Steuerung durch das einfache X-On/X-Off-Protokoll (**Bild 9.4**). Hierbei wird durch den Empfänger (*Senke*) auf den Informationsfluß des Senders (*Quelle*) Einfluß genommen. Die Sendegeschwindigkeit kann dadurch an die jeweilige Verarbeitungsgeschwindigkeit angepaßt werden. Es liegt also bereits eine echte, wenngleich einseitige Steuerung der Übertragung vor. Der Sender überträgt die Daten so lange, bis er von der Empfangsstation ein Steuerzeichen als Unterbrechungswunsch erhält. Verwendet wird das Geräte-Steuerzeichen (*Device Control*) DC3 (Hex 13) aus dem 7-Bit-Code, das hier die Bedeutung X-Off (*Transmit Off*) trägt. Nachdem dieses Zeichen erkannt wurde, unterbricht die Quelle so bald wie möglich ihre Sendung. Sie hält ihre Pause so lange aufrecht, bis sie vom Empfänger das Zeichen X-On (*Transmit On*) erhält. Das Zeichen DC1 (Hex 11) trägt dabei die Bedeutung X-On, Sendung fortführen.

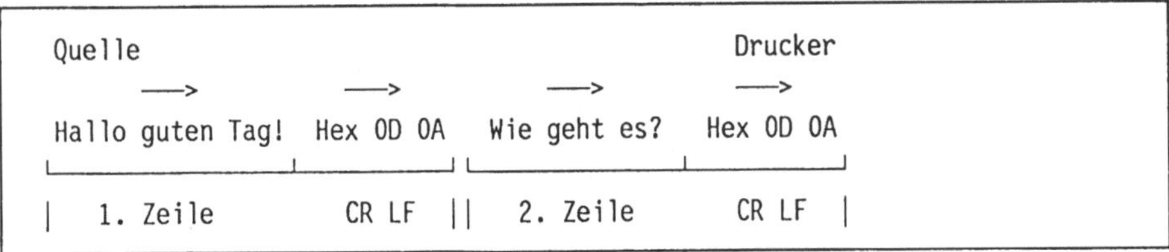

Bild 9.3 Einfachstes "Protokoll" eines Zeilendruckers

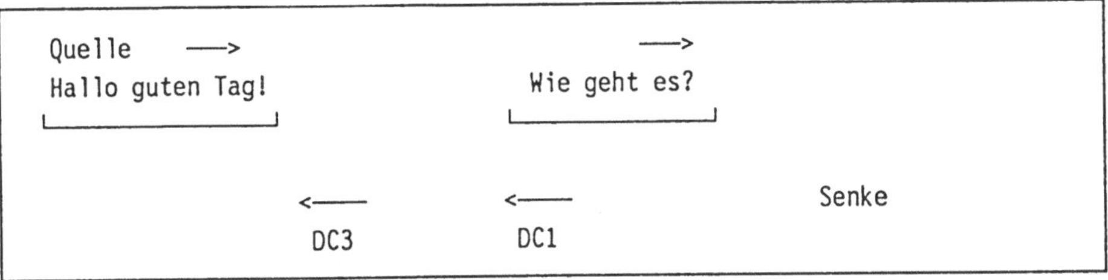

Bild 9.4 Steuerung der Übertragung durch X-On/X-Off (DC1/DC3)

• *Für die Unterbrechung der Übertragung* nach X-Off ist kein exakter Zeitpunkt festgelegt. Allerdings muß der Sender in der Lage sein, während er seine Informationszeichen ausgibt gleichzeitig mindestens das Zeichen X-Off zu empfangen und zu erkennen. Für dieses eine Zeichen ist also Duplex-Betrieb (*Full Duplex*) erforderlich. Der Sender kann seinen Datensatz, z.B. einen Plotterbefehl, noch zu Ende führen und wird seine Sendung in der Regel innerhalb von ca. 30 Zeichen einstellen. Obgleich die X-On/X-Off-Steuerung recht verbreitet ist, wird sie in keiner Norm beschrieben, sondern ist der jeweiligen Gerätebeschreibung zu entnehmen.

• *Die Übertragungssicherheit* wird auch hier dem Zufall überlassen, da das Protokoll ohne Rückmeldung einer Redundanzauswertung arbeitet. Die Quelle sendet ihre Daten, ohne daß sie erfährt, ob ein Empfänger angeschlossen ist oder ob Störungen bei der Übertragung aufgetreten sind.

9.3 Protokolle mit Übertragungssteuerzeichen

Protokolle, die eine wesentlich höhere Sicherheit der Datenübertragung bieten, lassen sich z.B. mit den Übertragungssteuerzeichen aus dem internationalen 7-Bit-Code (vgl. Abschn. 8.2.2) realisieren. Diese Protokolle setzen sich zusammen aus 10 Elementen, die als *Basis-Steuerzeichen* in den ersten beiden Spalten (**Bild 9.5**) des internationalen 7-Bit-Codes (unterhalb Hex 20) für die Übertragungssteuerung vorgesehen sind. Protokolle mit diesen Basis-Steuerzeichen werden daher auch als *zeichenorientiert* bezeichnet. Gleichermaßen ist sowohl synchrone als auch asynchrone Übertragung möglich. Die Steuerzeichen ermöglichen die Realisierung der unterschiedlichsten Protokolle, angefangen beim ganz einfachen Druckerprotokoll bis hin zu gesicherten Mehrpunktverbindungen in der Meß- und Steuerungstechnik. Zusammengefaßt werden alle möglichen Protokolle, die mit diesen Steuerzeichen arbeiten, als *Basis-Steuerungsverfahren* (*Basic Mode Procedure*) bezeichnet.

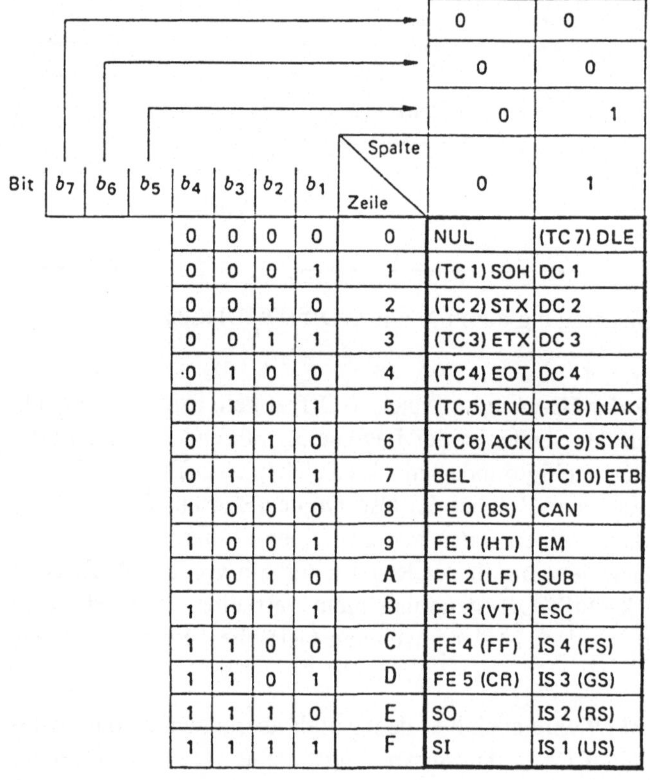

Bit b_7	b_6	b_5	b_4	b_3	b_2	b_1	Zeile	0	1
0	0	0	0	0	0	0	0	NUL	(TC 7) DLE
			0	0	0	1	1	(TC 1) SOH	DC 1
			0	0	1	0	2	(TC 2) STX	DC 2
			0	0	1	1	3	(TC 3) ETX	DC 3
			0	1	0	0	4	(TC 4) EOT	DC 4
			0	1	0	1	5	(TC 5) ENQ	(TC 8) NAK
			0	1	1	0	6	(TC 6) ACK	(TC 9) SYN
			0	1	1	1	7	BEL	(TC 10) ETB
			1	0	0	0	8	FE 0 (BS)	CAN
			1	0	0	1	9	FE 1 (HT)	EM
			1	0	1	0	A	FE 2 (LF)	SUB
			1	0	1	1	B	FE 3 (VT)	ESC
			1	1	0	0	C	FE 4 (FF)	IS 4 (FS)
			1	1	0	1	D	FE 5 (CR)	IS 3 (GS)
			1	1	1	0	E	SO	IS 2 (RS)
			1	1	1	1	F	SI	IS 1 (US)

Bild 9.5 Kurz- und Steuerzeichen des 7-Bit-Codes nach DIN 66 003

9.3.1 Elemente des Basic Mode

Die Bedeutung der Protokollbausteine sowie ihre Funktion ist national in DIN 66 019 und international in ISO 1745, ISO 2111, ISO 2628 und ISO 2629 beschrieben. In **Bild 9.6** sind die Übertragungssteuerzeichen (engl. *Transmission Control Characters*) aus dem internationalen 7-Bit-Code in numerischer Reihenfolge zusammengestellt. Die drei Buchstaben ihrer Abkürzung beziehen sich jeweils auf die englische Bedeutung.

Steuer-zeichen	Hex-	Bedeutung	Funktion
SOH	01	Start of Header	Anfang des Kopfes
STX	02	Start of Text	Anfang des Textes
ETX	03	End of Text	Ende des Textes
EOT	04	End of Transmission	Ende der Übertragung
ENQ	05	Enquiry	Stationsaufforderung
ACK	06	Acknowledge	Positive Rückmeldung
DLE	10	Data Link Escape	Datenübertragungsumschaltung
NAK	15	Negative Acknowledge	Negative Rückmeldung
SYN	16	Synchronous Idle	Synchronisierung
ETB	17	End of Transmission Block	Ende des Übertragungsblocks

Bild 9.6 Übertragungssteuerzeichen und ihre Funktion nach DIN 66 019

• *Die Sicherung der Datenblöcke* gegen Störungen und Übertragungsfehler kann durch *Paritätsbits*, *Blockprüfzeichen* oder *zyklische Codeprüfung* erfolgen (vgl. Abschn. 8.3). Die 7 Bits der Übertragungssteuerzeichen müssen unabhängig davon immer durch ein Paritätsbit (*Parity Bit*) ergänzt werden. Die zu erreichende Wahrscheinlichkeit für die Erkennung von Mehrbitfehlern ist dabei, bezogen auf das einzelne Datenwort, nur 50 %. Wird jedoch berücksichtigt, daß in einem bestimmten Protokollzustand, unabhängig vom Parity-Bit, sowieso nur ganz wenige Datenworte als sinnvoll berücksichtigt werden, dann wird plausibel, daß der Schutz der Steuerzeichen in den meisten Fällen doch sehr hoch ist. Auf die Anfrage durch ein ENQ werden z.B. nur genau 2 Bytes, nämlich ACK und NAK als sinnvoll akzeptiert und alle anderen als falsche oder keine Antwort verworfen.

• *Codegebundene Datenübermittlung* trägt als Merkmal, daß innerhalb des informationstragenden Textblocks keine Bitkombinationen auftreten dürfen, die den Übertragungssteuerzeichen zugeordnet sind. Obgleich das Steuerungsverfahren zeichenorientiert arbeitet, ist innerhalb des Textblocks auch *codeunabhängige Übertragung* beliebiger 8-Bit-Kombinationen zulässig. Dabei werden die Bitkombinationen der Übertragungssteuerzeichen durch Einfügen des Zeichens DLE (vgl. Abschn. 8.2.3) als zum Text gehörig gekennzeichnet.

> *Zwischen den Steuerzeichen bestehen inhaltliche Zusammenhänge, die ihren Einsatz und ihre Protokollaufgabe bestimmen.*

• *Stationsaufforderung* ENQ veranlaßt die angesprochene Station, eine Antwort zu geben. Bei einer positiven Antwort wird das Zeichen ACK, bei negativer Antwort das Zeichen NAK zurückgesendet. Die Bedeutung der Stationsaufforderung ergibt sich aus dem Zusammenhang im Protokollablauf bzw. aus den zugrunde-

liegenden Festlegungen des Protokolls. Sie kann sich z.B. auf die Empfangsbereitschaft, die Sendebereitschaft oder die zuletzt gesendete Quittung auf den
Datenblock beziehen.

• *Kopf:* Dem zu übermittelnden informationstragenden Text kann ein Kopf vor-
ausgehen, der z.B. gerätespezifische Steuerinformationen oder den formalen Aufbau der folgenden Daten angibt. Dabei wird ein längerer Text in mehrere Übertragungsblöcke gegliedert, die separat übertragen werden. Das Steuerzeichen SOH
gibt den Beginn des Datenblocks an, wenn dem Text ein Kopf vorangestellt ist.
Der eigentliche Textteil beginnt immer mit STX. Bei der Übertragung eines Textes in mehreren Blöcken enden diese mit ETB. Erst der letzte Block wird mit ETX
abgeschlossen, um dem Empfänger anzuzeigen, daß die Zusammensetzung der
Übertragungsblöcke beendet werden muß und die vollständige Information übertragen wurde.

• *EOT und SYN:* Eine bestehende Verbindung zwischen zwei Stationen wird
durch das Zeichen EOT aufgelöst. Beide Stationen gehen in den *Grundzustand*,
selbst wenn Protokollabläufe noch nicht ordnungsgemäß abgeschlossen sind. Das
Zeichen EOT ist vergleichbar mit einer *Reset-Funktion* für die Schnittstelle und
die Zustände in der Schnittstellen-Software. Das Zeichen SYN wird nur bei synchroner Übertragung angewendet. Es wird als "Lückenfüller" (*Synchron Idle*) in
Übertragungspausen eingeschoben, um die Synchronität nicht zu verlieren. Es liefert keinen Beitrag zur Informationsübertragung und wird von der Empfänger-
schnittstelle meist selbsttätig ausgefiltert. Es dient, wie in Abschnitt 8.1.2 beschrieben, zur Byte-Synchronisation der Übertragung.

• *DLE:* Mit Hilfe des Zeichens DLE können in Kombination mit weiteren beliebigen 7-Bit-Zeichen neue Steuerzeichen für weitere Protokollfunktionen realisiert
werden. In Protokoll C (s. Abschn. 9.3.4) sind einige Beispiele für die Möglichkeiten, z.B. numerierte positive Rückmeldung, Wunsch nach Unterbrechung oder
nach Abbruch, enthalten.

Die angesprochenen Abläufe bei der Aufforderung und Quittung, beim Umgang
mit dem Text und bei der Funktionserweiterung bilden die Grundlage für die
komplexeren Steuerungsverfahren. Mit ihnen können die verschiedene Phasen
der Datenübertragung, *Aufrufphase, Aufbauphase, Übermittlungsphase und Abschlußphase* sowie die zugehörige Fehlerbehandlung realisiert werden. Anhand
der Protokolle A bis D wird darauf eingegangen.

• *Typische Protokolle* für asynchrone Anwendungen sind im folgenden beschrieben. Am Beispiel für Punkt-zu-Punkt-Verbindungen sind vier besonders wichtige
Ausbaustufen von *Basic-Mode-Steuerungsverfahren* beschrieben. Die einzelnen
Stufen unterscheiden sich in der Anzahl der verwendeten Übertragungssteuerzeichen und im Umfang der zugelassenen bzw. notwendigen Rückmeldungen,
Unterbrechungsmöglichkeiten, Zeitüberwachungen und Wiederholungen. Die Erweiterung für Mehrpunkt-Verbindungen soll am Beispiel des Protokolls D darge-

stellt werden. Alle diese Protokolle entsprechen der Grundlagennorm DIN 66 019. In unterschiedlichen Abwandlungen sind sie bei vielen heute üblichen technischen Anwendungen wiederzufinden.

9.3.2 Protokoll A

Ein sehr einfaches Protokoll aus dem *Basic-Mode* wird in DIN 66 348 Teil 1 als Stufe A beschrieben. Im Protokoll A wird durch eine Segmentierung der Daten in Blöcke die Möglichkeit der Blockverarbeitung und Blockprüfung erreicht. Grundsätzlich sollte bei serieller Datenübertragung der zu übertragende Text immer in Blöcke unterteilt werden. Diese besitzen eine festgelegte maximale Länge, die durch die gerätespezifischen Speicher, die Verarbeitungsgeschwindigkeit und die Fehlerwahrscheinlichkeit der Übertragungsstrecke bestimmt wird. In seinen Eigenschaften und seinem Aufbau ähnelt dieses Protokoll stark der in Abschnitt 9.2.1 beschriebenen Übertragung eines Zeilendruckers. Es werden nur nach dem 7-Bit-Code (DIN 66 003) dargestellte Zeichen gesendet, die auf *gerade Parität* ergänzt sind.

• *Nur die Übermittlungsphase der Datenkommunikation* ist in diesem Protokoll A realisiert. Der Beginn des Datenblocks wird durch das Steuerzeichen STX (Hex 02) angezeigt, das dem ersten Informationszeichen des Blocks vorausgeht. Die Blöcke werden durch eines der Steuerzeichen ETB (Hex 17) oder ETX (Hex 03) beendet, das im Anschluß an das letzte Informationszeichen des Blocks angehängt wird. Der gesamte Text kann aus mehreren Übertragungsblöcken bestehen, die im Empfänger automatisch zusammengefügt werden und so wieder die ursprüngliche Information ergeben.

• *Übertragungsblöcke* können abhängig vom speziellen Steuerungsverfahren durch Blockprüfzeichen (BPZ) und Paritätsbits ergänzt werden, die zur Überprüfung des Textes auf Übertragungsfehler ausgenutzt werden können (siehe Abschn. 8.3.2). In der Norm DIN 66 348 Teil 1 ist für das Protokoll A allerdings keine Blockprüfung vorgesehen.

• *Ein Protokoll der Stufe A* bietet nur die Möglichkeit der *Übertragungskontrolle*, aber kann noch keine gesicherte Datenübertragung garantieren. Der Sender kann nicht feststellen, ob überhaupt ein Empfänger angeschlossen ist oder ob dieser empfangsbereit ist. Eine Auswertung der *Redundanz* im Datenblock erfolgt freiwillig und ohne Rückmeldung an den Sender. Bei der Übertragungssteuerung mit Protokoll A hat der Empfänger keine Möglichkeit, fehlerhafte Datenblöcke erneut anzufordern bzw. wiederholt übertragen zu bekommen. Andererseits erfordert dieses Protokoll weder im Sender noch im Empfänger aufwendige Schaltungen oder Kommunikationsprogramme. Im Protokoll begründete Kompatibilitätsprobleme zwischen den Stationen sind sehr unwahrscheinlich. Bei störungsarmer Umgebung und einfachen Meßgeräten oder Druckern wird dieses Übertragungsprotokoll sinnvoll eingesetzt.

9.3.3 Protokoll B

In der ersten Stufe der Erweiterung wird eine Rückmeldung des Empfängers aufgenommen. Das Protokoll wird dadurch von der Stufe A auf die Stufe B ergänzt. Da in verschiedenen Normen zwei unterschiedliche Bedeutungen einer Rückmeldung vorgesehen sind, soll hier am Beispiel auf die Protokolle B in DIN 66 258 Teil 1 und DIN 66 348 Teil 1 eingegangen werden.

• *Im Protokoll B nach DIN 66 348 Teil 1* wird die Datenübermittlungsphase nach Protokoll A durch eine zusätzliche Phase des Verbindungsaufbaus ergänzt. Dabei bleibt die Übertragung des Datenblocks unverändert und somit auch ohne Rückmeldung. **Bild 9.7** zeigt den Datenblock zusammen mit der Aufbauphase. In der Aufbauphase werden die Steuerzeichen ENQ, ACK, NAK und EOT verwendet.

```
Sender          Empfänger        Sender                  Sender

 —>              <—               —>   —>   —>             —>
ENQ             ACK              STX 'Text' ETX BCC       EOT
                NAK bzw. EOT                              EOT
```

Bild 9.7 DIN 66 348 Teil 1 Protokoll B, Ablauf der Datenübermittlung mit Aufbauphase

• *Die Aufbauphase* beginnt mit dem Senden des Übertragungssteuerzeichens ENQ (Hex 05), das als Stationsaufforderung von der Sendestation (*Datenquelle*) gesendet wird. Sie hat eine der drei möglichen Antworten der Empfangsstation (*Datensenke*) zur Folge. Die Anfrage richtet sich nur auf die Empfangsbereitschaft der Schnittstelle der Senke und enthält keine Aussage über den Status des Gerätes oder seiner Betriebszustände. Die Senke signalisiert ihre Empfangsbereitschaft durch die Rückmeldung ACK (Hex 06). Als Besetztmeldung oder fehlende Empfangsbereitschaft sind die negativen Rückmeldungen NAK (Hex 15) und EOT (Hex 04) vorgesehen. Eine ausbleibende oder ungültige Antwort wird von der Quelle als Fehlen der Senke oder als Gerätefehler interpretiert. Die Quelle leitet nach angemessener Zeit erneut eine Aufbauphase ein, indem sie ENQ sendet.

• *Vorteile:* Dieses Protokoll der Stufe B bietet also zunächst gegenüber der Stufe A nur den Vorteil, daß die Empfangsbereitschaft einer Senke kontrolliert und daher Daten nicht mehr ins Leere gesendet werden können. Der Aufwand für Erweiterungen in der Kommunikations-Software von Protokoll A zu Protokoll B ist äußerst gering. Obwohl die Übermittlungsphase ungesichert bleibt, wird dieses Protokoll in störungsarmer Umgebung, auf kurze Entfernungen, z.B. bei einfachen und preiswerten Meß- und Peripheriegeräten, häufig angewendet.

• *Rückmeldung:* Das Übertragungssteuerungsverfahren der Stufe B nach DIN 66 258 Teil 1 schreibt eine Rückmeldung nach der Datenübertragung vor. Sie gibt der Datenquelle an, ob der Datenblock in der Senke störungsfrei erkannt wurde oder dieser ggf. erneut übertragen werden muß. Der Blockaufbau entspricht dem im Protokoll A. **Bild 9.8** zeigt den Datenblock mit der Übermittlungs- und Abschlußphase. Der zu übermittelnde Datenblock beginnt mit STX. Danach folgen die Daten, wobei die Blocklänge nicht festgelegt ist. Mit ETX wird der Datenblock abgeschlossen.

```
Sender                        Empfänger        Sender

——>    ——>      ——>           <——              ——>
STX  'Text'  ETX  BCC         ACK              EOT
STX  'Text'  ETX  BCC         NAK
(max. 3 x Block)                               EOT
```

Bild 9.8 DIN 66 258 Teil 1 Protokoll B, Ablauf der Datenübermittlung mit Rückmeldung

• *Zur Sicherung der Daten* gegen Übertragungsfehler muß über den gesamten Block, ausschließlich des Steuerzeichens STX, die *gerade Längsparität* über die Bitpositionen 1 bis 7 nach DIN 66 219 gebildet werden (vgl. Abschn. 8.3.2). Das Ergebnis wird als *Blockprüfzeichen* der Länge 8 bit an den Datenblock im Anschluß an ETX angefügt. Das Paritätsbit des Blockprüfzeichens wird wie bei den Datenzeichen auf geradzahlige Binärzeichen '1' ergänzt.

• *Jede Übertragung* wird von der Empfangsstation mit einer von drei Rückmeldungen quittiert, wobei eine Übertragung in beiden Richtungen, zumindest im Wechselbetrieb, notwendig ist. Eine Phase des Verbindungsaufbaus mit Zustandsabfrage durch ENQ ist nach Benutzerabsprache zusätzlich möglich.

• *Eine Variante* des Protokolls B wird als *Protokoll ETX/ACK* bezeichnet. Obgleich es in keiner Norm beschrieben wird, ist es bei zahlreichen einfachen Peripheriegeräten verbreitet. Die Daten sind meist nur durch Paritätsbits gesichert. Die Protokoll-Regel besagt, daß ein Datenblock so lange wiederholt wird, bis der Sender das Zeichen ACK empfängt. Dabei liegt der Rückmeldung des Empfängers meistens nur die einfache Parity-Auswertung zugrunde. Alle anderen Rückmeldungen, sowie eine fehlende Antwort, führen zur erneuten Übertragung des Datenblocks.

In allen Fällen der Protokolle der Stufe B gilt: Als Rückmeldungen sind entweder in der Aufbauphase oder nach der Datenübermittlung die folgenden Zeichen vorgesehen.

> - ACK (*Acknowledge*) positive Rückmeldung, bei fehlerfreier Übertragung.
> - NAK (*Negative Acknowledge*) negative Rückmeldung, bei fehlerhafter Über-
> tragung, Übertragungswiederholung.
> - EOT (*End of Transmission*) Ende der Übertragung, zur Festlegung des
> Übertragungsendes und auch bei ständig fehlerhafter Übertragung. Die Emp-
> fangsstation sendet EOT anstelle einer Rückmeldung (ACK, NAK), um in
> Notfällen anzuzeigen, daß sie nicht mehr empfangsbereit ist. Durch Senden
> von EOT in der Abschlußphase wird in beiden Stationen der Grundzustand
> hergestellt.

• *Weiterhin gilt* für alle Protokolle B: Die Sendestation muß grundsätzlich beliebig oft in der Lage sein, beim Empfang der Rückmeldung NAK die Übertragung
zu wiederholen. Sie muß deshalb einen Speicher für den gesamten Datenblock
besitzen. In praktischen Ausführungen genügt die Anzahl von $n < 4$ Wiederholungen.

• *Die Sendestation* sollte außerdem in der Lage sein, beim Empfang der Rückmeldung EOT den zuletzt gesendeten Datenblock sicherzustellen. Es ist sinnvoll, in
der Sendestation für das Ausbleiben einer Rückmeldung eine Zeitüberwachung
(*Timeout*) zu implementieren.

• *DIN 66 348:* Die Festlegungen der Ausbaustufe B nach DIN 66 258 Teil 1 werden prinzipiell auch in DIN 66 348 Teil 1 übernommen. Um die Protokollvielfalt
einzudämmen und die Freiheitsgrade der Anwender bewußt einzuschränken, ist es
jedoch nach DIN 66 348 nicht zulässig, daß weitere Varianten der Steuerungsverfahren aus DIN 66 019 bei Benutzerabsprache angewendet werden. Ein Protokoll
der Stufe B stellt den ersten Schritt zu einer gesicherten Datenübertragung dar,
beschränkt sich jedoch bewußt auf den geringstmöglichen Aufwand bei der Proto-
koll-Software.

9.3.4 Protokoll C

Das Ziel der gesicherten Datenübertragung wird durch ein Protokoll der Stufe C
erreicht. Es ist für asynchrone Punkt-zu-Punkt-Verbindungen sowohl mit codegebundener als auch mit codeunabhängiger Datenübertragung vorgesehen. Neben
den Maßnahmen, mit denen Fehler im Übertragungsblock erkannt und behoben
werden können, gehört ein sicherer Verbindungsaufbau und die Behandlung von
Prozedurfehlern zu den wichtigsten Merkmalen dieser Protokollstufe. Das Protokoll C baut dabei auf den im Protokoll B besprochenen Abläufen auf.

• *Die Steuerungsverfahren* der Stufe C sind Gegenstand von zahlreichen nationalen sowie internationalen Normen. Als Beispiele sollen hier die jeweiligen Protokolle C der Normen DIN 66 258 Teil 2 und DIN 66 348 Teil 1 behandelt werden.

• *Im Protokoll C* werden zusätzlich zu den bereits angesprochenen, im internationalen 7-Bit-Code enthaltenen 10 Basis-Übertragungssteuerzeichen, noch weitere verwendet. Dabei wird die Möglichkeit ausgenutzt, mit Hilfe des Zeichens DLE (*Data Link Escape*) erweiterte Steuerzeichen zu definieren. Hier sind Steuerzeichen zur Verzögerung (RVI und WAIT, ähnlich BSC-Prozedur) sowie Zeitüberwachungen (*Timeout*) für Antwort- und Übertragungszeiten vorgesehen.

• *Bild 9.9* erklärt alle verwendeten Übertragungssteuerzeichen einschließlich der neu hinzugekommenen. Das Zeichen ENQ dient der Aufforderung der Gegenstation, eine Quittung zu senden. Soweit nötig, wird es durch ein Vorauszeichen 0 oder 1 ergänzt, um eine Sendeaufforderung von einer Empfangsaufforderung unterscheiden zu können. Die negative Rückmeldung lautet NAK. Das Steuerzeichen ACK ist im Protokoll nicht enthalten.

Steuer-zeichen	Hex	Bedeutung und Verwendung
ENQ	05	(*Enquiry*) Stationsaufruf, Aufforderung, in der Aufforderungsphase und bei gestörter Quittung in der Übermittlungsphase
bei Aufrufbetrieb:		
0 ENQ	30 05	Sendeaufruf
1 ENQ	31 05	Empfangsaufruf
EOT	04	(*End of Transmission*) Ende der Übertragung, Abschlußphase oder Prozedurfehler
STX	02	(*Start of Text*) Beginn des Textblockes
ETB	17	(*End of Transmission Block*) Ende eines Datenübertragungsblocks
ETX	03	(*End of Text*) Beendigung des Textblockes, der mit STX beginnt
NAK	15	(*Negative Acknowledge*) Negative Rückmeldung, wenn die Senke nicht empfangsbereit ist oder die Quittung nach der Übertragung gestört ist.
DLE 0	10 30	Numerierte positive Rückmeldung
DLE 1	10 31	(*Acknowledge*) beginnend mit DLE 1 und alternierend DLE 0
DLE <	10 3C	Unterbrechungsanfrage (RVI, *Reverse Interrupt*) als positive Quittung
DLE ?	10 3F	Verzögerung der positiven Rückmeldung (WAIT) T_A

Zeitüberwachungen:

T_A Antwortüberwachung ($T_A > T_B$) zwischen ENQ oder Blockende und Antwort
T_B Empfangsüberwachung über Datenblock zwischen STX und ETX
T_C Betriebsüberwachung in der Senke ($T_A \ll T_C$), auch *Prioritäts-Timer*

Bild 9.9 Steuerzeichen und Timer aus Protokoll C in DIN 66 258 Teil 2 und DIN 66 348 Teil 1

Statt dessen wird eine alternierende positive Rückmeldung verwendet. Sie besteht normalerweise jeweils aus den zwei Bytes DLE 0 (Hex 10 30) oder DLE 1 (Hex 10 31). In einigen älteren Beschreibungen findet man auch abweichend von DIN 66 019 die Steuerzeichen ACK 0 und ACK 1 als positive Rückmeldung. Solange die Verbindung besteht, wird immer abwechselnd DLE 0 und DLE 1 verwendet.

• *Bei der Übertragung von mehreren Datenblöcken* kann auf diese Art ein Zusammenhang hergestellt werden, zwischen der Quittung auf den jeweiligen Block und der Ordnungszahl (laufende Nummer) der Blöcke. Darüber hinaus kann für den Fall, daß ein Block positiv quittiert werden soll, an Stelle der alternierenden Quittung auch der Wunsch nach Verzögerung (engl. *Wait for Acknowledge*, WAK oder WAIT) durch die Zeichen DLE ? (Hex 10 3F) oder der Wunsch nach Abbruch der Verbindung (*Reverse Interrupt*, RVI) als DLE < (Hex 10 3C) zum Ausdruck gebracht werden. Die Übertragungssteuerzeichen SOH, STX, ETB und ETX werden in der Übermittlungsphase verwendet. Das Zeichen EOT beendet die Datenverbindung.

• **Protokoll C in Stichworten:**

<table>
<tr><td>

- Serielle, asynchrone Punkt-zu-Punkt-Verbindung für Halbduplex-Leitungen
- Bestätigung des Verbindungsaufbaus zwischen Sender und Empfänger
- ENQ wird von der Sendestation mehrmals wiederholt
- Datenblocklänge max. 128 Bytes

</td></tr>
<tr><td>

Bei codegebundener Übermittlung:
- gerade Parität (VRC) gemäß DIN 66 022 Teil 1
- Blockprüfzeichen BCC, 8 Bits (LRC) nach DIN 66 219 (gerade Parität)

</td></tr>
<tr><td>

Bei codeunabhängiger Übermittlung:
- Zyklische Redundanzprüfung, 16 Bits (*Cyclic Redundancy Check*, CRC16)
- Numerierte Rückmeldung nach der Datenübermittlung
- Wiederholung (max. 3 mal) des Blocks bei Störungen
- Verzögerung (WAIT) der folgenden Blöcke
- Aufforderung (RVI) zum Abbruch
- Abschluß der Übertragung durch EOT

</td></tr>
</table>

• *Phasen der Datenübertragung:* Der Ablauf des Protokolls C kann in die drei Phasen gegliedert werden: *Verbindungsaufbau, Datenübermittlung, Abschluß.*

• *Verbindungsaufbau:* Die Datenübertragung wird eingeleitet durch die *Aufbauphase.* Hier wird für Halb-Duplex-Verkehr über die Datenübermittlungsrichtung entschieden. Die beteiligten Stationen, bei Punkt-zu-Punkt-Verbindungen immer 2, befinden sich zunächst im Grundzustand. Eine der Stationen ergreift die Initiative, indem sie der anderen Station den Aufbau einer Datenverbindung anbietet. Diese kann ihn durch die entsprechende Quittung annehmen oder ablehnen.

• *Nach DIN 66 348 Teil 1* ist im Protokoll C nur *Konkurrenzbetrieb* vorgesehen (**Bild 9.10**). Dabei sind beide Stationen in der Einleitung der Aufbauphase gleichberechtigt und können somit aus eigener Initiative die Rolle der Sendestation übernehmen. Die Station mit Sendewunsch leitet den Verbindungsaufbau durch Übertragen des Stationsaufrufs ENQ (*Enquiry*) ein. Die Gegenstation wird dadurch aufgefordert, ihre Empfangsbereitschaft zurückzumelden. Die Empfangsstation antwortet negativ mit NAK oder positiv mit DLE 0. Im gleichberechtigten Betrieb erlangt immer diejenige Station das Senderecht, die zuerst das Steuerzeichen ENQ gesendet und positiv quittiert bekommen hat.

Aufbauphase		Übermittlungsphase		Abschlußphase
Quelle	Senke	Quelle	Senke	Quelle
—>	<—	—> —> —>	<—	—>
ENQ	DLE 0	STX 'Text' ETB BCC	DLE 1	
		STX 'Text' ETX BCC	NAK	
		(max. 3 x Block)		
		STX 'Text' ETX BCC	DLE 0	EOT

Bild 9.10 Ablauf der Datenübertragung mit numerierter Rückmeldung, Konkurrenzbetrieb, Protokoll C nach DIN 66 348 Teil 1

• *Konkurrenzsituation:* Der Fall, daß beide gleichzeitig die Aufforderung ENQ senden, wird als *Konkurrenzsituation* bezeichnet. Keine der Stationen kann dann auf das ENQ der Gegenstation reagieren, und beide Aufforderungen bleiben innerhalb der Antwortüberwachungszeit T_A unbeantwortet. In der Konkurrenzsituation entscheidet die Betriebsüberwachung über die Priorität der Stationen. Nachdem die Betriebsüberwachungszeit T_C, die in den beiden Stationen unterschiedlich eingestellt sein muß, abgelaufen ist, wird die Empfangsaufforderung wiederholt und anschließend von der Station mit größerem T_C ordnungsgemäß beantwortet. Die Konkurrenzsituation ist aufgelöst.

• *Aufrufbetrieb:* Das Protokoll C nach DIN 66 258 Teil 2 enthält zusätzlich zur Betriebsart Konkurrenzbetrieb auch die Möglichkeit des *Aufrufbetriebs* (**Bild 9.11**). Der Aufrufbetrieb schließt den Konkurrenzfall und damit die beschriebenen Kollisionen von vornherein aus. Nur eine der beiden beteiligten Stationen ist dazu berechtigt, den Verbindungsaufbau einzuleiten. Sie spielt die Rolle des Herrschers (*Master*). Entweder sendet sie den Empfangsaufruf 1 ENQ (Hex 31 05) oder den Sendeaufruf 0 ENQ (Hex 30 05). Die Gegenstation, in der Rolle des Untertan (*Slave*), überprüft entweder ihre Empfangs- oder ihre Sendebereitschaft und antwortet entsprechend negativ mit NAK oder positiv mit DLE 0. Die Station mit der Slave-Funktion kann von sich aus keine Datenübertragung einleiten. Sie ist auf den Aufruf durch die Master-Station angewiesen. Dabei können allerdings eventuell zur Sendung anstehende Daten bei verspäteter oder fehlender Sendeaufforderung u.U. vom Slave nicht rechtzeitig abgeschickt werden.

Master		Slave	Bedeutung
0 ENQ	⟶		Sendeaufruf
	⟵	NAK	nichts zu senden
EOT	⟶		Abschluß
1 ENQ	⟶		Empfangsaufruf
	⟵	DLE 0	empfangsbereit
STX	⟶		Beginn des Blocks
H	⟶		Übermittlung
A	⟶		der
L	⟶		Informationen
L	⟶		mit
0	⟶		Parität
ETX	⟶		es folgen keine weiteren Blöcke
BCC	⟶		Blockprüfzeichen
	⟵	DLE 1	BCC und Parität in Ordnung
EOT	⟶		Abschluß

Bild 9.11 Ablauf einer ungestörten Datenübertragung für Master-Slave-Betrieb nach DIN 66 258 Teil 2

• *Der zentralgesteuerte Betrieb* erscheint zunächst übersichtlicher als der Konkurrenzbetrieb, da stets klar ist, welche Station Daten senden darf. Allerdings können niemals gleichartige Stationen (Master oder Slave) miteinander kommunizieren. Im gleichberechtigten Konkurrenzbetrieb unterscheiden sich die Kommunikationsprogramme in den einzelnen Stationen nicht. Jede Station kann mit jeder anderen Daten austauschen. Der mögliche Konkurrenzfall ist sehr selten und wird durch unterschiedliche Prioritäten (*Betriebsüberwachungszeiten*) eindeutig geklärt.

• *Die Phase der Datenübermittlung* folgt nun, also die eigentliche Übertragung der Informationen und des Textes. Die Blocklänge soll nach DIN 66 348 Teil 1 die Anzahl von 128 Zeichen nicht überschreiten. Sie muß bei jeder Datenübertragung so bemessen sein, daß die Wahrscheinlichkeit für das Auftreten eines gestörten Bits im Block, und davon abhängig die effektive Übertragungsrate, akzeptabel ist. Bei vorgegebener Störumgebung (*Wahrscheinlichkeit für Bitfehler*) ist die Wahrscheinlichkeit für die Rückweisung eines Datenblockes nur abhängig von der Blocklänge. Bei einer Bitfehler-Wahrscheinlichkeit von beispielsweise

10^{-3} führt eine Blocklänge von 1 Kbit zum Erliegen der Datenübertragung, da sehr wahrscheinlich in jedem Block ein Fehler steckt. In praktischen Fällen sollte die Blockrückweisung jedoch nicht größer als 5 % sein.

• **Der Beginn des Datenblocks** ist mit einem SOH oder STX und das Ende durch ETB gekennzeichnet. Das Steuerzeichen SOH wird verwendet, wenn dem Text noch weitere gerätespezifische oder übertragungstechnische Steuerinformationen in Form eines Kopfes (*Header*) vorangestellt sind. Der Kopf wird vom folgenden Text durch STX getrennt. Der letzte Datenblock eines Textes wird an Stelle von ETB durch ETX beendet. Nach ETB oder ETX folgt das Blockprüfzeichen (BCC, vgl. Abschnitt 8.3.2). Bei codegebundener Übertragung wird ein Paritätsbit pro Byte (*Vertical Redundancy Check*, VRC) und ein Blockprüfzeichen über den gesamten Datenblock (*Longitudinal Redundancy Check*, LRC) zur Sicherung angewendet. Bei codeunabhängiger Übertragung ist jeder Übertragungsblock mit einem CRC-16-Blockprüfzeichen (2 Bytes) versehen.

• **Ablauf der Datenübertragung:** Nach erfolgreichem Verbindungsaufbau folgt die *Übermittlungsphase*. Die Datenquelle beginnt mit der Übertragung des ersten Blocks des Textes. Konnte die Empfangsstation den Datenblock fehlerfrei empfangen, sendet sie die positive, numerierte Rückmeldung DLE 1. Der folgende Datenblock würde mit der positiven Quittung DLE 0 bestätigt werden und so fort. Bei gestörter, ungültiger oder fehlender Quittung fordert die Sendestation mit der Stationsaufforderung ENQ diese vom Empfänger erneut an. Die Nummer der positiven Quittung erlaubt dem Sender zu erkennen, ob nur die Quittung auf den Datenblock oder das STX und damit der gesamte letzte Block gestört worden ist. Entsprechend wird der Datenblock in der Regel bis zu dreimal wiederholt oder mit der Übertragung fortgefahren. Anstelle der positiven Quittung DLE 0 bzw. DLE 1 kann die Unterbrechungsanfrage DLE < (Hex 10 3C, *Reverse Interrupt*, RVI) als Abbruchaufforderung gesendet werden. Der Sender antwortet dann so bald wie möglich mit EOT. Als weitere Alternative zu einer positiven Rückmeldung kann die Verzögerung der positiven Rückmeldung DLE ? (Hex 10 3F, WAIT) gesendet werden. Damit der Blockspeicher im Sender nicht zusätzlich belastet wird, können negative Quittungen auf den Datenblock nicht verzögert oder ersetzt werden.

• **Die Abschlußphase** folgt der Übertragung des letzten Datenblocks. Dabei wird die anfangs aufgebaute Datenverbindung regulär beendet. In der Abschlußphase wird der Verbindungsaufbau rückgängig gemacht, beide Stationen werden durch das Zeichen EOT wieder in den Grundzustand überführt. Obgleich nur das eine Übertragungssteuerzeichen EOT (*End of Transmission*) gesendet wird, kommt ihr doch eine große Bedeutung zu. Sowohl in der Empfangsstation als auch in der Sendestation werden alle Block- und Antwortzähler sowie die Zeitüberwachungen zurückgesetzt und beide Schnittstellen in ihren Grundzustand überführt. Nur die Sendestation darf in der Abschlußphase EOT senden.

• *Das Zeichen EOT* wird auch zur Behebung von Störungen im Protokollablauf (*Prozedurfehler*) eingesetzt, wenn durch andere Maßnahmen der Fehler nicht behoben werden konnte. Dies tritt z.B. auf, wenn Antwortüberwachungen ansprechen oder Blockzähler überschritten werden. EOT ist mit einem *Reset des Protokolls* zu vergleichen.

9.3.5 Mehrpunkt-Protokoll D

In modernen Computer- und Meßsystemen werden heute zunehmend Mehrpunktverbindungen eingesetzt. Neben den Voraussetzungen der Schicht 1 des Referenzmodells, z.B. den elektrischen Eigenschaften, ist ein geeignetes *Übertragungssteuerungsverfahren* notwendig. In diesem Abschnitt sollen nur der Protokollablauf besprochen, nicht aber die Vorzüge bestimmter Topologien, wie z.B. Bus, Ring oder Stern diskutiert werden.

• *Asynchrone Kommunikation:* Wenn die Kommunikation asynchron erfolgen soll, bietet sich ein zeichenorientiertes Protokoll im *Basic Mode* an. Die gesicherte Datenübertagung im Protokoll C (Abschn. 9.3.4) läßt sich hierfür durch geringfügige Änderungen auf Mehrpunktbetrieb, hier mit Protokollstufe D bezeichnet, erweitern (**Bild 9.12**). Die Normen ISO 1745 bzw. DIN 66 019 sehen dabei als hauptsächliche Unterschiede die Stationsadressen als Vorauszeichen bei Aufforderungen und Antworten und ggf. eine Aufrufphase vor.

• *Zentralsteuerung:* In den beschriebenen Protokollen werden zentralgesteuerte Verbindungen realisiert. Dabei übernimmt eine der beteiligten Stationen die Rolle einer Leitstation (*Master*). Sie unterscheidet sich von den übrigen an der Kommunikation beteiligten Teilnehmerstationen (*Slaves*) dadurch, daß sie alleine den anderen Teilnehmerstationen das Senderecht, also den Buszugriff erteilen darf. Sie alleine besitzt auch das Recht, z.B. bei Prozedurverstößen eine bestehende Verbindung oder eine laufende Datenübertragung abzubrechen und im Fehlerfall alle Stationen in den erzwungenen Grundzustand zu überführen. Als Zuteilungsverfahren wird der zentrale Aufrufbetrieb (*Polling*) angewendet.

• *Mehrpunktverbindungen im Halbduplex-Betrieb* können in zwei unterschiedlichen Anordnungen auftreten, die Auswirkungen auf die Verbindungsmöglichkeiten zwischen den Teilnehmerstationen haben. Ein *2-Draht-Bus* verwendet den einzigen Übertragungskanal für beide Übertragungsrichtungen. Alle Stationen sind sowohl in Sende- als auch Empfangsrichtung elektrisch untereinander verbunden, so daß direkter Datenaustausch (*Querverkehr*) möglich ist. Die andere Anordnung ist als *4-Draht-Bus* ausgeführt. Sie verwendet die zwei Übertragungskanäle für getrennte Richtungen, aus der Sicht des Busmasters gesehen, den Sendekanal und den Empfangskanal. Der Sendekanal verbindet also den Sender des Masters mit allen Empfängern der Teilnehmerstationen und den Empfänger des Masters mit allen übrigen Sendern. Direkter Querverkehr ist dabei nicht möglich. Der Master muß die Datenblöcke in einem Zwischenschritt unter den Stationen vermitteln.

Steuer- zeichen	Hex	Bedeutung und Verwendung
SADR	XX	Sendeaufrufadresse einer Station (*Polling-Adresse*) Der Hex-Code XX steht stellvertretend für die unterschiedliche Adresse
EADR	YY	Empfangsaufrufadresse einer Station (*Select-Adresse*) Der Hex-Code YY steht stellvertretend für die jeweils unterschiedliche Adresse
Aufrufphase (Polling):		
SADR ENQ	XX 05	Sendeaufruf an SADR
SADR NAK	XX 15	Station SADR hat keine Daten zu Senden
SADR DLE 0	XX 10 30	Station SADR hat Daten zum Senden
Aufforderungsphase:		
EADR ENQ	YY 05	Empfangsaufruf an EADR
EADR DLE 0	YY 10 30	Positive Antwort von EADR
EADR NAK	YY 15	Negative Antwort von EADR
Übermittlungsphase:		
SOH	01	Beginn eines Kopfes, z.B. mit Adr. für Querverkehr
STX	02	Beginn des Datenblocks
ETB	17	Ende eines Datenblocks
ETX	03	Ende des Datenblocks und Ende des Textes
ENQ	05	Aufforderung der Empfangsstation, eine Quittung zu wiederholen bzw. zu senden
NAK	15	Negative Quittung, Datenblock gestört
alternierende Rückmeldung:		
DLE 0	10 30	Positive Quittung auf Blöcke mit gerader Ordnungszahl (alternierend mit DLE 1)
DLE 1	10 31	Positive Quittung auf Blöcke mit ungerader Ordnungszahl (alternierend mit DLE 0)
DLE <	10 3C	Unterbrechungsanfrage anstelle von positiver Rückmeldung
DLE ?	10 3F	Verzögerung der positiven Rückmeldung
Abschlußphase:		
EOT	04	Abbruch der Verbindung, die Leitstation setzt das Polling fort, jede Station geht in Grundzustand

Bild 9.12 Übertragungssteuerzeichen und ihre Bedeutung, Mehrpunktprotokoll D nach DIN 66 019

• **DIN-Meßbus:** Stellvertretend für andere Varianten des Protokolls D werden hier die Abläufe aus DIN 66 348 Teil 2 als Beispiel dargestellt. Sie geben das Protokoll des durch einen Master zentral gesteuerten DIN-Meßbus wieder (vgl. Abschn. 13.6). Es wird ein 4-Draht-Bus verwendet, also getrennte Kanäle für Sende- und Empfangsrichtung. Direkter Querverkehr zwischen den Teilnehmer-Stationen ist somit nicht möglich. Der Master verteilt durch *zentrales Polling* den Sendezugriff auf den Bus. Er führt auch ggf. die Aufgabe der Vermittlung von Datenblöcken zwischen den einzelnen Teilnehmern durch. Obgleich hier nur die codegebundene Datenübermittlung beschrieben wird, gelten die Aussagen, die in den vorherigen Abschnitten über die zeichenorientierte, codeunabhängige Datenübertragung gemacht wurden, analog. Entsprechende Festlegungen über den Schutz der Bitkombinationen der Übertragungssteuerzeichen im Datenblock durch DLE (DIN 66 019) und die Blocksicherung durch CRC 16 (DIN 66 219) sind in DIN 66 348 Teil 2 aufgeführt.

• **Adressierung:** Jeder Station ist mindestens eine *Stationsadresse* zugeordnet, aus der sich zusammen mit dem Sende-/Empfangsbit eine *Sendeadresse* (SADR) und eine *Empfangsadresse* (EADR) ergibt. Ein Byte ist für die Adresse vorgesehen (**Bild 9.13**). Eine Stationsadresse umfaßt die ersten 5 Bits (Bit 0 bis Bit 4) des Adreß-Bytes. Sie kann also einen Adreßbereich von 32 unterschiedlichen Stationsadressen (RS-485) darstellen. Wenn weniger als 32 Busteilnehmer vorgesehen sind, kann ein Teilnehmer auch mehrere Stationsadressen besitzen. Diese können z.B. mit bestimmten Gerätefunktionen verknüpft sein. Das Bit 5 unterscheidet die Sende- von den Empfangsadressen. Dabei kennzeichnet der logische Zustand 0 eine Empfangsadresse und der Zustand 1 eine Sendeadresse. Das Bit 6 wird nicht ausgenutzt und konstant mit 1 übertragen. Jede Adresse wird durch ein gerades Paritätsbit (Bit 7) gesichert.

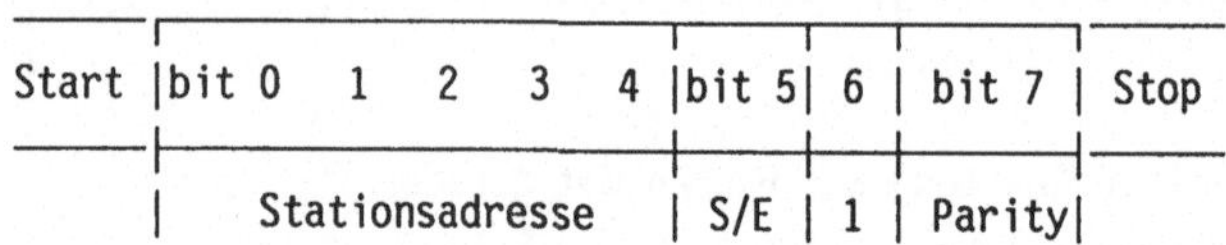

```
Start |bit 0   1   2   3   4 |bit 5| 6 | bit 7 | Stop

      |     Stationsadresse  | S/E | 1 | Parity|
```

Bit 5:   1 = Sendeadresse (*Polling*)
          0 = Empfangsadresse (*Select*)
Bit 6:   ist permanent 1
Bit 7:   gerade Parität
Rundrufadresse: Hex C0, Bin 1100 0000

Bild 9.13
Adreßaufbau nach
DIN 66 348 Teil 2

• **Die Stationsadresse 0** (Hex C0) ist nach Benutzerabsprache für *Rundrufe* der Leitstation an alle Teilnehmer vorgesehen. Eine solche Aussendung wird nicht quittiert. Mit diesem Vorbehalt ist sie zur Synchronisation von Uhren oder gleichzeitigem Nullsetzen von Zählern geeignet. Der Bus wird von der Leitstation mit Hilfe dieser Adressen zentral gesteuert.

• *Polling:* Den Teilnehmerstationen können unterschiedliche Prioritäten zugeordnet werden. Solche mit hoher Priorität werden in der Reihenfolge der Stationsaufrufe (*Polling-Liste*) z.B. mehrmals, öfter als andere oder in willkürlicher Reihenfolge aufgenommen. Die Leitstation führt anhand dieser Liste zyklische Sendeaufrufe (*Pollings*) durch und wird die häufigeren Stationen öfter berücksichtigen, als solche mit niedriger Priorität.

• *Ablauf der Datenübertragung* nach Protokoll D für asynchronen Mehrpunktbetrieb (DIN 66348 Teil 2) ist in **Bild 9.14** zu dargestellt. Es zeigt die zentrale Steuerung und den Datenaustausch zwischen der Leitstation und den Teilnehmerstationen. Die Leitstation besitzt im Beispiel die Stationsadresse Hex 10 (Bin 1000 0000). Daraus ergibt sich die vollständige Sendeadresse Hex 1E (Bin 1000 0111), die im 7-Bit-Code dem a entspricht. Die zugehörige Empfangsadresse lautet Hex 14 (Bin 1000 0010), die im 7-Bit-Code dem A entspricht. Die Adressen der anderen Teilnehmerstationen lauten w,W und z,Z und lassen sich analog aus den Stationsadressen Hex 71 und Hex A1 bestimmen. Die Leitstation führt zyklisch Sendeaufrufe (*Polling*) durch. Sie erteilt zunächst der Teilnehmerstation w,W das Senderecht mit w ENQ. Die Station w,W hat im Beispiel keine Daten zu senden und teilt dies der Leitstation durch ein w NAK mit. Die Leitstation erteilt anschließend der Station z,Z mit einem z ENQ das Senderecht. Station z,Z hat Daten zu senden und schickt daher eine positive Quittung als z DLE 0 an die Leitstation zurück. Nun ist die Verbindung zwischen a und z aufgebaut, und z

Master	Slave 1	Slave 2	Bedeutung
a	w	z	SADR, Sendeadresse
A	W	Z	EADR, Empfangsadresse
w ENQ ——>			Sendeaufruf, Polling
	<—— w NAK		nichts zu Senden
z ENQ ——>			Sendeaufruf, Polling
		<—— z DLE 0	Daten zu Senden
		<—— STX	Beginn des Blocks
		<—— H	Übermittlung
		<—— A	der
		<—— L	Informationen
		<—— L	mit
		<—— 0	Parität
		<—— ETX	keine weiteren Blöcke
		<—— BCC	Blockprüfzeichen
DLE 1 ——>			BCC und Parität in Ordnung
		<—— EOT	Abschluß

Bild 9.14 Ablauf einer ungestörten Datenübertragung Mehrpunktverbindung, Master-Slave-Betrieb, zentrale Vermittlung, DIN 66 348 Protokoll D

kann auf die gewohnte Weise (Übermittlungsphase Protokoll C) den Datenblock senden. Wenn er von der Leitstation fehlerfrei aufgenommen wurde, antwortet diese positiv mit DLE 1, anderenfalls muß der Datenblock bis zu 3 Mal wiederholt werden. Zum Abschluß der Verbindung gibt die Station z ihr Senderecht an die Leitstation zurück, indem sie EOT sendet. Alle Stationen gehen in den Grundzustand, und die Leitstation fährt mit dem Polling fort.

• *Querverkehr:* Wenn der Datenaustausch zwischen allen Stationen, auch den Teilnehmerstationen (Querverkehr, 2-Draht-Bus), direkt erfolgen soll, kann das Protokoll D durch eine Aufforderungsphase im Anschluß an das Polling ergänzt werden (**Bild 9.15**). Für den Fall des Querverkehrs fragt die Station z,Z nachdem sie durch das Polling das Senderecht bekommen hat, im Beispiel die Station w,W, ob sie empfangsbereit ist. Station w,W ist empfangsbereit und teilt dies der Station z,Z mit einem W DLE 0 mit. Station z,Z sendet daraufhin ihre Daten an Station w,W. Ist der Datenblock fehlerfrei bei w,W angekommen, so sendet diese Station die positive numerierte Rückmeldung DLE 1. Bei gestörtem Datenblock wird dieser max. 3 Mal wiederholt. Danach gibt z,Z mit einem EOT das Senderecht zurück an die Leitstation und schaltet damit gleichzeitig Station w,W in den Grundzustand. Die Leitstation fährt im Polling fort und erteilt Station w,W das Senderecht. Da die aufgerufene Station Daten zu senden hat, antwortet sie mit w DLE 0. Mit einem A ENQ fragt sie die Leitstation a,A, ob sie empfangsbereit ist. Station a,A ist nicht empfangsbereit und antwortet daher mit einer negativen Quittung A NAK an die Station w,W. Daraufhin gibt Station w,W das Senderecht mit EOT an die Leitstation zurück, und alle Stationen gehen in den Grundzustand. Die Leitstation fährt mit dem Polling fort.

| Aufrufphase | | Aufbauphase | | Übermittlungsphase | | | Abschl. |
Leitst.	Teiln.	Quelle	Senke	Quelle		Senke	Quelle
—→	←—	—→	←—	—→ —→ —→		←—	—→
w ENQ	w NAK						
z ENQ	z DLE 0						
		W ENQ	W DLE 0				
				STX 'Text' ETB BCC		DLE 1	
				STX 'Text' ETX BCC		NAK	
				(max. 3 x Block)			
				STX 'Text' ETX BCC		DLE 0	
				EOT			
w ENQ	w DLE 0						
		A ENQ	A NAK				
							EOT
z ENQ	z NAK						

Bild 9.15 Prinzipieller Ablauf einer Mehrpunktverbindung - Master-Slave-Steuerung mit Querverkehr

9.4 Bitorientiertes Protokoll (HDLC)

Bei synchroner Übertragung kann das bitorientierte *"High-level Data Link Control"*-Protokoll (HDLC) mit Erfolg angewendet werden. Es bietet gegenüber einem zeichenorientierten *"Basic Mode"*-Protokoll wesentliche Vorteile. Die wichtigsten Merkmale sind hier aufgeführt und werden im folgenden erklärt.

9.4.1 Format und Aufbau eines Übertragungsblocks

Beginn und Ende eines jeden Übertragungsblocks (*Frame*) sind durch spezielle 8-Bit-Kombinationen, die *Flags* gekennzeichnet (vgl. Abschn. 8.1.3). Die Blockbegrenzung wird durch die 8-Bit-Kombination 01111110, Hex 7E gebildet. Da die Rahmen- bzw. Frame-Erkennung nur anhand dieser 8 Bits erfolgt, wird das HDLC-Protokoll als *bitorientiert* bezeichnet. Zur Synchronisation treten bei HDLC bei jedem Block unabhängig von der Länge nur 16 Bits (2 Flags) auf, im Gegensatz zu den 2 Synchronisationsbits pro Byte (Start- und Stopbit), die bei asynchroner Übertragung 20 % der Übertragungszeit ausmachen. Damit ist also der zur Rahmenerkennung beim HDLC nötige *Synchronisations-Overhead* wesentlich geringer, als bei asynchroner Übertragung.

• *Blockformat:* Die Übermittlung aller zu übertragenden Informationen (Daten, Befehle, Meldungen) wird in Blöcken (*Frames*) gleicher Struktur vorgenommen, deren Aufbau in DIN ISO 3309 festgelegt ist. Diese Struktur eines jeden HDLC-Datenblocks (*Frame Structure*, **Bild 9.16**) umfaßt die Bestandteile:

- Anfangs-Blockbegrenzung (Flag-Byte, 8 bit)
- Adreßfeld (8 bit)
- Steuerfeld (8 bit)
- Datenfeld (*n* bit)
- Blockprüfzeichenfolge (16 bit)
- Ende-Blockbegrenzung (Flag-Byte, 8 bit)

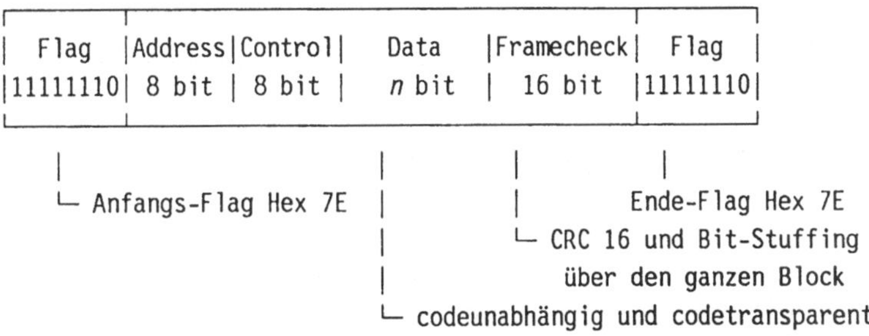

Bild 9.16 Aufbau des Datenblocks, HDLC-Frame-Structure, ISO 3309

• *Blockaufbau:* Die auf das Start-Flag folgenden 8 Bits werden als *Adresse* interpretiert. Bei Befehlen enthält das Adreßfeld die Zielstation, bei Meldungen die Adresse der Quellstation. Die nächsten 8 Bits werden als *Steuerfeld* aufgefaßt. Hier sind die einzelnen Befehle und Meldungen zur Steuerung der Datenübermittlung oder ggf. eine Folgenummer codiert. Die Folgenummern in Befehlen und Meldungen dienen der Überwachung der richtigen Reihenfolge der Übertragungsblöcke der Daten.

• *Die zu übermittelnden Nutzdaten* können sowohl codegebunden als auch codeunabhängig und sogar unabhängig vom Byte-Format, also bestehend aus einer beliebigen Bitfolge, übertragen werden. Die Blocklänge kann dabei von 0 bis zu einigen Kbit betragen, meistens ist sie jedoch auf 256 byte oder 1 Kbyte begrenzt. Der gesamte Datenblock, einschließlich Adreß-, Steuer-, Daten- und Prüfzeichenfeld, wird ständig nach der Blockbegrenzung durchsucht. Durch die Methode des *Bit-Stuffing* (Abschn. 8.1.3.) wird die Bitfolgeunabhängigkeit sichergestellt und Rahmenfehler werden so gut wie ausgeschlossen. Die Blockbegrenzung kann innerhalb eines Übertragungsblocks nicht auftreten.

• *Als Blockprüfzeichenfolge* werden die letzten 16 Bits vor dem Blockende-Flag interpretiert. In jedem Fall wird die zyklische Redundanzprüfung mit dem CRC-16-Algorithmus (Abschn. 8.3.3) angewendet. Dabei erstreckt sich die hohe Datenübertragungssicherheit nicht nur auf den Datenblock, sondern auch auf die Adressen und alle Steuerfunktionen.

Einige *Beispiele* für die Elemente des HDLC-Steuerungsverfahrens sind im nächsten Abschnitt aufgeführt.

9.4.2 Klassen des Steuerungsverfahrens

Die Normen über die HDLC-Steuerungsverfahren, z.B. DIN ISO 7809, sehen 3 Klassen vor, die in unterschiedlichen Konfigurationen angewendet werden können.

• *Erste Klasse* mit zentralem Aufrufbetrieb (*Normal Response Mode*, NRM; bzw. *Unbalanced operation Normal response mode Class*, UNC) für Punkt-zu-Punkt- oder Mehrpunktverbindungen (siehe Abschn. 9.3.4 und 9.3.5) für Master-Slave-Verbindungen und zentrales Polling.

• *Die zweite Klasse* geht auch von einer Master-Slave-Anordnung aus, wobei die Steuerung allerdings spontan, nicht zyklisch und auf Veranlassung des Masters erfolgt. Sie wird mit Spontanbetrieb (*Asynchronous Response Mode*, ARM; bzw. *Unbalanced operation Asynchronous response mode Class*, UAC) bezeichnet. Das Merkmal asynchron bezieht sich auf den nicht vorhersehbaren Zeitpunkt der Datenübertragung und hat mit der Art der Datenübertragung (synchron) nichts zu tun.

• *In der dritten Klasse* ist Spontanbetrieb zwischen gleichberechtigten Stationen (*Asynchronous Balanced Mode*, ABM; bzw. *Balanced operation Asynchronous balanced mode Class*, BAC) vorgesehen. Er entspricht dem Konkurrenzbetrieb zwischen gleichberechtigten Stationen (vgl. 9.3.4). In modernen technischen Anwendungen finden sich meistens der NRM auf Poststrecken (Punkt-zu-Punkt) oder der ABM in lokalen Netzen mit Konkurrenzbetrieb (Mehrpunkt, CSMA/CD) wieder.

9.4.3 Elemente des Steuerungsverfahrens

Die Elemente des HDLC-Steuerungsverfahrens werden durch den Inhalt des Adreß- und Steuerfeldes bestimmt. Sie sind in DIN ISO 4335 zusammen mit den zugehörigen Bitkombinationen beschrieben und hier im Grundumfang für die Klasse *Unbalanced operation Normal response mode Class* (UNC), also für Master-Slave-Betrieb mit zentraler Steuerung (*Polling*) zusammengestellt:

Befehle	*Meldungen*	*Bedeutung*	
I	I	Daten	*information*
RR	RR	empfangsbereit	*receive ready*
RNR	RNR	nicht empfangsbereit	*receive not ready*
SNRM		beginne NRM	*set normal response mode*
	UA	Bestätigung ohne Folgenummer	*unnumbered acknowledge*
DISC		beenden	*disconnect*
	DM	warten	*disconnect mode*
	FRMR	Blockrückweisung	*frame reject*

9.4.4 Bussteuerung und Ablauf der Datenübertragung

Das folgende Bespiel beschreibt die HDLC-Klasse *Unbalanced Operation Normal Response Mode* (NRM, UNC, DIN ISO 7809) für Mehrpunkt-Verbindungen mit zentraler Steuerung und Aufrufbetrieb. Dabei wird von der Verbindung einer Leitstation (*Primary*) mit mehreren Teilnehmerstationen (*Secondaries*) ausgegangen.

• *Die Leitstation* sendet Befehle an die Adressen der Teilnehmerstationen und steuert dadurch den Datenaustausch. Die angesprochene Teilnehmerstation reagiert mit Meldungen, die immer die Adresse der sendenden Teilnehmerstation enthalten. Das Steuerfeld enthält Befehle, Meldungen und Blocknummern und repräsentiert damit die Operationen, die während der Datenübertragung auszuführen sind.

Grundsätzlich sind während eines Übertragungsablaufs zwei Betriebszustände
zulässig:

- *Normal Response Mode* (NRM)	Betriebszustand
- *Normal Disconnected Mode* (NDM)	Grundzustand

Im *Normal Disconnected Mode* befindet sich eine Teilnehmerstation (*Secondary*)
z.B. nach dem Einschalten bzw. nach einem Netzausfall und nach dem Empfang
eines Kommandos DISC.

• *Der prinzipielle Ablauf einer Übertragung* zwischen einer Primary und einer
Secondary ist in **Bild 9.17** dargestellt. Mit dem Befehl SNRM (*Set Normal Response Mode*) wird die Secondary aufgerufen, den Betriebszustand (*Normal Response Mode*) herzustellen. Die Secondary bestätigt den Empfang durch UA (*Un-
numbered Acknowledge*). Die Primary fordert mit RR(0) (*Receive Ready*) die
Secondary auf, Daten zu senden. Daraufhin sendet die Secondary ihren ersten Datenblock I(0,0). Mit dem Blockprüffeld (*Frame Check Sequence*, FCS, CRC 16)
wird der Rahmeninhalt, also Adresse, Steuerinformationen und Daten auf Übertragungsfehler geprüft. Fehlerhafte Blöcke werden von der empfangenen Station
nicht berücksichtigt. Anhand der ausbleibenden Quittung mit der fehlenden

```
Primary            Secondary      Bedeutung
Leitstation        Teilnehmer


SNRM     --->                     Set Normal Response Mode,
                                  Betriebszustand
         <--- UA                  Unnumbered Acknowledge,
                                  positive Quittung ohne Datenblock
RR(0)    --->                     Receive Ready, Aufforderung
                                  Daten zu senden
         <--- I(0,0)              erster Datenblock
RR(1)    --->                     positive Rückmeldung des
                                  ersten Datenblocks
         <--- I(1,0)              zweiter Datenblock
RR(2)    --->                     positive Rückmeldung
         <--- RR(0)               keine Daten zu Senden,
                                  Empfangsbereitschaft
I(0,2)   --->                     erster Datenblock
         <--- RR(0)               positiv quittiert
DISC     --->                     Disconnected, Unterbrechung des
                                  Betriebs, Primary und Secondary im
                                  Disconnected Mode
```

Bild 9.17 Ablauf einer ungestörten HDLC-Datenübertragung im NRM, UNC nach
DIN ISO 7809

Blocknummer wird der Verlust des Datenblocks erkannt und dieser erneut über-tragen. Im Fall des Beispiels bestätigt die Primary den Empfang positiv mit RR(1). Die Secondary sendet ihren zweiten Datenblock I(1,0). Daraufhin bestätigt die Primary den Empfang positiv mit RR(2). Die Secondary hat keine Daten mehr zu Senden und teilt der Primary durch RR(0) ihre Empfangsbereitschaft mit. Die Primary sendet daraufhin ihren ersten Datenblock I(0,2). Dieser wird von der Secondary positiv quittiert mit RR(0). Die Primary unterbricht den Betrieb durch DISC (*Disconnected*), und die Secondary bestätigt dies mit UA. Nun befinden sich Primary und Secondary im *Disconnected Mode*.

• **Das HDLC-Protokoll** ist sehr weit verbreitet und wird z.B. bei Lokalen Compu-ternetzen oder bei der Datenübertragung über Postnetze (z.B. Datex-P) eingesetzt. Zur Abhandlung des Protokollablaufs existieren zahlreiche integrierte Bausteine, so daß der Anwender der Verbindung mit den Steuerungsabläufen auf den Lei-tungen meistenteils nichts mehr zu tun hat.

10 Vermittlungstechnik

Vermittlungstechnik oder *Switching technique* meint die Art und Weise, wie Nachrichten innerhalb eines Netzwerks von einem Teilnehmer zum Empfänger durchgeschaltet werden. Man unterscheidet drei Grundtechniken, die sehr verschieden sind: Leitungsvermittlung (*Circuit Switching*), Nachrichtenvermittlung (*Message Switching*) und Paketvermittlung (*Packet Switching*).

Es handelt sich hierbei um Techniken, die der Schicht 3 des Referenzmodells (Vermittlungsschicht bzw. *Network layer*) zugeordnet sind. Damit begrenzen wir in diesem Buch die Besprechung auf Schnittstellenfunktionen. Höhere Schichten sind Inhalt der Literatur für Übertragungstechniken und nicht Bestandteil der Schnittstellen-Diskussion. Die folgenden Kapitel sind konkreten Schnittstellen und Anwendungen gewidmet.

10.1 Leitungsvermittlung

Circuit Switching (Leitungsvermittlung) ist die Haupttechnik im Telefonnetz. Bei diesem Verfahren werden konkret Leitungen durchgeschaltet (*physical connection*), wenn ein Anrufer einen Empfänger angewählt hat. Es besteht dann während der Dauer der Kommunikation (des Gesprächs) eine durchgehende Leitungsverbindung zwischen den beiden Gesprächspartnern. **Bild 10.1** zeigt beispielhaft, wie in einem Netzwerk mit den Vermittlungsknoten K_n verschiedene Teilnehmer T_m zusammengeschaltet werden. Durchgeschaltet sind im gezeigten Beispiel die Teilnehmer T_2 zu T_{17}; T_3 zu T_{13}; T_5 zu T_{19}.

• *Signalverzögerung*: Ein Vorteil dieser Technik ist, daß während eines Gesprächs keinerlei zusätzliche Such- und Verteilungsverzögerungen auftreten, weil ja für jedes Gespräch die Leitungen fest durchgeschaltet sind. Lediglich die Übertragungslaufzeit auf der Gesamtleitung bestimmt die Signalverzögerung.

• *Netzauslastung*: Weil bei Leitungsvermittlung während des Gesprächs die fest geschaltete Leitung (bzw. der fest geschaltete Kanal) für andere Teilnehmer nicht nutzbar ist, wird die Netzauslastung durch die Gesprächsdauer bestimmt. Pausen während dieser Zeit belasten das Netz, bringen aber keine Informationsübertragung. Weil bei normalen Gesprächen Pausen aber selten sind, ist Leitungsvermittlung die für das Telefonnetz angemessene Technik. Das ist anders bei der Übertragung digitaler Daten, wo typischerweise relativ kurze Datenblöcke gefolgt von länger dauernden Pausen auftreten. Für Datennetze sind darum andere Techniken entwickelt worden, die wir unten besprechen.

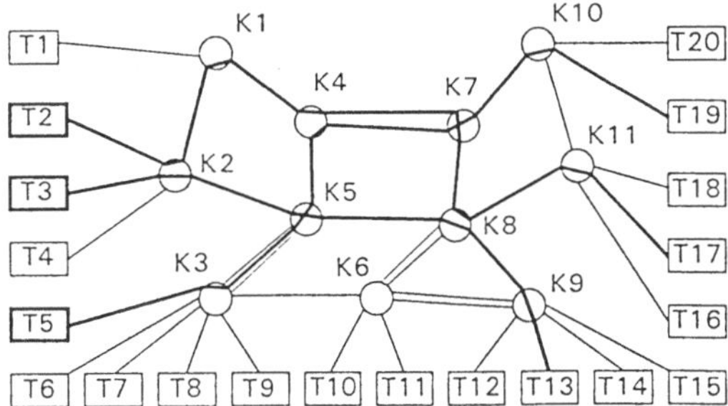

Bild 10.1 Beispiele für das feste Schalten von Leitungen (*Circuit Switching*) zwischen Teilnehmern T_m. K_n : Vermittlungsknoten.
Durchgeschaltet sind:
$$T_2 - K_2 - K_1 - K_4 - K_7 - K_8 - K_{11} - T_{17}$$
$$T_3 - K_2 - K_5 - K_8 - K_9 - T_{13}$$
$$T_5 - K_3 - K_5 - K_4 - K_7 - K_{10} - T_{19}$$

• *Zusätzliche Eigenschaften* sind:

- Die Zahl der schaltbaren Verbindungen ist aus technischen Gründen beschränkt und in der Regel kleiner als die Anzahl der Teilnehmer. Darum kann es beim Zugangsversuch (z.B. beim Wählen) Wartezeiten geben (alle schaltbaren Verbindungen besetzt).
- Ist eine Verbindung aufgebaut, steht den Teilnehmern eine definierte Leitung zur Verfügung mit z.B. bekannter Datenrate, Bandbreite, Dämpfung. Äußere Umstände wie beispielsweise Netzbelastung beeinflussen die Qualität nicht.
- Der Erfolg beim Zugang zum Netz garantiert nicht das Zustandekommen der Verbindung zu einem bestimmten Teilnehmer. Wenn nämlich ein angewählter Teilnehmer bereits eine eigene Verbindung aufgebaut hat (wenn er besetzt ist), ist er von keinem anderen Teilnehmer erreichbar, weil zu einem Zeitpunkt nur ein Kanal geschaltet sein kann.

• *Beispiele für Leitungsvermittlung* sind vor allem das oben schon genannte Telefonnetz (mit Modems auch zur Übertragung digitaler Daten genutzt) und das ähnlich aufgebaute Datex-Netz der Bundespost. Die Version Datex-P wird in Abschnitt 10.3 besprochen. Für Leitungsvermittlung ausgelegt ist:

• *Datex-L*, Datexnetz mit Leitungsvermittlung. **Bild 10.2** zeigt den Aufbau. Es können nur Teilnehmer T_n gleicher Übertragungsrate miteinander verbunden werden. Dabei sind sechs Anschlußtypen vorgesehen (**Tabelle 10.1**), die sich nach den in der CCITT-Empfehlung X.1 definierten Benutzerklassen richten. Die erwähnten CCITT-Standards der X-Serie werden in Abschn. 10.3 im Zusammenhang aufgeführt.

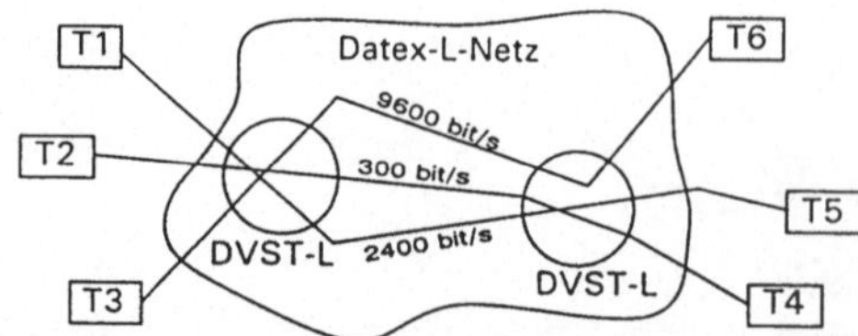

Bild 10.2 Aufbau des Datex-L-Netzes. T_n: Teilnehmer; DVST-L: Datenvermittlungs-station für Leitungsvermittlung (nach [Welz91])

Tabelle 10.1 Anschlüsse und Benutzerklassen im Datex-L-Netz (nach [Welz91])

Bezeichnung	Benutzer-klasse	Merkmale
Datex-L200	2	50-200 bit/s, asynchron, Verbindungsaufbau mit Nummernwahlschalter vom posteigenen Fernschaltgerät aus
Datex-L300	1	300 bit/s, asynchron, Verbindungsaufbau mit Tastenwahl vom posteigenen Fernschaltgerät oder von der DEE nach X.20
Datex-L2400	4	2400 bit/s, synchron, Verbindungsaufbau mit Tastenwahl vom posteigenen Fernschaltgerät oder von der DEE nach X.21
Datex-L4800	5	4800 bit/s, sonst wie Datex-L2400
Datex-L9600	6	9600 bit/s, sonst wie Datex-L2400
Datex-X.22	7	48 000 bit/s, Multiplexschnittstelle nach CCITT X.22, Aufteilung in Kanäle mit 2400, 4800 oder 9600 bit/s

• **Datex-L-Anschlüsse** sind vollduplex. Weitere Merkmale bzw. Leistungen sind:
- *Kurzwahl*; es kann jeder Teilnehmer bis zu 64 Nummern in der Zentrale speichern lassen und mit einer zweistelligen Wahl aufrufen.
- *Direktruf*; durch Betätigung einer speziellen Taste wird die Verbindung zu einem bestimmten Teilnehmer hergestellt; andere können nicht gerufen werden. Die direkt rufende Station ist aber von anderen Teilnehmern erreichbar.

10.2 Nachrichtenvermittlung

Für Computernetze ist Leitungsvermittlung in der Regel nicht die richtige Technik. Das feste Schalten einer Verbindung (*Standleitung*) wird nur in seltenen, bestimmten Fällen angewendet. Eine oft verwendete Technik ist

• *Message Switching*: Dabei enthält jede Nachricht die Zieladresse, jeder Computer (Knoten) in solch einem Netzwerk muß in der Lage sein, diese Adresse zu erkennen und die Nachricht entsprechend weiterzuleiten. Es wird dann bei einem Sendewunsch keine bestimmte Leitung durchgeschaltet, sondern der Absender schickt seine Nachricht zum nächsten erreichbaren Knoten (Computer mit dem er direkt verbunden ist), der prüft die Adresse und entscheidet über die Weiterleitung zu einem von ihm erreichbaren Computer usw. Es braucht zu keinem Zeitpunkt eine durchgehende Verbindung zwischen Absender und Empfänger zu bestehen.

• *Wegfindung* (*Routing*) ist bei der Nachrichtenvermittlung ein wesentlicher Parameter. Das Weiterreichen (*forwarding*) von Knoten zu Knoten wird nicht nur durch die Zieladresse bestimmt, sondern auch durch die verfügbare Übertragungskapazität innerhalb des Knotennetzes. So kann es geschehen, daß nicht der kürzeste Weg benutzt wird, sondern Umwege mit gerade freien oder wenig belasteten Kanälen ausgewählt werden. Die Teilnehmer merken davon in der Regel nichts.

• *Die Übertragungskapazität* in einem nachrichtenvermittelten Netz wird bei *Message Switching* weitgehend automatisch verteilt, weil jeweils der am wenigsten belastete Kanal gesucht wird (dynamische Zuordnung von Übertragungskapazität). Allerdings kostet das Entscheiden und Durchschalten Zeit. Ein weiterer Nachteil ist, daß bei stark unterschiedlichen Nachrichtenlängen die statistische Belastung durch sehr lange Nachrichten monopolisiert wird.

• *Netzknoten* müssen bei Nachrichtenvermittlung aufwendiger ausgestattet sein als bei Leitungsvermittlung. Vor allem ist in den Knoten hinreichend Speicher vorzusehen, um auch die längstmögliche Nachricht vor dem Weiterreichen puffern zu können (*Store-and-forwarding*).

10.3 Paketvermittlung

Bei Paketvermittlung wird jede Nachricht unabhängig vom Nachrichteninhalt und ohne Rücksicht auf Anfang und Ende in Blöcke fester Länge zerlegt, die als geschlossene Einheiten vom Absender zum Empfänger transportiert werden. Damit ist der Hauptnachteil der Nachrichtenvermittlung beseitigt, die fehlende Möglichkeit nämlich, die Nachrichtenlänge zu kontrollieren und das Blockieren durch überlange Nachrichten zu verhindern. Außerdem müssen keine Ressourcen reserviert werden, auch keine bestimmte Leitung zwischen Teilnehmern.

• *Paketvermittlung* bedeutet aber wegen der eben genannten Besonderheiten, daß jedes Paket alle notwendigen Informationen enthalten muß, um den Transport korrekt durchzuführen und im Zielknoten aus den ankommenden Paketen die Nachricht wieder richtig zusammenzusetzen. Für diese Aufgaben gibt es Vorschriften in CCITT X.3:

• *PAD*, *Packet Assembly/Disassembly Facility in a Public Data Network*, Paket-Anordnungs-/Auflösungseinrichtung im öffentlichen Datennetz. PADs nach X.3 sind wesentliche Bestandteile des Paketnetzes Datex-P. **Tabelle 10.2** gibt eine Übersicht zu relevanten Standards dafür. **Bild 10.3** zeigt auf, wo im Datennetz Schnittstellen angeordnet sind.

Tabelle 10.2 Schnittstellen zum Paketnetz

CCITT	Beschreibung
X.3	Paket-Anordnungs-/Auflösungseinrichtung im öffentlichen Datennetz (*Packet assembly/disassembly facility (PAD) in a public data network*)
X.25	Schnittstelle zwischen DEE und DÜE für Datenstationen, die im Paketmodus in öffentlichen Datennetzen arbeiten (*Interface between DTE and DCE for terminals operating in the packet mode on public data networks*)
X.28	Schnittstelle zwischen DEE und DÜE für Datenterminal mit Start-Stop-Betrieb zum Zugriff auf ein PAD im selben Land (*DTE/DCE interface for a start-stop mode DTE accessing the PAD on a public data network situated in the same country*)
X.29	Prozedur für den Austausch von Steuerinformation und Benutzerdaten zwischen einer DEE im Paketmodus und einer PAD (*Procedures for exchange of control information and user data between a packet mode DTE and a PAD*)
X.75	Signalisierung zwischen öffentlichen Datennetzen mit Paketvermittlung

• *X.25* ist die "normale" Schnittstelle zum Paketnetz. Die anderen Standards müssen dann verwendet werden, wenn ein Terminal anzuschalten ist, das nicht für den Anschluß an ein Paketnetz ausgelegt ist. X.75 ist eine Empfehlung für den Übergang von einem Paketnetz zu einem anderen.

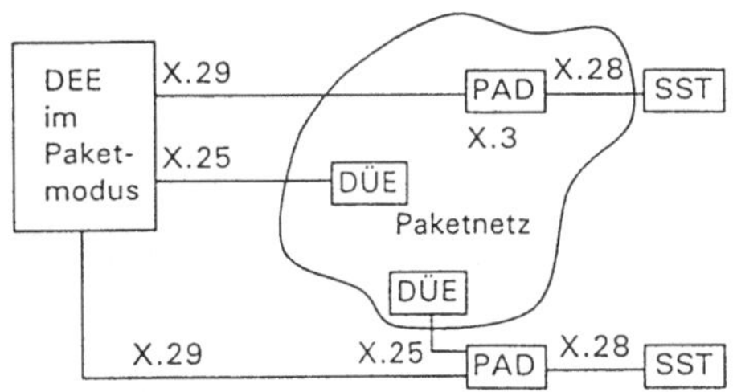

Bild 10.3 Schnittstellen im Paketnetz (PAD: *Packet Assembly/Disassembly*; SST: Start-Stop Terminal; nach [Welz91])

- *Paketnetze* sind aus vielen Knoten aufgebaut (**Bild 10.4**), wobei zwischen Eingangs- und Ausgangsknoten mehrere Wege möglich sind. Verfahren der Wegsuche (*routing*) sollen den jeweils günstigsten Weg finden, wobei etwa folgende Kriterien beachtet werden:
- kürzester Weg,
- geringste Verzögerung,
- gute Ausnutzung der Netzwerkkomponenten.

- *Wegsuche* kennt verschiedene Methoden, die ausführlich in der Datenübertragungs- und Vernetzungsliteratur beschrieben sind. Für die Wegsuche durch das Paketnetz und die Flußkontrolle (*flow control*) gibt es zwei Strategien:
(1) **Verbindungsloser Dienst**
   (*connectionless service* oder *datagram service*);
(2) **Verbindungsorientierter Dienst**
   (*connection-oriented service* oder *virtual circuit*).

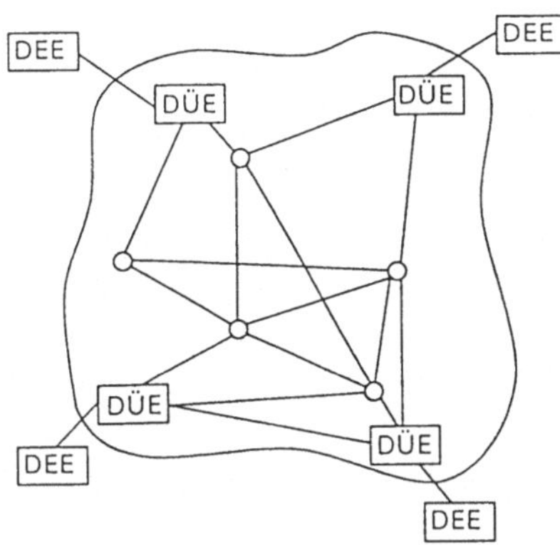

Bild 10.4
Grundsätzlicher Aufbau eines Paketnetzes
(DEE: Datenendeinrichtung,
DÜE: Datenübertragungseinrichtung;
nach [Welz91])

- *Datagramm-Dienst.* Dabei enthält jedes Paket seine Zieladresse (*destination address*) und wird vom Netz als unabhängige Nachricht angesehen. Zwischen den Paketen besteht kein Zusammenhang, auch wenn sie zwischen dem selben Paar von Teilnehmern transportiert werden oder zur selben Nachricht gehören. Auf der Vermittlungsebene wird kein Paket quittiert. Der Empfänger ist für richtiges Zusammensetzen und Reaktion auf Fehlfunktionen verantwortlich. Diese Methode erlaubt maximale Freiheiten, verursacht aber auch den größten Bearbeitungsaufwand. Der Datagramm-Verkehr ist gut geeignet für Anwendungen mit kurzen Paketen, die einmalig zu übertragen sind. *Beispiele*: Kassenterminals (*point of sale terminals, POS terminals*), Abfragesysteme (*inquiry systems*), Meßstellenabfragen (*remote sensor systems*).

• **Virtuelle Verbindung.** Dabei wird eine logische Verbindung (*virtual circuit*) zwischen den Teilnehmern etabliert; es wird eine Folge von Paketen übertragen die logisch zusammenhängen; es ist eine bestimmte Sequenz einzuhalten. Die zum Beginn einer Sequenz aufgebaute virtuelle Verbindung verhält sich ähnlich wie ein leitungsvermitteltes System, es ist allerdings kein Übertragungsweg reserviert. Die Nutzung solch einer Verbindung mittels einer "logischen Kanalnummer" ist in X.25 definiert.

• **X.25** ist der in privaten und öffentlichen Paketnetzen am meisten beachtete Standard. Darin wurde zunächst der verbindungsorientierte Dienst (*virtual circuits*) spezifiziert. Später wurde ebenfalls ein verbindungsloser Dienst (*datagram service*) aufgenommen, der aber in vielen Netzen nicht implementiert ist. X.25 wird als Standard der Schicht 3 des OSI-Referenzmodells (Vermittlung bzw. *Network Layer*) eingeordnet, beinhaltet aber auch die Schicht-2-Definition (LAPB, *Link Access Procedure for Balanced Mode*, vgl. z.B. [Conr89]) und Vorschriften zur Schicht 1 (CCITT X.21).

• **X.21** (*Interface between DTE and DCE for synchronous operation on public data networks*) beschreibt eine Schnittstelle zwischen DEE und DÜE für den Einsatz bei Synchronverfahren in öffentlichen Datennetzen. **Bild 10.5** gibt die X.21-Schnittstellenleitungen an. Es wird nicht zwischen Daten- und Steuerleitungen unterschieden, sondern alle Informationen werden über die Leitungen T (*transmit*) und R (*receive*) ausgetauscht. Die Bedeutung der Signale auf diesen Leitungen wird über die Leitungen C (*control*) und I (*indication*) definiert.

Leitung	Bezeichnung	Richtung DEE	DÜE
G	Erdleitung (*signal groung, common return*)		
Ga	DEE-Rückleiter (*DTE common return*)	———>	
T	Sendedaten (*transmit*)	———>	
R	Empfangsdaten (*receive*)	<———	
C	Steuern (*control*)	———>	
I	Anzeigen, Melden (*indication*)	<———	
S	Bittaktung (*signal element timing*)	<———	
B	Bytetaktung (*byte timing*)	<———	

Bild 10.5 Leitungen an der X.21-Schnittstelle

• ***Elektrische Eigenschaften*** der X.21-Schnittstelle sind in X.27 festgelegt. Das bedeutet konkret, es wird auf V.11 (entsprechend DIN 66259 Teil 3) verwiesen. Elektrisch entsprechen X.21-Schnittstellen also den für Punkt-zu-Punkt-Verbindungen entwickelten modernen V.11-Schnittstellen. Die Hauptanwendung liegt in den paketvermittelten Netzen, eben in der X.25-Definition. Die Version X.21bis gilt in öffentlichen Datennetzen für Datenendeinrichtungen, wenn diese mit Schnittstellen für synchrone Modems der V-Serie ausgerüstet sind, z.B. nach V.24 (vgl. hierzu Anschn. 6.3).

Teil III

Konkrete Schnittstellen und Anwendungen

11 Prozessornahe Schnittstellen und Busse

Wir verstehen unter prozessornahen Schnittstellen die internen Anschlußstellen für Baugruppen (*Platinen*). Es sind dies die in der Schnittstellenhierarchie (Bild 1.8 in Abschnitt 1.3) den Ebenen 1 und 2 zugeordneten Anschlüsse. Weil die Ausführung in der Regel Bus-Topologie aufweist, spricht man meist von "computerinternen Bussen".

11.1 Übersicht

In der klassischen Schnittstellenhierarchie unterscheidet man die beiden Ebenen

- **Kartenbus** (Ebene 1) als gemeinsame Sammelschiene (*backplane*) zum Aufstecken von Platinen. Andere Bezeichnungen sind Rückwand, Hauptplatine, (main board), Mutterplatine (*motherboard*), siehe aber Absatz "Kartenbusse".

- **Systembus** (Ebene 2) zur Verbindung mehrerer Einheiten (Einschübe oder Rahmen) zu einem größeren System.

• *Kartenbusse* sind typischerweise 40 bis 50 cm kurz (z.B. im sog. 19"-Rahmen). Mit Busverlängerungen (*extenders*) lassen sich Systembusse über manchmal mehr als 3 m erzeugen. Auf eine in der internationalen Literatur genannte Unterscheidung soll aber noch hingewiesen werden:
- *Backplane* wird als Bezeichnung benutzt, wenn es sich um eine passive Rückwand- oder Bodenverdrahtung (ohne Prozessor) zum Aufstecken von Platinen einschließlich der Prozessorplatine handelt.
- *Motherboard* wird verwendet, wenn auf der Sammelschiene oder Hauptplatine der Prozessor vorhanden ist (aktive oder "intelligente" Mutterplatine).

Wir werden der Einfachheit halber den Begriff "Systembus" für alle computerinternen Anschlußschienen verwenden.

• **Der Systembusanschluß** ist bei einigen Arbeitsplatzcomputern nicht frei zugänglich. Meßgeräte, Signalgeber oder Stellglieder können dann nur über Peripherieschnittstellen oder spezielle "User-Ports" angeschlossen werden. Schnellere Ein-/Ausgabekanäle sind realisierbar, wenn der Systembus dem Benutzer verfügbar ist, entweder in Form freier Steckplätze oder mit Hilfe einer peripheren Ein-/Ausgabebox, die an einer Busverlängerung arbeitet.

• **Systembuseigenschaften** von Belang werden im nächsten Abschnitt besprochen. Die Busse der verfügbaren Computersysteme sind häufig in folgenden Haupteigenschaften verschieden:

- prozessorunabhängig oder an einen Typ gebunden
- Daten- und Adreßwortbreite
- Daten und Adressen getrennt oder im Multiplexverfahren
- Übertragungs- und Unterbrechungssteuerung (Interruptverarbeitung)
- Steckverbindung und Platinenform

Es gibt aber eine Reihe von Standards, die weltweit Bedeutung haben, weil sie entweder von einem Marktführer benutzt werden oder durch "offizielle" Normung erarbeitet wurden. In **Tabelle 11.1** sind wichtige Systembusse zusammengestellt.

• **Normung** in diesem Bereich ist als Domäne des *Institute of Electrical and Electronics Engineers*, IEEE, anzusehen. Alle wichtigen Systembusse sind entweder IEEE-Normungsprojekte (mit P gekennzeichnet) oder liegen als komplette Beschreibungen vor. Tabelle 11.1 gibt entsprechende Hinweise. Eine vollständigere Auflistung der IEEE-Projekte und -Papiere ist mit **Tabelle 11.2** angegeben.

• **Europakarten** nach DIN 41 494 mit indirekten Steckverbindern entsprechend DIN 41 612 (**Bild 11.1**) sind Merkmale moderner Systembusentwicklung (wenn man vom speziellen PC-Format absieht). Beispielsweise folgte auf den STD-Bus mit amerikanischem Kartenformat und direkter Steckverbindung die "Euroversion" STE-Bus mit "Einfach-Europakarte" (100 mm x 160 mm). Vergleichbares zeigte sich beim stark verbreiteten Multibus; zum Multibus II gehören Doppel-Europakarten mit einfacher Verlängerung um 50 mm (*triple height* oder *extended double height*).

• **Neuere Entwicklungen** wie VMEbus und Futurebus sind direkt für "Eurocards" definiert (vgl. Bild 11.1). Die oben erwähnte Ausnahme: Mit dem Computer IBM PC wurde ein neuer "Industriestandard" geschaffen, dessen mechanische Eigenschaften nicht den Europakarten-Normen entsprechen (**Bild 11.2**).

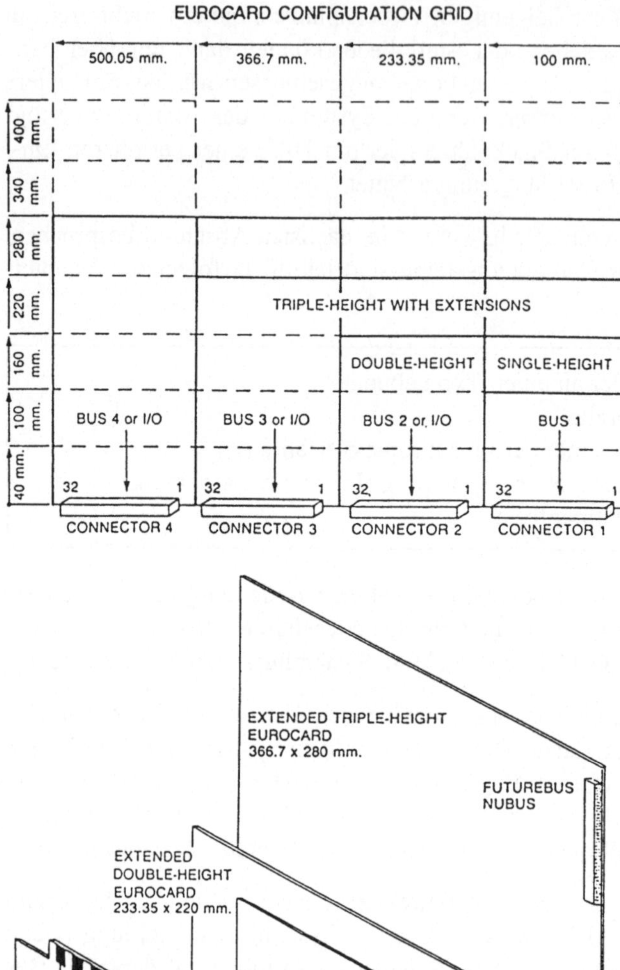

Bild 11.1
Europakarten.
a) Normraster,
b) Größenvergleich
mit Bezug zu typi-
schen amerikani-
schen Karten

Tabelle 11.1 Auswahl von Systembussen

Bus	Quelle, Normung	Prozessor	Datenbits
ECB	Kontron und andere	Z80	8
STD	Prolog, Mostek (IEEE-961)	unabhängig	8
STE	(IEEE-1000)	unabhängig	8
G-64	Gespac, Einfach-Europakarten	unabhängig	8/16
ZBI	Zilog	Z80/Z8000	8/16
Q	DEC und andere	LSI-11	16
E-/T-	Texas Instruments und andere	9900	16
S-100	viele (IEEE-696)	unabhängig	8/16
Euro	Ferranti (ISO 6951; BSI; ESONE)	unabhängig	18
ISA	IBM und andere	8088/8086...	8/16
MCA	IBM	80286/80386	8/16/32
EISA	viele	80386/80486	32
		Pentium	32
PCI	Intel	neue 80er	32/64
VL	VESA *)	neue 80er	32/64
Multi	Intel, Siemens und andere (IEEE-796)	80er Familie	8/16/32
AMS-M	Siemens (IEEE und IEC)	80er Familie	8/16/32
Versa	Motorola (IEEE-970)	6800	8/16
VME	viele (IEEE-1014)	680xx	8/16/32
FAST	(IEC 935)	unabhängig	32
Future	(IEEE-896)	unabhängig	16/32
Nu	Texas Instruments, Apple	unabhängig	16/32
STD 32	viele	unabhängig	32
S	IEEE-1496-1993	Sparc	32/64
M	Sparc-Gruppe	Sparc	64
TC **)	DEC gemäß ACE-Empfehlungen ***)	RISC	32/64

*)   VESA: Video Electronics Standards Association
)   TC: TurboChannel;   *) ACE: Advanced Computing Environment

Tabelle 11.2 Auswahl relevanter IEEE-Normungsprojekte;
Fortsetzung nächste Seite

IEEE-Nummer	Inhalt
488-1975	General Purpose Interface Bus (GPIB)
488.1-1988	Neufassung von 488-1975 (Digital Interface for Programmable Instrumentation)
488.2-1988	Codes, Formate, Protokolle und allgemeine Kommandos
583-1982	CAMAC
595-1982	CAMAC, seriell
596-1982	CAMAC, parallel
675-1982	CAMAC, Multiple Controllers
683-1976	CAMAC, Block Transfer
694-1985	Mnemonische Ausdrücke für Assembler-Sprachen
696-1983	S-100-Bus, 8 und 16 bit
726-1982	Real-Time BASIC für CAMAC
754-1985	Binary Floating Point Arithmetic
758-1979/87	CAMAC, Subroutinen
770-1983	Pascal
796-1983/89	Multibus
802.x-1985	LANs (siehe auch Tabelle 15.5 in Abschnitt 15.2)
854-1988	Floating Point Arithmetic
P855	MOSI (Microprocessor Operating Systems Interface)
896.1-1987	Futurebus
P896.1	Futurebus+, Logical Layer
P896.2	Futurebus+, Physical Layer
P896.3	Futurebus+, Configuration (Systemrichtlinien)
959-1987	I/O Expansion Bus für Intel iSBX
960-1986	Fastbus
961-1987	STD-Bus
970	Versabus
P981	GPIB Device Messages
P996	32 bit PC-Bus extension
1000-1987	STE-Bus
P1003	Unix Interface
P1011	Eurocards Mechanical Standard
1014-1987	VMEbus
P1014.1	VME/Futurebus+ bridge
P1096	VSB, Subsystem-Bus (Motorola)
P1101.2	Steckverbinder mit Rastermaß 2 mm
P1101.3	Spezifikation für Kühlung
P1101.4	Militärische Spezifikation für Europakarten

Tabelle 11.2 (Fortsetzung)

IEEE-Nummer	Inhalt
P1118	Serieller Bus für Mikrocontroller
P1132	VMSbus
P1149	Testbus-Projekt
P1149.5	MTM bus (Module Test and Maintenance bus)
1155-1992	VXIbus
P1156	Umgebungsbedingungen für Futurebus+
P1174	GPIB 488.2
P1194.1	Bustreiberlogik (BTL) für Futurebus+
1196-1987	NuBus
P1212	Steuer- und Statusregister für Futurebus+
P1275	Softwaretreiber für SBus (IEEE-1496-1993)
1296-1987	Multibus II
P1301	Core Metric Mechanical
P1301.1	Steckverbinder für das Metral-System (2 mm Raster)
P1394	Standard Serial Backplane Bus
P1396	Combus (metrisches Steckkartensystem, 2,5 mm Raster)
1496-1993	SBus mit 64 bit und 160 Mbyte/s
P1596	SCI-Bus (Scalable Coherent Interface)

Steckverbindungen werden direkt oder indirekt ausgeführt:

• *Direkter Steckverbinder* (*edge connector*) wird der in Bild 11.2 skizzierte genannt, der z.B. für PCs Verwendung findet (*PC boards*). Es sind dabei die Steckerkontakte (der männliche Teil, *male*) direkt als Metallstreifen auf die Platine aufgebracht. Das Gegenstück (die Buchse, *socket*, also der weibliche Teil, *female*) hat innen entsprechende Kontaktstreifen (in Bild 11.2 als *I/O channel slot* bezeichnet). Hochwertige Ausführungen sind speziell beschichtet, z.B. mit Gold. Dennoch kann pauschal gewertet werden, daß direkte Verbinder nicht für häufiges Einstecken geeignet sind.

• *Indirekter Steckverbinder* (*indirect connector*) heißt die Ausführung nach DIN 41 612 bzw. IEC 603-2.1, 1980 (**Bild 11.3**), bei der in klassischer Weise Kontaktstifte (*pins*) in Buchsenlöcher (*holes*) gesteckt werden. Diese Methode wird als sehr sicher auch bei vielpoliger Ausführung angesehen und ist für häufige Steckvorgänge geeignet. Eine mechanische Besonderheit: Die Abstände der Steckstifte betragen 2,54 mm, sind also im "Zollsystem" definiert (1/10 Zoll bzw. *inch*). Die Norm-Familie DIN 41 612 besteht aus 10 Teilen mit der Beschreibung verschiedener Bauformen. Teil 1 vom Januar 1988 heißt "Steckverbinder für gedruckte Schaltungen, indirektes Stecken, Rastermaß 2,54 mm; Gemeinsame Einbaumerkmale, Bauformenübersicht".

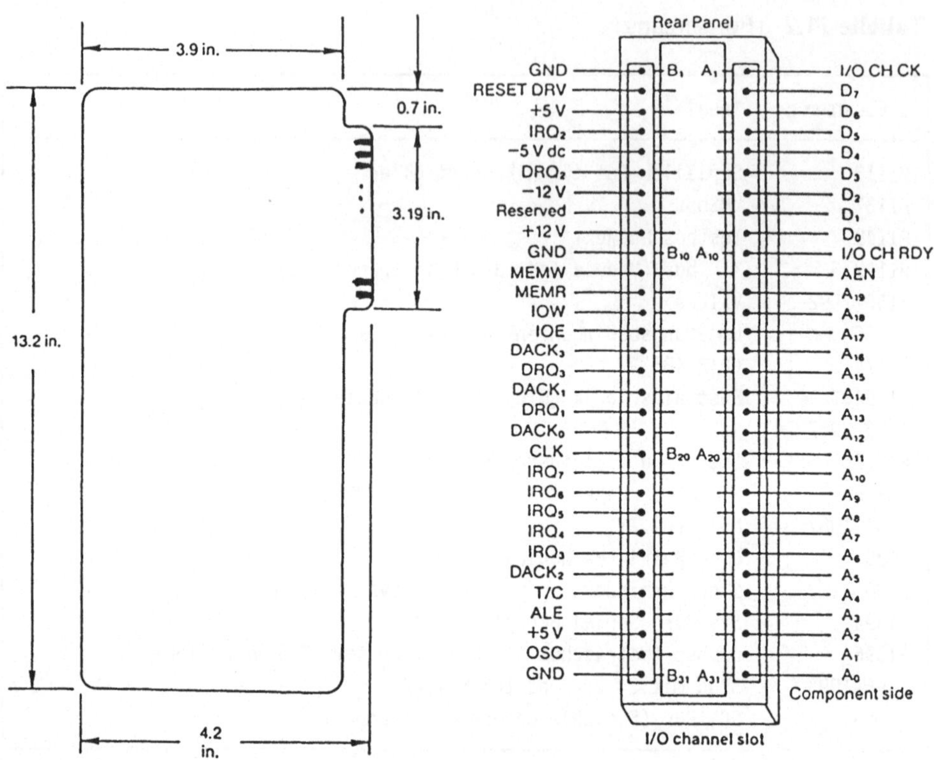

Bild 11.2 IBM-PC-Steckkarte mit direktem Steckverbinder (*edge connector*), Maße in Zoll (*inch*)

• *Metrische Stecksysteme* nennt man neuere Entwicklungen. Dabei betragen die Stiftabstände 2 mm (Hersteller z.B. *Du Pont, Ericsson, AT&T, AMP*) oder 2,5 mm (z.B. von *Siemens, Harting*). Ein Motiv für diese Entwicklung ist der hohe Bedarf an Kontakten bei neuen, sehr breiten Bussen mit bis zu 256 Datenleitungen (z.B. Futurebus+, IEEE P896). Auf Doppel-Europakarten nach DIN 41 612 sind aber nur maximal 192 Kontakte verfügbar, nämlich zwei indirekte Steckverbinder mit drei Reihen zu je 32 Kontakten.

• *Metral* heißt das metrische Stecksystem von *Du Pont* im 2-mm-Raster. Es sind dabei modulare Grundeinheiten aneinanderreihbar mit 24, 48, 96 und 192 Kontakten. Auf eine Doppel-Europakarte passen so bis zu 456 Kontakte. Die Einsteckkraft beträgt nur 0,5 N. Die Gruppe IEEE P1301 bearbeitet die Spezifikationen für dieses metrische Stecksystem. Die IEEE-Projektgruppe P1596 hat für das neue *Scalable Coherent Interface* (SCI) diesen Steckverbinder empfohlen.

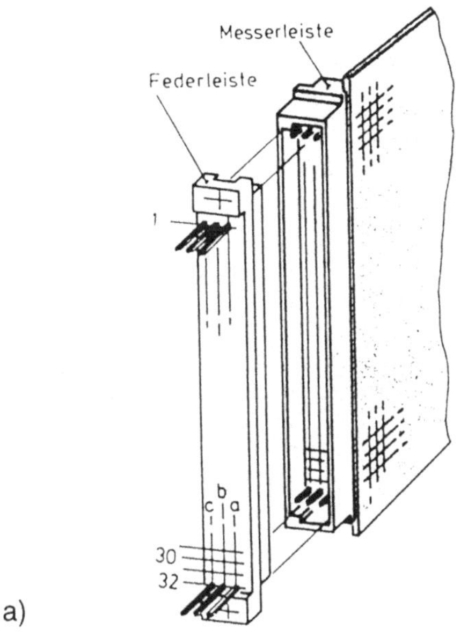

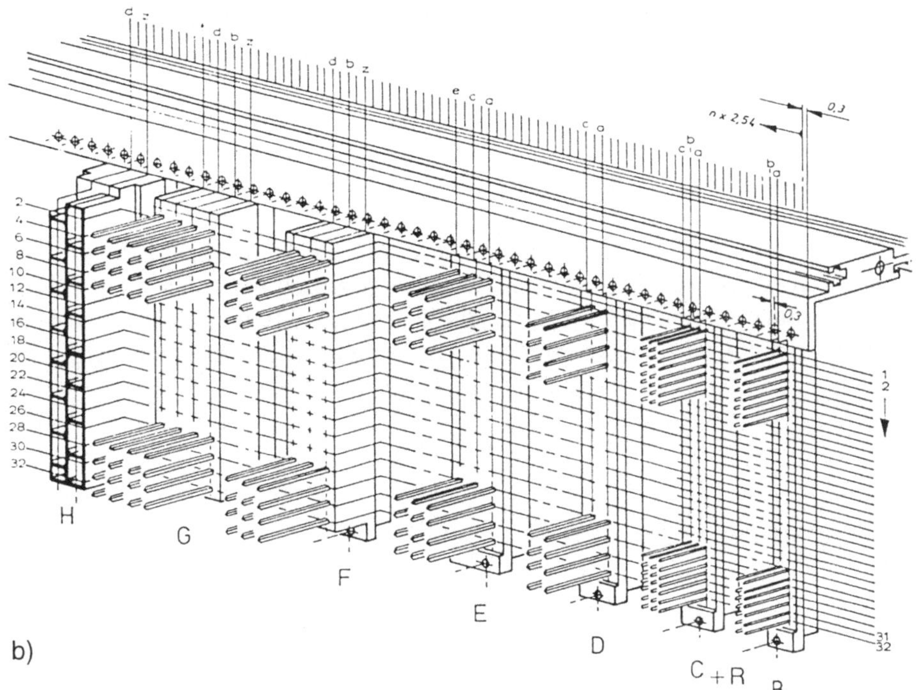

Bild 11.3 Indirekter Steckverbinder nach DIN 41 612

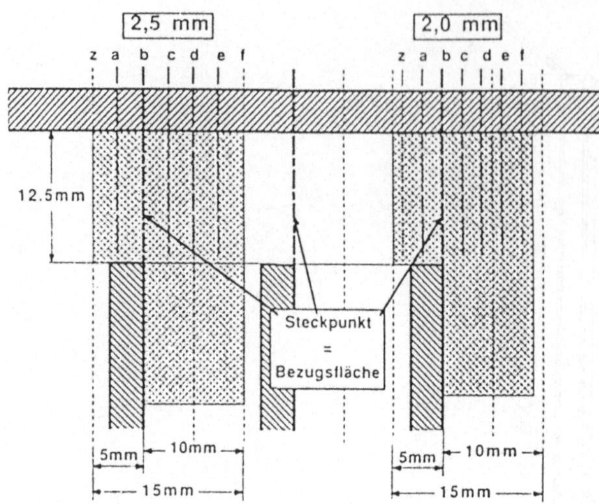

Bild 11.4
Die metrischen Steckverbinder im 2- und 2,5-mm-Raster sind sehr ähnlich und lassen sich somit leicht mischen

• *Sipac* (internationaler Name: *Combus*, IEEE P1396) ist die metrische Entwicklung von *Siemens* mit 2,5-mm-Raster, die eine höhere Strombelastung verkraftet als das 2-mm-System. Wegen der Nähe zum 1/10-Zoll-Raster (2,54 mm) sind Sipac-Baugruppen und ältere Zoll-Baugruppen recht gut adaptierbar, so daß sich die Baugruppen der einen Serie wechselseitig in der anderen einsetzen lassen. Eine weitere Besonderheit zeigt **Bild 11.4**: Die beiden metrischen Systeme lassen sich innerhalb von Aufbaueinheiten mischen, ohne daß wesentliche Nachteile entstehen.

11.2 Einige Busgrundlagen

Neben den sehr "äußerlichen" Unterschieden wie Steckung direkt/indirekt oder Platinenformat nach DIN, US-Norm, Herstellerspezifisch usw. sind zwei weitere Unterscheidungsmerkmale zu nennen: die Datenwegbreite und die verschiedene Auswahl von Signalleitungen, wodurch ein Systembus prozessorabhängig oder

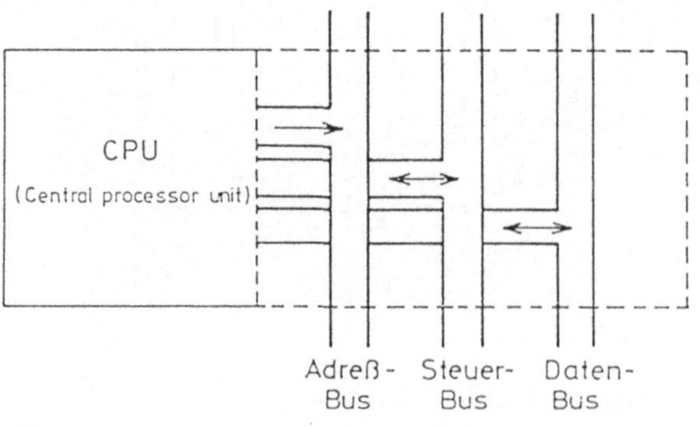

Bild 11.5
Busstruktur eines Mikroprozessors (Systembus)

-unabhängig sein kann. Verschieden sind Systembusse also in der Art dieser Auswahl und in der Anzahl der Steuer-, Daten- und Adreßleitungen. **Bild 11.5** faßt in einer verallgemeinerten Darstellung diese Leitungsgruppen zu Unterbussen zusammen. In manchen Diskussionen wird auch noch ein *Versorgungsbus* extra benannt.

• *Zeitmultiplexe Übertragung* (vgl. hierzu Abschnitt 2.4.4, TDM) wird bei modernen Bussen häufig angewendet. Zwei Fälle werden unterschieden:

---

(1) Es gibt nur einen Bus zur Übertragung von Adressen und Daten (sog. *Multiplexbus*). Dann muß mit einem Auswahlsignal für die Trennung gesorgt werden (z.B. das Signal AM, *Address Mode* beim Futurebus P896).

(2) Ein n bit breiter Datenbus soll zur Übertragung von z.B. 5 x n bit breiten Informationen (Datenworten) verwendet werden. Es sind dann 5 zeitlich aufeinanderfolgende Übertragungen notwendig.

Ein praktisches Beispiel für Fall 2 ist mit dem Prozessor 8088 gegeben, der intern 16-Bit-Wege und -Register aufweist, nach außen hin aber nur einen 8-Bit-Datenbus bedient. Jeder Datentransfer erfordert also die Übertragung von zwei zeitlich aufeinanderfolgenden 8-Bit-Worten.

• *Synchronisation der Busabläufe* ist ebenfalls uneinheitlich und wird danach unterschieden, ob Sendesignale mit einer positiven Rückmeldung (*Acknowledge*, ACK) beantwortet werden müssen oder nicht. Es läßt sich abgrenzen:

• *Synchrone Übertragung*, wobei alle beteiligten Komponenten mit einem gemeinsamen Taktsignal "verkoppelt" sind. Alle Aktionen laufen in diesem Zeitraster ab. Ein ACK-Signal wird nicht benötigt. Synchrone Systeme sind schneller als asynchrone und funktionieren mit weniger Steuersignalen.

• *Asynchrone Übertragung* beinhaltet, daß mit einer positiven Rückmeldung (ACK) für einen ordentlichen Abschluß gesorgt werden muß. Das erfordert in der Regel einen höheren Schaltungsaufwand. Der Vorteil ist aber, daß Komponenten unterschiedlicher Geschwindigkeit zusammenarbeiten können.

• *Multiprozessorbus* nennt man eine Anordnung, wenn daran mehr als ein Prozessor arbeiten kann. Beispiele sind Multibus, VMEbus, Futurebus. Zu einer Zeit darf aber immer nur ein Prozessor (*Modul* oder *Master*) am Bus aktiv sein, also die "Commander"-Funktion übernehmen. Um dies zu gewährleisten, d.h. um Kollisionen auszuschließen, wird ein "Schiedsricher" oder Zuteiler (*arbiter*) vorgesehen, der nach festgelegten Regeln für Ordnung sorgt (Buszuteilung, *arbitration*).

• **Bus-Arbitration** wird durchaus unterschiedlich ausgeführt. Eine gewissermaßen konventionelle, aber sehr sichere Grundmethode, wie sie beim VMEbus verwendet wird, ist mit Bild 11.6 dargestellt. Das mit Bild 11.7 zkizzierte Verfahren wird beim Futurebus angewendet.

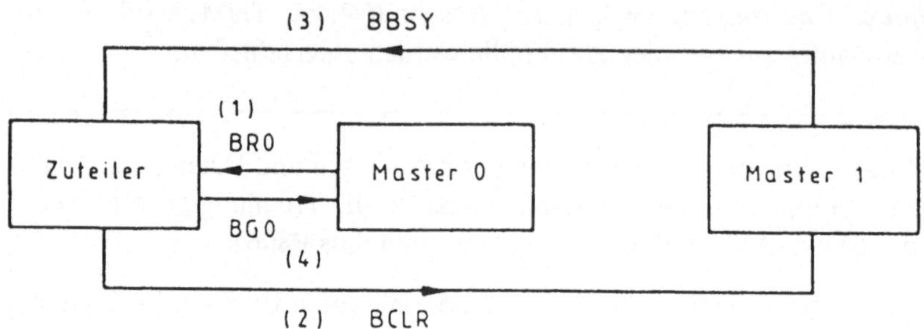

Bild 11.6 Buszuteilung am VMEbus (nach [Schn84]); Erklärungen im Text

• **VMEbus-Arbitration**: Die Erläuterung nach **Bild 11.6** geht davon aus, daß Master 1 den Bus augenblicklich belegt und Master 0 (mit höherer Priorität) ihn zu belegen wünscht. Daraus ergibt sich der nachfolgend erklärte Ablauf.

(1) Master 0 sendet BR0 (*Bus Request* von Master 0).
(2) Der Zuteiler prüft die Prioritäten. Im Beispiel hat der anfragende Master höhere Priorität (niedrigere Adresse), weshalb der Zuteiler an Master 1 die Aufforderung BCLR (*Bus Clear*) sendet. Ein Anfrager niedrigerer Priorität hätte warten müssen.
(3) Der Master 1 unterbricht seine Aktionen an geeigneter Stelle und meldet dies durch Aktivierung von BBSY (*Bus Busy*).
(4) Daraufhin teilt der Arbiter dem anfragenden Master den Bus zu.

• **Futurebus-Arbitration**: Etwas anders als beim VMEbus funktioniert die Zuteilung beim Futurebus. Die in **Bild 11.7** dargestellten Abläufe sind nachfolgend erläutert.

(1) Vorausgesetzt, die Leitung BR (*Bus Request*) ist augenblicklich inaktiv. Dann kann ein Modul den Buszugriffswunsch (*local busrequest*) durch Aktivsetzen der BR-Leitung anzeigen.
(2) Jedes Modul vergleicht daraufhin seinen Prioritätsvektor BP_i ($i = 0 \ldots 4$) mit dem des anfragenden Moduls.
(3) Ein Konflikt in einer der BP_i-Bitpositionen bedeutet, daß ein Modul mit höherer Priorität den Bus zu belegen wünscht. Die Module mit niedrigerer Priorität schalten sich daraufhin ab.
(4) Hat das anfragende Modul augenblicklich die höchste Priorität, hat es gewonnen.

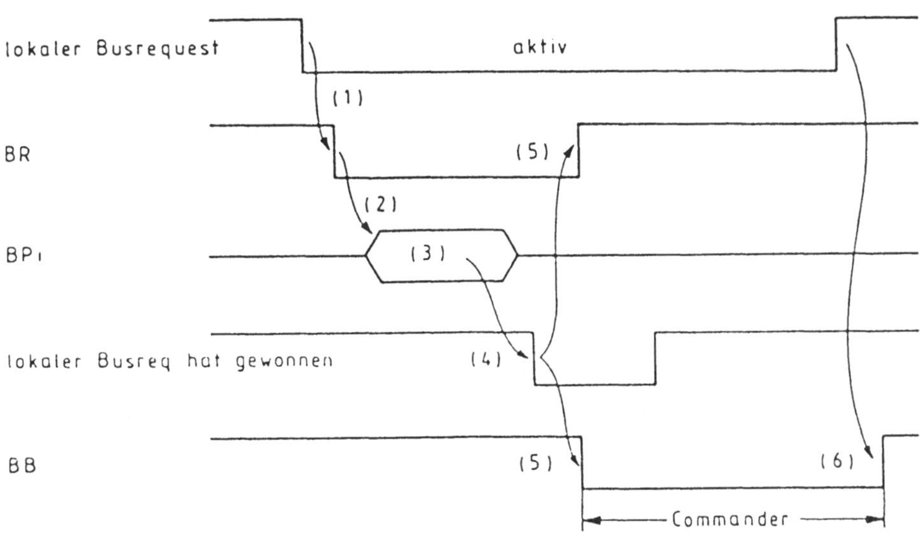

Bild 11.7 Buszuteilung am Futurebus (nach [Schn84]); Erklärungen im Text

(5) Ist die Leitung BB (*Bus Busy*) inaktiv, wird sie nun vom anfragenden Modul aktiv gesetzt, die BR-Leitung nachfolgend inaktiv. Das Modul hat jetzt die Commander-Funktion.
(6) Ist die "Regierungszeit" des Moduls zu Ende, wird BB wieder inaktiv gesetzt. Ist ein Zyklus beendet, kann das Modul mit der dann höchsten Priorität gewinnen, also auch das Modul, das soeben den Zyklus beendet hat. Um aber auch eine faire Verteilung zu ermöglichen, kann ein sog. *Fairneß-Prozeß* geweckt werden, der wie eine "Round-Robin"-Anordnung wirkt.

• *Round-Robin* nennt man ein Verfahren, bei dem ähnlich wie beim Zeitscheiben-Verfahren (*time-sharing*) zyklisch von einem zum nächsten Ereignis geschaltet wird. Aber nicht der Ablauf einer Zeitspanne (*time slot*) bestimmt das Weiterschalten, sondern die Beendigung der jeweiligen Aktion.

Weitere Grundverfahren von Bedeutung für Aufbau und Betrieb von Systembussen sind an anderer Stelle besprochen; sie werden darum hier nur zitiert:

- **DMA** (*Direct Memory Access*), Abschnitt 2.2.2
- **Alarmverarbeitung** (*Interrupt Handling*), Abschnitt 2.2.3
- **Daisy Chaining**, Abschnitt 2.2.3.

Zum Abschluß dieses Abschnitts stellen wir Prozessorsignale an den Beispielen der "klassischen" 8-Bit-Mikroprozessoren 6802 (**Bild 11.8**) und 6502 (**Bild 11.9**) vor. Die Spannungsversorgungen werden über V bzw. Vcc und Vss (Masse) zugeführt. Alle Versorgungsleitungen zusammen werden manchmal als Versorgungsbus bezeichnet.

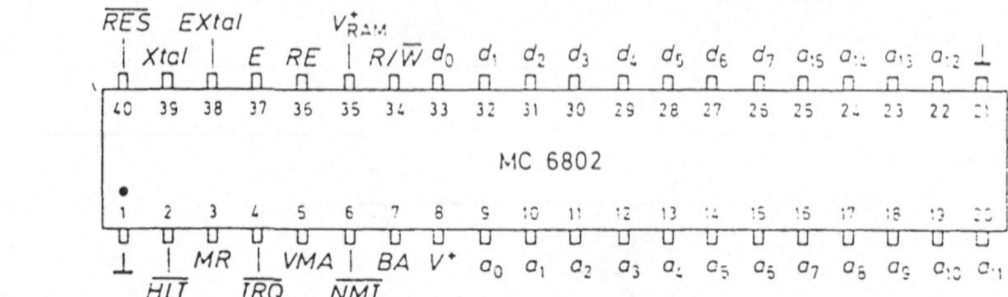

a)

$a_0 \dots a_{15}$	–	Adressen-Ausgänge
$d_0 \dots d_7$	–	Bidirektionale Datenanschlüsse (Tristate)
R/W	–	Read/Write, Schreib-/Leseumschaltung (Tristate)
VMA	–	Valid Memory Address; "High"-Pegel zeigt an, daß eine gültige Adresse ausgegeben wird
BA	–	Bus Available; "High"-Pegel zeigt an, daß sich der Prozessor im HALT- oder WAIT-Zustand befindet und die Tristate-Ausgänge hochohmig sind
E	–	Enable (Φ_2); Systemtaktausgang
EXtal	–	Eingang für externen Takt
Xtal	–	Zusammen mit EXtal Quarzanschluß für internen Taktgenerator
HLT	–	Halt; "Low"-Pegel hält Prozessor an; alle Tristate-Ausgänge werden hochohmig; außerden wird BA = 1 und VMA = 0
MR	–	Memory Ready; "Low"-Pegel hält den Systemtakt E im "High"-Zustand fest; so wird Datenaustausch mit langsamen Speichern möglich (maximale Haltezeit 10 μs)
IRQ, NMI, RES	–	Interrupt-Eingänge
RE	–	RAM Enable; "Low"-Pegel schaltet eingebauten RAM ab

b)

Bild 11.8 Mikroprozessor 6802 (a) mit Bussignalen (b)

• *Typische Prozessor- bzw. Bussignale* sind:
- Adressen-Ausgänge
  (*Adreßbus* entsprechend Bild 11.5) $a_0 \dots a_{15}$ bzw. AB0 ... AB15
- Daten-Ein-/Ausgänge (*bidirektionaler Datenbus*) $d_0 \dots d_7$ bzw. DB0 ... DB7
- Definition der Übertragungsrichtung R/W (*Read/Write*)
- Systemtaktausgänge Φ_i oder E (*Enable*) bzw. DBE (*Data Bus Enable*)
- Eingang für externen Takt (*EXtal* und *Xtal*)
- Synchronisationssignale (BA, HLT bzw. SYNC, RDY)
- Interrupt-Eingänge (IRQ, NMI, RES)

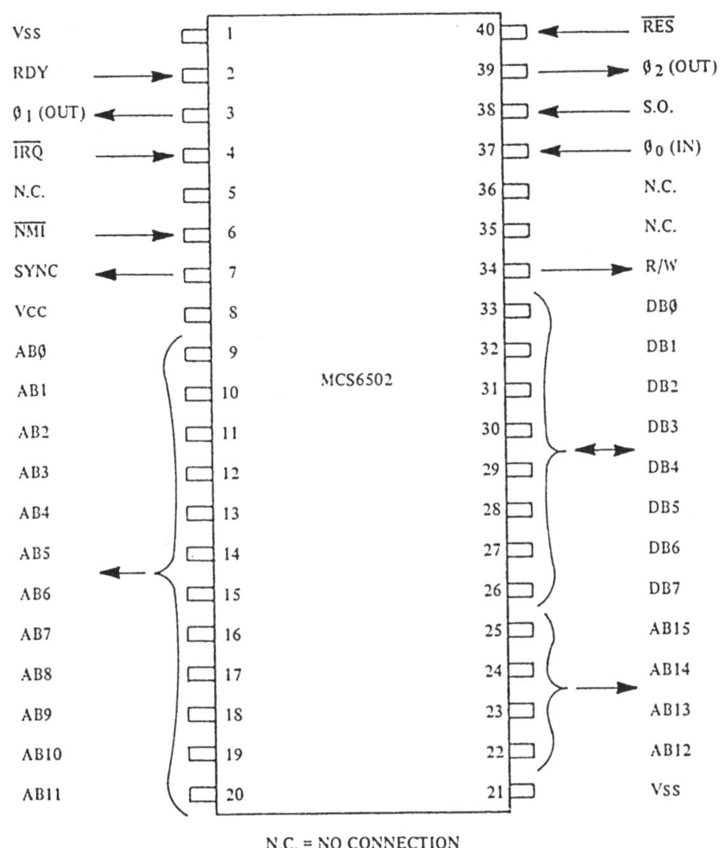

a)

Vcc	–	Spannungsversorgung (5 V +/- 5 %)
Vss	–	Masse
AB0 ... AB15	–	Adreßbus
DB0 ... DB7	–	Datenbus
R/W	–	Read/Write; legt Übertragungsrichtung auf dem Bus fest
DBE	–	Data Bus Enable (liegt an Φ_2, Anschluß 39)
VMA	–	Valid Memory Address (liegt intern an Vcc)
SYNC	–	Synchronisierung; kennzeichnet den Prozessor-Buszugriff (entspricht BA, Bus Available)
RDY	–	Ready
IRQ	–	Interrupt Request
NMI	–	Non Maskable Interrupt
RES	–	Reset
S.O.	–	Set Overflow

b)

Bild 11.9 Mikroprozessor 6502 (a) mit Bussignalen (b)

• *Ein typischer Systembus* ist wie in **Bild 11.10** geordnet. Es handelt sich um eine Ausführung für den Mikroprozessor 6502 und ist für indirekte Steckverbindungen nach DIN 41 612 definiert (für z.B. Einfach-Europakarten).

MCS–BUS

PIN	a	c	
1	∿ Phase A ca. 20V	∿ Phase A	
2	∿ Phase B ca. 20V	∿ Phase B	
3	PWRFAIL	+5V BAT	
4	+12V	+12V	PWR
5	−12V	−12V	
6	+5V [Vcc]	+5V [Vcc]	
7	GND	GND	
8	GND	GND	
9	PR0	PR1	
10	PR2	PR3	
11	PR4 (R0)	PR5 (R1)	INTERR. [RESERVE]
12	PR6 (R2)	PR7 (R3)	
13	RESERVE	SYN	
14	I/O-SEL	NOTREADY	
15	R/W	RDY	
16	Φ2	Φ1	CONTROL
17	IRQ-REQ	IRQ-ACK	
18	NMI	RESET	
19	HOLDREQ	HOLDACK	
20	DB7	DB6	
21	DB5	DB4	DATA
22	DB3	DB2	
23	DB1	DB0	
24	HOLD IN [PRIOR]	HOLD OUT [PRIOR]	
25	AB15	AB14	
26	AB13	AB12	
27	AB11	AB10	
28	AB 9	AB 8	
29	AB 7	AB 6	ADDRESS
30	AB 5	AB 4	
31	AB 3	AB 2	
32	AB 1	AB 0	

VG 64pol [96pol. Geh.]
VG 95324
DIN 41612

Bild 11.10 Beispiel für die Zuordnung der 6502-Prozessorsignale zu einem 64-poligen Europasteckverbinder nach DIN 41 612 (Einfach-Europakarte)

11.3 Kurzvorstellung ausgewählter Systembusse

Im nachfolgenden Kasten sind einige wichtige Systembusse in alphabetischer Reihenfolge aufgelistet. Sie werden anschließend mit einigen relevanten Merkmalen in eben dieser Reihenfolge vorgestellt (vgl. auch Tabelle 11.1). Die nun im PC-Bereich immer wichtiger werdenden Zusatzbusse mit Bezeichnungen wie ATA, IDE, und PCMCIA sind in unserer Klassifizierung als *parallele Peripherieschnittstellen* eingeordnet und werden entsprechend der Auflistung Tabelle 12.1 in Abschnitt 14.1 besprochen. In der amerikanischen Literatur werden sie auch als *Mezzanine buses* bezeichnet (Mezzanin bedeutet in der Bauhistorie "Zwischengeschoß").

- **AMS-M-Bus**; Siemens-Version des Multibus
- **AT96-Bus**; Siemens-Version des ISA-Bus
- **EISA**; *Extended ISA*, Weiterentwicklung für 32-Bit-PCs
- **Futurebus+** (FB+); neue Entwicklung mit guten Erfolgsaussichten
- **ISA**; *Industry Standard Architecture*, der PC-Systembus
- **MBus**; neuerer Workstation-Bus von Sun und Texas Instruments
- **MCA**; *Microchannel Architecture*, IBM-Spezifikation
- **Multibus I** (MB I); Standardbus von Intel mit zeitweilig größtem Marktanteil
- **Multibus II** (MB II); Weiterentwicklung des MB I für Europakarten
- **NuBus**; neuerer Bus, am amerikanischen MIT (*Massachusetts Institute of Technology*) entwickelt
- **PCI**; *Peripheral Component Interconnect*, Intel und andere für schnelle PCs
- **SBus**; der Sparc-Station-Bus von Sun
- **SCI**; *Scalable Coherent Interface*, neueste IEEE-Arbeit
- **STD/STE-Bus**; amerikanische Definition für industrielle Steuerungen
- **S-100-Bus**; erster einheitlicher Mikroprozessor-Systembus
- **TurboChannel**; neuer Workstation-Bus von Digital Equipment
- **VESA Local Bus** (VL-Bus); wichtiger Zusatzbus für PCs, definiert durch die *Video Electronics Standards Association* (VESA)
- **VMEbus**; sehr wichtiger Bus für technisch-wissenschaftliche Anwendungen und Workstations

---

• *Wichtige Busparameter* sind in **Tabelle 11.3** zusammengestellt. Mit Ausnahme des VMEbus verfügen alle neueren 32-Bit-Busse über automatische Konfigurierungsmöglichkeiten (*autoconfiguration*). Beim Zustecken von weiteren Platinen auf den Bus müssen damit nicht mehr Schalter vom Typ DIP (*Dual Inline Package*) gesetzt werden, sondern eine Software (z.B. auf einer der Platine mitgegebenen Konfigurationsdiskette) übernimmt diese Einstellarbeit.

Tabelle 11.3 Wichtige Busparameter. MPX: Multiplex; Ü: Übertragungsverfahren, asynchron (a) oder synchron (s); MPR: Multiprozessorfähig

Bus	Euro-karten	MPX	Ü	MPR	Datenbits	Adreßbits
ECB	ja	nein	a		8	16 + 8
STD		nein	a/s	ja	8	16
STE	ja	nein	a/s	ja	8	20
S-100		nein	a	ja	8/16	24
ZBI	ja	ja	a		16	16 +
Q		nein	a	ja	16	
T-		nein			16	20
E-	ja	ja		ja	16	16
ISA		nein	s		8/16	20
EISA		nein	s	ja	16/32	32
MCA		nein	a	ja	16/32	24/32
Multi I		nein	a	ja	16	24
AMS-M	ja	ja	a	ja	16	24
Multi II	ja	ja	s	ja	32	32
Versa		nein	a	ja	32	32
VME	ja	nein	a	ja	32	32
Future	ja	ja	a	ja	32	32/64
Nu	ja/nein	ja	s	ja	32	32
STD 32		ja	a	ja	32	32

• *AMS-M-Bus (IEC-Standard)*

Bustyp, Datenbusbreite usw. wie beim Multibus I.

Hauptunterschiede: Europakarten und 96poliger Steckverbinder nach DIN 41 612 bzw. IEC-603.2; 24 Adreßleitungen am Busstecker P1; Leitungen reserviert für serielle Busschnittstelle.

• *AT96-Bus (Siemens)*

Bustyp und weitere Merkmale sind identisch mit ISA, aber
Busstecker und Kartenformat: Indirekter DIN-Steckverbinder (DIN 41 612 C) mit 96 Anschlüssen auf Europakarte (sog. Industrieversion des PC-Busses).

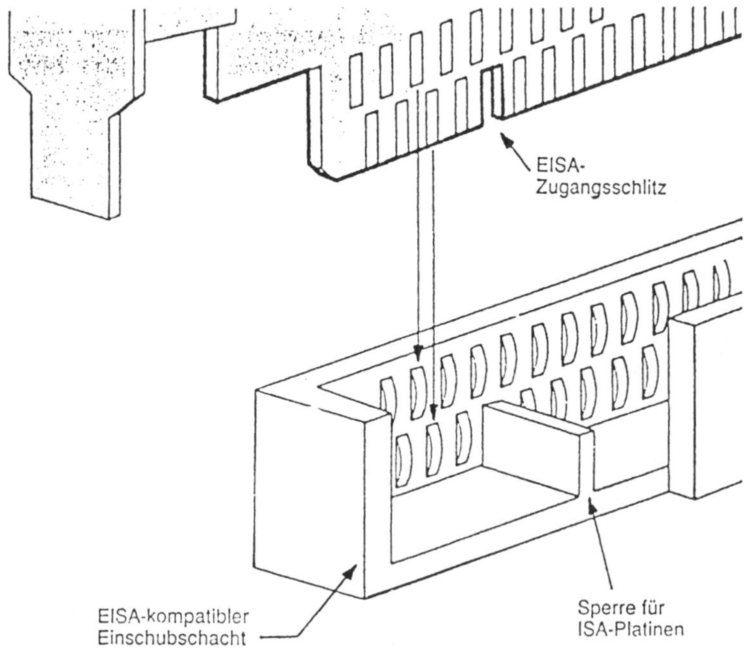

Bild 11.11 Beispiel für die automatische Zuordnung der EISA- und ISA-Kontakte

• *EISA (Firmengruppe und IEEE)*
Bustyp: Synchron mit 8,33 MHz Takt, kein Multiplex, 15 Steckplätze, automatische Konfigurierung von Ergänzungsplatinen mit Software (keine DIP-Schalter).
Datenbus: 8, 16 und 32 bit breit mit 33 Mbyte/s Transferrate normal und im DMA-Betrieb.
Adreßraum: 32 bit (4 Gbyte).
Multiprozessorunterstützung: 6 Busmaster, Takt und Synchronisierung zentral.
Busstecker und Kartenformat: Direkte Steckung wie beim PC-Bus (ISA). Durch bauliche Maßnahmen (z.B. Erkennungsschlitz) werden immer ISA- und EISA-Karten den richtigen Kontakten zugeordnet. **Bild 11.11** zeigt an einem Beispiel die konstruktive Lösung.

• *Futurebus+ (IEEE-896 und IEC 935 FASTBUS)*
Modular high speed data acquisition system
Neue Buslogik BTL (*Backplane Transceiver Logic*) mit nur 1 V Spannungshub.
Bustyp: Asynchron mit Paketübertragung (*packet-switched*), Multiplexbetrieb, 21 Steckplätze, beliebige CPU. Unterstützt SBus und PCI (siehe dort).
Datenbus: Definiert für 64-Bit-Transfers, aber auch 32-Bit-Transfers und, je nach Kartengröße mit zusätzlichen Steckverbindern, 128- und 256-Bit-Transfers möglich. Daraus resultieren Datenraten von etwa 80 bis 100 Mbyte/s beim 32-Bit-Betrieb und bis zu 3,2 Gbyte/s beim 256-Bit-Betrieb.
Adreßraum: Primär 64 bit, sekundär 32 bit.

Multiprozessorunterstützung: Organisiert mit Round-Robin, Prioritätssteuerung und Direktbedienung (*first-come first-served*).

Busstecker und Kartenformat: Indirekte DIN-Steckverbinder auf Einfach-, Doppel- oder Dreifach-Europakarte (vgl. Bild 11.1).

• *ISA, 8-Bit-PC-Bus (IBM-Spezifikation)*

Bustyp: Synchron mit 8,33 MHz, kein Multiplex, 5 Steckplätze.

Datenbus: 8 bit breit bei der XT-Definition, später 16 bit beim AT.

Adreßraum: 20 bit (1 Mbyte).

Multiprozessorunterstützung: Nur für DMA-Kontroller und Mathematik-Koprozessor.

Busstecker und Kartenformat: Direkte Steckung mit 62 Kontakten, Anordnung und Kartenformat siehe Bild 11.2.

• **MBus (Anwendergruppe Sparc International)**

Bustyp: Multiplexbus für Adressen und Daten mit 50 MHz, 6 Steckplätze.

Datenbus: 64 bit, Datenrate 200 Mbyte/s, im "Burst"-Modus 320 Mbyte/s.

Busstecker: AMP Microstrip mit 100 Kontakten.

• *MCA (IBM-Spezifikation)*

Bustyp: Asynchron, kein Multiplex, Bustakt 10 oder 20 MHz, 15 Steckplätze, automatische Konfigurierung.

Datenbus: Primär 16 bit, aber auch 8-Bit- und 32-Bit-Karten möglich (64 bit geplant). Normale Transferrate 76 Mbyte/s, im "Burst"-Modus auch 157 Mbyte/s.

Adreßraum: Primär 24 bit (16 Mbyte), sekundär bis zu 32 bit.

Multiprozessorunterstützung: 7 Busmaster mit Zentralverteilung wie Daisychaining.

Busstecker und Kartenformat: Direkte Steckung ähnlich der bei ISA oder EISA, *aber nicht kompatibel*.

• *Multibus I (IEEE-796)*

Bustyp: Asynchron, 5 MHz, kein Multiplex, maximal 16 Steckkarten, Buslänge bis zu 381 mm (15 *inch*).

Datenbus: 16 bit breit; Übertragung mit maximal 12 Mbyte/s.

Adreßraum: 1 Mbyte direkt (auf Stecker P1), bis 16 Mbyte mit Erweiterungsstecker P2.

Multiprozessorunterstützung: Bis zu 16 Module können an einem Bus arbeiten. Die Zuteilung erfolgt mit Hilfe einer vorbestimmbaren Prioritätstechnik (dafür z.B. *Priorityencoder* chip 74148 verfügbar).

Busstecker und Kartenformat: Direkte Steckverbindungen mit zwei Anschlußgruppen (vgl. Bild 11.1), 86 Pins auf P1, 60 Pins auf P2.

Bussignale an P1 gliedern sich in:

- 16 Datenleitungen
- 20 Adreßleitungen
- 8 Interruptleitungen
- 18 Steuerleitungen
- 24 Versorgungsleitungen.

• *Multibus II (IEEE-1296)*
Bustyp: Synchron mit 20 MHz Takt, Multiplexbetrieb, 21 Steckplätze.
Datenbus: 32 bit breit, auch 8 und 16 bit möglich, maximaler Datendurchsatz 64 Mbyte/s normal, 80 Mbyte/s im "Burst"-Modus.
Adreßraum: 4 Gbyte (32 bit).
Multiprozessorunterstützung: Mit verteiltem Zugriffsschema (*distributed arbitration*), aber synchronisiert durch zentralen Taktgenerator.
Busstecker und Kartenformat: 2 indirekte DIN-Steckverbinder auf verlängerter Doppel-Europakarte (vgl. Bild 11.1).
Multibus II stellt ein System verschiedener Busausführungen dar:
- *Parallel System Bus* (PSB)
- *Local Bus Extension* (LBX)
- *Serial System Bus* (SSB)
- *Expansion Bus* (SBX)
- *Multichannel DMA I/O Bus*

• *NuBus (IEEE-1196)*
Bustyp: Synchron mit 10 MHz Takt, Multiplexbetrieb, 16 Steckplätze, beliebige CPU.
Datenbus: Optimiert für 32-Bit-Transfers mit 20 Mbyte/s, im Blocktransfer 37,5 Mbyte/s (Weiterentwicklungen sollen Blockübertragungen mit bis zu 70 Mbyte/s ermöglichen). Ebenfalls möglich sind 8- und 16-Bit-Übertragungen.
Adreßraum: 4 Gbyte (32 Leitungen).
Multiprozessorunterstützung: mit verteiltem Zugriffsschema (*distributed arbitration*), aber synchronisiert durch zentralen Taktgenerator.
Busstecker und Kartenformat: Es sind zwei Kartenformate definiert, in beiden Fällen wird indirekte DIN-Steckung verwendet: 1. Dreifach hohe verlängerte Europakarte (siehe Bild 11.1); 2. PC-ähnliche Karte mit den Abmessungen 102 mm x 327 mm. Diese wird z.B. im Macintosh von Apple eingesetzt.

• *PCI (Intel und andere)*
Bustyp: Zusatzbus für PCs und Workstations mit 33 MHz, Multiplexbetrieb auf 64 Leitungen für Adressen und Daten, 10 Steckplätze maximal.
Datenbus: 132 Mbyte/s bei 32 Bits, 264 Mbyte/s bei 64 Bits.
Busstecker und Kartenformat: Der Anschluß entspricht dem Micro-Channel-Typ mit 120 Pins für 32 Bits und 184 Pins für 64 Bits. **Tabelle 11.4** zeigt die Pinbelegung für die Version PCI-Bus 2.0. Als Kartenformate sind die nach ISA, EISA und MCA möglich.

• *SBus (Sun Microsystems)*
Bustyp: Takt bis 25 MHz, Anzahl der Steckplätze nicht festgelegt, sondern durch elektrische Eigenschaften des Busses (Kapazität, Länge) bestimmt.
Datenbus: 80 Mbyte/s bei 32 Bits, 168 Mbyte/s bei 64 Bits.
Busstecker: AMP 96 Pins.

Tabelle 11.4 Pinzuordnung beim PCI-Bus 2.0

Pin	Reihe A	Reihe B	Pin	Reihe A	Reihe B
1	TRST#	- 12 V	49	AD09	GND
2	+ 12 V	TCK	50	GND 5 V Key	GND 5 V Key
3	TMS	GND	51	GND 5 V Key	GND 5 V Key
4	TDI	TDO	52	C/BE0#	AD08
5	+ 5 V	+ 5 V	53	+ 3,3 V	AD07
6	INTA#	+ 5 V	54	AD06	+ 3,3 V
7	INTC#	INTB#	55	AD04	AD05
8	+ 5 V	INTD#	56	GND	AD03
9	Reserved	PRSNT1#	57	AD02	GND
10	+ 5 V (I/0)	Reserved	58	AD00	AD01
11	Reserved	PRSNT2#	59	+ 5 V (I/0)	+ 5 V (I/0)
12	GND/3,3 V Key	GND/3,3 V Key	60	REQ64#	ACK64#
13	GND/3,3 V Key	GND/3,3 V Key	61	+ 5 V	+ 5 V
14	Reserved	Reserved	62	+ 5 V	+ 5 V
15	RST#	GND	-	64 bit Space	64 bit Space
16	+ 5 V (I/0)	CLK	-	64 bit Space	64 bit Space
17	GNT#	GND	63	GND	Reserved
18	GND	REQ#	64	C/BE7#	GND
19	Reserved	+ 5 V	65	C/BE5#	C/BE6#
20	AD30	AD31	66	+ 5 V (I/0)	C/BE4#
21	+ 3,3 V	AD29	67	PAR64	GND
22	AD28	GND	68	AD62	AD63
23	AD26	AD27	69	GND	AD61
24	GND	AD25	70	AD60	+ 5 V (I/0)
25	AD24	+ 3,3 V	71	AD58	AD59
26	IDSEL	C/BE3#	72	GND	AD57
27	+ 3,3 V	AD23	73	AD56	GND
28	AD22	GND	74	AD54	AD55
29	AD20	AD21	75	+ 5 V (I/0)	AD53
30	GND	AD19	76	AD52	GND
31	AD18	+ 3,3 V	77	AD50	AD51
32	AD16	AD17	78	GND	AD49
33	+ 3,3 V	C/BE2#	79	AD48	GND
34	FRAME#	GND	80	AD46	AD47
35	GND	IRDY#	81	GND	AD45
36	TRDY#	+ 3,3 V	82	AD44	GND
37	GND	DEVSEL#	83	AD42	AD43
38	STOP#	GND	84	+ 5 V (I/0)	AD41
39	+ 3,3 V	LOCK#	85	AD40	GND
40	SDONE	PERR#	86	AD38	AD39
41	SBO#	+ 3,3 V	87	GND	AD37

Tabelle 11.4 Fortsetzung

Pin	Reihe A	Reihe B	Pin	Reihe A	Reihe B
42	GND	SERR#	88	AD36	+ 5 V (I/0)
43	PAR	+ 3,3 V	89	AD34	AD35
44	AD15	C/BE1#	90	GND	AD33
45	+ 3,3 V	AD14	91	AD32	GND
46	AD13	GND	92	Reserved	Reserved
47	AD11	AD12	93	GND	Reserved
48	GND	AD10	94	Reserved	GND

• *SCI, Scalable Coherent Interface (IEEE P1596)*
Neues Projekt für eine Multiprozessor-Höchstgeschwindigkeitsschnittstelle (Größenordnung 1 Gbyte/s).
Systemtyp: Es handelt sich um differentielle Punkt-zu-Punkt-Verbindungen in 100k-ECL-Technik (Hub kleiner 1 V), d.h. es wird Ring-Topologie verwirklicht mit synchroner Übertragung (ohne Handshake), Abstände kleiner 10 m. Zusätzlich ist eine serielle Version mit bis zu 1 Gbit/s für kurze Koaxialkabel (50 Ohm) definiert oder für Lichtleiter mit bis zu einigen km Leitungslängen.
Datenbreite: Im Prinzip nicht begrenzt, typisch ist aber eine 64-Bit-Architektur.
Adreßraum: 16 bit zur Knotenadressierung (für 64 K Knoten in einem System) plus 48 bit zur Adressierung innerhalb jedes Knotens.
Busstecker: Modularer (skalierbarer) Metral-Steckverbinder (2 mm) mit einem Anschlußmodul (24 Kontakte) für Versorgungen und sechs (144 Kontakte) für Signale. Alle Abmessungen nach IEEE-1301.1.
Modulgröße und Kartenformat: Das sog. Typ-1-Modul ist 300 mm hoch, 300 mm tief und 30 mm breit. Die Platinen sind dann 265 mm hoch und 287,85 mm tief.

• *STD-Bus (IEEE-961)*
Bustyp: In Prinzip freie (asynchrone) Datenbewegungen möglich, bei Bedarf aber eine Taktleitung für Synchronisierung nutzbar, kein Multiplex. Anzahl der Steckkarten und Buslänge durch Geräterückwand bestimmt (19").
Datenbus: nur 8 bit breit, max. 2 Mbyte/s.
Adreßraum: nur 64 Kbyte (16 Leitungen).
Multiprozessorunterstützung: Beliebige Anzahl auch verschiedener Mikroprozessoren (begrenzt durch mechanische Länge). Zuteilung durch Prioritätskettung.
Busstecker und Kartenformat: Direkte Steckverbindung mit 56 Kontakten (vgl. Bild 11.1).
Bussignale sind gegliedert in:
- 8 Datenleitungen
- 16 Adreßleitungen
- 22 Steuer- und Interruptleitungen
- 10 Versorgungsleitungen.

• *STD-32-Bus*

Erweiterung des STD-Bus für 8, 16 oder 32 bit Datenworte (auch mit Multiplex) sowie primär 24, sekundär 32 Adreßleitungen. Die Konstruktion der direkten Steckverbinder gewährleistet, daß in die "STD-32-Slots" beliebig gemischt die alten 8-Bit-STD-Karten und neue 16- oder 32-Bit-Karten gesteckt werden können. Weiterhin von Interesse: Zur Busansteuerung (*interface silicon*) wird der Standard-EISA-Chipsatz verwendet, obwohl STD 32 nicht direkt mit EISA übereinstimmt.

• *STE-Bus (IEEE-1000)*

Bustyp, Datenbusbreite usw. wie beim STD-Bus. Hauptunterschiede liegen beim Kartenformat und Steckverbinder sowie in der auf 20 erhöhten Anzahl Adreßleitungen (1 Mbyte Adreßraum).

Busstecker und Kartenformat: Indirekte Steckverbindung nach DIN 41 612 mit 64 Kontakten für Einfach-Europakarten (vgl. Bild 11.1); **Bild 11.12** zeigt das Zuordnungsschema.

• *S-100-Bus (IEEE-696)*

Bustyp: Asynchron, kein Multiplex, maximal 22 Steckkarten, Buslänge bis zu 635 mm (25 *inch*).
Signale: TTL Open-Collector und Tri-state.
Datenbus: 2 x 8 bit oder 1 x 16 bit breit, bis 3 MWorte/s.
Adreßraum: bis 16 Mbyte (24 Leitungen).
Multiprozessorunterstützung: Bis zu 16 Prozessoren (*modules*) als temporäre Master.
Busstecker und Kartenformat: Direkte Steckverbindung mit 100 Kontakten für 100 Busleitungen; max. 22 Steckkarten pro Rahmen.
Bussignale können wie folgt in acht Gruppen zusammengestellt werden:
- 16 Datenleitungen
- 16 oder 24 Adreßleitungen
- 8 Statusleitungen
- 5 Ausgabe-Steuerleitungen
- 6 Eingabe-Steuerleitungen
- 8 DMA-Steuerleitungen
- 8 Interrupt-Leitungen
- 25 Versorgungs- und Nutzleitungen

• *TurboChannel (Digital Equipment)*

Bustyp: Synchron mit jeder festen Frequenz zwischen 12,5 und 25 MHz mit 2 bis 6 Steckplätzen.
Datenbus: 32 bit für 50 bis 98 Mbyte/s, Standard-Ein-/Ausgabe oder DMA-Betrieb.
Adreßraum: Bis 512 Mbyte für Daten-Ein-/Ausgaben.
Busstecker: 98poliger DIN-Steckverbinder.

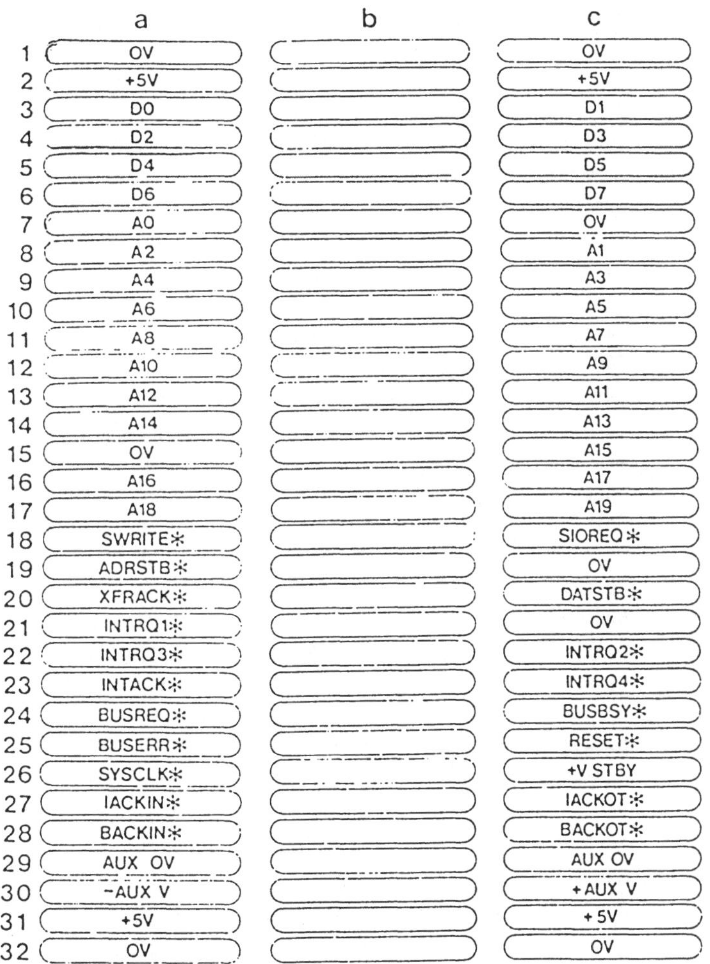

Bild 11.12 Belegung des indirekten DIN-Steckverbinders für den STE-Bus (IEEE-1000)

• *VESA Local Bus (VL-Bus)*

Bustyp: Zusatzbus für PCs und Workstations mit bis zu 66 MHz, maximal 3 Steckplätze.

Datenbus: 32 oder 64 bit Datenbreite mit 32-Bit-Adressen. Übertragungsraten im 50-MHz-Betrieb sind 160 Mbyte/s bei 32 Bits, 267 Mbyte/s bei 64 Bits.

Busstecker und Kartenformat: Der Anschluß entspricht dem Micro-Channel-Typ mit 116 Pins für 32 oder 64 Bits. **Tabelle 11.5** zeigt die Pin-Zuordnung. Als Kartenformate sind die nach ISA, EISA und MCA möglich.

Tabelle 11.5 Pinzuordnung beim VL-Bus

Pin	Reihe A (Bauteile)	Reihe B (Lötseite)	Pin	Reihe A (Bauteile)	Reihe B (Lötseite)
1	Data01	Data00	30	Adr16/Data48	Adr17/Data49
2	Data03	Data02	31	Adr14/Data46	Adr15/Data47
3	GND	Data04	32	Adr12/Data44	Vcc
4	Data05	Data06	33	Adr10/Data42	Adr13/Data45
5	Data07	Data08	34	Adr08/Data40	Adr11/Data43
6	Data09	GND	35	GND	Adr09/Data41
7	Data11	Data10	36	Adr06/Data38	Adr07/Data39
8	Data13	Data12	37	Adr04/Data36	Adr05/Data37
9	Data15	Vcc	38	WBACK#	GND
10	GND	Data14	39	BE0#/BE4#	Adr03/Data35
11	Data17	Data16	40	Vcc	Adr02/Data34
12	Vcc	Data18	41	BE1#/BE5#	LBS64#
13	Data19	Data20	42	BE2#/BE6#	Reset#
14	Data21	GND	43	GND	D/C#
15	Data23	Data22	44	BE3#/BE7#	M/IO#
16	Data25	Data24	45	ADS#	W/R#
17	GND	Data26	46	KEY	KEY
18	Data27	Data28	47	KEY	KEY
19	Data29	Data30	48	LRDY#	RDYRTN#
20	Data31	Vcc	49	LDEV<x>#	GND
21	Adr30/Data62	Adr31/Data63	50	LREQ<x>#	IRQ9
22	Adr28/Data60	GND	51	GND	BRDY#
23	Adr26/Data58	Adr29/Data61	52	LGNT<x>#	BLAST#
24	GND	Adr27/Data59	53	Vcc	ID0/Data32
25	Adr24/Data56	Adr25/Data57	54	ID2	ID1/Data33
26	Adr22/Data54	Adr23/Data55	55	ID3	GND
27	Vcc	Adr21/Data53	56	ID4/ACK64#	LCLK
28	Adr20/Data52	Adr19/Data51	57	LKEN#	Vcc
29	Adr18/Data50	GND	58	LEADS#	LBS16#

• ***VMEbus (IEEE-1014)***

Bustyp: Asynchron, kein Multiplex, 20 Steckkarten pro "Backplane", Buslänge bis zu 483 mm (19 *inch*).

Datenbus: 8 und 16 bit breit mit Einfach-Europakarte, 32 bit mit zweitem Steckverbinder auf Doppel-Europakarte, Bandbreite 5 MHz, Bustransferrate beträgt 36 Mbyte/s, Angaben gehen bis über 40 Mbyte/s.

Adreßraum: Wahlweise 16, 24 oder 32 bit.

Multiprozessorunterstützung: Für mehrere Prozessoren mit Daisy-chain, Round-Robin und Prioritätssteuerung (zentralisiert).

Busstecker und Kartenformat: Indirekter DIN-Steckverbinder mit 96 Anschlüssen auf Einfach-Europakarte für 8-Bit- und 16-Bit-Datentransfers. Zweiter Steckverbinder auf Doppel-Europakarte (vgl. Bild 11.1) für 32-Bit-Datenbreite. In diesem Fall bleiben 64 Kontakte frei für Anwendungs-Ein-/Ausgaben.

Bussignale werden manchmal aufgeteilt in sieben Funktionsbereiche:
- Datentransferbus mit Handshake (23 Leitungen)
- Adreßbus mit Modifizierungsmöglichkeit (29 Leitungen)
- Buszuteilung (14 Leitungen)
- Interrupt-Verarbeitung (10 Leitungen)
- System-Hilfssignale (4 Leitungen)
- Serielle Übertragungsmöglichkeit (2 Leitungen)
- Stromversorgung (5 Leitungen).

• *VME64*

Weiterentwicklung des VMEbus für die Wortbreite 64 bit; dann 80 Mbyte/s Datenrate möglich.

12 Parallele Peripherieschnittstellen

12.1 Übersicht

Peripherieschnittstellen bilden die Nahtstellen zwischen einem Computer und seiner "Umwelt". In Kapitel 1 haben wir die Unterscheidungspaare Standard-/Prozeßperipherie, Punkt-zu-Punkt-/Mehrpunktverbindung und parallele/serielle Übertragung erläutert. Hier werden konkrete parallele Schnittstellen vorgestellt, unterteilt in solche für reine Punkt-zu-Punkt-Verbindungen und busfähige Ausführungen. Wir werden dabei die nach unserer Meinung wichtigen berücksichtigen. In **Tabelle 12.1** sind sie aufgeführt zusammen mit dem Verweis darauf, in welchem Abschnitt sie besprochen werden.

Tabelle 12.1 Parallele Peripherieschnittstellen.
PP: Punkt-zu-Punkt; MP: Mehrpunkt

Name	Normung	Anwendung	Topologie	Abschn.
GPIO	Industrie	Meßtechnik, Steuerung	PP	5.2, 12.2
BCD	DIN 66 349	Meßtechnik	PP	12.2
Centronics	Industrie	Druckeranschluß	PP	12.3.1,14.1
Qume	Industrie	Druckeranschluß	PP	12.3.2
IEC-Bus	IEEE-488	Instrumentierung	MP	12.4
VXIbus	IEEE P1155	Instrumentierung	MP	12.5.1
CAMAC	IEEE-583	spezielle Instr.	MP	12.5.2
FASTBUS	IEEE-960	spezielle Instr.	MP	12.5.2
ATA, IDE	Industrie	PC-Peripherie	MP	14.1
PCMCIA	PCMCIA, JEIDA	Speicher, Peripherie	MP	14.1
SCSI	IEC, ISO	Massenspeicher	MP	14.1
FCSI	Industrie	schnelle Verbindungen	MP	14.1
IPI, HIPPI	IEC, ISO	Massenspeicher	MP	14.1

Die zitierten IEEE-Normen sind in Kapitel 11, Tabelle 11.2 zusammengestellt. Anwendungsbereiche für die genannten Schnittstellen sind in Kapitel 14 angegeben. Bei CAMAC (*Computer Aided Measurement And Control*) handelt es sich um eine Entwicklung, die fast ausschließlich in Bereichen der nuklearen Meßtechnik zur Anwendung kommt. Ähnliches gilt für den FASTBUS, wobei sich hierfür aber auch andere Anwendungen andeuten.

12.2 Einfache parallele Punkt-zu-Punkt-Schnittstellen

Einfache Punkt-zu-Punkt-Schnittstellen dienen oft dem direkten Anschluß von Meßgeräten an Rechner sowie der unmittelbaren Verbindung mit einfachen Steuer- und Regelungskomponenten, z.B. kleinen Leistungstreibern oder Relais. Zu den am meisten verbreiteten gehören auch die beiden nachfolgend vorgestellten Ausführungen

- **TTL-Port** (auch GPIO, *General Purpose Input/Output*) für den Anschluß von z.B. Schaltern, Stellgliedern, diversen Signalgebern;
- **BCD-Schnittstelle** für einige Meßgeräte wie z.B. Zähler.

12.2.1 TTL-Ein-/Ausgabe

• *TTL-Port* ist die Bezeichnung für eine bitparallele Schnittstelle der Breite 8, 16 oder 32 bit. Manchmal sind zusätzlich *Interrupt- und Handshake-Leitungen* vorhanden (**Bild 12.1**). Wesentliche Merkmale sind:
- Elektrische Eigenschaften entsprechend TTL-Industriestandard (Abschn. 5.2);
- einzelne Bits frei per Software selektierbar;
- einzelne Bits oder ganze Ports per Software als Ein- oder Ausgang schaltbar.

• *User Port* oder GPIO sind andere Bezeichnungen für TTL-Ports. Sie sind dem Programmierer auf zwei Arten verfügbar:
- Ein *Peripherer Interface-Adapter* nach Bild 12.1 muß in Assembler pogrammiert werden;
- in das Betriebssystem integrierte Parallelschnittstellen können z.B. in BASIC programmiert werden. Diese Lösung ist komfortabel, unter Umständen aber zu langsam.

12.2.2 BCD-Schnittstelle

• *BCD-Schnittstellen* sind in der Meßtechnik weit verbreitet. In Multimetern und Zählern z.B. werden dabei die dezimalen Meßwerte, die ziffernweise zur Anzeige gelangen, auch ziffernweise mit 4 bit binär codiert (BCD-Code, vgl. Abschn. 8.2.1) und über eine Schnittstelle übertragen. Die Darstellung mit jeweils 4 bit erlaubt nur die Binärcodierung von Dezimalziffern (*Binary Coded Decimals*, BCD, Bild 8.11). Wenn an der Schnittstelle nur vier Datenleitungen vorhanden sind, werden die Dezimalstellen (4-Bit-Gruppen) nacheinander (seriell) gesendet (*Zeitmultiplex-Schnittstelle*). Bei gleichzeitiger Übertragung von n Dezimalstellen sind $n \times 4$ Datenleitungen dafür in der Schnittstelle erforderlich.

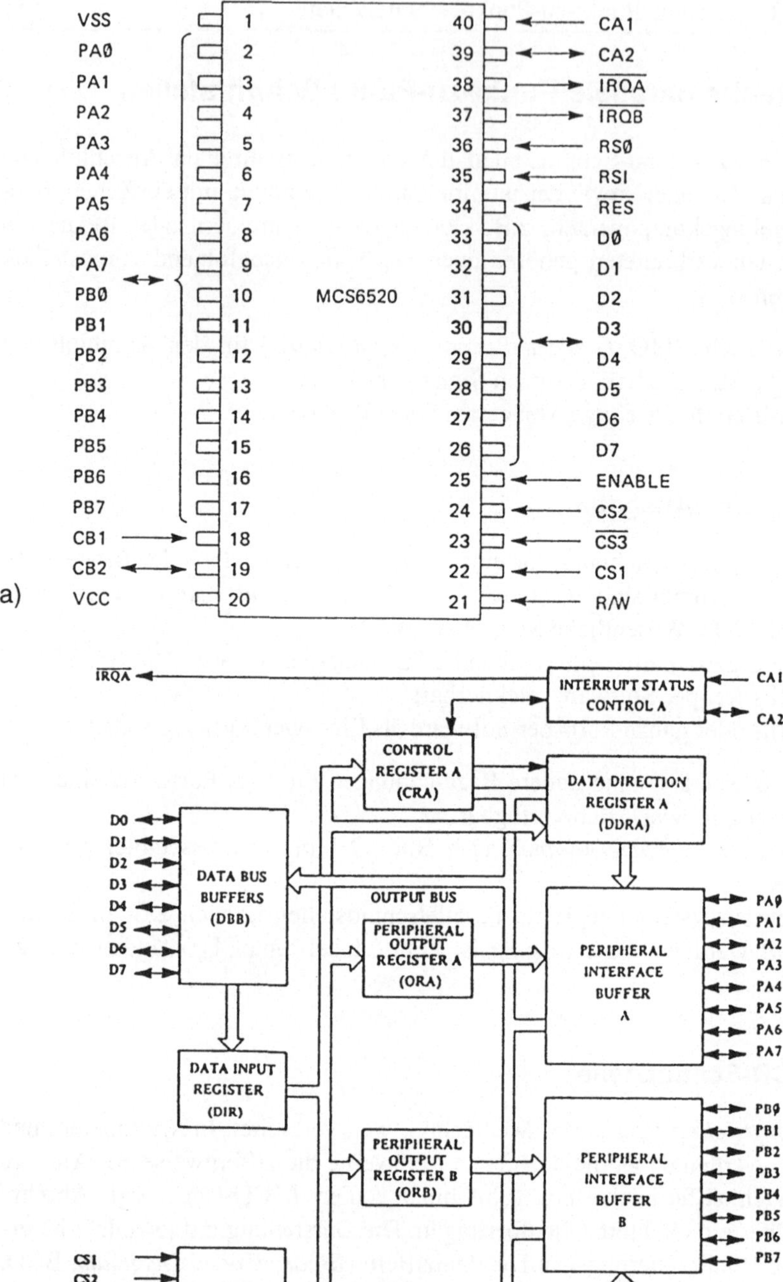

Bild 12.1 TTL-Schnittstelle am Beispiel eines Peripheren Interface-Adapters (PIA).
a) Gehäuseschema, b) Schaltschema

Schnitt stellen leitung	Bedeutung	Wertig- keit	Stift- Nr.
A 0		2^0	1
B 0	1. (niedrigste)	2^1	18
C 0	Dezimalstelle	2^2	2
D 0		2^3	19
A 1		2^0	3
B 1		2^1	20
C 1	2.Dezimalstelle	2^2	4
D 1		2^3	21
A 2		2^0	5
B 2		2^1	22
C 2	3.Dezimalstelle	2^2	6
D 2		2^3	23
A 3		2^0	7
B 3		2^1	24
C 3	4.Dezimalstelle	2^2	8
D 3		2^3	25
A 4		2^0	9
B 4		2^1	26
C 4	5.Dezimalstelle	2^2	10
D 4		2^3	27
A 5		2^0	11
B 5		2^1	28
C 5	6.Dezimalstelle	2^2	12
D 5		2^3	29
A 6		2^0	13
B 6		2^1	30
C 6	7.Dezimalstelle	2^2	14
D 6		2^3	31
A 7	Meßgrößenkenn-		15
B 7	zeichnung		32
C 7	oder		16
D 7	8. Dezimalstelle		33
A 8	Exponent bzw.Meßgeräte-		34
B 8	identifik.		35
C 8	Vorzeich.bzw.9.Dezimal-		36
D 8	Exponent stelle		37

Bild 12.2 BCD-Schnittstelle nach DIN 66 349; Stiftbelegung des 50poligen
Steckverbinders (Fortsetzung nächste Seite)

Bild 12.2 (Fortsetzung)

VZM	Vorzeichen Meßwert	17
UEF	Überlauf bzw. Fehler	38
SB	Sendebereitschaft	39
IAF	Identifikationsaufruf	40
ADR 0		41
ADR 1	Adreßleitungen	42
ADR 2	binär codiert	43
ADR 3		44
SAI	Sendeaufruf, Impuls	45
SAK	Sendeaufruf, Kontakt	46
EQT	Empfangsquittung	47
UFR	Fremdspannung	48
ULG	Logikspannung	49
GND	Signal-Masse (Ground)	50

Bild 12.2 BCD-Schnittstelle nach DIN 66 349; Stiftbelegung des 50poligen
Steckverbinders

• *DIN 66 349* definiert eine BCD-Schnittstelle mit $n = 7$ bzw. bis $n = 8$ Dezimalstellen. Es werden 50 Signalleitungen verwendet, die über einen 50poligen D-
Sub-Steckverbinder anzuschließen sind (**Bild 12.2**). Das Steckergehäuse, das
meßgeräteseitig mit Schutzerde verbunden ist, kann aus Gründen der Störsicherheit mit der Abschirmung des Kabels verbunden werden.

• *Schnittstellenfunktionen*: Im Gegensatz zu vielen anderen BCD-Schnittstellen
ist in DIN 66 349 über eine 7stellige Übertragung hinaus die Möglichkeit vorgesehen, sowohl die Meßgröße und die Einheit, als auch einen vorzeichenbehafteten
Exponenten und die Polarität des Meßwertes zu übertragen. Außerdem ist durch
eine 4-Bit-Adresse eine Meßgeräte-Identifikation möglich. Neben den Übertragungssteuerleitungen sind auch Anschlüsse für Fremd- und Logikspannungen im
Stecker vorgesehen.

• *Elektrische Eigenschaften* nach DIN 66 349 sehen bei dem einfachen Gerätetyp
A *Open-Collector-Treiber* und als Alternative dazu, bei höherer Geschwindigkeit
und größeren Entfernungen (Type B und C), *Tri-State-Treiber* vor. Sie sind mit
TTL-Bausteinen der Standardserie kompatibel.

• *Handshaking* und Ablauf der Datenübertragung verlaufen *unidirektional* in einer reinen *Master-Slave-Anordnung*. Dabei wird von der Verbindung einfacher
Meßgeräte ausgegangen, bei denen nur das Meßgerät Daten sendet. Die Initiative

zum Datenaustausch geht immer von der anderen Station (*Master*), z.B. einem Rechner aus. An der Übertragung sind 3 Steuerleitungen und die Datenleitungen beteiligt.

• *Zeitliche Abläufe* sind in **Bild 12.3** dargestellt. Der *Master* (Empfänger) löst die Datenübertragung aus, indem er die Leitung "Sendeaufruf" (SAI,1) aktiviert. Das *Meßgerät* (Sender) reagiert darauf durch Aktualisieren der Datenleitungen (Daten, 2) und bestätigt durch das Signal "Sendebereitschaft" (SB,3), daß die Leitungen stabil und eingeschwungen sind. Dieser Zustand bleibt während der Übernahme- und Verarbeitungszeit bestehen. Der Abschluß wird eingeleitet, wenn der Master das Signal "Empfangsquittung" (EQT,a) setzt. Nach dem Rücksetzen des Slave-Signals SB (b) wird die Übertragung durch die Rücknahme von EQT (c) beendet. Die Übertragungsstrecke ist für ein neues Datenwort freigegeben.

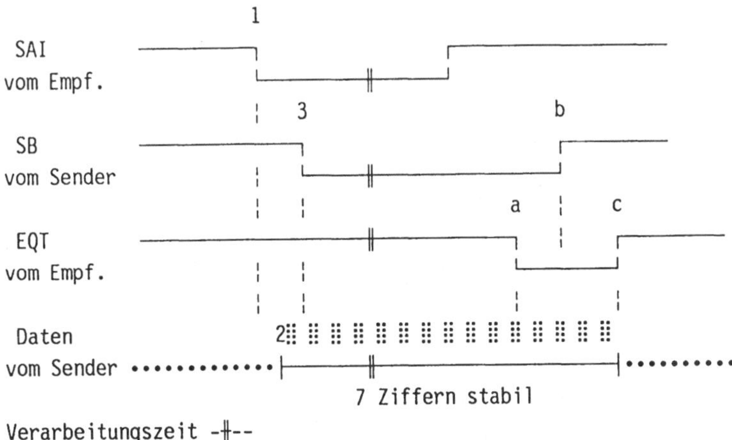

Bild 12.3 Zeitdiagramm der BCD-Schnittstelle nach DIN 66349

12.3 Druckerschnittstellen

Im Gegensatz zu den auf die Meß- und Prozeßaufgabe ausgerichteten TTL- und BCD-Schnittstellen orientieren sich die peripheren Schnittstellen aller Computer, von den ganz großen bis hin zu den Home-Computern, an der Aufgabe einer möglichst standardisierten Datenübertragung. Sie verwenden meist den Standard-ASCII-Code und sind im zeitlichen Ablauf ihrer Steuerleitungen genau beschrieben und offengelegt. Solche Geräte können z.B. Anzeigen, Tastaturen, Terminals, Drucker und Plotter oder weitere Rechner sein. Diese können meist durch ähnliche Geräte mit der gleichen Schnittstelle ausgetauscht werden, so daß hier von *Standard-Peripherie* gesprochen werden kann. In diesem Abschnitt wird auf typische parallele Drucker-Schnittstellen für Punkt-zu-Punkt-Verbindungen eingegangen. Die wesentlichen Normen über Peripherie-Schnittstellen sind in Anhang 17.2 am Schluß des Buches zusammengestellt.

12.3.1 Centronics-Schnittstelle

Die Firma *Centronics* hat bereits sehr früh (vor 1970) schnelle Nadeldrucker hoher Qualität produziert, die meist in Rechenzentren und an größeren Rechenanlagen eingesetzt wurden. Als Standard-Zeilendrucker für Programmlisten und Datenbestände erlangte neben den Gräten auch der verwendete einheitliche Schnittstellentyp große Verbreitung. Centronics hatte somit einen *Industrie-Standard* für Schnittstellen geschaffen. Dabei handelt es sich um eine parallele 8-Bit-Schnittstelle, die mit TTL-Pegeln arbeitet. Die zu erzielenden Entfernungen liegen je nach Ausführung und Störumgebung bei einigen Metern.

• *Elektrische Eigenschaften*: Alle zu übertragenden Signale werden TTL-Pegeln zugeordnet. Die Daten tragen dabei normale Polarität (*true polarity*), die *Strobe*- und *Acknowledge*-Leitung werden in negativer Polarität (*invers polarity*) übertragen. Meist wird entweder der 7-Bit-ASCII-Code zusammen mit einem Paritätsbit oder ein auf 8 Bits erweiterter Code ohne Parität, z.B. der IBM-PC-Code, verwendet.

• *Schnittstellenleitungen*: Am Beispiel des älteren Centronics-Druckers 701 werden die Schnittstellenleitungen und Gerätefunktionen in **Bild 12.4** deutlich gemacht. Die 8 Datenbits werden in separaten Leitungen geführt. Auf den Drucker bezogen verlaufen sie in Eingangsrichtung. Der Steuerung der Übertragung dienen die Leitungen *Data Strobe*, *Busy* und *Acknowledge*. Auf ihren Gebrauch wird noch eingegangen. Weitere Signale dienen der Gerätesteuerung, z.B. "*Paper Out*" für Papierende, "*Printer Select*" für Betriebsbereitschaft, "*Input Prime*" für Initialisierung und *Reset* des Druckers oder "*Fault*" bei Betriebsstörungen. Sie erreichen größtenteils direkt den Funktions-Decoder des Druckers, ohne im Zeilen- bzw. Seitenspeicher des Druckers auf die Ausführung zu warten. Auch eine Versorgungsspannung von 5 V ist an der Schnittstelle herausgeführt, um z.B. externe Adapter und Schnittstellenwandler anschließen zu können.

• *Kontaktbelegung*: Die 36 Kontakte des verwendeten Steckers sind rechteckförmig angeordnet. Die Pin-Belegung zeigt **Bild 12.5**. Zu den Leitungen mit den bereits angesprochenen Funktionen sind die Pins 19 bis 30 mit masseführenden *Return*-Leitungen belegt. Centronics hat in der Schnittstelle von Anfang an die Übertragung auf paarweise zugeordneten Leitungen, z.B. verdrillt, vorgesehen. Bei modernen Schnittstellen (z.B. RS-485) ist diese Art der Übertragung heute üblich. Hinsichtlich der Störsicherheit und der Übertragungsentfernung bringt es selbst bei potentialgebundenen TTL-Signalen erhebliche Vorteile, die Bezugspotentiale der einzelnen Signale getrennt zu übertragen und direkt mit dem entsprechenden Masseanschluß des Empfängerbausteins zu verbinden. Bei den üblichen Flachbandkabeln und Steckern zum Anschlagen hat diese Art der Pinbelegung die

Folge, daß im Bereich der Daten- und Steuerleitungen jeweils eine Signalader zwischen zwei Masseadern geführt wird. Störungen durch Übersprechen werden dadurch deutlich vermindert.

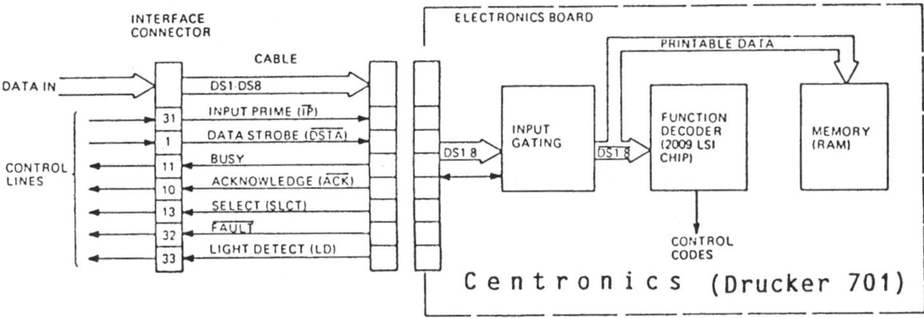

Bild 12.4 Signale der Centronics-Schnittstelle

PIN No.	Signal	PIN No.	Signal	
1	→ DATA STROBE	19	STROBE RET	
2	→ DATA BIT 1	20	DATA BIT 1	RET
3	→ DATA BIT 2	21	DATA BIT 2	RET
4	→ DATA BIT 3	22	DATA BIT 3	RET
5	→ DATA BIT 4	23	DATA BIT 4	RET
6	→ DATA BIT 5	24	DATA BIT 5	RET
7	→ DATA BIT 6	25	DATA BIT 6	RET
8	→ DATA BIT 7	26	DATA BIT 7	RET
9	→ DATA BIT 8	27	DATA BIT 8	RET
10	← ACKNOWLEDGE	28	ACKN	RET
11	← BUSY	29	BUSY	RET
12	← PAPER OUT	30	INPUT PRIME	RET
13	← PRINTER SELECT	31	→ INPUT PRIME (RESET)	
14	SIGNAL GROUND	32	← FAULT	
15	← EXT. OSCILLATOR	33	LIGHT DETECT	
16	SIGNAL GROUND	34		
17	CHASSIS GROUND	35		
18	← POWER +5V	36	NOT USED	

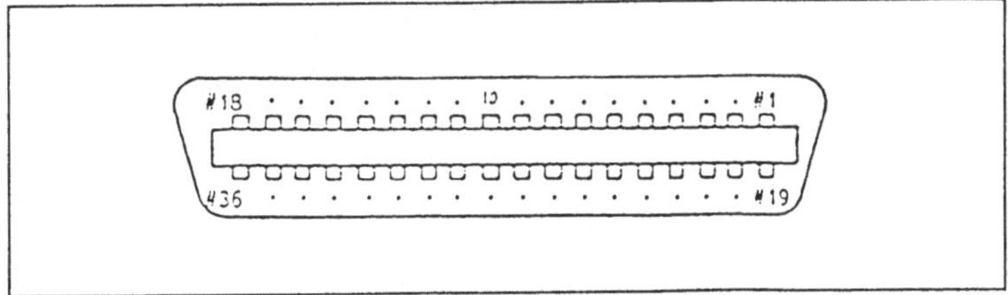

Bild 12.5 Stiftbelegung des 36poligen Steckverbinders der Centronics-Schnittstelle

• *Handshaking*: Bei der Centronics-Schnittstelle wird nur der zeitliche Ablauf der Datenübertragung, nicht aber die Qualität der Übertragung, z.B. durch Rückmeldung des Paritätsbits, gesteuert. Zur Übertragung sind die Datenleitungen sowie die Signale *Data-Strobe*, *Acknowledge* und *Busy* nötig. Den zeitlichen Ablauf zeigt **Bild 12.6**. Stellvertretend für die 8 Datenleitungen Bit 0 bis Bit 7 sind durch den Kurvenzug in der oberen Zeile 3 Bytes angedeutet. Nachdem die Daten auf den Leitungen eingeschwungen sind, werden sie durch den Strobe-Impuls vom Sender für gültig erklärt. Sie können bis zum Abschluß der Übertragung an den Leitungen anstehen, mindestens aber bis 1,0 µs nach der Rückflanke des Strobe-Impulses. Der Empfang und die Verarbeitung werden mit den Signalen *Busy* und *Acknowledge* an den Sender zurückgemeldet. Der Empfänger reagiert spätestens 1,5 µs nach der Rückflanke des Strobe-Impulses durch Setzen von Busy auf die angebotenen Daten. Das Busy-Signal kann sehr lange anstehen. Es enthält u.a. die Ausführungszeit der übertragenen Zeichen, die z.B. beim Seitenvorschub (*Form Feed*, FF, Hex 0B) den Druckerspeicher viele Sekunden blockieren kann. Auf die Rückflanke seines Busy-Signals läßt der Empfänger den Acknowledge-Impuls folgen. Er dauert bis zu 6 µs, beschließt die Datenübertragung des Zeichens und gibt die Datenleitungen für neue Zeichen frei.

• *Kompatibilität*: Schnittstellen mit hoher Verbreitung werden oft von anderen Herstellern nachgebaut und dann als kompatibel bezeichnet. Dabei werden meist einige Gerätesteuersignale geändert oder entfallen ganz.

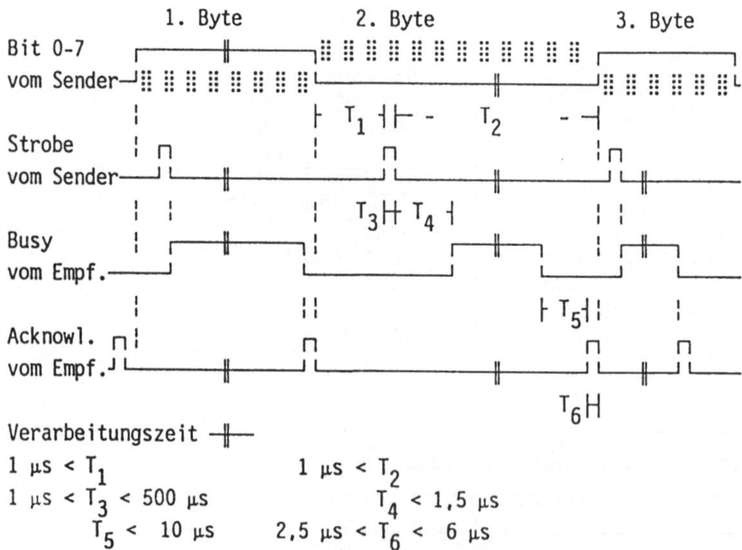

$$1\ \mu s < T_1$$
$$1\ \mu s < T_2$$
$$1\ \mu s < T_3 < 500\ \mu s$$
$$T_4 < 1,5\ \mu s$$
$$T_5 < 10\ \mu s$$
$$2,5\ \mu s < T_6 < 6\ \mu s$$

Bild 12.6 Zeitdiagramm der Centronics-Schnittstelle

Bei den verbreiteten Epson-Druckern weicht die kompatible Schnittstelle sogar im
zeitlichen Ablauf der Signale von dem der originalen Centronics-Schnittstelle ab.
Bereits vor der Rückflanke des Strobe-Impulses setzt hier der Drucker sein Busy-
Signal. Noch während das Busy-Signal gesetzt ist, wird der Acknowledge-Impuls
gesendet. Die logischen Abläufe in der Schnittstelle sind jedoch so einfach und
die meisten Interface-Schaltungen so tolerant aufgebaut, daß solche Abweichungen nicht zu Störungen führen. Der IBM-PC verwendet für seine Centronics-
Schnittstelle (LPT1, **Bild 12.7**) einen abweichenden 25poligen Stecker mit Stiften.
Die Erdleitungen werden zusammengefaßt und auch die Gerätesteuersignale
leicht verändert. Zum Zeichensatz der "IBM-kompatiblen" Drucker gehört immer
der volle Umfang des standardmäßigen 8 bit IBM-PC-Codes.

Parallel Port Definitions

Signalname	PIN NO.
Strobe	1
Data Bit 0	2
Data Bit 1	3
Data Bit 2	4
Data Bit 3	5
Data Bit 4	6
Data Bit 5	7
Data Bit 6	8
Data Bit 6	9
Acknowledge	10
Busy	11
P. End (out of paper)	12
Select	13
Auto Feed	14
Error	15
Initialize Printer	16
Select Input	17
Ground	18 - 25

Centronics - Schnittstelle des IBM - PC

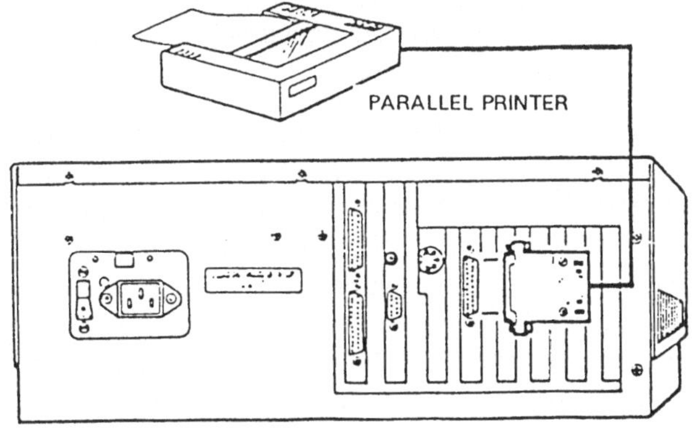

Bild 12.7
Stiftbelegung des
25poligen Steckver-
binders am IBM PC
(LPT1 bis LPT3)

12.3.2 13 bit Qume-Schnittstelle

Zu Beginn der automatischen Bürodatenverarbeitung Mitte der 70er Jahre wurden in der kommerziellen Text- und Formularbearbeitung, z.B. bei Banken und Versicherungen, Typenraddrucker eingesetzt. Unter diesen schnellen Schönschreibdruckern (ca. 80 Zeichen/s) besaß die Firma *Qume* (ITT-Gruppe) einen sehr großen Marktanteil. Qume-Drucker besaßen eine eigene, typische parallele 13-Bit-Schnittstelle, bei der die Positionen der Druckerzeichen in horizontalen und vertikalen Koordinaten separat übertragen wurden. Sie soll an dieser Stelle hauptsächlich als Beispiel für eine weitere Variante des *Leitungs-Handshakings* bei parallelen Schnittstellen dienen.

• *Elektrische Eigenschaften*: Die Qume-Schnittstelle arbeitet mit *Open-Collector-Treibern*. Sie sind mit TTL-Pegeln kompatibel. Alle Signale weisen "Aktiv-Low"-Polarität auf. Die Ausgänge der Bausteine werden über 1,8 kOhm an + 5 V gelegt.

• *Kontaktbelegung*: Es wird ein 50poliger Stecker verwendet, dessen Kontakte 2seitig direkt auf die Leiterplatte des Druckers gedruckt sind. Dadurch wird wenigstens teilweise der Aufwand für die teuren 50poligen Stecker reduziert. Die Signale und die Belegung sind in **Bild 12.8** aufgeführt. 13 Datenleitungen, 5 Strobes und 8 Gerätestatusleitungen sind darin enthalten.

• *Schnittstellenleitungen*: Die übertragenen Datenworte können, charakteristisch für die Qume-Schnittstelle, unterschiedliche Bedeutung haben. Diese wird bestimmt durch die 3 Strobesignale "Character Strobe" für ASCII-Zeichen, "Carriage Strobe" für Horizontalbewegung und "Paper Feed Strobe" für Vertikalbewegungen (**Bild 12.9**). Zwei weitere Strobesignale sind unabhängig von den Datenworten: *Top of Form* (Seitenvorschub) und *Restore* (Rücksetzen des Druckers).

Sowohl die Horizontal- als auch die Vertikalbewegung erfolgt durch das ansteuernde System. Um einen Punkt auf dem Papier zu erreichen, wird zunächst die vertikale Schrittweite in 1/48"-Schritten durch ein 11 Bits umfassendes vorzeichenbehaftetes Datenwort übertragen. Die Horizontalpositionierung geschieht in 1/120"-Schritten und wird 12 bit breit übertragen. Die abzudruckenden Zeichen werden anschließend im 7-Bit-ASCII-Code angegeben.

• *Handshaking*: Die *Strobes* bestimmen den Zeitpunkt der Gültigkeit der Daten und identifizieren die Bedeutung. Stellvertretend für die 3 Leitungen ist in **Bild 12.10** nur ein Strobe-Signal dargestellt. Vom Drucker müssen sie jeweils durch die zugehörigen *Ready-Signale* "Character Ready", "Carriage Ready" und "Paper Feed Ready" beantwortet werden. Auch diese sind in der Abbildung zusammengefaßt dargestellt. Diese Signale bleiben während der Ausführungszeit des Druckers gesetzt und geben mit ihrer Rückflanke die Schnittstelle für neue Zeichen frei. Ein einziges "Ready"-Signal "ersetzt" so die beiden Centronics-Signale "Busy" und "Acknowledge".

Schnittstellensignale

Qume Stecker 50 pol.	Signal	Name		Qume Stecker 50 pol.	Signal	Name
1	GND	GND		26	TOP OF FROM STROBE	TOFXN
2	DATA 1/2	D00N		27	GND	
3	DATA 1	D01N		28	RIBBON LIFT	
4	DATA 2	D02N		29	GND	
5	DATA 4	D03N		30	RIBBON OUT	ROUTN
6	DATA 8	D04N		31	GND	
7	DATA 16	D05N		32	PRINTER SELECT	PRSEN
8	DATA 32	D06N		33	GND	
9	DATA 64	D07N		34	COVER INTERLOCK	GND
10	DATA 128	D08N		35	GND	GND
11	DATA 256	D09N		36	GND	GND
12	DATA 512	D10N		37	CHECK	CHECN
13	DATA1024	D11N		38	GND	
14	DATA2048	D12N		39	CHARACTER READY	CHRYN
15	GND			40	GND	
16	RESTORE STROBE	RESTN		41	CARRIAGE READY	CARYN
17	GND			42	GND	
18	CARACTER STROBE	CHSTN		43	PAPERFEED READY	PFRYN
19	GND			44	GND	
20	CARRIAGE· STROBE	CASTN		45	INP.BUFF. EMPTY	GND
21	GND			46	GND	
22	PAPERFEED STROBE	PFSTN		47	PRINTER READY	PRRYN
23	GND			48	GND	
24	PAPERFEED STB (OPT)			49	PAPER OUT	POUTN
25	GND			50	GND	

Bild 12.8 Signale und Belegung des 50poligen Steckverbinders der Qume-Schnittstelle

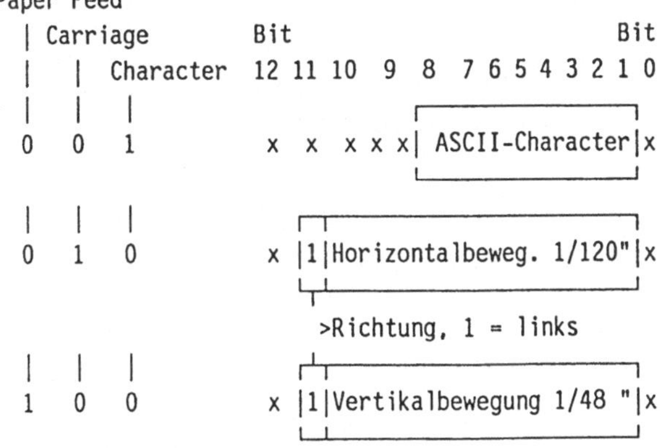

Bild 12.9 Bedeutung der Datenworte der Qume-Schnittstelle

Zusätzliche separate Strobes:
  "Queued Restore" zum Reset des Druckers
  "Top of Form" Anfang einer neuen Seite

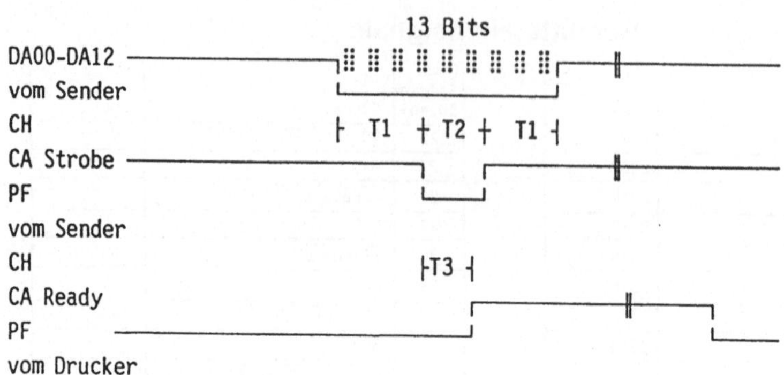

Bild 12.10 Zeitdiagramm der parallelen 13 bit Qume-Schnittstelle

• *Kompatibilität*: Mit zunehmender druckereigener Intelligenz, z.B. der automatischen Positionierung auch bei Proportionalschrift und der Auswahl unterschiedlicher druckereigener Schrifttypen (*Fonts*) sank auch die Bedeutung der 13-Bit-Schnittstelle. Die Firma Qume versieht heute ihre Drucker mit allen handelsüblichen seriellen und parallenen Schnittstellen.

12.4 IEC-Bus

Eine der bislang wichtigsten Definitionen für die computergestützte Meßtechnik wurde anfangs der sechziger Jahre von der Firma *Hewlett-Packard* (HP) als *HP Interface Bus* (HP-IB) vorgestellt; andere Hersteller fanden dafür die Bezeichnung *General-Purpose Interface Bus* (GPIB; nicht zu verwechseln mit GPIO, Abschn. 12.1). Im internationalen Normenwerk finden wir den GPIB als IEC 625 (bzw. DIN IEC 625). Die darin festgelegten Busspezifikationen unterscheiden sich vom ebenfalls gültigen Standard IEEE-488 nur im Steckverbinder. Weil aber der in **Bild 12.11** dargestellte 24polige IEEE-Stecker überwiegt, ist es konsequent, vom **IEEE-488-Bus** zu sprechen. Im deutschen Sprachgebrauch hat sich jedoch die Bezeichnung **IEC-Bus** eingebürgert.

• *Die Normung des IEC-Busses* hat sich über Jahre erstreckt. Mit **Tabelle 12.2** ist aufgezeigt, wie dieser etwa 30 Jahre alte Bus erst Anfang der 90er Jahre als modernes Produkt für die Laborautomatisierung zu neuen Ehren kommt, nämlich durch Bereitstellung von Anschaltungen und Meßmodulen, die dem Standard IEEE-488.2 folgen und die einheitliche Kommandosprache SCPI (sprich: *skippy*) implementieren (s. Abschn. 12.4.2).

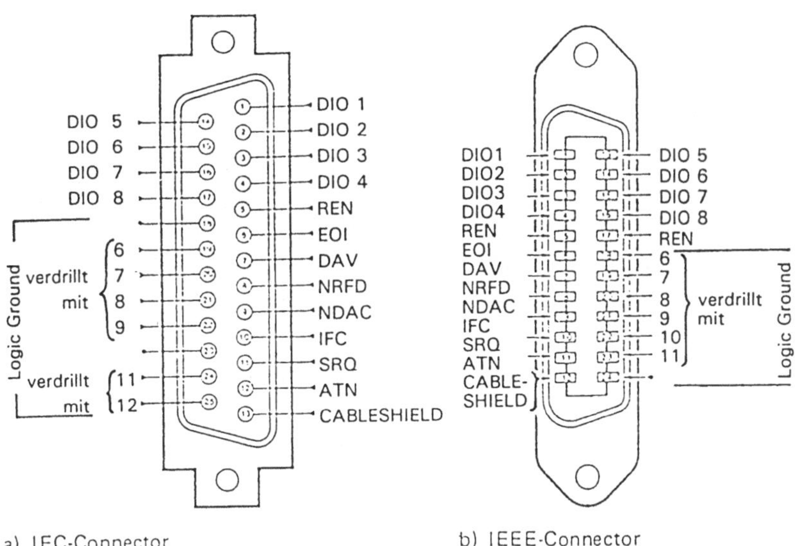

Bild 12.11 Die in IEC 625 und IEEE-488 spezifizierten Busanschlüsse

Tabelle 12.2 Normen zum IEC-Bus

Jahr	Norm	Beschreibung
bis 1965	Industrie	von HP als HP-IB entwickelt
1975	IEEE-488	Grundlegende Buseigenschaften (GPIB), elektrisch, mechanisch, Bussteuerung
1979	IEC 625	Interface system for programmable measuring instruments; Übereinstimmung mit IEEE-488, aber 25poliger Steckverbinder
	IEC 625-1	General, functional, electrical, mechanical specifications, system applications and requirements
	IEC 625-2	Code and format conventions
1980	IEEE-488	Neufassung
	DIN IEC 625	identisch mit IEC 625
1982	IEEE-728	Code and format conventions for use with IEEE Standard 488
1983	NIM	GPIB for Nuclear Instrument Modules
1985	IEEE-P981	GPIB Device Messages
1988	IEEE-488.1	Digital Interface for Programmable Instrumentation
	IEEE-488.2	Codes, Formats, Protocols and Common Commands
1988	IEC 625-1	entsprechend IEEE-488.1
	IEC 625-2	entsprechend IEEE-488.2
ab ca 1990		Produkte nach IEEE-488.2 mit Kommandosprache SCPI

12.4.1 IEEE-488.1

Die ursprüngliche Norm IEEE-488 von 1978 wurde 1987 durch das Papier 488.1
ersetzt. Unverändert ist darin die grundlegende Busspezifikation dargestellt, d.h.
es sind elektrische und mechanische Eigenschaften sowie die Schnittstellen-Funktionen beschrieben. Damit ist gewährleistet, daß Geräte nach festgelegten Regeln
Bytes miteinander austauschen können. Ein paar der wichtigen Merkmale sind in
Tabelle 12.3 zusammengestellt.

Tabelle 12.3 IEC-Bus-Merkmale

Normung	siehe Tabelle 12.2
Bustyp	asynchron, Multiplexbetrieb für Daten, Adressen und Steuerinformation
Steuerung	Mischung aus Hardware- und Software-Steuerung mit Dreidraht-Handshake
Anzahl Teilnehmer	Ein Steuergerät (Controller) und max. 14 weitere Geräte
Datenbus	8 bit breit
Buslänge	Gesämtlänge 20 m, max. 2 m an jedem Gerät
Übertragungsge-schwindigkeit	20 kbyte/s bei Maximallast; bis 1 Mbyte/s bei 0,5 m Kabellänge pro Gerät mit 48-mA-Tri-State-Treibern
Signalpegel	Open Collector, TTL-Pegel mit Negativlogik; False (logisch 0) 2,5...5 V; True (logisch 1) = 0...1,4 V

• **_Busfähige Geräte_** lassen sich gemäß **Bild 12.12** einteilen.

• **_Controller_** als zentrale Steuereinheit für den Busbetrieb zur Adressierung und
Programmierung von Meßgeräten und zum Aufnehmen von Information. Controller können mithin "sprechen" (_talk_) und empfangen bzw. "hören" (_listen_).

• **_Sprecher (Talker)_** können nur Daten senden, wie z.B. Thermometer, einfache
Digitalvoltmeter.

• **_Hörer (Listener)_** können nur Daten empfangen, wie z.B. Netzgeräte, Drucker,
Signalgeneratoren, Scanner.

• **_Talker/Listener_** lassen sich so programmieren, daß sie senden oder empfangen
können. So kann z.B. ein Digitalmultimeter in seiner Funktion über den Bus
eingestellt werden und dann Meßdaten auf den Bus geben.

• **_Managementbus_** ist die meistbenutzte Bezeichnung für die 5 Leitungen zur
allgemeinen Schnittstellensteuerung (Bild 12.12); ihre Funktion ist nachfolgend
aufgeführt. Wegen der besonderen Bedeutung von ATN wird diese Leitung als
letzte besprochen.

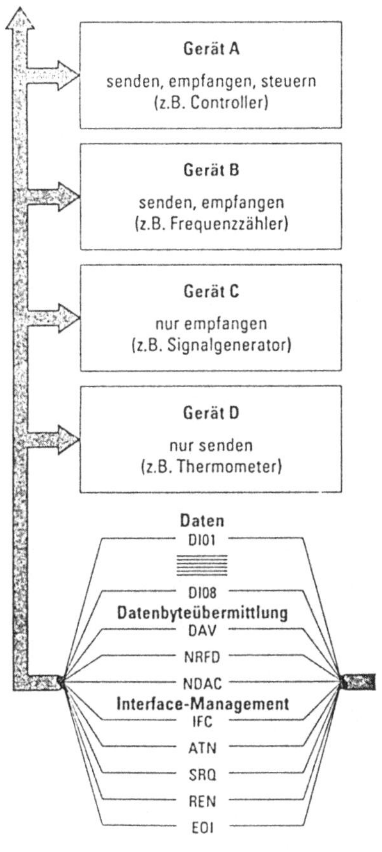

Bild 12.12
Busstruktur, Leitungen und Gerätetypen nach IEEE-488; Abkürzungen im Text

• **IFC** (*Interface Clear*, Schnittstelle rücksetzen) ist ein Controller-Befehl, mit dem alle Schnittstellen-Funktionen in einen definierten Ausgangszustand versetzt werden; kann auch zur Überprüfung und Löschung eines falschen Befehls genutzt werden.

• **REN** (*Remote Enable*, Fernsteuerung ermöglichen) ist ein Controller-Befehl; stellt das angesprochene Gerät auf Fernsteuerung ein.

• **EOI** (*End Or Identify*, Ende oder Identifizierung) kann vom Controller oder einem Gerät benutzt werden und zeigt das Ende einer Nachricht an (*end*) oder fordert bei einer Abfrage zur Identifizierung auf (*identify*).

• **SRQ** (*Service Request*) ist der Bedienungsaufruf und zeigt dem Controller, daß ein Gerät bedient werden möchte. Der Controller muß danach durch serielles oder paralleles Abfragen (*Serial Poll* bzw. *Parallel Poll*) herausfinden, welches Gerät den Service angefordert hat. Die SRQ-Leitung wird aber auch aktiviert, wenn eine Schnittstelle ein falsches Signal empfängt.

• *ATN* hat die Bedeutung "Achtung" (*Attention*) und legt auf dem *Multiplex-Datenbus* die augenblickliche Bedeutung fest. Die zwei möglichen Zustände definieren, ob das augenblicklich auf dem Datenbus als stabil erklärte Byte (vgl. DAV) ein Meßdatum ist oder ein Kontrollbefehl (Geräteadresse oder Steuerbefehl). **Bild 12.13** zeigt diesen Zusammenhang.

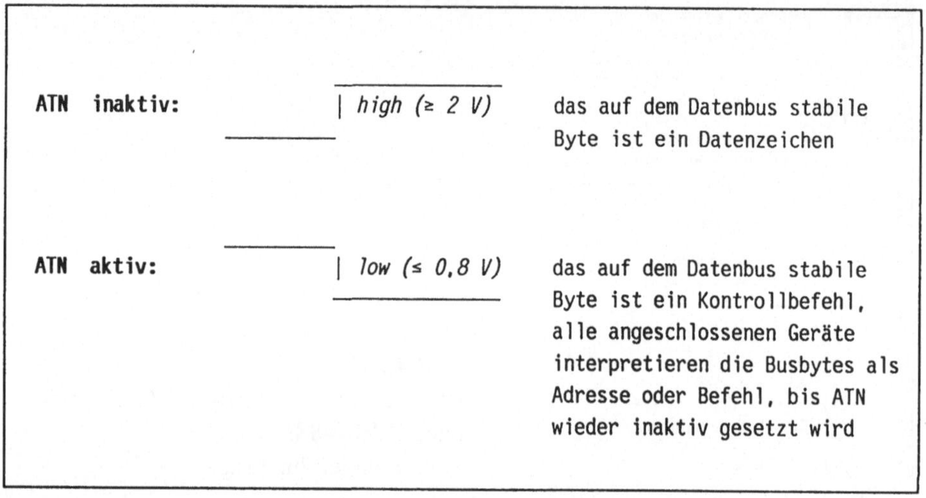

ATN   inaktiv: | *high (≥ 2 V)*   das auf dem Datenbus stabile
                                                Byte ist ein Datenzeichen

ATN   aktiv: | *low (≤ 0,8 V)*   das auf dem Datenbus stabile
                                                Byte ist ein Kontrollbefehl,
                                                alle angeschlossenen Geräte
                                                interpretieren die Busbytes als
                                                Adresse oder Befehl, bis ATN
                                                wieder inaktiv gesetzt wird

Bild 12.13 Bedeutung des Auswahlsignals ATN (*Attention*)

• *Dreidraht-Handshake* gehört zu den weiteren typischen Besonderheiten der Anfang der 60er Jahre entwickelten IEC-Bus-Schnittstelle (damaliger Stand der Technik). Es wird dabei mit zwei Signalen (Leitungen) getrennt die Übernahmebereitschaft und das Ende interner Verarbeitungsabläufe angezeigt (**Bild 12.14**). Eine wesentliche Rolle spielt das Signal DAV:

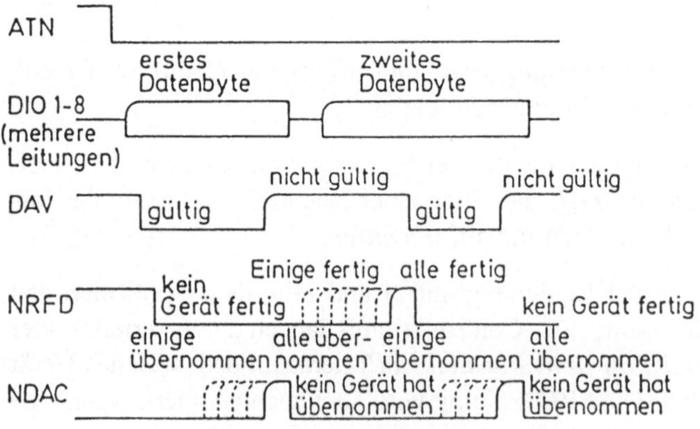

Bild 12.14 Dreidraht-Handshake am IEC-Bus

• **DAV** (*Data Valid*, Daten gültig) meldet, daß auf dem Datenbus ein gültiges Byte stabil (eingeschwungen) angeboten wird und übernommen werden kann. **Bild 12.15** zeigt dies an einem Beispiel. Alle Hörer (*listener*) setzen daraufhin NRFD und NDAC aktiv.

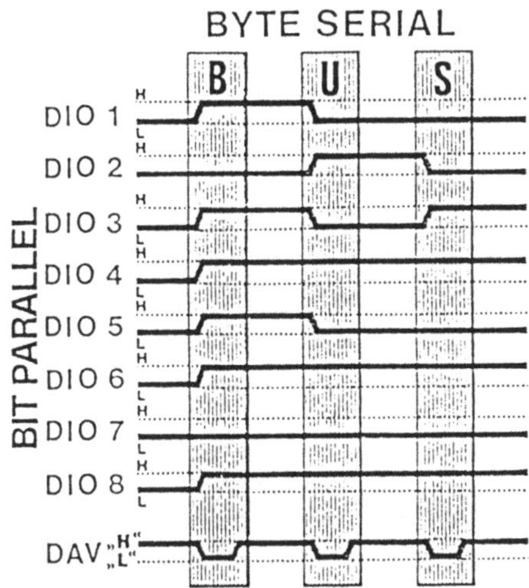

ASCII-Zeichen		
| Hex-Code		
| | Binär		
| | |		
B	42	HLHH HHLH
U	55	HLHL HLHL
S	53	HLHL HHLL
H = log.0 = "False" (Falsch)		
L = log.1 = "True" (Richtig)		

b)

Bild 12.15
Datenbytes gültig erklären mit Hilfe von DAV (*Data Valid*)

• **NDAC** (*Not Data Accepted*, Daten noch nicht übernommem) zeigt an, daß Empfänger (*listener*) einen Daten-Übernahmezyklus durchlaufen. Erst wenn alle angeschlossenen Geräte ihre Daten aufgenommen haben, wird NDAC zurückgenommen (*Wired-OR-Schaltung*).

• **NRFD** (*Not Ready For Data*, nicht übernahmebereit) zeigt an, daß Daten nicht angenommen werden können, weil z.B. interne Verarbeitungsabläufe (speichern, komprimieren usw.) noch nicht beendet sind. Auch hierbei sorgt eine Wired-OR-Schaltung dafür, daß NRFD erst dann freigegeben wird, wenn alle Listener bereit sind. Dieses Verfahren sorgt dafür, daß das langsamste Gerät die Buszyklen bestimmt. Erst danach kann ein weiteres Byte auf den Datenbus gesetzt und mit DAV gültig erklärt werden.

• *Adressierung am IEC-Bus* bedeutet zweierlei: (1) An jedem Busgerät ist mit einer an der Rückwand angebrachten Schalterreihe eine im System einmalige Geräteadresse einzustellen. (2) Während des Betriebs ist jedes Gerät über seine eingestellte (einmalige) Adresse anzusprechen, und zwar unterschieden nach der augenblicklichen Funktion als Sprecher (*talker*) oder Hörer (*listener*).

• *Geräteadressen* werden dem Schema der **Tabelle 12.4** entnommen. *Beispiel*: Für ein Multimeter soll als Adresse 25 dezimal eingestellt werden. Dies entspricht der Binäradresse 11001. Am Gerät sind demzufolge die Adreßschalter A1, A4 und A5 auf "1", A2 und A3 auf "0" zu setzen. Aus Tabelle 12.4 erkennt man, daß für dieses Gerät nun die *Talkeradresse* "Y" gilt, die *Listeneradresse* ist "9". **Bild 12.16** zeigt, wie eine vollständige Busadresse entsteht, nämlich aus der Kombination der eingestellten Geräteadresse und den Kennungsbits für "Talk" bzw "Listen". Nach der Standard-ASCII-Tabelle entspricht das den Zeichen "Y" und "9" im Beispiel mit der Geräteadresse 25 (Spalten 2 und 3 in der ASCII-Tabelle für Listener, Spalten 4 und 5 für Talker).

• *Entadressierbefehle:* Eine besondere Rolle spielt die Adresse 31 (dezimal): Damit sind die Entadressierbefehle UNL (*Unlisten*, Hören beenden, "?") und UNT (*Untalk*, Sprechen beenden, "_") definiert. Es handelt sich um codierte Befehle, die zusammen mit ATN gesetzt werden (s. unten).

• *Sekundäradressen* sind bei manchen Geräten zusätzlich zu den Talker-/ Listeneradressen nutzbar; sie sind allerdings nicht frei wählbar, sondern werden vom Gerätehersteller vorgegeben. Sie werden oft genutzt, um zusätzliche Funktionen verfügbar zu machen, weshalb dafür auch die Bezeichnung Sekundärbefehle gilt. Die gemäß Bild 12.16 wählbaren Codes haben ihre Entsprechung in den Spalten 6 und 7 der ASCII-Tabelle (vgl. Abschn. 8.2.2).

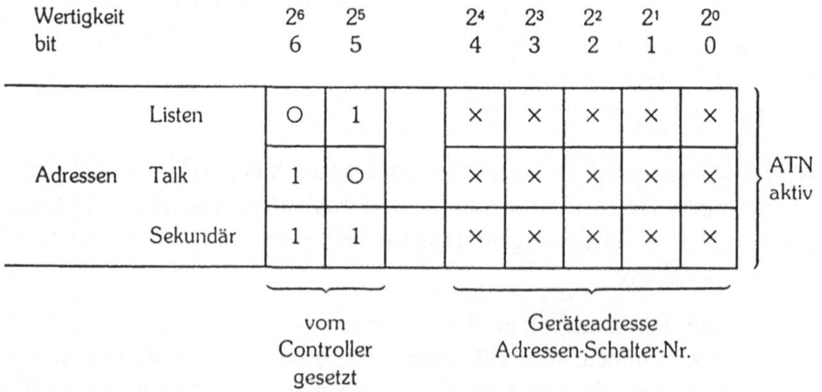

Bild 12.16 Adressierungsschema für IEC-Bus

Tabelle 12.4 Übersicht zu den Geräteadressen am IEC-Bus
(Talker- und Listeneradressen)

| Adreßschalter Nr. | | | | | Adreßzeichen | | Dezimal- |
5	4	3	2	1	Talk	Listen	wert
0	0	0	0	0	@	SP	00
0	0	0	0	1	A	!	01
0	0	0	1	0	B	"	02
0	0	0	1	1	C	#	03
0	0	1	0	0	D	$	04
0	0	1	0	1	E	%	05
0	0	1	1	0	F	&	06
0	0	1	1	1	G	'	07
0	1	0	0	0	H	(	08
0	1	0	0	1	I	)	09
0	1	0	1	0	J	*	10
0	1	0	1	1	K	+	11
0	1	1	0	0	L	,	12
0	1	1	0	1	M	-	13
0	1	1	1	0	N	.	14
0	1	1	1	1	O	/	15
1	0	0	0	0	P	0	16
1	0	0	0	1	Q	1	17
1	0	0	1	0	R	2	18
1	0	0	1	1	S	3	19
1	0	1	0	0	T	4	20
1	0	1	0	1	U	5	21
1	0	1	1	0	V	6	22
1	0	1	1	1	W	7	23
1	1	0	0	0	X	8	24
1	1	0	0	1	Y	9	25
1	1	0	1	0	Z	:	26
1	1	0	1	1	[	;	27
1	1	1	0	0	\	<	28
1	1	1	0	1	]	=	29
1	1	1	1	0	^	>	30
1	1	1	1	1	_	?	31

• *Vollständiger Buszyklus:* Eine Nachrichtenfolge beginnt in der Regel mit dem Befehl IFC (Schnittstellenfunktionen rücksetzen), gefolgt von REN (Fernsteuerung freigeben), es sei denn, der Controller erledigt dies bereits beim Einschaltvorgang. Anschließend wird durch Setzen von ATN der *Adressiervorgang* eingeleitet. **Bild 12.17** zeigt diese Schritte und die eigentliche Datenübertragung, nachdem ATN deaktiviert wurde. Beim letzten Datenbyte (im Beispiel gibt es nur eins mit der Ziffer 9 als Variable) wird durch den aktuellen Talker (nicht Controller) zusätzlich EOI gesetzt, um dem Controller zu signalisieren, daß er wieder die Steuerung übernehmen soll. Bild 12.17a ist mit einem Busanalysator GPIB-410 aufgenommen. Eine Beschreibung dieses Systems findet man in Abschnitt 16.2.7.

• *Handshake-Steuerung* gemäß Bild 12.14 begleitet die Übertragung jedes einzelnen Bytes, d.h. jedes Byte wird mit DAV gültig erklärt, NDAC und NRFD müssen von allen beteiligten Busgeräten frei gegeben sein, ehe ein neues Byte auf die Datenleitungen gesetzt und erneut mit DAV gültig erklärt werden kann (Bild 12.15).

• *Meßdatenerfassungszyklus:* Eine vollständige Befehlsfolge ist mit **Bild 12.18** am *Beispiel* einer Meßdatenerfassung gezeigt. Es ist für das Programmbeispiel angenommen, daß der Controller die Geräteadresse 21 (dezimal), ein angeschlossenes Voltmeter die Adresse 22 eingestellt haben. Außerdem ist ein HP-Controller vorausgesetzt, der auf seiner Schnittstellenebene 7 arbeitet. Im ersten Teil wird das Voltmeter programmiert, im zweiten werden Meßdaten aufgenommen. Die verwendete Sequenz zur Meßgeräteeinstellung entspricht dem Beispiel von **Bild 12.19**. *Hinweis*: Beim HP-BASIC gibt es zur Vereinfachung der IEC-Bus-Programmierung den Ausgabebefehl OUTPUT; er beinhaltet die Ausgabe von Unlisten (UNL) und die Adressierung.

• *Gerätesteuerung* bedeutet die Nutzung von Anwendungsfunktionen über den IEC-Bus. Ein Beispiel ist bereits in Bild 12.18 angegeben. Die Norm IEEE-488.1 gibt dafür keine Richtlinien. Darum ist die Geräteprogrammierung völlig uneinheitlich, so daß nicht einmal Geräte eines Herstellers ohne Änderungen in den Programmen austauschbar sind. Eine Verbesserung der Situation ist mit der Verabschiedung von IEEE-488.2 eingetreten; dies werden wir unten weiter besprechen. Hier soll abschließend beispielhaft aufgezeigt werden, wie die aktuellen Gerätegenerationen (Anfang der 90er Jahre) programmiert werden.

• *Einstellbefehle* sind meist so aufgebaut, daß Teilfunktionen mit einem Buchstaben gekennzeichnet sind, z.B. **R** für *Range* (Bereich), während Unterfunktionen Ziffern erhalten (z.B. **R3** für Meßbereich 3). Beispielhaft sind denkbare Codes für ein Digitalvoltmeter in **Tabelle 12.5** zusammengestellt. Die Einstellung einer Gerätefunktion erfolgt durch Übertragung der entsprechend zusammengestellten Zeichenkette vom Controller zum Meßgerät. Bild 12.19 gibt ein Beispiel.

CHR HEX	8 7 6 5 4 3 2 1	EOI ATN SRQ REN IFC	NRFD NDAC DAV
'?' 3F	▪ ▪ ▪ ▪ ▪ ▪	▪ ▪	▪
' ' 00	▪ ▪ ▪ ▪ ▪ ▪ ▪ ▪	▪ ▪ ▪ ▪ ▪	▪ ▪ ▪

```
C                 DATA          CONTROL                                    C
12  00000  ' '  00  00000000    01010   010           ATN ↑ REN
    +00001  '?'  3F  00111111    01010   011    UNL
    +00002  '5'  35  00110101    01010   011    LAG
    +00003  'D'  44  01000100    01010   011    TAG
    +00004  'D'  44  01000100    00010   110           ATN ↓
    +00005  '9'  39  00111001    00010   011    DAB    EOI
    +00006  ' '  0D  00001101    00010   011    DAB
    +00007  ' '  0A  00001010    00010   011    DAB
    +00008  ' '  00  00000000    01010   110           ATN ↑
    +00009  '?'  3F  00111111    01010   011    UNL
    +00010  'U'  55  01010101    01010   011    TAG
    +00011  '$'  24  00100100    01010   011    LAG
    +00012  '$'  24  00100100    00010   110           ATN ↓
    +00013  '9'  39  00111001    00010   011    DAB
    +00014  ' '  0D  00001101    00010   011    DAB
    +00015  ' '  0A  00001010    00010   011    DAB
C: 00000
: Cursor Up      : Cursor Down      F2: Menu
```

Bild 12.17 a) Darstellung eines vollständigen Buszyklus, aufgenommen mit einem Busanalysator GPIB-410 von *National Instruments*

Busbefehl	ACSII-Zeichen	Hexcode	Erklärung
SEND; UNL MLA TALK 4			Adressierbefehl
UNL	?	3F	Unlisten
MLA	5	35	My Listen Address
TALK 4	D	44	Talker Address
ENTER; V			Daten in Variable V
V	9	39	Meßdaten
EOL	CR/LF	0D/0A	End Of Line, Abschlußzeichen
SEND; UNL MTA LISTEN 4 DATA V EOL UNL			Daten ausgeben
UNL	?	3F	Unlisten
MTA	U	55	My Talk Address
LISTEN 4	$	24	Listener Address
DATA V	9	39	Meßdaten
EOL	CR/LF	0D/0A	End Of Line
UNL	?	3F	Unlisten

Bild 12.17 b) Aufschlüsselung der Busbefehle aus Bild 12.17a

Als Beispiel für eine Variable wird die Ziffer 9 eingezogen (ENTER; V). LAG: *Listener Address Group*, TAG: *Talker Address Group*, DAB: *Data Byte*. Der Pfeil bei ATN in Bild 12.17a zeigt das Einschalten bzw. Ausschalten an

```
a)  Sprechen (Programmierbefehle vom Controller zum Listener senden)

    1. Evtl. REN und IFC aktiv setzen
    2. ATN (Attention) aktiv setzen
    3. UNL (Unlisten) senden
    4. Talkeradresse senden
    5. Listeneradresse(n) senden
    6. ATN zurücknehmen
    7. Programmierbefehle zur Geräteeinstellung vom Talker (Controller) zum
       adressierten Listener senden
    8. CR/LF (Abschlußsequenz) senden oder EOI aktivieren


b)  Hören (Meßdaten empfangen)

    9. ATN aktiv setzen
    10.UNL senden
    11.Wie 4, aber Talker von a) ist nun Listener
    12.Wie 5, aber Listener von a) ist nun Talker
    13.ATN zurücknehmen
    14.Daten aufnehmen
    15.CR/LF zum Abschluß


c)  Programmierbeispiel (HP-BASIC)

    RESET 7                        ! Schritt 1 (IFC)
    SEND 7; UNL MTA LISTEN 22      ! Schritte 2 bis 5
    SEND 7; "MOR2S1Q0T1" EOL       ! Schritte 6 bis 8
    SEND 7; UNL MLA TALK 22        ! Schritte 9 bis 12
    ENTER 7; Volt EOL              ! Schritte 13 bis 15
```

Bild 12.18 Befehlsfolge für einen Meßwerterfassungszyklus

12.4.2 IEEE-488.2 und SCPI

Mit der Norm IEEE-488.1 ist ein zuverlässiges Verfahren zur Übermittlung von
Bytes zwischen Geräten festgelegt. **Bild 12.20** zeigt die Einordnung dieser Norm
in ein Gesamtkonzept für die computergestützte Meßtechnik und macht deutlich,
welche Teile von IEEE-488.2 ausgefüllt werden: Die Vereinheitlichung der Syn-
tax, Codes und Formate für Geräteprogrammierung und Meßdatendarstellung sowie die Festlegung von universellen Steuerbefehlen (Ebenen B und C in der
Struktur). Hervorzuheben ist, daß diese Entwicklungen praktisch bei jeder
Schnittstelle angewendet werden können. Außerhalb bleiben aber immer noch die
gerätespezifischen Nachrichten. Hier setzt SCPI an und komplettiert den so wichtigen Standard IEEE-488, übernimmt aber eben diese Funktion auch bei den neu-
en Entwicklungen, z.B. beim VXIbus (s. Abschn. 12.5.1).

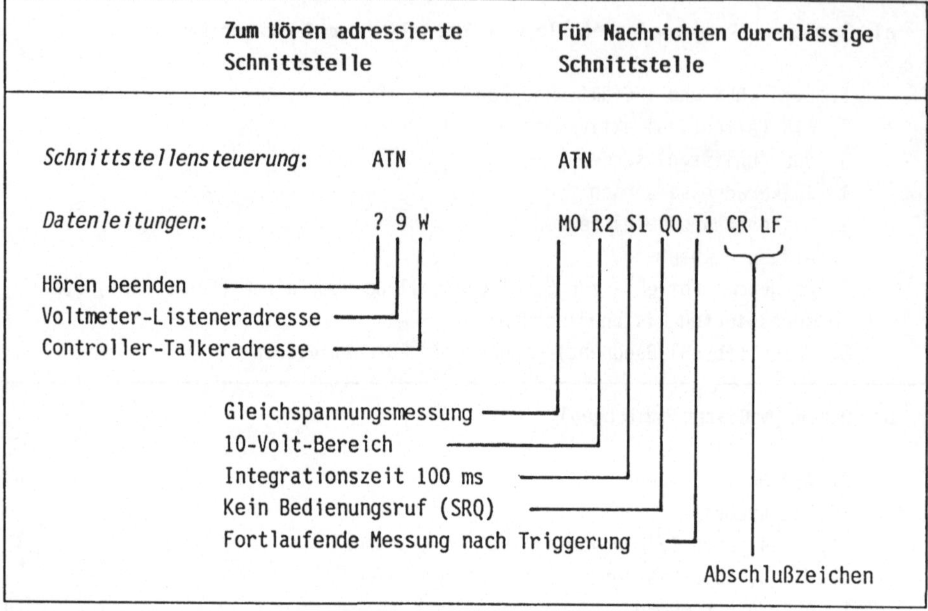

Bild 12.19 Zeichenfolge zur Einstellung eines Digitalvoltmeters entsprechend Tabelle 12.5

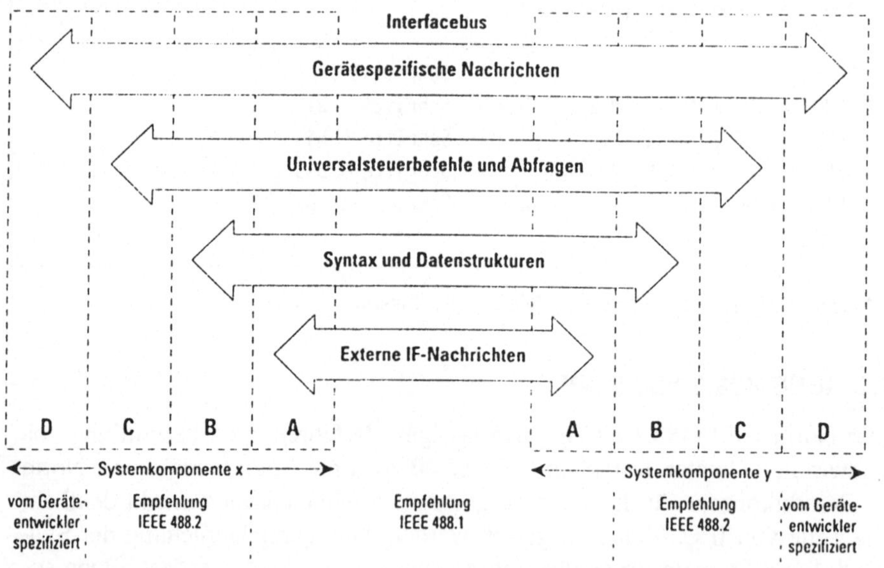

Bild 12.20 Einordnung von IEEE-488.1 und 488.2 in Funktionsschichten

Tabelle 12.5 Einstellcodes für ein Digitalvoltmeter

Teilfunktion		Unterfunktion	
Bezeichnung	Steuerzeichen	Bezeichnung	Steuerzeichen
Meßart	M	Voltdc	0
		Voltac	1
		Ohm	2
Meßbereich	R	1000 V	0
		100 V	1
		10 V	2
		1 V	3
		100 mV	4
Integrationszeit	S	20 ms	0
		100 ms	1
		1000 ms	2
SRQ nach Beendigung der Messung	Q	nein	0
		ja	1
Start der Messung (Trigger)	T	einmal	0
		laufend	1

• **Universalsteuerbefehle** sind solche, die alle Arten von Geräten verstehen und bedienen müssen. IEEE-488.2 legt einen solchen Satz von Steuerbefehlen fest. Dazu gehören die *Identifizierung* des Geräts anhand der Hersteller- und Modellnummer (Konzept des elektronischen Typenschildes), das *Rückversetzen* des ganzen Meßgeräts in einen bekannten Ausgangszustand, die Ausführung eines *Selbsttests*. Andere Befehle ermöglichen Kalibrierungen, Triggerung, Makrobildung usw. Insgesamt sind 13 verbindliche und 26 optionale Steuerbefehle definiert und beschrieben.

• **Automatische Konfigurierung** hilft bei der Adressenverwaltung in Meßsystemen. Nach altem Standard müssen die Adressen manuell und eindeutig an den Geräten eingestellt werden (am "Mäuseklavier"). 488.2 beschreibt ein Protokoll zum Einsatz zwischen Controller und neuen, automatisch konfigurierbaren Geräten, mit dessen Hilfe jedes Meßgerät identifiziert und ihm eine eindeutige Adresse zugeordnet werden kann.

• **Statusbericht** ist ein weiterer wesentlicher Teil. Während IEEE-488.1 zwar genau die Funktionsweise der Bedienungsanforderung SRQ beschreibt, wird nur wenig über das zugehörige *Statusbyte* (STB) ausgesagt. 488.2 gibt ein Modell für einen Statusbericht.

• *Synchronisation* bedeutet die Möglichkeit, aus einem Anwenderprogramm zu erkennen, wann alle offenen Steuerbefehle vollständig abgearbeitet sind. 488.2 bietet für diesen Zweck drei *Universalbefehle*. Diese Einrichtung ist deshalb wichtig, weil viele Meßgeräte Steuerbefehle schneller akzeptieren als ausführen können.

• *SCPI* (*Standard Commands for Programmable Instruments*) ergänzen die Schnittstellen-Normungen und stellen einheitliche Sprachelemente zur Programmierung von Meßgeräten zur Verfügung; sie decken sozusagen die Anwendungsebene entsprechend dem ISO-Referenzmodell ab. Bild 12.20 zeigt die Strukturierung am Beispiel des IEC-Busses. Entstanden ist SCPI aus Firmenentwicklungen wie folgt:

Hewlett-Packard mit	
HPSL -	*HP Systems Language*
TMSL -	*Test Measurement Systems Language*
Tektronix mit	
ADIF -	*Analog Data Interchange Format*
Konsortium mit	
SCPI -	*Standard Commands for Programmable Instruments*

• *Meßtechnik-Programmiersprachen* wie eben erwähnt zeichnen sich dadurch aus, daß sie leicht erlernbare Elemente enthalten, die dem Bereich der Meßtechnik-Anwendung zugehören und unabhängig vom Gerätetyp sind. So gilt beispielsweise für

Spannungsmessung:	*Frequenzmessung:*
:MEAS:VOLT?	:MEAS:FREQ?

Es wird also gewissermaßen meßtechnische Umgangssprache verwendet.

12.5 Weitere parallele Prozeßbusse

12.5.1 VXIbus

VXI ist das Akronym für *VMEbus Extensions for Instrumentation*. Basis ist also der VMEbus mit Europakarten und den Steckverbindern P1 und P2, wie er kurz in Abschn. 11.3 vorgestellt ist (IEEE-Standard 1014-1987). Der IEEE-Standard 1155-1992 spezifiziert für den VXIbus die ungenutzten P2-Kontakte und einen dritten Steckverbinder P3 (**Tabelle 12.6**). Darin enthalten sind Versorgungsleitungen für ECL-Schaltkreise (*Emitter-Coupled Logic*) mit -5,2 V und -2 V sowie Takt-leitungen bis 100 MHz, Trigger-Leitungen, einen Analog-Summenbus und Leitungen für lokale Teilbusse zur Verbindung benachbarter Module.

Tabelle 12.6 VXIbus-Belegung an den Steckverbindern P1, P2 und P3

Steckverbinder	Busleitungen
P1	VMEbus-Leitungen mit 16-Bit-Datenbus, 16 Mbyte Adressierung, Multi-Master-Zuteilungsbus (arbitration), Prioritäts-Interrupt-Bus, Versorgungsleitungen
P2, mittlere Reihe P2, Außenreihen	VMEbus-Erweiterung für 32-Bit-Datenbus und 4 Gbyte Adressierung 10 MHz Takt, TTL- und ECL-Triggerung, Lokaler Bus mit 12 Leitungen, Analog-Summenbus, Stromversorgung
P3	100 MHz Takt, ECL-Leitungen, Lokaler Bus mit 24 Leitungen, Stromversorgung

• *Steckkarten* sind in vier Größen innerhalb des Europakarten-Rasters (vgl. Bild 11.1 in Abschn. 11.1) festgelegt (**Bild 12.21**). Die Größen A und B sind die Original-VMEbus-Module, dazu kommen die auf 340 mm verlängerten Größen C und D, wobei die dreifach hohe D-Karte selten ist; die größte Bedeutung hat derzeit die Größe C. Wegen des Modulabstands von 30,48 mm passen 13 C- oder D-Karten in ein 19"-Gehäuse, das auch als *Mainframe* bezeichnet wird. Kleinere Karten lassen sich mit größeren mischen. **Bild 12.22** zeigt ein Beispiel für ein "C-Mainframe", in das auch Karten der Größe B passen.

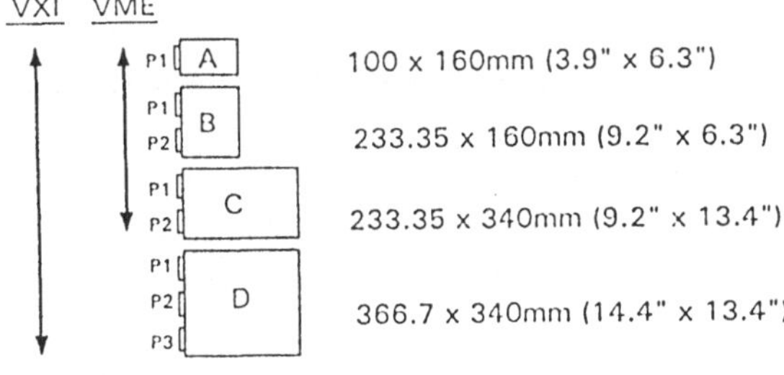

Bild 12.21
VXIbus-Steckkartengrößen

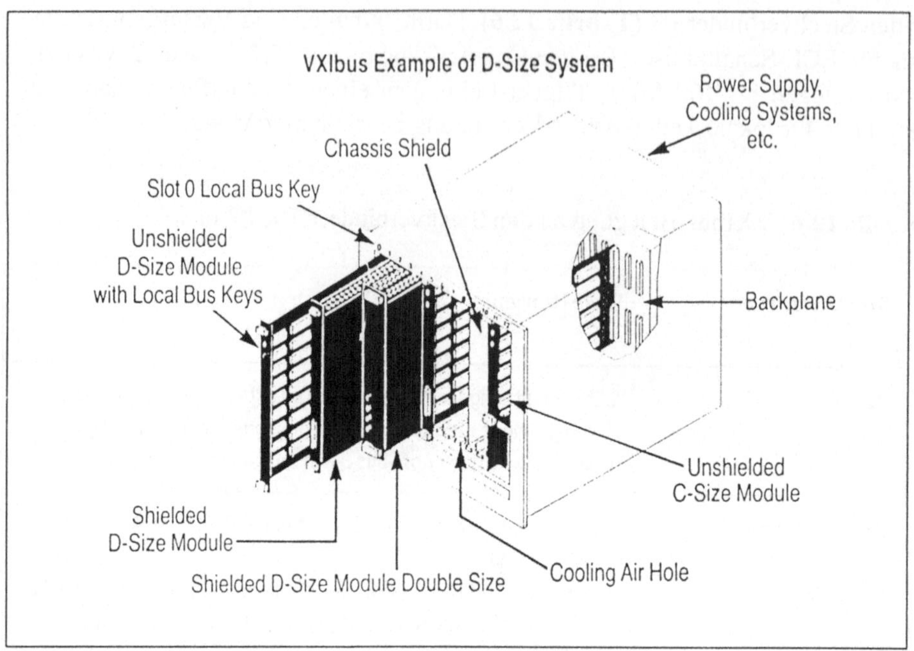

Bild 12.22 Beispiel eines VXIbus-Mainframe für C-Karten mit Vorrichtungen zur Aufnahme von B-Karten

• **_Slot 0_** (Steckplatz 0) eines VXIbus-Gehäuses (*VXIbus crate*) hat besondere Bedeutung: Das Modul in diesem Steckplatz (*slot 0 device*) muß gemeinsame Ressourcen für die anderen Module in den Steckplätzen 1 bis 12 zur Verfügung stellen, z.B. Takt- und Triggerinformation. Vom Steckplatz 0 müssen ebenfalls Möglichkeiten zur Identifizierung der anderen Module im VXI-Rahmen ausgehen.

• **_Resource Manager_** (auch System-Manager) ist die Fachbezeichnung für die in jedem VXI-Rahmen notwendige Kontrolleinheit. Die Position ist nicht festgelegt, trotzdem wird es sich hierbei meist um das "Slot 0 device" handeln. Der Resource Manager identifiziert alle VXIbus-Geräte, veranlaßt den System-Selbsttest, konfiguriert die System-Adreßtabelle (*address map*) sowie die Systemhierarchie und initialisiert die normalen Systemoperationen.

• **_Kommunikation zwischen VXIbus-Modulen_** ist bestimmt durch hierarchische Beziehungen zwischen sog. *Commanders* und *Servants*. Innerhalb eines Sytems kann ein Commander eine Gruppe von Servants kontrollieren. Insgesamt sind in einem VXIbus-System 256 verschiedene Module (*devices*) möglich.

• *Commander:* Ein VXIbus-Modul mit VMEbus-Masterfunktion, wodurch die Kontrolle einer Gruppe von Servants möglich ist. Solch ein Commander kann aber in einer Gesamthierarchie als Servant für einen anderen Commander dienen. Commander sind immer Nachrichten-orientiert (*message based*, s. unten).

• *Servant:* Ein VXIbus-Modul mit oder ohne VMEbus-Masterfunktion, das in einer Gesamthierarchie unter der Kontrolle eines Commanders arbeitet. Solch ein Servant kann wiederum Commander für eine andere Servant-Gruppe sein. Servants können Nachrichten-orientiert (*message based*) oder Register-orientiert (*register based*, s. unten) arbeiten.

• *Eine Hierarchie* von VXIbus-Modulen ist wie nachfolgend aufgezählt definiert; ein automatisches Erkennungs- und Einstellprotokoll dafür ist festgelegt. Für jeden Typ sind Konfigurierungsregister vorgesehen, die vom Steckverbinder P1 erreicht werden. Darüber kann im System jedes Modul identifiziert werden, und zwar nach Typ, Modell, Hersteller und Speicherbeschaffenheit.

• *Register-orientierte Module* (*register based devices*) arbeiten "maschinennah", d.h. sie müssen ähnlich wie Mikroprozessoren in Maschinensprache programmiert werden. Sie verfügen über keine "lokale Intelligenz"; man bezeichnet sie deshalb auch als "dumme Module" (*dumb devices*). Die Kehrseite der Medaille: Diese VXIbus-Module sind optimal schnell ansprechbar.

• *Speichermodule* (*memory devices*) verfügen zusätzlich zu den Registern über Speichereinheiten vom Typ RAM oder/und ROM. Diese sind nutzbar, um gewisse "Intelligenz" bereitzustellen.

• *Nachrichten-orientierte Module* (*message based modules*) sind vorgesehen für den Einsatz in Umgebungen mit höherem Kommunikationsniveau, wo gewissermaßen "Klartext" verwendet werden soll (siehe SCPI in Abschn. 12.4.2). Sie müssen Kommunikationsregister enthalten, auf die von allen anderen Modulen zugegriffen werden kann. Diese als "smart" bezeichneten Module können z.B. ASCII-Kommandos interpretieren und Register-orientierte Module steuern. Nahezu alle am Markt verfügbaren Module sind von diesem Typ (*message based C-sized modules*).

• *Programmierung* eines VXIbus-Systems zeichnet sich dadurch aus, daß eine Steuerungs- und Kommandostruktur in Anlehnung an den IEC-Bus-Standard (IEEE-488 bzw. GPIB) definiert wurde. Deshalb ist in einem Meßsystem eine Mischung aus VMEbus-, VXIbus und IEC-Bus-Modulen integrierbar. Vor allem werden VXI- und IEEE-488-Instrumente gemischt mit einem z.B. bereits vorhanden IEC-Bus-Kontroller betrieben und mit der dafür entwickelten Software gesteuert (**Bild 12.23**). Künftig wird verstärkt die Kommandosprache SCPI (vgl. Abschn. 12.4.2) die Kompatibilität von VXIbus-Modulen gewährleisten.

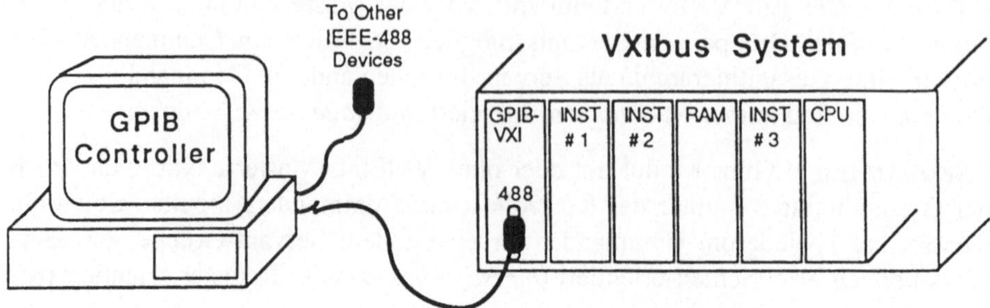

Bild 12.23 VXIbus-System gesteuert von einem IEC-Bus-Kontroller (GPIB oder IEEE-488)

• **MXIbus** (*Multisystem Extension Interface bus*) ist ein 32-Bit-Multiplexbus zur Verbindung mehrerer VXI-Mainframes und zur Anbindung an einen PC. Ein komplexer Aufbau entsprechend **Bild 12.24** wirkt dann wie ein einziges VXIbus-System. Die Buskabel mit 62poligem Steckverbinder können 20 m lang sein und bis zu 32 Mainframes verbinden. Sie bestehen aus 48 erdsymmetrischen (*single-ended*) verdrillten Leiterpaaren (*twisted pairs*), d.h. die 48 Signalleitungen sind jeweils mit ihren Masseleitungen verdrillt. Die Übertragungsgeschwindigkeit beträgt 20 Mbyte/s.

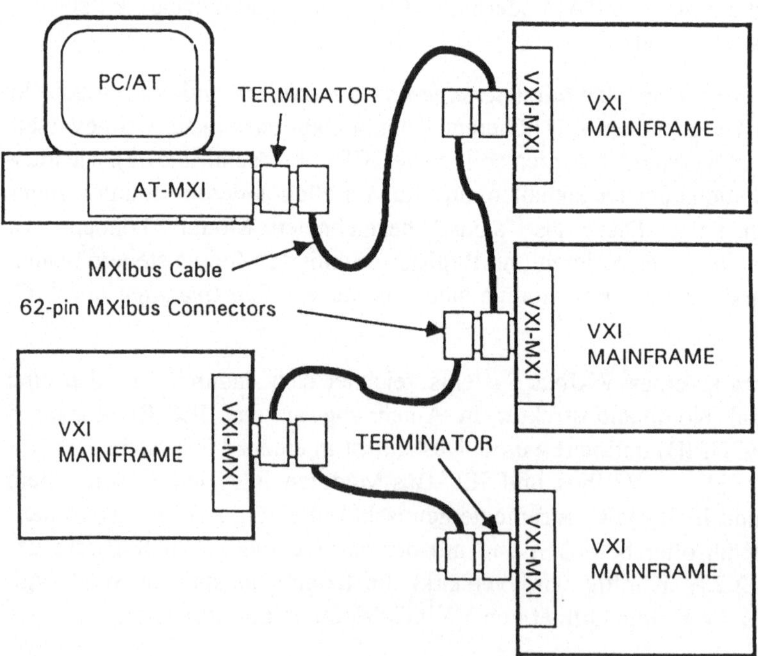

Bild 12.24 MXIbus-Struktur zur Verbindung mehrerer VXIbus-Rahmen (*Mainframes*) und zur Ankopplung an einen steuernden PC

12.5.2 CAMAC und FASTBUS

Modulare Hochleistungsbusse werden zur Anschaltung von Standardperipherie (vgl. Abschn. 14.1), in der Laborautomatisierung (Abschn. 12.4 sowie 12.5.1) und in Bereichen spezieller Meßtechnik eingesetzt. Besonders in der Nuklearmeßtechnik ist CAMAC verbreitet; der neuere FASTBUS ist daraus entstanden, wird aber auch allgemeiner verwendet.

• *CAMAC* (*Computer Aided* - auch: *Automated - Measurement And Control*) besteht aus einer Familie internationaler Standards (s. Tabelle 11.2 in Kap. 11), die Schnittstellen zur Anschaltung modularer Meßeinrichtungen an Echtzeitprozessoren beschreiben. Wesentliche Eigenschaften eines CAMAC-Systems entsprechend **Bild 12.25** sind:
- Datenbus bidirektional, *Data Read* 24 bit und *Data Write* 24 bit breit;
- Transferzeit etwa 1 Mikrosekunde, Übertragungsrate 10^6 24-Bit-Worte/s, d.h. 3 Mbyte/s;
- Anzahl von Steckplätzen im 482,6 mm breiten CAMAC-Rahmen (*19-inch Crate*) maximal 25 inklusive einem Crate-Controller (belegt 2 Steckplätze);
- Serielle Version mit bis zu 5 Mbyte/s;
- Modulgröße: 221,5 mm hoch, 305 mm tief (etwa Größe eines DIN-A4-Blattes) und 17 mm breit (Einfachmodul).

• *Dataway* heißt der Systembus im CAMAC-Rahmen (*crate*). **Bild 12.26** zeigt die Signale der 86poligen Dataway-Anschlußbuchsen (*slots*) im Crate für normale

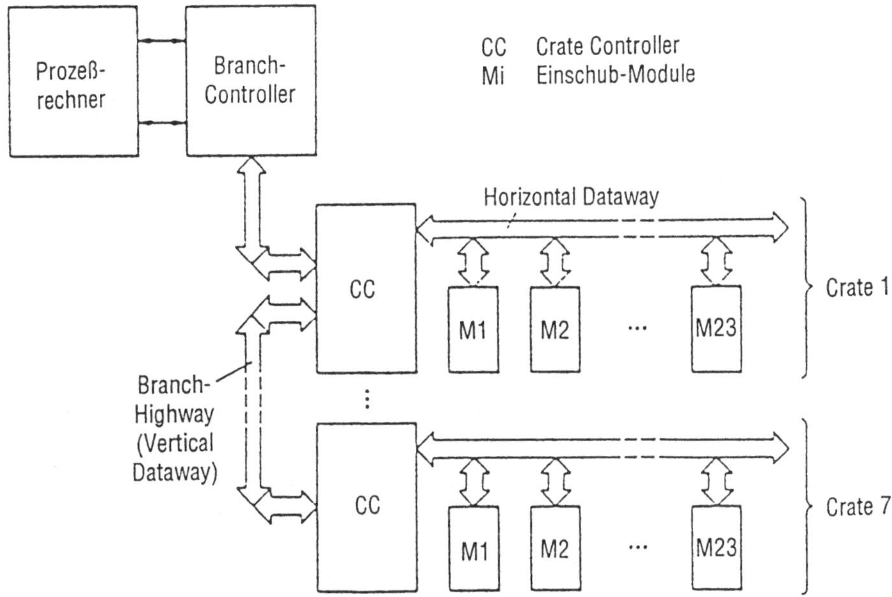

Bild 12.25 Struktur eines CAMAC-Systems.
CC: *Crate Controller*; Mi: Einsteckmodule

Einsteckmodule (nicht für Crate-Controller) am *Horizontal Dataway*. Module werden über individuelle N-Leitungen (*Station Number*, 24 Punkt-zu-Punkt-Stichleitungen) durch den Crate-Controller adressiert, wobei die Moduladresse durch den Steckplatz bestimmt ist. Über die L-Leitungen (*Look-At-Me*, LAM, 24 Punkt-zu-Punkt-Stichleitungen) können Module eine Alarmmeldung (*Interrupt Request*) an den Crate-Controller senden.

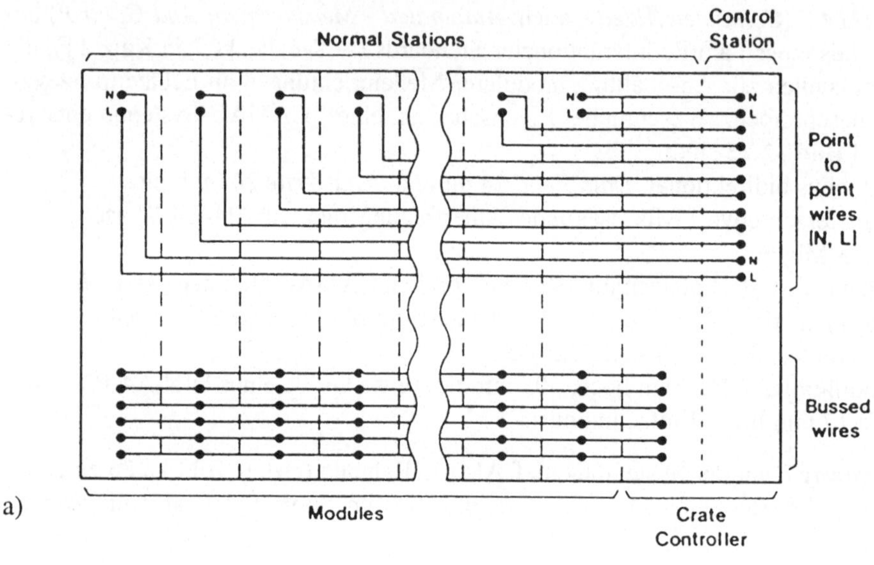

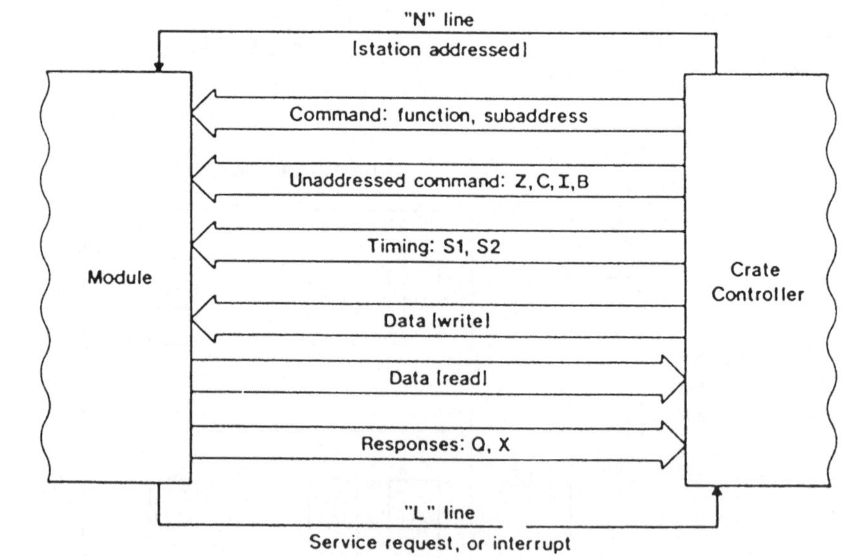

Bild 12.26 Kommunikations- und Steuerleitungen am *Horizontal CAMAC Dataway*. a) Aufteilung der 25 Steckplätze; b) Leitungsschema

• ***FASTBUS*** ist die Bezeichnung für ein vielseitiges Hochgeschwindigkeitssystem zur Datenerfassung und Prozeßsteuerung mit "Multiprocessing"-Möglichkeiten (*Modular high speed data acquisition system*, IEC 935). Grundeinheit des Konzepts ist das *Segment*: Ein *Crate Segment* (Rahmensegment) ist die Rückwand (*Backplane*) in einem Rahmen (Gehäuse); ein *Cable Segment* (Kabelsegment; Flachbandkabel aus verdrillten Leiterpaaren) verbindet zwei Rahmensegmente miteinander (*intercrate communication*). Anders als bei CAMAC können solche Verbindungen zwischen beliebigen Modulen in verschiedenen Rahmen aufgebaut werden. Dadurch ist eine große topologische Vielfalt möglich. Weitere Eigenschaften sind:

- 32-Bit-Multiplexbus für Daten und Adressen;
- Datenrate größer als 40 Mbyte/s (ECL-Bus); 32-Bit-Wort kann alle 25 ns übertragen werden, daraus folgen maximal 160 Mbyte/s;
- Variable Geschwindigkeit durch asynchrones Handshake-Protokoll;
- Flexible Adressierung über geographische (abhängig vom Einbauort), logische (vom System zugewiesen) und Broadcast-Verfahren;
- Multimaster-Betrieb im selben Rahmen möglich (ortsunabhängig);
- Anzahl von Steckplätzen im 399,3 mm hohen FASTBUS-Rahmen (*19-inch Crate*): 26, Modulabstand 16,5 mm;
- Modulgröße: 366,7 mm hoch, 400,0 mm tief, damit etwa doppelt so groß wie bei CAMAC;
- Segment-Anschluß mit 2 x 65 Kontakten.

13 Serielle Peripherieschnittstellen

Die serielle Datenübertragung hat sich bei modernen Peripherieschnittstellen allgemein durchgesetzt. Zwischen den Geräten wird dabei seriell, geräteintern jedoch meist parallel übertragen. Mit der Einführung preiswerter und universeller integrierter Schnittstellenbausteine Mitte der 70er Jahre stellt die Synchronisation und die Formatwandlung auch bei einfachen Geräten kein Problem mehr dar.

13.1 Übersicht

In Kapitel 1 haben wir die Unterscheidungspaare Standard-/Prozeßperipherie, Punkt-zu-Punkt-/Mehrpunktverbindung und parallele/serielle Übertragung erläutert. Die Unterscheidung zwischen Punkt-zu-Punkt- und Mehrpunktverbindungen stellt wohl die wichtigste Einteilung bei seriellen Schnittstellen dar. Sie liegt auch der Gliederung dieses Kapitels zugrunde. In **Tabelle 13.1** sind einige Schnittstellen aufgeführt zusammen mit dem Verweis auf den Abschnitt, in dem sie besprochen werden. Der Schwerpunkt liegt auf der Beschreibung der sehr weit verbreiteten einfachen und preiswerten Verbindungen. Im Anschluß daran werden die wichtigsten Bussysteme vorgestellt.

Tabelle 13.1 Serielle Peripherieschnittstellen; Feldbusse in Abschnitt 13.9.
PP: Punkt-zu-Punkt; MP: Mehrpunkt

Name	Normung	Anwendung	Topologie	Abschnitt
20 mA/TTY	DIN 66 348/1	Meßtechnik	PP	5.4, 13.4
V.24	RS-232-C	generell	PP	5.5, 13.2, 14.1/2
V.11	RS-422	generell, Meßtechnik	PP	5.6, 13.5, 14.2
Bus	RS-485	generell	MP	5.6
Meßbus	DIN 66 348/2	Meßtechnik	MP	13.6, 14.2
PROFIBUS	DIN 19 245	Meßtechnik	MP	13.7
Bitbus	Intel	Steuerungen	MP	13,8
PDV-Bus	DIN 19 241	Meßtechnik	MP	13.9
Manchester	MIL-STD 1553	Steuerungen	MP	13.9
FIP	Int. Normung	Steuerungen	MP	13,9
ABUS, CAN	Industrie	Automobiltechnik	MP	13.9
LON	Industrie	Steuern, Messen	MP	13.9
LAN	IEEE-802.x	generell	MP	15

Auf die Besonderheiten der Bit- und Byte-Synchronisation sowohl bei synchronen als auch bei asynchronen Schnittstellen ist bereits in Abschnitt 8.1 eingegangen worden. Um Wiederholungen weitgehend zu vermeiden, werden hier nur die entsprechenden Begriffe und Schlagworte zitiert. Für das Verständnis der im folgenden beschriebenen konkreten Schnittstellen werden insbesondere Kapitel 5, über Elektrische Eigenschaften, und Kapitel 9, über Steuerungsverfahren, zugrundegelegt.

13.2 EIA RS-232-C

Der amerikanischen Standard RS-232 wurde Ende der 60er Jahre von der *Electronic Industries Association* (EIA) veröffentlicht. Darin wird eine digitale Schnittstelle beschrieben, die für den Anschluß von Teilnehmergeräten (Endeinrichtungen) an Fernsprech-Modems konzipiert ist. Diese Schnittstelle, die als eine der ersten für die serielle Datenübertragung genormt wurde, ist heute in fast allen Anwendungsbereichen von Peripherieschnittstellen zu finden. Ihre große Bedeutung und weite Verbreitung resultiert aus der Möglichkeit, sehr einfach beliebige Drukker, Plotter, Meß- und andere Zusatzgeräte mit beispielsweise Computern zu verbinden und vor allem diese auch untereinander austauschen zu können.

Die Norm EIA RS-232 enthielt früher als Ausgabe A die vollständige Beschreibung der kompletten Modem-Steuerleitungen nach CCITT V.24 (Abschn. 9.1). Die heutige Ausgabe C des Standards umfaßt nur noch die für die konkrete Modem-Schnittstelle erforderliche Untermenge von Signalen aus CCITT V.24 sowie zusätzliche Angaben zu elektrischen Eigenschaften und die Anschlußbelegung.

• *EIA RS-232-C* beschreibt eine vollständig festgelegte Schnittstelle, u.a. mit den Merkmalen:
- Punkt-zu-Punkt-Verbindung mit Voll-Duplex
- serielle Übertragung, synchron und asynchron, niedrigstwertiges Bit wird zuerst übertragen
- Leitungsfunktionen nach CCITT V.24, Signalauswahl zur Übertragungs- und Modemsteuerung
- Elektrische Eigenschaften nach CCITT V.28
- 25poliger Stecker mit Definition der Belegung.

Heute wird sie häufig angewendet mit den Eigenschaften:
- asynchrone Übertragung (Start-Stop-Betrieb), vorangestelltes Startbit, nur ein nachgestelltes Stopbit
- übliche Übertragungsgeschwindigkeit 110 bit/s bis 19,2 kbit/s
- 7-Bit-ASCII-Code, meist ergänzt durch gerades Paritätsbit
- oft nur drei Leitungen: Sendedaten, Empfangsdaten, Bezugserde

• *Elektrische Eigenschaften* in RS-232 basieren auf den Festlegungen in CCITT V.28 (entspricht DIN 66 259 Teil 1). Die Spannungen sind auf Widerstände größer als 3 kOhm bezogen. Dabei sind Pegel von - 3 V bis - 15 V der logischen Eins zugeordnet, positive Spannungen von + 3 V bis + 15 V werden als logische Null erkannt (vgl. Abschn. 5.5). Häufig verwendete Signalpegel auf der Sendeseite liegen bei ± 12 V.

Bedingt durch die Störempfindlichkeit dieser hochohmigen Übertragung werden die Schnittstellen nach RS-232 in dieser Norm nur für Entfernungen bis 15 m empfohlen. Je nach örtlichem Störfeld werden in der Praxis auch größere Übertragungsentfernungen von bis zu 30 m realisiert.

• *Schnittstellenfunktionen* nach RS-232 ermöglichen neben der seriellen Übertragung von Daten die Steuerung zahlreicher Modem-Funktionen über separat geführte Leitungen. Zu den wichtigsten Funktionen zählen:
- Datenübertragung und Synchronisation
- Sende- und Betriebsbereitschaft der Geräte
- Qualität des Übertragungskanals
- Hilfskanal als zweiter Übertragungskanal.

Modemfunktionen, wie z.B. automatische oder Selbstwahl, Fernsteuerung der Übertragungsgeschwindigkeiten und Prüfschleifenbetrieb sind nicht vorgesehen.

• *Kontaktbelegung*: In RS-232 ist ein 25poliger D-Sub-Stecker festgelegt. Die Signale, zusammen mit ihrer Richtung, sowie die Pin-Belegung des Steckers sind im linken Teil von **Bild 13.1** zusammengestellt. Alle Signalrichtungen sind bezogen auf die Verbindung zwischen einem Terminal (DTE, *Data Terminal Equipment*) und dem Modem (DCE, *Data Circuit-terminating Equipment*). Bei allen normgerecht ausgeführten RS-232-Schnittstellen ist immer dem Terminal der Steckverbinder mit Stiften und dem Modem das Buchsenteil zugeordnet. Entweder sind diese Verbinder im Gehäuse des jeweiligen Gerätes eingebaut oder hängen an fest verdrahteten Anschlußkabeln mit dem Gerät zusammen. Entsprechend den Festlegungen in RS-232 ist also jederzeit am Buchsen- oder Stiftteil zu erkennen, welches Signal an welchem Anschluß einen Ein- bzw. Ausgang in das Gerät darstellt.

Für die direkte Verbindung von Endgeräten (DTE) - z.B. Terminals - wird nur ein Teil der in der Schnittstelle vorgesehenen Steuerleitungen benötigt. Schaltungsmöglichkeiten der 8 in Frage kommenden Leitungen sind im rechten Teil von Bild 13.1 aufgeführt und werden im Absatz Schnittstellenkoppler beschrieben.

• *Schnittstellenleitungen* sollen hier anhand des Ablaufs der Datenübertragung bei Modem-Betrieb erklärt werden. Das betriebsbereite Modem (DCE) setzt das Signal *Data Set Ready*, DSR. Das Terminal (DTE) muß noch nicht darauf reagieren. Ein ankommender Anruf löst das Signal *Ring Indicator*, RI in der DCE aus. Es folgt die Leitung *Data Carrier Detected*, DCD, wenn das Träger-Handshake zwischen der eigenen DCE und dem anrufenden Modem (*Originate- und Answer-*

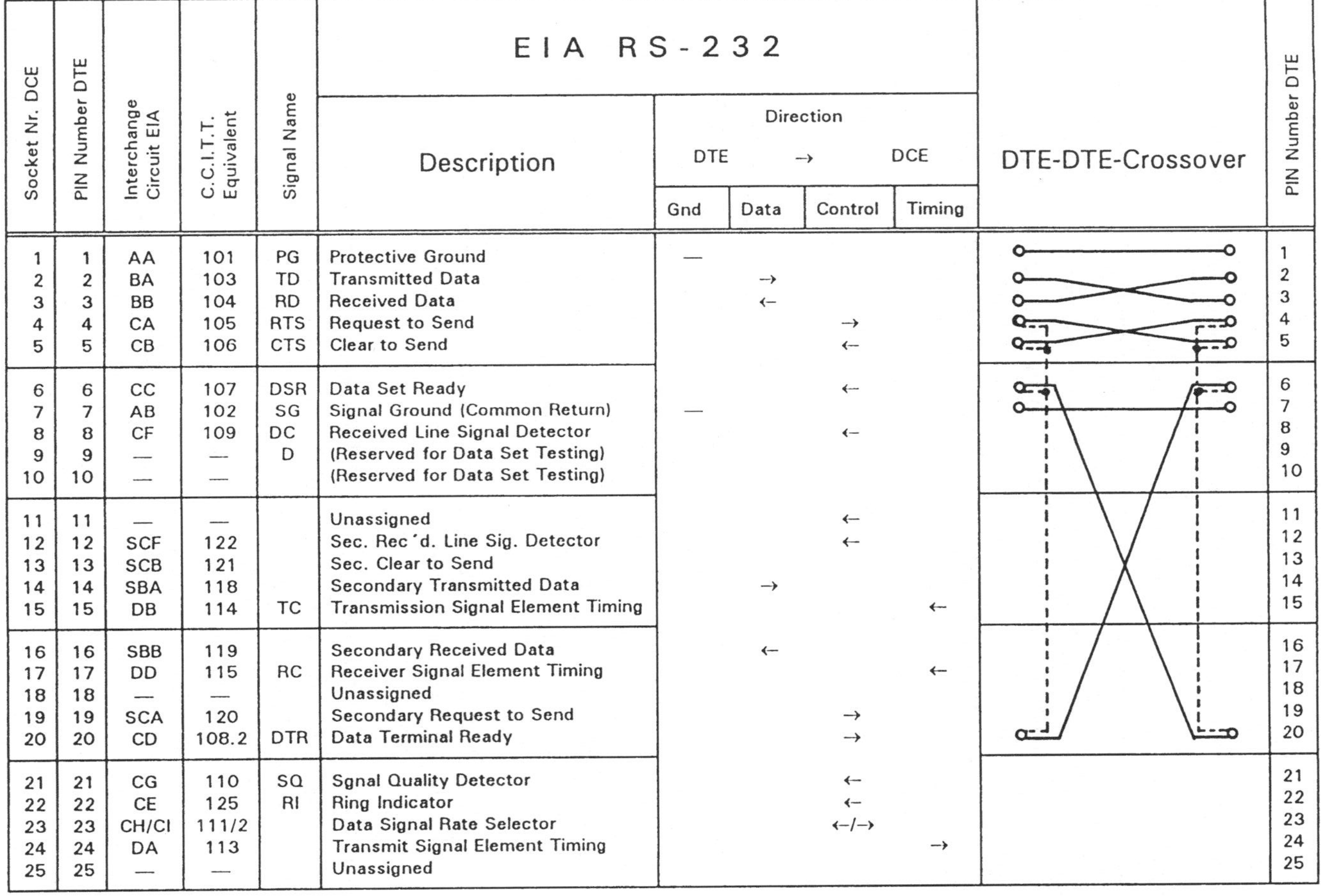

Socket Nr. DCE	PIN Number DTE	Interchange Circuit EIA	C.C.I.T.T. Equivalent	Signal Name	Description	Gnd	Data	Control	Timing	DTE-DTE-Crossover	PIN Number DTE
								Direction			
							DTE	→	DCE		
1	1	AA	101	PG	Protective Ground	—					1
2	2	BA	103	TD	Transmitted Data		→				2
3	3	BB	104	RD	Received Data		←				3
4	4	CA	105	RTS	Request to Send			→			4
5	5	CB	106	CTS	Clear to Send			←			5
6	6	CC	107	DSR	Data Set Ready			←			6
7	7	AB	102	SG	Signal Ground (Common Return)	—					7
8	8	CF	109	DC	Received Line Signal Detector			←			8
9	9	—	—	D	(Reserved for Data Set Testing)						9
10	10	—	—		(Reserved for Data Set Testing)						10
11	11	—	—		Unassigned			←			11
12	12	SCF	122		Sec. Rec´d. Line Sig. Detector			←			12
13	13	SCB	121		Sec. Clear to Send						13
14	14	SBA	118		Secondary Transmitted Data		→				14
15	15	DB	114	TC	Transmission Signal Element Timing				←		15
16	16	SBB	119		Secondary Received Data		←				16
17	17	DD	115	RC	Receiver Signal Element Timing				←		17
18	18	—	—		Unassigned						18
19	19	SCA	120		Secondary Request to Send			→			19
20	20	CD	108.2	DTR	Data Terminal Ready			→			20
21	21	CG	110	SQ	Sgnal Quality Detector			←			21
22	22	CE	125	RI	Ring Indicator			←			22
23	23	CH/CI	111/2		Data Signal Rate Selector			←/→			23
24	24	DA	113		Transmit Signal Element Timing				→		24
25	25	—	—		Unassigned						25

Bild 13.1 Kontaktbelegungen des 25poligen D-Sub-Steckers nach RS-232.
DTE zu DCE: links; DTE zu DTE: rechts

Mode) erfolgreich abgeschlossen wurde. Spätestens jetzt muß die DTE ihre Bereitschaft durch Setzen des Signals *Data Terminal Ready*, DTR anzeigen, wenn Datenverlust bei möglichen ankommenden Texten vermieden werden soll. Auf Grund der bestehenden Trägerverbindung aktiviert die DCE das Signal *Clear to Send*, CTS, um die eigene Sendebereitschaft anzuzeigen. Alle ankommenden Daten werden nun über die Leitung *Receive Data*, RD an die DTE übertragen. Bei Störungen oder Unterbrechungen der Modem-Verbindung nimmt die DCE das Signal CTS zurück. Eigene Sendewünsche des Terminals werden durch Setzen der Leitung *Request to Send*, RTS angekündigt. Sie werden aber erst dann über die Leitung *Transmit Data*, TD übertragen, wenn auch das Signal CTS gesetzt ist. Nun können Daten in beiden Richtungen gleichzeitig (simultan, *full duplex*) übertragen werden.

Zusätzlich zu den wichtigsten erwähnten Leitungsfunktionen werden u.a. noch Timing-Signale für die synchrone Übertragung und Steuersignale für den 2. Übertragungskanal zur Verfügung gestellt

• *Schnittstellenkoppler*: Für die Verbindung von Endgeräten ohne Modem, z.B. Terminals oder Computer, wird nur eine Auswahl der oben beschriebenen Schnittstellensignale benötigt. U.a. werden alle Modem-Statussignale und die Signale für den 2. Kanal nicht bedient und sollten unbeschaltet bleiben. Bei der Verbindung von Endgeräten bestehen zwei Handshaking-Möglichkeiten, wenn die Übertragung wie bei RS-232 mit Leitungen gesteuert werden soll. Der Ablauf der Datenübertragung wird hier beschrieben.

Das Signal *Data Terminal Ready* (Datenendeinrichtung betriebsbereit, DTR) in **Bild 13.2** löst in der Gegenstation das Signal *Data Set Ready* (Betriebsbereitschaft, DSR) aus und signalisiert die Gerätebereitschaft. Das Signal *Request to Send* (Sendeteil einschalten, RTS) steuert normalerweise in der Gegenstation das Signal *Clear to Send* (Sendebereitschaft, CTS) und dient zur Steuerung der mittleren Verarbeitungsgeschwindigkeit, vergleichbar mit dem Busy-Signal bei parallelen Schnittstellen. Erst wenn sich beide Signalpaare im Ein-Zustand befinden, kann eine Datenübertragung stattfinden. Sobald eines der Meldesignale DTR oder DSR zurückgenommen wird, muß die Übertragung unterbrochen werden.

Zur Verbindung von zwei Terminal-Schnittstellen (DTE, Stifte) ist ein spezielles Kabel erforderlich, welches dann als *Schnittstellenkoppler* ausgeführt ist. Dabei sind immer die Datenleitungen TD und RD zu kreuzen, also beidseitig Pin 2 mit Pin 3 zu verbinden und ggf. RTS Pin 4 mit CTS Pin 20 oder DSR Pin 6 mit DTR Pin 20 zu verbinden. Soll auf eine der beiden oder auf beide Steuerungsmöglichkeiten verzichtet werden, z.B. bei Steuerung durch Übertragungsprotokolle, so sind die entsprechenden Signale am jeweiligen Terminal zu brücken. Es bestehen die folgenden Möglichkeiten:

- Pin 4 mit Pin 5 brücken: Leitungssteuerung mit Pin 6 an Pin 20
- Pin 6 mit Pin 20 brücken: Leitungssteuerung mit Pin 4 an Pin 5
- Pin 4 mit Pin 5 mit Pin 6 mit Pin 20 brücken: Protokollsteuerung.

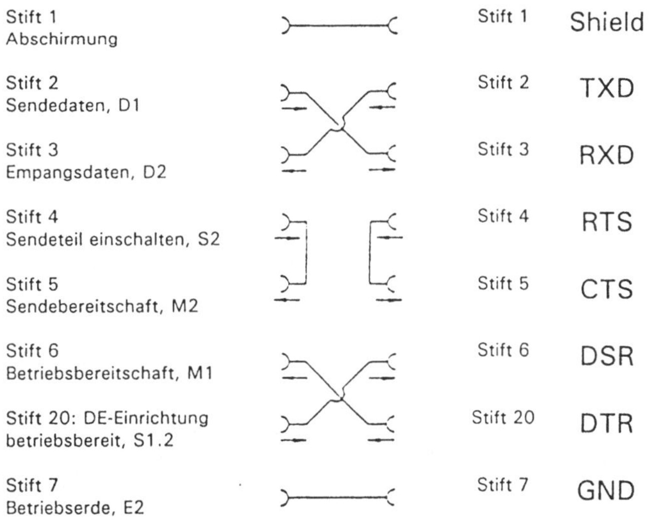

Stift 1
Abschirmung
Stift 1   Shield

Stift 2
Sendedaten, D1
Stift 2   TXD

Stift 3
Empangsdaten, D2
Stift 3   RXD

Stift 4
Sendeteil einschalten, S2
Stift 4   RTS

Stift 5
Sendebereitschaft, M2
Stift 5   CTS

Stift 6
Betriebsbereitschaft, M1
Stift 6   DSR

Stift 20: DE-Einrichtung
betriebsbereit, S1.2
Stift 20   DTR

Stift 7
Betriebserde, E2
Stift 7   GND

Bild 13.2 Schnittstellenkoppler nach DIN 66 258 Teil 1, VS

Für Deutschland ist in DIN 66 258 Teil 1 die VS-Schnittstelle (*Voltage Serial*) beschrieben, die ihren Ursprung im Standard RS-232 hat. Zur Verbindung von gleich beschalteten Terminals (Endgerätesteckern) ist dort ein Schnittstellenkoppler nach Bild 13.2 angegeben. Hierin werden die Eingangs- mit den Ausgangsdaten verbunden und "Betriebsbereitschaft" mit "DEE betriebsbereit" gekreuzt.

• *Kompatibilität*: Für die Verbindung von Endgeräten, z.B. Terminals oder Rechner, sind in den Festlegungen nach RS-232 einige wichtige Punkte außer acht gelassen, die im praktischen Betrieb manchmal zu Störungen führen können. Einige der Modem-Steuersignale gehen in den inaktiven Zustand, wenn z.B. der Eingangspuffer voll ist oder eine Funktionsstörung wie *Parity-Error* vorliegt. Ungeklärt ist jedoch, wie die Gegenstation darauf reagieren soll, wenn z.B. die Übertragung eines Datenblocks gerade begonnen wurde. Die nicht belegten Anschlüsse im Stecker werden häufig für gerätetypische Steuerleitungen verwendet, die den Anschluß an andere, der Norm entsprechende Geräte sehr schwierig machen.

Auch im IBM PC ist in der RS-232-Schnittstelle nur eine Auswahl der Signale realisiert, die zur Modem-Steuerung von der Norm vorgesehen sind. Die älteren PCs besitzen 25polige Stecker mit Stiften am Rechnergehäuse. IBM-kompatible Rechner vom Typ AT, 386, 486 usw. und Notebook-PCs führen die gleichen Signale in 9poligen Steckern mit Stiften am Rechnergehäuse. **Tabelle 13.2** gibt das Anschlußschema für die Signalzuordnung sowohl für den 25poligen als auch für den 9poligen Stecker an. Die Reihenfolge der Anschlüsse in der Darstellung entspricht der mechanischen Ausführung des 25poligen D-Sub-Steckers.

Tabelle 13.2 Serielle Schnittstelle (COM) an IBM-kompatiblen Computern

Pin-Nr. 25polig	Pin-Nr. 9polig		Bezeichnung	Pin-Nr. 25polig	Pin-Nr. 9-polig		Bezeichnung
13			nc.				
12			nc.	25			nc.
11			nc.	24			nc.
10			nc.	23			nc.
9			nc.	22	9	<—	RI
8	1	<—	DCD	21			nc.
7	5	——	GND	20	4	—>	DTR
6	6	<—	DSR	19			nc.
5	8	<—	CTS	18			nc.
4	7	—>	RTS	17			nc.
3	2	<—	RxD	16			nc.
2	3	—>	TxD	15			nc.
1		——	Prot.GND	14			nc.

—> Signalrichtung: Quelle im PC; D-Sub-Stecker mit Stiften am PC
nc.: *not connected*, nicht angeschlossen

13.3 Modem-Schnittstellen nach DIN 66 021

Bei der Verbindung von Modems und Endgeräten (DEE) müssen die Schnittstellen im Detail, sogar zusammen mit Ausführungsvarianten und Optionen, sehr genau festgelegt sein, damit der Telekom-Dienst der Datenübertragung reibungslos funktioniert (vgl. hierzu Kapitel 6).

Das CCITT hat in zahlreichen Normen sowohl Grundlagen- als auch vollständige Anwendernormen für Modem-Schnittstellen formuliert. Die V-Serie bezieht sich auf das Fernsprechnetz, die X-Serie auf das Datennetz. Für den nationalen Geltungsbereich werden diese internationalen Normen übernommen, wenn der beschriebene Dienst angeboten werden soll.

Als Beispiel für die vielfältigen Modem-Schnittstellen ist hier die Zusammenstellung nach DIN 66 021 Teil 1 bis 10 aufgeführt (**Tabelle 13.3**). Diese Modems wenden nicht alle Leitungen an, die nach DIN 66 020 Teil 1 (CCITT V.24) vorgesehen sind.

Tabelle 13.3 Modem-Schnittstellen nach DIN 66 021

Übersicht über die angewendeten Schnittstellenleitungen gemäß DIN 66 021 mit Angabe der Stiftbelegung

Leitung	angewendet in DIN 66021 Teil ...										
	1	2	3	4	5	6	7	8	9**)	10***)	10***)
	V.21	V.23	V.26	V.25						V.20	
E2	7	7	7	*)	7	7	7	7	19	24	
E2a									37		
E2b									20		
E2c											13
D1	2	2	2		2	2	2	2	4/22		3...
D2	3	3	3		3	3	3	3	6/24	3...	
S1	20	20	20		20	20	20			22	24/24
S2	4	4	4		4		4	4	7/25	20	16/17
S3										25	
S4		23	23				23	23			
S5	11										
S9										19	
S11											18/19
M1	6	6	6		6	6	6	6	11/29	23	22/23
M2	5	5	5		5	5	5	5	9/27		
M3	22	22	22		22	22	22			21	14/15
M5	8	8	8		8	8	8	8	13/31	8	
M6										2	
T1			24				24	24	17/35		
T2		15	15		15		15	15	5/23		
T4		17	17		17		17	17	8/26		
T5										7	
A1										17/18	
A2											2/12
HD1		14	14	AWD			14				
HD2		16	16	Fern-			16				20/21
HS2		19	19	sprech			19				
HM2		13	13	Wähl-			13				
HM5		12	12	netz			12				
E22	25 Pol			7					37 Pol		
W21				14							
W22				15							
W23	200	1200	2400	16	Sync.	Async	4800	9600	48	20 Byte / s	
W24	b/s	b/s	b/s	17	Daten-	.	b/s	b/s	kb/c	parallele	
S21	duplex	sync. /	sync.	4	netz	Daten-	Sync.	Sync.	Sync.	Datenüber-	
S22		async.		2		netz				tragung	
M21				22						asynchron	
M22				5							
M23				3							
M24				13							
M25				6							

*) Die Stiftbelegung ist in DIN 66 021 Teil 4 noch nicht angegeben.
**) Die Stiftbelegung bei DIN 66 021 T. 9 bezieht sich auf den 37pol. Steckverbinder nach ISO 4902.
***) Die Stiftbelegung der Datenleitungen ist hier nicht vollständig.

13.4 20-mA-Stromschleife, TTY

Stromschleifen zählen zu den preiswertesten und gleichzeitig problemlosesten Datenverbindungen. Sie wurden bis Mitte der 80er Jahre generell bei einfachen Geräten mit geringer Übertragungsrate eingesetzt. Ihre Verbreitung erhielt diese Schnittstelle vor allem als Anschluß der klassischen Fernschreibmaschine. Zunächst wurden bei diesen Fernschreibern (engl. *Teletype*, TTY) 60-mA- bzw. 40-mA-Stromschleifen (engl. *Current Loop*) zur Fernsteuerung der Magnete und Relais verwendet. Mit fortschreitender technischer Entwicklung folgte dann die heutige Stromschleife mit 20 mA. Aufgrund ihrer Herkunft wird diese auch heute noch verbreitet als *TTY-Schittstelle* bezeichnet.

Eine Norm, die über die elektrischen Eigenschaften hinausging und eine konkrete 20-mA-Stromschnittstelle vollständig beschrieb, gab es lange Jahre nicht. Alle Anwender folgten einem Industriestandard und legten den Stecker, die Stromquellen und die Übertragungssteuerung individuell fest, was zu den unterschiedlichsten Varianten führte. Die Vorteile der Stromschnittstelle kamen daher erst dann richtig zum Tragen, wenn die an der Kommunikation beteiligten Geräte und Anschlüsse vom selben Hersteller angeboten wurden. Heute stehen Normen, wie z.B. DIN 66 258 CS und DIN 66 348 Teil 1 zur Verfügung, auf die im nächsten Abschnitt eingegangen wird.

• *20-mA-Stromschleifen* arbeiten ohne Steuerleitungen und immer als asynchrone, rein serielle Schnittstellen. In der Regel werden sie als Punkt-zu-Punkt-Verbindung angewendet. Ihre Übertragungssicherheit ist zumindest bei niedrigen Übertragungsgeschwindigkeiten in den meisten Fällen ausreichend. Bei der maximalen Übertragungsentfernung wird oft von einigen 100 m ausgegangen. Dieser Wert ist allerdings stark abhängig vom verwendeten Kabel und der Übertragungsgeschwindigkeit.

Stromschleifen werden in Ausnahmefällen auch als Mehrpunktverbindung eingesetzt und dann als sogenannte "*Party line*" bezeichnet. Dabei wird meist ein zentralgesteuertes, zentral vermitteltes *Master-Slave-Protokoll* verwendet. Elektrisch liegen in der Sendeschleife des Masters mehrere Empfänger in Serie. Die Empfangsschleife enthält hintereinandergeschaltet mehrere Sender, die im Ruhezustand niederohmig sein müssen. Die Stromquellen müssen entsprechend ausgelegt sein und eine hohe Leerlaufspannung besitzen. Im weiteren werden nur Punkt-zu-Punkt-Verbindungen betrachtet.

• *Elektrische Eigenschaften* der Sender- und Empfängerbausteine sowie der Stromquellen sind in Abschn. 5.4 beschrieben. Sowohl in Sende- als auch in Empfangsrichtung liegen getrennte Stromkeise vor, in denen ein sogenannter *Linienstrom* von 20 mA bei logischem Pegel 0 und 0 mA bei logischem Pegel 1 fließt.

In den meisten Fällen werden jeweils preiswerte Optokoppler sowohl als Empfänger als auch Senderbaustein verwendet. Dadurch sind die Übertragungskanäle automatisch vom Rest der Schaltung galvanisch getrennt (**Bild 13.3**), und Erdschleifen sowie der Potentialausgleich bei getrennten Stromversorgungsnetzen wird verhindert. Das Potential der Übertragungsstrecke *"floatet"* also gegenüber dem in den Teilnehmergeräten. Die Anbindung an das Erdpotential erfolgt gewöhnlich in der aktiven Station durch die galvanisch nicht getrennte Stromquelle.

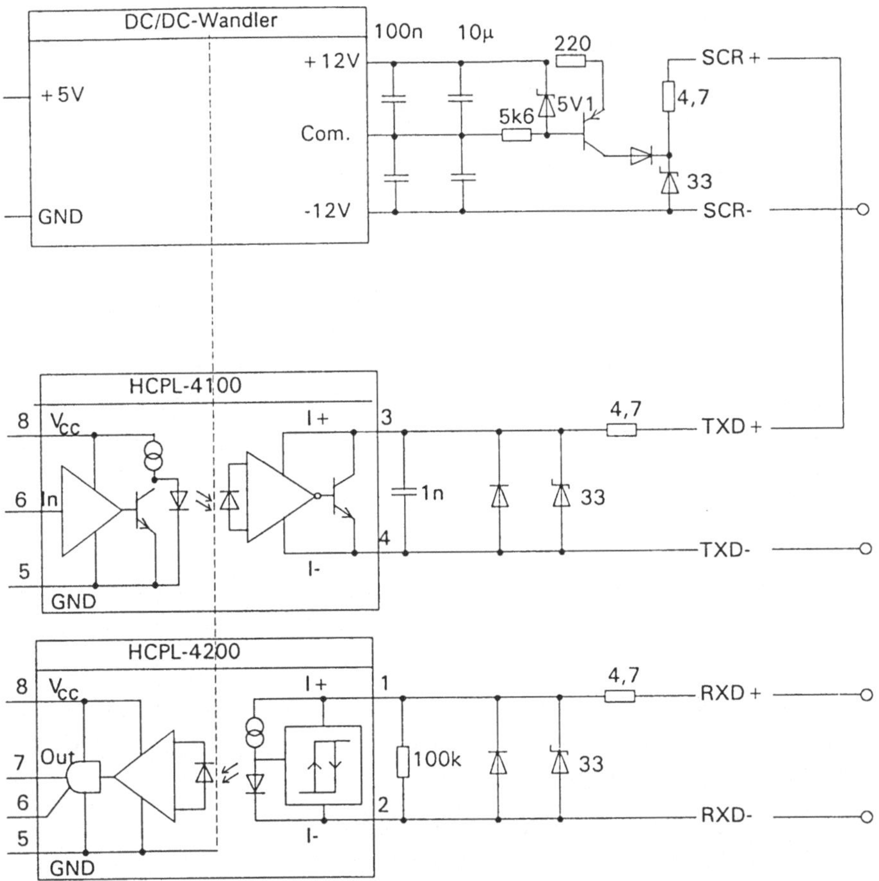

Bild 13.3 20-mA-Stromschleife mit galvanischer Trennung (Sender aktiv)

• *Schnittstellenleitungen* sind bei Stromschleifen auf die beiden Übertragungskanäle sowie die Stromquellen beschränkt. Im Normalfall sind also mindestens 4 Anschlüsse (2 Datenkanäle) und höchstens 9 Anschlüsse für 2 Stromquellen und Masseverbindung nötig. Zusätzliche Steuerleitungen, die z.B. bei RS-232-Schnittstellen oft Anlaß zu Ärger geben, u.a. wenn Signale von der Norm abweichend belegt oder benutzt werden, sind nicht vorgesehen.

Manche Schnittstellenanschlüsse sind bereits geräteintern mit einer Stromquelle verbunden. Sie werden in der Signalbeschreibung mit "*aktiv*" bezeichnet. Überwiegend werden die Sender aktiv geschaltet. Zu beachten ist, daß in einem Stromkreis nie 2 Stromquellen miteinander betrieben, also nie 2 aktive Schaltungen untereinander verbunden werden dürfen. Aus diesem Grund sind die Stromquellen oft herausgeführt und durch geeignete Brücken im Stecker zu beschalten.

Die Angaben über die Stromrichtung stimmen sehr häufig nicht mit dem tatsächlichen Stromkreis überein. In den meisten Fällen ist der richtige Anschluß entweder empirisch zu bestimmen oder das Schaltbild zu Rate zu ziehen. Bei Verpolung der Anschlüsse können allerdings in der Regel keine Schäden auftreten, da die verwendeten Optokoppler gegenüber den auftretenden Spannungen entweder unempfindlich oder durch separate Dioden geschützt sind.

• *Steuerungsverfahren* mit Übertragungssteuerzeichen, die im ASCII-Code dafür vorgesehen sind (DIN 66 019), regeln den Ablauf der Datenübertragung. Die Steuerung des Verbindungsaufbaus, der Datenübermittlung und des Verbindungsabschlusses geschieht meist mit Hilfe von *"Basic-Mode"-Protokollen* (vgl. Abschn. 9.3). Meist finden die einfachsten Druckerprotokolle ohne Sicherung der Datenübertragung Anwendung. Hierin besteht ein großer Vorteil dieser Schnittstelle gegenüber parallelen Schnittstellen, bei denen Steuerfunktionen durch *Handshake-Leitungen* realisiert werden, und auch RS-232-Schnittstellen, bei denen die Steuerfunktionen noch in einzelnen Adern geführt sind. Herstellerseitig sind Übertragungsprotokolle, die in der Software des Gerätes realisiert werden müssen, einfacher anzupassen, und anwenderseitig ist die Entscheidung leichter zu fällen, ob die beteiligten Protokolle kompatibel sind.

• *Kontaktbelegung*: Ein festes Anschlußschema kann nicht angegeben werden. Trotz oder wegen der großen Verbreitung der Stromschleife als Industriestandard hat sich keine Belegung eines speziellen Steckertyps durchsetzen können.

• *Schnittstellenkoppler*: Standardisierte Schnittstellenkoppler sind bei Stromschleifen nicht üblich, da bei jeder Verbindung die jeweiligen Stromquellen geeignet verbunden werden müssen.

• *Kompatibilität* der Geräte bereitet auf der Ebene der elektrischen Verbindung keine Probleme. In den meisten Fällen werden sehr einfache *Drucker-Protokolle* oder die *Xon/Xoff-Steuerung* angewendet. Die Datenübertragung ist zwar ungesichert, bereitet aber auf so niedrigem Level nur sehr geringe Anschlußprobleme.

13.5 DIN 66 258 Teil 1 und DIN 66 348 Teil 1

Anwender von Geräten mit Schnittstellen stehen oft vor dem Problem, daß trotz der in den Spezifikationen ausgewiesenen Normen und Referenzen in der Praxis eine Datenkommunikation nicht oder nicht direkt möglich ist. Wenn in den

Schnittstellen-Beschreibungen auf viele Grundlagennormen verwiesen ist oder Industriestandards angewendet werden, besteht die Gefahr, daß die vielen Freiheitsgrade in diesen Normen zu technischen Schwierigkeiten beim Datenaustausch führen. Im Gegensatz dazu beschreiben die Anwendernormen, wie z.B. DIN 66 258 Teil 1 und DIN 66 348 Teil 1, Schnittstellen vollständig und leisten damit einen Beitrag, die vielfältigen Freiheitsgrade festzulegen bzw. zu beschränken.

• *Vergleich DIN 66 258 Teil 1 und DIN 66 348 Teil 1*: Diesen Normen liegt als Konzept eine rein serielle Datenübertragung für Punkt-zu-Punkt-Verbindungen zwischen einfachen Geräten zugrunde. Sie arbeiten asynchron und schließen Lükken durch die wie folgt genannten Festlegungen.

<table>
<tr><td>

**Datenübertragung allgemein sowie
zwischen Endgeräten im klinisch-chemischen Bereich**
- DIN 66 258 Teil 1
    Voltage Serial (VS):   RS-232 mit wenigen Signalen
    Current Serial (CS):   20-mA-Stromschleifen mit Belegung
- DIN 66 258 Teil 2:   CCITT V.11 mit Protokoll

</td></tr>
<tr><td>

**Datenübertragung in der Meß- und Prüftechnik
sowie in der Informationsverarbeitung**
- DIN 66 348 Teil 1
    Current Loop (CL):   20-mA-Stromschleifen, auch Protokoll
    Voltage (V):   CCITT V.11 mit Protokoll

</td></tr>
</table>

• *Elektrische Eigenschaften und Normen*: In DIN 66 258 Teil 1 werden alternativ zwei Arten von elektrischen Eigenschaften verwendet, nämlich CCITT V.28 (RS-232) bzw. DIN 66 259 Teil 1 (vgl. Abschn. 5.5), die mit VS bezeichnet wird, und die 20-mA-Stromschleife (*Current Loop*, vgl. Abschn. 5.4), mit der Bezeichnung CS. Die Stromquellen sind nicht herausgeführt. Die Sende- und Empfangsstufen im Laborrechner sind aktiv, speisen also den Linienstrom ein.

Auch in DIN 66 348 Teil 1 werden bei den elektrischen Eigenschaften zwei Alternativen angeboten. Für die besonders einfachen Verbindungen wird ebenfalls eine 20-mA-Stromschleife (CL, *Current Loop*) angegeben. Falls vorhanden, sind in allen Geräten beide Stromquellen herausgeführt. Die Auswahl der aktiven bzw. passiven Seite erfolgt durch Brücken im Stecker. Für etwas aufwendigere Schnittstellen ist die "symmetrische" Übertragung nach CCITT V.11 (DIN 66 259 Teil 3 bzw. EIA RS-422, vgl. Abschn. 5.6) vorgesehen. Die gleichen Eigenschaften nach V.11 sind auch in DIN 66 258 Teil 2 angewendet.

Die moderne Übertragung nach V.11 zeichnet sich durch sehr guten Störabstand auch bei hohen Übertragungsgeschwindigkeiten (1 Mbit/s) und gleichzeitig großen Entfernungen (bis 1000 m) aus. Gleichtaktstörungen (*Common Mode*) werden

unterdrückt. Bei vielen Computerherstellern werden V.11-Schnittstellen wegen
der größeren Übertragungsentfernung in zunehmendem Maße als Alternative zu
den alten RS-232-Schnittstellen eingesetzt.

• ***Schnittstellenleitungen und Kontaktbelegung***: Die Schnittstelle *Voltage Serial*
(ähnl. RS-232) nach DIN 66 258 Teil 1 enthält nicht alle Leitungen, die nach
CCITT V.24 (entspricht DIN 66 020 Teil 1) vorgesehen sind. Die Signale sind zusammen mit der Pinbelegung in **Tabelle 13.4** aufgeführt. Auf der Schnittstellenleitung *Transmit Data* dürfen nach CCITT V.24 nur dann Daten gesendet werden,
wenn auf den folgenden Steuer- und Meldeleitungen der Ein-Zustand herrscht:

S 1.2 - DEE betriebsbereit
M 1   - Betriebsbereitschaft
S 2   - Sendeteil einschalten
M 2   - Sendebereitschaft

Tabelle 13.4 V.24-Schnittstelle nach DIN 66 258 Teil 1, VS (EIA RS-232)

Stift-Nr.		DIN 66020 Teil 1	CCITT V.24
1	——	Abschirmung	Protective Ground
2	——>	Sendedaten	Transmitted Data
3	<——	Empfangsdaten	Received Data
4	——>	Sendeteil einschalten	Request to Send
5	<——	Sendebereitschaft	Ready for Sending
6	<——	Betriebsbereitschaft	Data Set Ready
7	——	Betriebserde	Signal Ground
15	<——>	Sendeschrittakt	Transmitter Element Timing
20	——>	DEE betriebsbereit	Data Terminal Ready

——> Signalrichtung: Quelle im Endgerät
25poliger D-Sub-Stecker mit Stiften am Endgerät

Die ebenfalls in DIN 66 258 Teil 1 beschriebene 20-mA-Stromschleife (*Current
Serial*) enthält nur die beiden Datenkanäle und ist zusammen mit dem Koppler in
Tabelle 13.5 zusammengestellt. Jeweils die eine Seite, z.B. der Laborrechner,
speist den Linienstrom ein und besitzt somit sowohl einen aktiven Sender als auch
einen aktiven Empfänger.

Die V.11-Schnittstelle (RS-422) aus DIN 66 258 Teil 2 ist dort mit der Steckerbelegung und dem Schnittstellenkoppler gemäß **Tabelle 13.6** angegeben. Da es sich
bei diesem "*Balanced Interface*" um Gegentaktsignale handelt, muß jeweils die
A-Ader des Senders mit der A-Ader des Empfängers genauso wie die B-Adern
untereinander verbunden werden.

Tabelle 13.5 20-mA-Stromschleife nach DIN 66258 Teil 1; Steckerbelegung und Schnittstellenkoppler

Pin-Nr. aktiv		Schnittstellenleitungen		Pin-Nr. passiv
9	⟶	Sendedaten	(plus Polarität)	24
10	⟵	Rückführung,	Sendedaten	25
24	⟶	Empfangsdaten	(plus Polarität)	9
25	⟵	Rückführung,	Empfangsdaten	10

⟶ Stromflußrichtung aus dem Endgerät heraus (DEE aktiv)
25poliger D-Sub-Stecker mit Stiften am Endgerät

Tabelle 13.6 V.11-Schnittstelle nach DIN 66 258 Teil 2; Steckerbelegung und Schnittstellenkoppler

Pin-Nr.		Schnittstellenleitungen	Pin-Nr.
1	——	Abschirmung	1
2	⟶	Senden, T(A)	4
4	⟵	Empfangen, R(A)	2
9	⟶	Senden, T(B)	11
11	⟵	Empfangen, R(B)	9
8	——	Betriebserde, G	8

⟶ Signalrichtung: Quelle im Endgerät
15poliger D-Sub-Stecker mit Stiften am Endgerät

Die Anschlüsse der 20-mA-Stromschleife aus DIN 66 348 Teil 1 sind in **Tabelle 13.7** aufgelistet. Die Stromquellen dieser *Current-Loop*-Schnittstelle sind im Stecker herausgeführt. Die Sender- und Empfängerschaltungen sind von sich aus passiv. Durch geeignete Brücken werden sie durch die Verbindung mit einer Stromquelle aktiv. Bei der Konfektionierung der Kabel dürfen daher Stecker mit solchen Brücken nicht verwechselt werden.

Die V.11-Schnittstelle nach DIN 66 348 Teil 1 ist in **Tabelle 13.8** gezeigt. Sie enthält zusätzlich zu den 2 Datenkanälen T und R auch noch optional die Kanäle C (*Control*) und I (*Indication*). Sie werden angewendet, wenn das Endgerät an ein Datennetz mit einer Schnittstelle nach CCITT X.20 angeschlossen werden soll.

Tabelle 13.7 20-mA-Stromschleife nach DIN 66348 Teil 1; Steckerbelegung für *Current Loop* und symmetrischer Schnittstellenkoppler K1

Pin-Nr.			Schnittstellenleitungen	Pin-Nr.
1	——		Schirmung	—— 1
2	<——┐	T+	Sendedaten, positive Polarität	┌— 2
3	——>┘	S1+	Stromquelle 1, pos. Polarität	└— 3
4	<——	R+	Empfangsdaten, pos. Polarität	6
5	——>	S2+	Stromquelle 2, pos. Polarität	5
6	——>	T-	Sendedaten, negative Polarität	4
7	<——	S1-	Stromquelle 1, negat. Polarität	8
8	——>	R-	Empfangsdaten, negat. Polarität	7
9	<——	S2-	Stromquelle 2, negat. Polarität	9

——>   Stromflußrichtung aus dem Gerät heraus
9poliger D-Sub-Stecker mit Stiften an den Endgeräten

Tabelle 13.8 V.11-Schnittstelle nach DIN 66 348 Teil 1; Steckerbelegung und Schnittstellenkoppler K0

Pin-Nr. DEE		Schnittstellenleitungen regulär	optional	Pin-Nr.
1	——	Schirmung		1
2	——>	T(A) Sendedaten		4
3	——>		C(A) Steuern	5
4	<——	R(A) Empfangsdaten		2
5	<——		I(A) Melden	3
6		-	-	
7	——		U1 und U2 Masse	
8	——	G Betriebserde		8
9	——>	T(B) Sendedaten		11
10	——>		C(B) Steuern	12
11	<——	R(B) Empfangsdaten		9
12	<——		I(B) Melden	10
13		-	-	
14	——>		U2, negativ	
15	——>		U1, positiv	

——>   Signalrichtung: Quelle im Endgerät
15poliger D-Sub-Stecker mit Stiften am Endgerät

• *Steuerungsverfahren*: Beide Normen stellen drei Übertragungsprotokolle zur Auswahl, die die Übertragungssteuerzeichen aus dem ASCII-Code (*Basic Mode Procedure*, DIN 66 019) benutzen. Sie beziehen sich auf verschiedene Anwendungsfälle und unterscheiden sich durch die erzielbare Sicherheit in der Datenübertragung.

Für einfache Meßwertdrucker ist das Protokoll A ohne Steuerzeichen, bzw. ohne Rückmeldung (Abschn. 9.3.2) mit gerader Parität vorgesehen. Bei allen anderen Anwendungen ist eine Rückmeldung nach der Datenübertragung gefordert. Im Protokoll B (DIN 66 258 Teil 1, Abschn. 9.3.3) geschieht dies durch die Steuerzeichen ACK (Hex 06) und NAK (Hex 15) und im Protokoll C (Abschn. 9.3.4) durch eine entsprechend den Datenblöcken numerierte Rückmeldung DLE,3/0 (Hex 10, Hex 30) bzw. DLE,3/1 (Hex 10, Hex 31) und NAK (Hex 15). Für Verbindungen, bei denen Computer beteiligt sind oder größere Datensätze z.B. Programme übertragen werden, sollte immer Protokoll C verwendet werden.

Die Protokolle A, B und C aus DIN 66 258 Teil 1 und Teil 2 sind nicht Bit-kompatibel mit denen aus DIN 66 348 Teil 1. Der Aufbau und die Wirkungsweise sind gleich, jedoch sind in DIN 66 348 Teil 1 zusätzliche Steuerzeichen (Protokoll A), ein Verbindungsaufbau, aber keine Rückmeldung nach der Datenübertragung (Protokoll B) und weitere Zeitüberwachungen und Fehlerbehandlungen (Protokoll C) beschrieben.

13.6 DIN-Meßbus

Für den Hauptanwendungsbereich der seriellen Meßdatenübertragung werden in DIN 66 348 Teil 2 *Schnittstellen und Übertragungssteuerungsverfahren* im *Basic Mode* beschrieben. Sie realisieren eine Mehrpunkt-Verbindung mit Busstruktur. Diese wird als *DIN-Meßbus* bezeichnet und ist auf den Ebenen 1 und 2 des OSI-Referenzmodells (DIN ISO 7498) festgelegt.

Das Steuerungsverfahren entspricht dem in Abschnitt 9.3.5 besprochenen Mehrpunkt-Protokoll D. Die beim DIN-Meßbus verwendeten elektrischen Eigenschaften nach EIA RS-485 wurden prinzipiell in Abschnitt 5.6 diskutiert. Im folgenden wird auf die Schaltung des Busses eingegangen sowie Untersuchungen an einer realisierten Übertragungsstrecke dargestellt.

13.6.1 Aufbau des Bussystems

Der DIN-Meßbus soll möglichst preiswert und einfach aufgebaut werden und mehrere Geräte miteinander verbinden (*Mehrpunkt-Anordnung*). Seine Einsatzgebiete sind sehr breit angelegt und reichen von der Datenübertragung über kurze Entfernungen im Labor, ähnlich dem IEC-625-Bus, bis hin zu großen Entfernungen (> 500 m) z.B. bei der Prozeßsteuerung und im prozeßnahen Fertigungsfeld (*Feldbus, Local Area Network*).

• *EIA RS-485*: In einer kurzen Übersicht sind hier die Eigenschaften des DIN-Meßbus zusammengestellt, die aus der Festlegung der elektrischen Eigenschaften folgen. Die zugrundeliegenden Normen entsprechen sich und sind zum Teil auseinander hervorgegangen:

EIA RS-485, DIN 66 259 Teil 4, ISO 8482

Grunddefinitionen:
- Struktur: Busanordnung
- Medium: 4- oder 2-Draht
  (beim DIN-Meßbus nur 4-Draht-Bus angewendet)
- Teilnehmerzahl: 32
- Leitungslänge: bis etwa 500 m
- Stichleitungslänge: bis 5m
- Übertragungsgeschwindigkeit: bis 1 Mbit/s

Zusätzliche Festlegungen in DIN 66 348 Teil 2:
- Übertragungsart: asynchron, Start-Stop-Betrieb
- Steuerungsverfahren: festgelegt in DIN 66 348 Teil 2,
                                     nach DIN 66 019
- Datensicherung: Codegebunden: Gerade Parität (DIN 66 022)
                                     Blockprüfzeichen (DIN 66 219)
                                     Codeunabhängig:
                                     CRC-16-Polynom (DIN 66 219)

• *Elektrische Eigenschaften*: Die in DIN 66 348 Teil 2 verwendeten elektrischen Eigenschaften entsprechen ISO 8482 (Abschn. 5.6.2), allerdings erweitert für Start-Stop-Betrieb (asynchron). Die Übertragung erfolgt elektrisch in 2 Kanälen (**Bild 13.4**), die, der Sicht des Masters folgend, mit Sendekanal und Empfangskanal bezeichnet werden. Am ersten und letzten Anschlußpunkt der Hauptleitung sind im Sendekanal 100-Ohm-Widerstände als Leitungsabschluß vorgesehen. Im Empfangskanal ist der Abschluß als Spannungsteiler ausgebildet, damit im Ruhezustand auch bei inaktiven Sendern der Teilnehmerstationen Stopp-Polarität sichergestellt ist.

• *Schnittstellenleitungen*: Die Länge der Stichleitungskabel kann nach RS-485 bis zu 5 m betragen. Zum Anschluß der Stichleitungen an die Hauptleitung sind in DIN 66 348 Teil 2 Steckverbinder mit 15 Polen vorgesehen (**Tabelle 13.9**). Die Belegung ist kompatibel zu V.11-Schnittstellen für Punkt-zu-Punkt-Verbindungen nach DIN 66 348 Teil 1. Die Buchsenleisten sind der Hauptleitung zugeordnet. Um mögliche örtliche Störfelder von vornherein zu reduzieren, müssen alle Kabel geschirmt sein. Dabei sind die Stecker mit in die Abschirmung einzubeziehen.

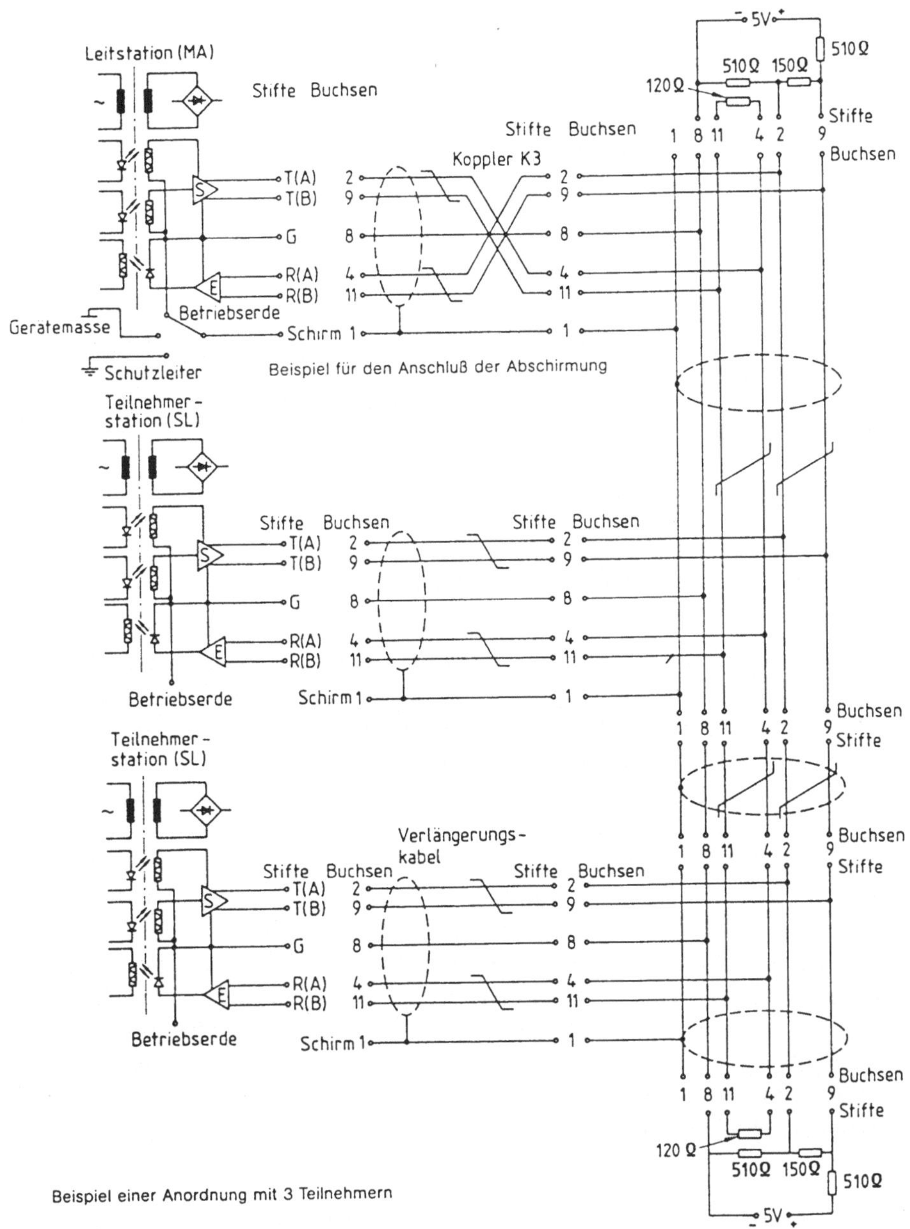

Bild 13.4 Elektrischer Aufbau des DIN-Meßbus (nach DIN 66 348 Teil 2)

Zwischen der Betriebserde des Senders und des Empfängers kann eine Erdpotential-Differenz auftreten, insbesondere auf Grund der großen Übertragungslänge. Daher schreibt DIN 66 348 Teil 2 eine galvanische Trennung der Schnittstelle vom Rest der Schaltung z.B. durch Optokoppler zwingend vor.

Tabelle 13.9   RS-485-Schnittstelle nach DIN 66 348 Teil 2;
Steckerbelegung und Schnittstellenkoppler K3

Pin-Nr. DEE		Schnittstellenleitungen regulär	optional	Pin-Nr.
1	--	Schirmung		1
2	->	T(A) Sendedaten		4
4	<-	R(A) Empfangsdaten		2
7	--		U2 Masse	
8	--	G Betriebserde	U1 Masse	8
9	->	T(B) Sendedaten		11
11	<-	R(B) Empfangsdaten	U2	9
14	->		U2, negativ	
15	->		U1, positiv	

-> Signalrichtung: Quelle im Endgerät
15poliger D-Sub-Stecker mit Stiften am Endgerät

• *Übertragungssteuerung*: Der Datenaustausch auf dem DIN-Meßbus erfolgt zentralgesteuert. Das Protokoll ist in Abschnitt 9.3.5 näher erläutert. Die *Leitstation* (*Bus-Master*) fordert mit Hilfe der Übertragungssteuerzeichen und den gerätespezifischen, einstellbaren Adressen alle angeschlossenen Teilnehmerstationen nacheinander auf, ihre Sendebereitschaft zu prüfen (*zentrales Polling*). Bei einem Sendewunsch kann der Teilnehmer mit der Zentralstation Daten austauschen. Die Sicherung der codegebundenen Übertragung erfolgt durch *Parity* und *Blockprüfzeichen* und wird dem Sender quittiert. Der direkte Datenaustausch zwischen den Teilnehmerstationen (*Querverkehr*) ist nicht vorgesehen, da die einzelnen Meßgeräte in der Regel keine Daten untereinander senden. Beim DIN-Meßbus findet der Querverkehr vermittelt durch die Zentralstation und somit unter ihrer Kontrolle statt. Alle möglichen Fälle der Störung des normalen Protokollablaufs werden durch Zeitüberwachungen in der Leitstation aufgefangen und führen entweder zu definiertem Abbruch der Datenverbindung oder zur regulären Fortführung des Protokolls durch die Leitstation.

13.6.2 Untersuchungen an einem seriellen Bus nach EIA RS-485

Für praktische Versuche und Messungen an einem solchen Bus wurde eine 500 m lange Übertragungsstrecke aufgebaut, an der bis zu 30 Teilnehmer simuliert waren (**Bild 13.5**). Als Leitung diente ein Datenkabel mit nur einem Paar verdrillten und abgeschirmten Drähten für beide Übertragungsrichtungen. Für die physikalischen und elektrischen Gegebenheiten sind die Verhältnisse auf diesem 2-Draht-Bus direkt auf eine 4-Draht-Anordnung wie den Meßbus zu übertragen.

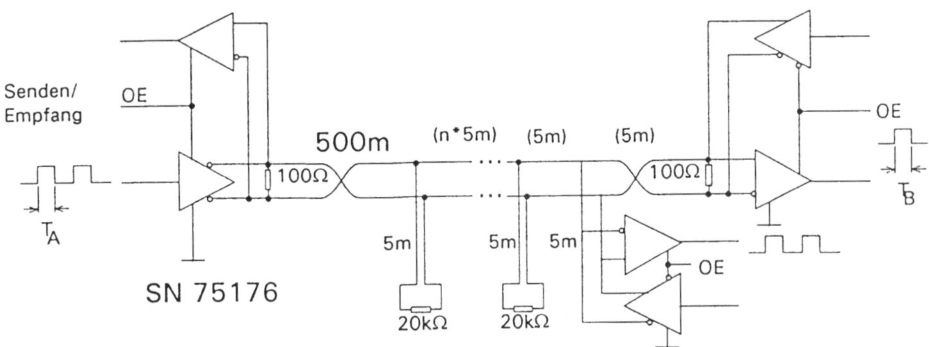

Messungen an einem seriellen Bus nach ISO DIS 8482

Bild 13.5 Versuchsanordnung am seriellen Bus

• *Fehlerfall Konkurrenzsituation*: Der Konkurrenzfall tritt ein, wenn nicht nur ein Sender Strom in die Leitung liefert, sondern zwei Sender gleichzeitig aktiv niederohmig sind. Diese Betrachtungen sind auch in DIN 66 259 Teil 4 enthalten. Sender A liefert seinen Fehlerstrom, den der Sender B aufnimmt. Diese Situation wird noch ungünstig beeinflußt durch eine eventuell zwischen den beiden Sendern vorhandene Gleichtaktspannung (± 7 V), die zu einer extrem hohen Verlustleistung im Sender A führen kann. Wenn z.B. der Fehlerstrom 250 mA beträgt und die Summe aus Versorgungsspannung und Gleichtaktspannung 12 V ist, erreicht die Verlustleistung im Sender A einen Wert von 3 W.

Sender-Konkurrenz tritt ebenfalls ein, wenn mehrere Sender gleichzeitig ihren Fehlerstrom liefern, den dann ein Sender aufnimmt. Da hierbei dieser Sender aus dem Sättigungsbereich getrieben wird, führt die Kombination aus hoher Kollektor-Emitter-Spannung und großem Fehlerstrom zu einer extremen Verlustleistung in diesem Sender.

Die beiden Fälle zeigen, daß im Sender Schutzmaßnahmen getroffen werden müssen. Mögliche Maßnahmen sind eine Strombegrenzung und/oder ein thermischer Überlastungsschutz. Eine einfache Strombegrenzung, die bei Sender-Konkurrenz nur den Strom begrenzt (z.B. bei RS-422-Bausteinen), führt wie oben gezeigt zu einer hohen Verlustleistung im Sender. Der Vorteil dieser Schutzmaßnahme ist, daß der Sender sofort wieder in seinen normalen Betriebszustand zurückkehrt, wenn die Sender-Konkurrenz beendet ist. Der thermische Überlastschutz zeigt im Gegensatz zur einfachen Strombegrenzung eine verhältnismäßig lange Wiedereinschaltzeit, ist aber in der Lage, nicht nur eine Strom-, sondern auch eine thermische Überlastung zu erkennen.

Bei Sender-Konkurrenz wird auf Grund des hohen Fehlerstroms eine große Energie in der Leitung gespeichert. Wird nun der Strom schlagartig abgeschaltet, so entsteht entlang der Übertragungsleitung eine Spannung, die sich folgendermaßen berechnet:

$$U = (I \cdot Z) / 2$$

mit U = entsprechende Spannung in V
I = Fehlerstrom in A
Z = Leitungsimpedanz in Ohm

Bei einer Leitungsimpedanz Z = 120 Ohm und einem Fehlerstrom I = 250 mA erreicht diese Spannung einen Wert von 15 V. Wenn vier oder mehrere Sender an der Konkurrenzsituation beteiligt sind (Fehlerstrom etwa 500 mA) und der unwahrscheinliche Fall eintritt, daß zwei Sender gleichzeitig abgeschaltet werden, kann die Spannung erheblich höhere Werte erreichen. Der Systementwickler muß diesen Fall berücksichtigen. Die Forderungen in der Norm gehen davon aus, daß nur ein Sender zu einer gegebenen Zeit abgeschaltet wird.

• *Messungen an der Übertragungsstrecke*: Ein interessantes Ergebnis war z.B. die festgestellte Abhängigkeit der maximalen Datenübertragungsrate vom Prüfmuster (**Bild 13.6**), also vom Dateninhalt (*Tastverhältnis*). Bei einer Entfernung von 500 m ist sie für eine 0101-Folge etwa doppelt so hoch, wie für ein Tastverhältnis von 1:10. Allen weiteren Messungen liegt das Tastverhältnis 1:10 zugrunde. Der Einfluß unterschiedlicher Spannungsteiler als Leitungsabschluß für asynchronen Betrieb ist im weiteren dargestellt.

Eine der zu untersuchenden Fragestellungen war, ob alle Stichleitungen zu den Teilnehmern in einem Punkt mit der Hauptleitung verbunden sein dürfen. Sie bewirken dann eine starke, konzentrierte Störung des Wellenwiderstands. Die möglicherweise auftretenden Reflexionen könnten es sinnvoll machen, einen Mindestabstand (z.B. 5 m) zwischen den Stichleitungen zu fordern. Für verschiedene Anordnungen wurden die zeitlichen (individuellen) Signalverzerrungen in Abhängigkeit von der Datenübertragungsrate gemessen. Unter den *individuellen Verzerrungen* wird in der Nachrichtentechnik das Verhältnis der Änderung der Ausgangsimpulsbreite zur Eingangsimpulsbreite der Spannungsverläufe an der Übertragungsstrecke verstanden.

Im **Bild 13.7** sind die Ergebnisse für 5 m Abstand zwischen den Stichleitungen (Länge 5 m) bei 1 bis 10 Stichleitungen und 100 Ohm Abschluß beidseitig aufgetragen. Ein Vergleich zwischen entsprechenden Messungen für punktförmige Belastung des Busses, also sternförmiger Anordnung der Stichleitungen, zeigt, daß die Verzerrungen nicht wesentlich größer sind. Eine sternförmige Anordnung der Stichleitungen kann also für kurze Entfernungen ohne weiteres angewendet werden.

Messungen zeigen auch, daß eine Übertragung mit bis zu 32 Teilnehmern bei einer Entfernung von 500 m noch mit Datenübertragungsraten von über 1 Mbit/s möglich ist. Die erzielten Ergebnisse haben sowohl die Arbeit an dem internationalen Standard 8482 als auch an der neuen Norm über den DIN-Meßbus (DIN 66 348 Teil 2) unterstützt.

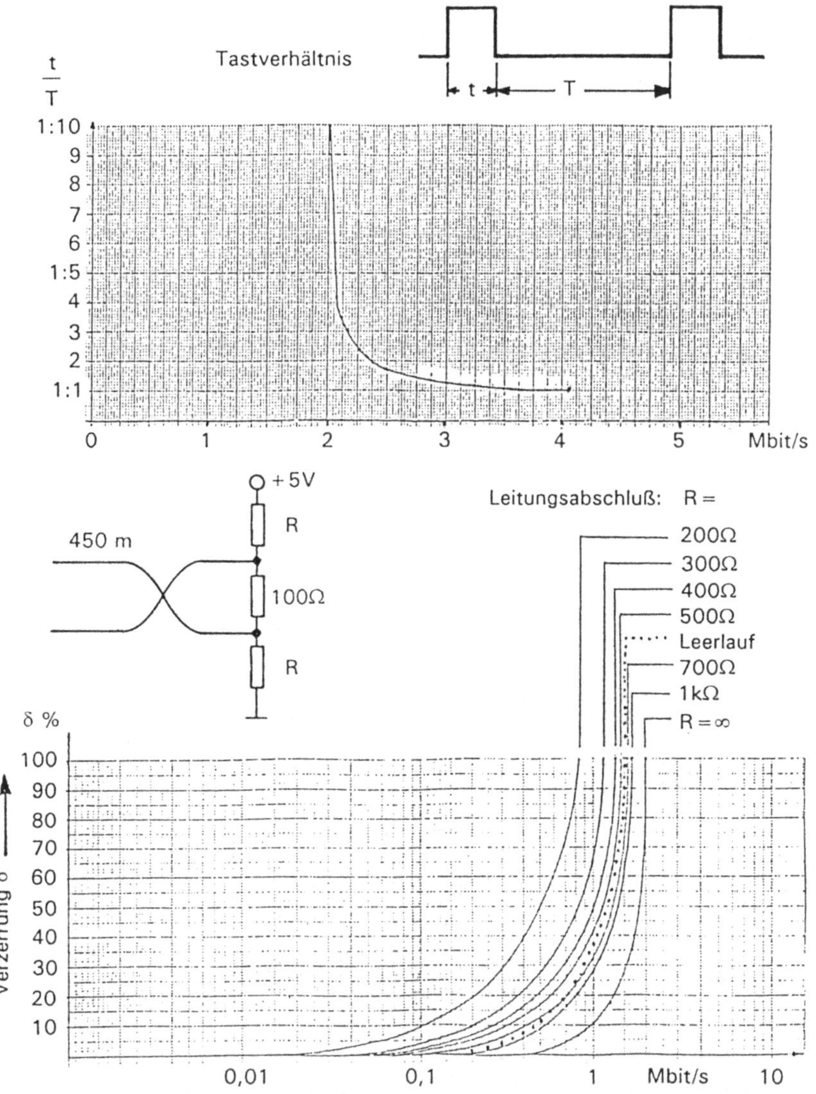

Bild 13.6 Abhängigkeit der maximalen Übertragungsgeschwindigkeit
a) vom Tastverhältnis
b) vom Leitungsabschluß als Spannungsteiler für asynchronen Betrieb

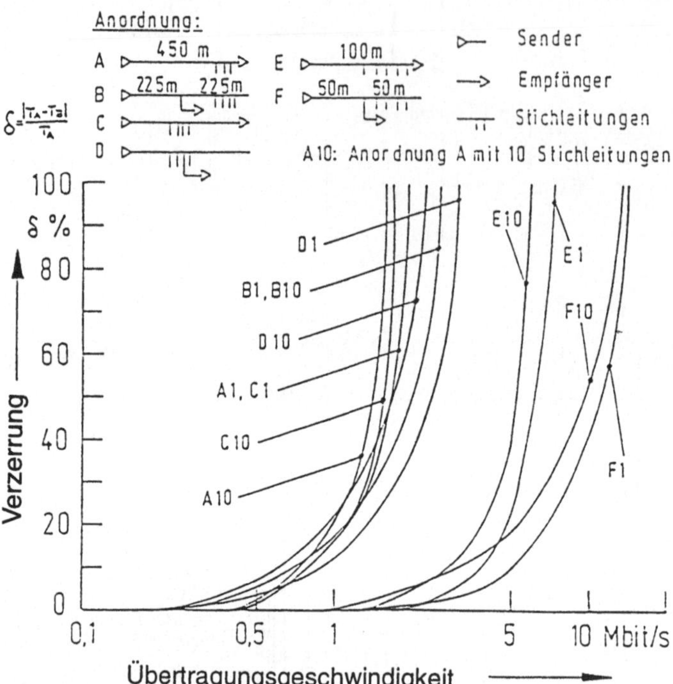

Bild 13.7 Zeitliche (individuelle) Verzerrungen bei Mehrpunktanordnung nach RS-485 (Tastverhältnis 1 : 10)

13.7 PROFIBUS

Der PROFIBUS hat seine Wurzeln in einer Entwicklung von *Siemens*. Die Bezeichnung ergibt sich aus der Abkürzung für *Process Field Bus*. Er gliedert sich ein in das MAP-Konzept (*Manufacturing Automatization Protocol*) und ist konzipiert als Feldbus zur Verbindung z.B. einzelner CNC-Fertigungsinseln oder von Steuerrechnern an Bohr-, Fräs- und Drehmaschinen. Typisch verbindet er z.B. speicherprogrammierbare Steuerungen (SPS) und Industrie-PCs mit dem übergeordneten Rechner in der Fertigungshalle.

Der PROFIBUS ist in DIN 19 245 entsprechend der Schichten 1, 2 und 7 des Referenzmodells festgelegt. Die Kommunikation erfolgt auf zwei Netzebenen (**Bild 13.8**). Die obere Ebene verbindet in einem logischen *Token Ring* die Leitrechner, die jeweils in der unteren Netzebene die *Master-Slave-Steuerung* der Teilnehmerstationen übernehmen. Dieses Konzept hat den Vorteil, daß beim Ausfall eines *Masters* die Steuerungsaufgabe der *Slave-Stationen* von einem anderen Master übernommen werden kann (*Flying Master*). Der Teil 1 dieser Norm beschreibt u.a. die Elektrischen Eigenschaften, die Topologie und das Übertragungsprotokoll (Ebene 2) mit den folgenden Merkmalen [Gödd89]:

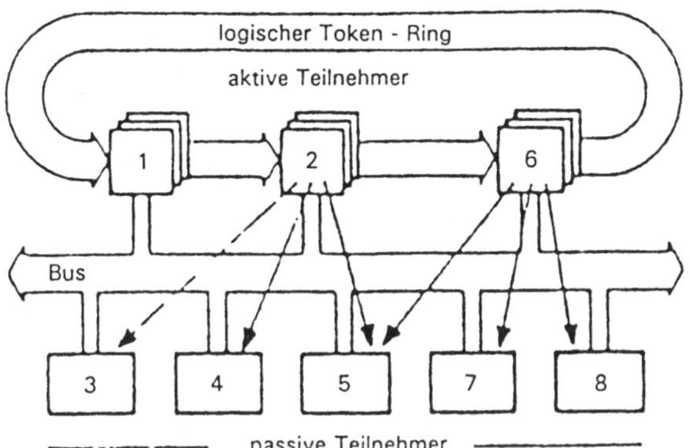

Bild 13.8 Kommunikation beim PROFIBUS, hybrides Buszugriffsverfahren:
Token-Ring / Master-Slave

• *Physikalische Schnittstelle*
- Busstruktur nach EIA RS-485, ein Kanal halbduplex
- geschirmte 2-Draht-Leitung (*Twisted Pair*)
- max. Länge 0,2 km bis 1,2 km, mit Repeater max. 4,8 km
- max. 3 bidirektionale Repeater
- Abschlußwiderstände als Spannungsteiler (330, 120, 330 Ohm)
- Teilnehmer-Stichleitungen bis 0,3 m
- Übertragungsgeschwindigkeit 9,6, 19,2, 90, 187 und 500 kbit/s
- Teilnehmerzahl physikalisch max. 32
- Codierung NRZ (*Non Return to Zero*)
- galvanische Trennung der Busteilnehmer optional

• *Übertragungsprotokoll*
- Übertragung seriell, asynchron
- schlupffeste Synchronisierung
- Telegrammformat basierend auf DIN 19 244 Formatklasse FT 1.2 UART-
  Zeichen (Startbit, 8 Datenbits, Parity, unterschiedliche Stopbits)
- Datenblocksicherung mit Hamming-Distanz 4
- Adreßumfang logisch 127 Teilnehmer, eine Globaladresse (*Broadcast*)
- 2 Prioritätsstufen (hoch, niedrig)
- untere Netzebene: zwischen Teilnehmern und Master mit Master-Slave-
  Steuerung
- obere Netzebene: zwischen den Mastern mit Token-Passing-Verfahren
- *Flying Master*

• *MMS-kompatible Dienste in Schicht 7* legt der Teil 2 der Norm DIN 19 245
fest. Das Format der Befehle und zu übertragenden Funktionen der Anwendungs-
schicht sind beschrieben. Als Inhalt der zu übertragenden Daten sind hier
beispielsweise die Codierungen für Werkzeugmaschinenbefehle wie Bohrspindel-

drehzahl und Drehrichtung zu finden. Die Festlegungen basieren auf dem *Manufacturing Message Standard* (MMS), der den Rahmen für die Befehlsstruktur in MAP vorgibt.

13.8 Bitbus

Der *Bitbus* ist eine Entwicklung von *Intel*. Er wurde als Bestandteil des MAP-Konzepts für eine integrierte, automatische Datenkommunikation in der Fabrikation konzipiert (**Bild 13.9**). Wie der PROFIBUS ist er als Feldbus zur Kommunikation zwischen Werkzeugmaschinen in einer Fertigungshalle vorgesehen.

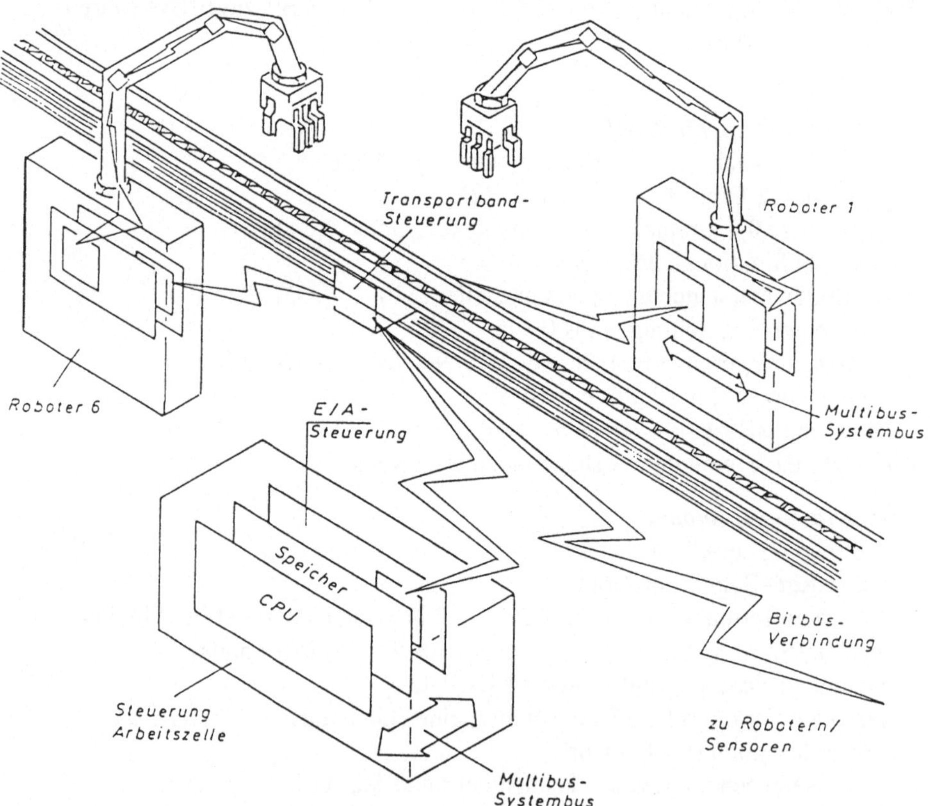

Bild 13.9 Schematische Darstellung des Bitbus

• *Das Übertragungsverfahren* des Bitbus arbeitet synchron. Es sind zwei Betriebsarten möglich, die sich durch die Art der Bitsynchronisation unterscheiden. Entweder werden die Taktimpulse in einem separaten Kanal (Adernpaar) übertragen, oder es wird im *Selfclocked*-Mode die Taktinformation aus dem Datenstrom abgeleitet. Dazu ist die Übertragung der Daten nach dem NRZI-Verfahren (*Non*

Return to Zero Invers) erforderlich, da diese selbst bei 0- bzw. 1-Folgen Flanken aufweist und somit "selbsttaktend" ist. Bei separatem Takt sind Übertragungsgeschwindigkeiten bis 2,4 Mbit/s möglich. Im *Self-clocked*-Mode reduziert sich diese auf 375 kbit/s.

• *Die Elektrischen Eigenschaften* entsprechen EIA RS-485. Eine galvanische Isolation der Busteilnehmer ist nicht vorgeschrieben aber leicht möglich. Die synchrone Übertragung erfolgt auf einem 2-Draht-Bus mit verdrillten Leitungen, der an seinen Enden mit 120 Ohm abgeschlossen ist. Der Anschluß erfolgt über einen 9poligen D-Sub-Stecker. Die maximale Buslänge beträgt bei separatem Takt (2,4 Mbit/s) bis zu 30 m und im selbsttaktenden Betrieb (375 kbit/s) max. 300 m. Der Bus ist für den Anschluß von bis zu 28 Teilnehmern vorgesehen. Mit Hilfe von Zwischenverstärkern (*Repeatern*) kann die max. Entfernung und die Anzahl der Teilnehmer noch vergrößert werden.

• *Das Steuerungsverfahren* ist hierarchisch strukturiert, das heißt, daß ein Bus-Master alle Vorgänge der Datenkommunikation kontrolliert. Durch zyklisches Polling ruft er alle Teilnehmer auf und vergibt das Senderecht. Dieses Steuerungsverfahren gewährleistet, daß für den Bitbus Antwortzeiten garantiert werden können.

Das Übertragungsprotokoll umfaßt eine Untermenge der im HDLC-Protokoll enthaltenen Funktionen. Das HDLC-Flag für die Blocksynchronisation wird durch Bit-Stuffing (vgl. Abschn. 8.1.3) aus dem Datenblock ausgefiltert.

• *Ein Schnittstellenbaustein* steht zur Verfügung. Er wird von Intel als *RUPI* bezeichnet. Ein Ein-Chip-Microcontroller auf der Basis des Intel 8051 enthält zusätzlich, fest programmiert, einen intelligenten Buskontroller für den Bitbus, der das genormte Protokoll selbsttätig abhandelt. Die Schnittstelle zwischen beiden Prozessoren wird durch ein ebenfalls integriertes Dual-Port-RAM realisiert. Der RUPI ist mit und ohne ROM bzw. EPROM erhältlich.

13.9 Weitere serielle Prozeßbusse (Feldbusse)

In diesem Kapitel sind drei wichtige serielle Busse vorgestellt: DIN-Meßbus (Abschn. 13.6), PROFIBUS (Abschn. 13.7) und Bitbus (Abschn. 13.8). Aus der Vielzahl bekannter serieller Busse werden nachfolgend einige weitere angesprochen, die gewisse Bedeutung erlangt haben. Das sind

I^2C-Bus, Proway, SP50 Fieldbus, PDV-Bus, Manchester-Bus,
InterBus-S, Sercos, FIP, ABUS, CAN-Bus, LON

Obwohl der I^2C-Bus manchmal auch zum Anschalten peripherer Komponenten verwendet wird, kann man ihn nicht zu den Feldbussen zählen; er ist räumlich erheblich eingeschränkt auf z.B. Geräteabmessungen. Alle anderen genannten Busse sind *Feldbusse*; sie werden anschließend einzeln besprochen. Vorab sollen aber einige typische Feldbus-Charakterisierungen genannt und Anwendungsbereiche abgegrenzt werden.

Feldbuseigenschaften:

- Serieller Bus, deshalb Mehrpunktschnittstellen erforderlich, in den meisten Fällen entsprechend der Norm EIA RS-485 (vgl. Abschnitt 5.6.2);
- Schnittstellen-Management und Datenübertragung durch Software gesteuert;
- Zeichenübertragung entweder asynchron und codeabhängig (dann auch "Start-Stop-Modus" genannt) oder synchron und codeunabhängig (dann auch als "transparent" bezeichnet);
- Funktionen bzw. Protokollelemente der Vermittlungs- und Darstellungsschicht (*network and presentation layer*) sind zusammen mit den Schicht-2- und Schicht-7-Funktionen definiert (verkürztes Referenzmodell, vgl. Abschnitt 1.4);
- Kanalzugriff und Übertragungssteuerung orientieren sich an anwendungsbezogenen Anforderungen (z.B. Echtzeitverhalten) und müssen beispielsweise beim zyklischen Abfragen digitalisierter Daten das *Abtasttheorem von Shannon* erfüllen (siehe z.B. [Schu93]).

Tabelle 13.10 ordnet typische Feldbusanwendungen geeigneten Feldbussen zu. Eine Ergänzung dazu gibt folgende Aufstellung (Ideen von *R. Patzke*, Wunstorf).

Kanalzugriff	*Eigenschaften*	*Anwendungen*
deterministisch (z.B. Polling, Token-Passing)	exakte Berechnung der Antwortzeit möglich, also Echtzeitverhalten vorhanden	Labor und Industrie; Feldbus und MAP (*Manufacturing Automation Protocol*)
probabilistisch (z.B. CSMA/CD)	zufälliger (wahlfreier) Zugriff	Ethernet und andere LANs

• *Inter-IC-Bus oder I²C-Bus* ist eine Entwicklung von *Philips*. Er ist konzipiert als serieller 2-Draht-Bus für die Kommunikation zwischen mehreren integrierten Schaltungen innerhalb eines Gerätes oder einer Anlage. Eine *Erweiterung* des I²C-Busses für Peripherie-Anwendungen kann sehr leicht erreicht werden, wenn die Signale "*Serial Data*" und "*Serial Clock*" anstelle der CMOS-Pegel mit elektrischen Eigenschaften nach RS-485 übertragen werden. Der Inter-IC-Bus als Peripherieschnittstelle wird z.B. in der Konsumelektronik zwischen den Komponenten von Hi-Fi-Anlagen oder bei industrieller Anwendung u.a. zur Ansteuerung von Sensoren und Aktoren (z.B. Stellgliedern) innerhalb von Werkzeugmaschinen angewendet. Als Verbindung auf Bausteinebene grenzt er sich dadurch von der Ebene der Feldbusse deutlich ab.

Er wurde für Multimaster-Betrieb ausgelegt, das heißt, daß jeder Mikrocontroller mit anderen Mikrocontrollern oder mit jeder Peripherieschaltung korrespondieren kann. Es wird das CSMA/CD-Verfahren angewendet. Über das Adreßwort oder Datenwort wird die Priorität einer Nachricht festgelegt.

Eine ganze Reihe von *integrierten Schaltungen* mit dieser Schnittstelle sind von *Valvo* verfügbar. Neben Speicher- und Anzeigebausteinen sind auch parallele und

Tabelle 13.10 Typische Feldbus-Anwendungsgebiete und Beispiele (nach *R. Patzke*, Wunstorf).

Busaktion	Dateneingabe mit Master-Slave-Struktur	Datenbereitstellung mit Multi-Master-Struktur, nachrichtenorientiert (z.B. verteilte Datenbank)
zyklisch (Shannon Theorem!)	Abtastung von Sensoren und Stellen von Aktoren mit zeitveränderlichen Meßgrößen	Übertragung zeitveränderlicher Daten in konstanten Zeitintervallen, oft nicht "klassisch" adressiert
Feldbusse:	*InterBus-S, Sercos*	*FIP (ABUS, CAN mit Modifizierungen)*
auf Anforderung	Ein- und Ausgabe vorverarbeiteter Daten mit hoher Hamming-Distanz	Ausgabe zeitveränderlicher Daten, oft nur bei Änderungen der Daten; Busüberlastung ist unter keinen Umständen erlaubt
Feldbusse:	*Bitbus, PROFIBUS, DIN-Meßbus*	*ABUS, CAN, LON*

serielle Port-Schaltungen, Leistungstreiber und A/D-Wandler verfügbar. Die Valvo-Mikrocontrollerfamilie 8400 z.B. hat eine autonome I^2C-Bus-Ansteuerung auf dem Chip integriert, die wesentliche Teile des Busprotokoll ausführt.

• *Proway* (*Process Dataway*) ist der Sammelbegriff für Projekte zur Definition eines seriellen Busses für PDV-Verwendung (*Prozeßdatenverarbeitung*). Die Hauptaktivitäten liegen beim IEC-Subkomitee IEC SC 65A/W6. Es gab und gibt eine ganze Reihe von Vorschlägen zur Normung durch dieses Komitee. Weil bislang Einigung nicht zu erzielen war, sind nationale "Alleingänge" gestartet worden, z.B. in den USA, in Frankreich und Deutschland. In Deutschland entstand dadurch zunächst der PDV-Bus (s. unten), danach wurden Vorhaben gestartet, die zum DIN-Meßbus und zum PROFIBUS führten. Die im IEC-Komitee sozusagen konkurrierenden aber ähnlichen Propjekte heißen:

• *SP50 Fieldbus*, der wichtigste amerikanische Vorschlag; er stammt aus einer Arbeitsgruppe der ISA (*Instrument Society of America*) und kommt in zwei Varianten vor:
- **H1** für Längen bis 1850 m und 100 ms Antwortzeit als digitaler Ersatz für existierende Analogsysteme mit 4 - 20 mA; die Übertragungsrate beträgt 31,25 kbit/s, galvanische Trennung ist vorgeschrieben, das System ist eigensicher.
- **H2** für Längen bis 750 m und 1 ms Antwortzeit als moderner Feldbus für Neukonstruktionen mit 1 Mbit/s Übertragungsrate.

Es können in beiden Fällen 256 Stationen adressiert werden, als Medium wird Kabel mit verdrillten Leitern angegeben.

• **PDV-Bus** (Bus für Prozeßdatenverarbeitung) ist die umgangssprachliche Bezeichnung für DIN 19 241 Teil 1 "Bitserielles Prozeßbusschnittstellensystem - Serielle Digitale Schnittstelle SDS)". Wesentliche Eigenschaften:

- serieller Bus mit Koaxialkabel;
- elektrische Eigenschaften gemäß CCITT V.11;
- bis zu 256 Teilnehmer anschließbar;
- Entfernungen bis 3 km;
- maximale Übertragungsgeschwindigkeit 1 Mbit/s, praktisch oft 200 kbit/s;
- variable Nachrichtenlänge;
- hohe Fehlererkennungswahrscheinlichkeit für Übertragungsfehler;
- Tolerierung des Ausfalls einzelner Teilnehmer;
- Echtzeitverhalten typisch 10 ms.

• **SDS** (*Serielle Digitale Schnittstelle*) ist die Schnittstelle zwischen Buskoppler (BK) und Übertragungssteuereinheit (ÜSE, **Bild 13.10**). Über sie werden die bitseriellen Informationen im NRZ-Code mit je einem begleitenden Takt- und Synchronisationssignal übertragen. **Bild 13.11** zeigt die bezüglich Sende- und Empfangsrichtung symmetrisch aufgebaute Schnittstelle. Zusätzlich stellt der Buskoppler die Signale Sendetakt (ST) und Übertragungsstörung erkannt (ÜE) zur Verfügung.

• **Steckverbindung der SDS:** In **Tabelle 13.11** sind die SDS-Signale den Stiften des 37poligen Steckverbinders (ISO 4902) zugeordnet. Die Stifte 2 bis 16 entsprechen den Übergabepunkten A-A' und die Stifte 20 bis 35 den Übergabepunkten B-B' der CCITT-Empfehlung V.11.

• **Der Verkehr auf dem seriellen PDV-Bus** wird von einer zentralen *Leitstation* (zentraler Master) gesteuert. Die Master-Funktion kann an andere Teilnehmer weitergegeben werden, d.h. jeder Teilnehmer kann temporäre Leitstation sein und dadurch z.B. *Querverkehr* ermöglichen. Grundsätzlich fragt der zentrale Master zyklisch die angeschlossenen Stationen im Polling-Verfahren ab. Zusätzlich gibt es Globalaufrufe (*Broadcasting*) und Möglichkeiten der Alarmbehandlung.

• **Manchester-Bus** ist die zivile Bezeichnung für einen seriellen Bus mit besonderen Eigenschaften zum Einsatz in Flugzeugen (darum auch als *Avionics Bus* bekannt). Die Benennung ist von der verwendeten Signalcodierung abgeleitet: *Manchester-Code* (*biphase*), s. Bild 2.24 g in Abschn 2.4.2. Es wird also in der Mitte jeder Bitzelle ein Signalwechsel erzeugt, was das System selbsttaktend macht. Deshalb konnte für diesen Bus *galvanische Trennung mittels Transformatoren* (Übertrager) festgelegt werden. Die Normungsarbeit stammt aus dem US-amerikanischen Militärbereich, das Ergebnis heißt MIL-STD-1553B (*Military Standard*).

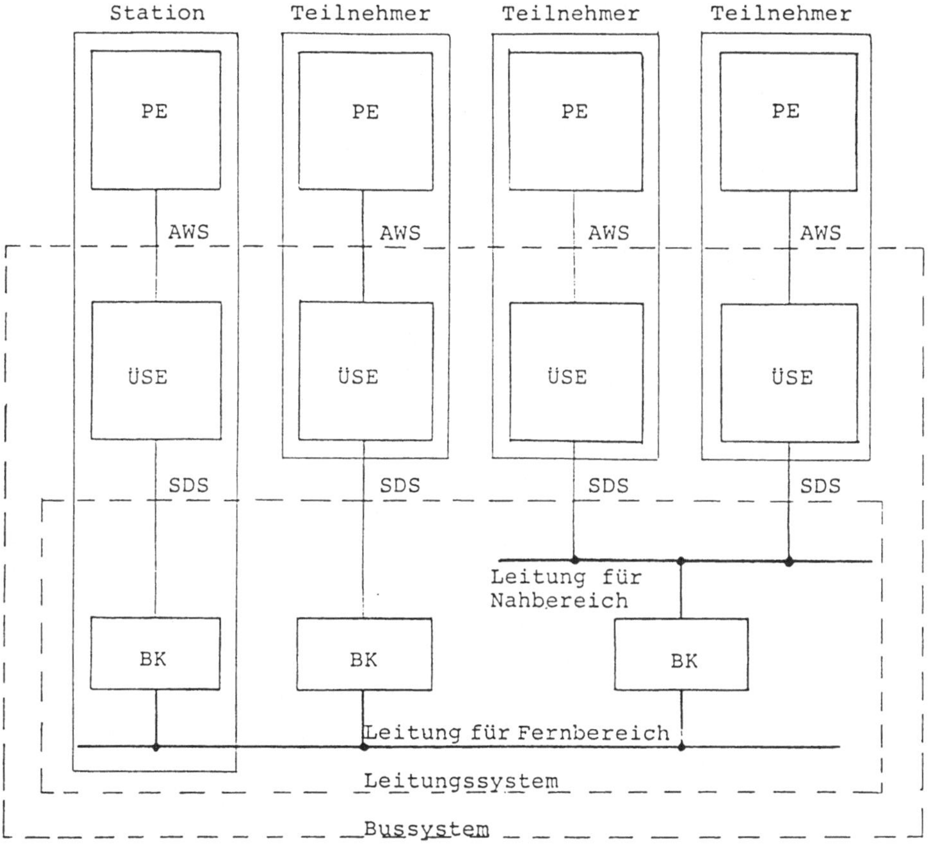

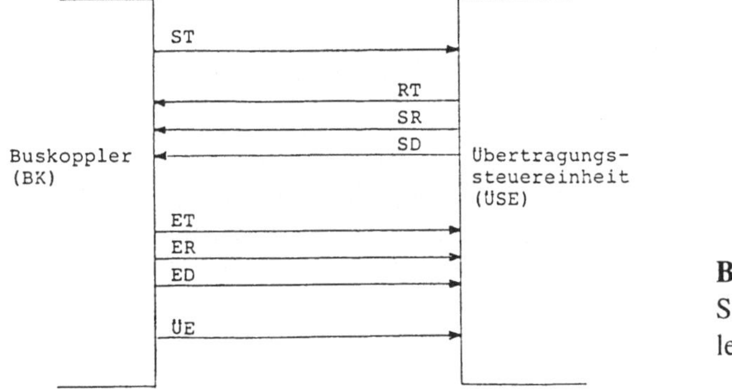

```
PE  = Prozeß-Einheit
AWS = Anwender-Schnittstelle
ÜSE = Übertragungssteuer-Einheit
SDS = Serielle Digitale Schnittstelle
BK  = Buskoppler
```

Bild 13.10 Struktur des PDV-Bussystems. PE: Prozeßeinheit; AWS: Anwender-schnittstelle; ÜSE: Übertragungssteuereinheit; SDS: Serielle Digitale Schnittstelle; BK: Buskoppler

Bild 13.11
SDS-Schnittstellen-leitungen

Tabelle 13.11 SDS-Signale am 37poligen Steckverbinder

1	SL	11	-	20	-	30	-
2	-	12	-	21	-	31	ER
3	-	13	ER	22	SD	32	-
4	SD	14	-	23	ST	33	UE
5	ST	15	UE	24	ED	34	-
6	ED	16	-	25	SR	35	RT
7	SR	17	RT	26	ET	36	VN
8	ET	18	VP	27	-	37	VS
9	-	19	BP	28	-		
10	-			29	-		

Signalbezeichnung	Funktion
ED	Empfangsdaten
ER	Empfangsrahmen
ET	Empfangstakt
RT	Reflektierter Takt
SD	Sendedaten
SR	Senderahmen
ST	Sendetakt
ÜE	Übertragungsstörung Erkannt

Zusätzliche Signale
BP
SL
VN
VP
VS

Weitere Merkmale des Manchester-Bus:
- Zeitmultiplexbus (TDM) mit Halbduplex, s. Abschn. 2.4.4;
- Pulscodemodulierung (PCM), s. Abschn. 2.4.3;
- Übertragungsrate 1 Mbit/s mit Antwortzeit zwischen 4 und 12 µs;
- Buslänge typisch 300 m bei 1 Mbit/s;
- bis zu 31 Fernterminals (Remote Terminals, RT) anschließbar, vgl. **Bild 13.12**.

• *Redundanz* spielt im militärischen Bereich eine große Rolle, deshalb ist der MIL-STD-Bus mindestens doppelt ausgelegt (Bild 13.12). Der *Bus Controller* steuert alle Datenübertragungen; ein *Bus Monitor* dient zur Überwachung des Busbetriebs, er hat keine eigene Busadresse und Antwortfunktion (Monitorbetrieb). Buskomponenten sind von mehreren Firmen verfügbar. Die Werbung zielt auch auf zivile Anwendungen außerhalb von Flugzeugen.

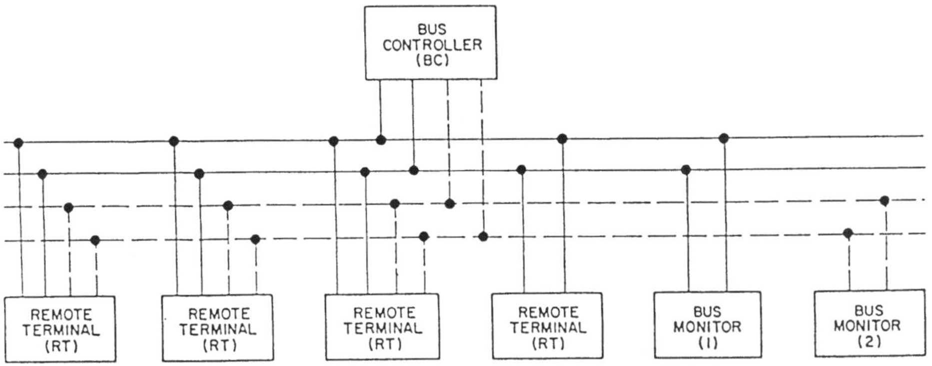

Bild 13.12 Grundsätzlicher Aufbau eines Manchester-Busses nach MIL-STD-1553
mit Redundanz

- **Transformatorankopplung** ist eine weitere Besonderheit des MIL-STD-Busses.
Es sind zwei Arten definiert und wie folgt bezeichnet: direkte und Transformatorkopplung; beide benutzen Übertrager.

- *Direkte Kopplung* mit kurzem Abzweig, maximal 30 cm (*short stub*, **Bild
13.13a**); dabei sind Übertrager und Isolationswiderstände R im Terminal angeordnet.
- *Transformatorkopplung* mit maximal 6 m Abzweig (*long stub*, **Bild 13.13b**)
erfordert einen zusätzlichen Übertrager am Busanschluß.
- *Universalkoppler* stellt Ankopplungsmöglichkeiten für beide Fälle bereit (**Bild
13.13c**).

- **Worte einheitlicher Länge** von je 20 bit sind ein typisches Merkmal des Manchester-Busses. **Bild 13.14** stellt die drei definierten Worttypen dar, das Komman-
dowort mit Adressen und optionalen Betriebsarten-Codes; das Datenwort nimmt
16-Bit-Daten auf; das Statuswort mit definierten Signalen (*flags*).

- **InterBus-S** (auch IB-S) ist eine gezielte Entwicklung für den Einsatz als sog.
Sensorbus, um also direkt im Meßfeld Sensoren und Aktoren auf einfache Weise
zu verdrahten. Es wird Echtzeitfähigkeit bescheinigt mit Reaktionszeiten von < 4
ms bei 1024 und 7 ms bei 4096 Ein-/Ausgabepunkten. Die Nettodatenrate beträgt
300 kbit/s bei 400 m Buslänge, als Hamming-Distanz wird 4 angegeben. Weitere
Merkmale: Teilnehmerabstand 400 m, Gesamtausdehnung 13 km, elektrische Eigenschaften nach RS-485.

- **Sercos** wird als "Industriestandard" in Deutschland gefördert und soll ähnlich
wie der InterBus-S direkt im Meßfeld zum Einsatz kommen. Als Medium ist Glasfaser (*Fiber Optic*) vorgesehen, weshalb Datenraten bis 4 Mbit/s angegeben werden. Ein integrierter Schnittstellen-Chip wird von *SGS-Thomson* angeboten.

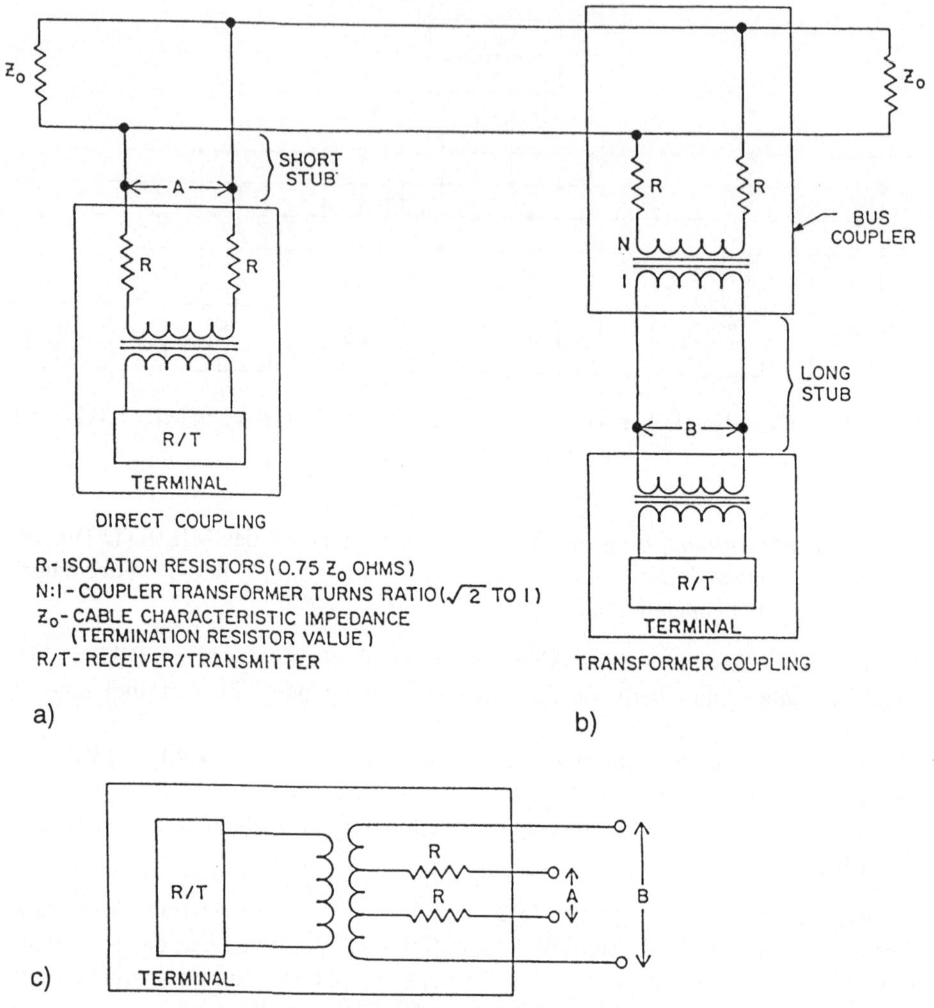

Bild 13.13   Busankopplung nach MIL-STD-1553;
a) kurzer Abzweig (*short stub*), maximal 30 cm;
b) langer Abzweig (*long stub*), maximal 6 m;
c) Universalkoppler für direkte (A) und Transformator-Ankopplung (B)

• **FIP** (*Factory Instrumentation Protocol*) stammt aus Frankreich und wird auch von einigen europäischen Firmen unterstützt. Integrierte Schnittstellen-Bausteine existieren, z.B. der Chip FULLFIP von *VLSI*. Es handelt sich um einen offenen Feldbus mit *Broadcast-Eigenschaften* (jeder Teilnehmer ist grundsätzlich Aufnehmer von Rundrufnachrichten). Datenrahmen enthalten keine Adressen. Der Busverwalter (*bus administrator*) gibt mit einer Vorabnachricht (*command frame*) die Quellenadresse an. Aus der Anwendungsfestlegung (Schicht-7-Funktion) muß

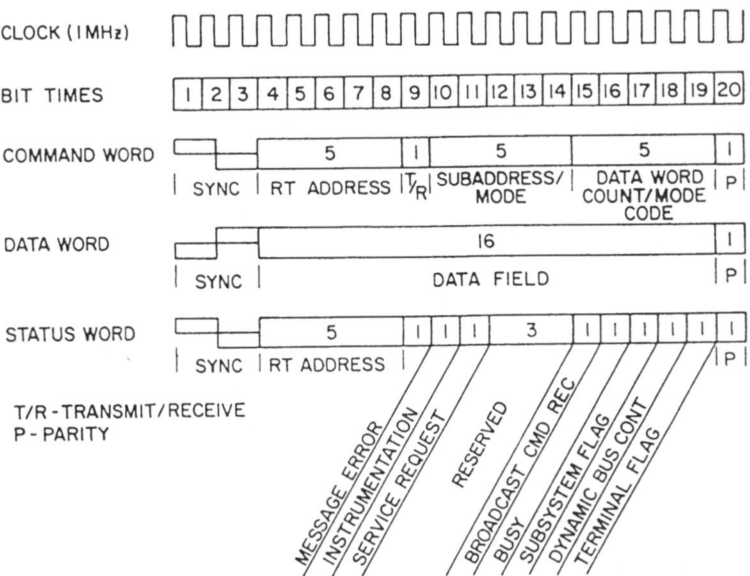

Bild 13.14 Worte nach MIL-STD-1553. SYNC: die ersten 3 Bits zur Synchronisierung; P: das letzte Bit für Parität

bekannt sein, welche Empfänger gemeint sind, d.h. für alle Busteilnehmer muß definiert sein, welche Datenquellen sie zu beobachten haben. Weitere Hauptmerkmale sind:

- Schnelle Abwicklungen wegen fehlendem Handshake
  (*unacknowledged datagrams*);
- maximale Länge 2 km;
- Anzahl Stationen maximal 256;
- als Medien abgeschirmte verdrillte Leiterpaare oder Lichtleiter;
- Übertragungsgeschwindigkeit 31,25 kbit/s, 1 Mbit/s oder 2,5 Mbit/s.

• *ABUS* ist eine Industrieentwicklung eines seriellen, bidirektionalen Eindrahtbusses, primär für den Einsatz im Automobil. Daraus folgen einige Besonderheiten, die nachfolgend aufgezählt sind:

- Multimaster-Betrieb möglich;
- Adressierung und Buszuteilung über den Inhalt eines Telegramms
  (*content-based addressing*) mit Hilfe von Identifizierern;
- zusätzlich Nutzung von Prioritäten und Kommandostrukturen;
- kurze Wartezeiten (64 μs) für Nachrichten hoher Priorität;
- feste Telegrammlänge von 31 bit und 16-Bit-Datenformat;
- nominelle Bitrate 500 kbit/s, effektive Transferrate 260 kbit/s;
- 30 m Leitungslänge mit 75 pF/m;
- 5 V Versorgungsspannung;
- Signalspannungen im wesentlichen 2 V und 3,6 V.

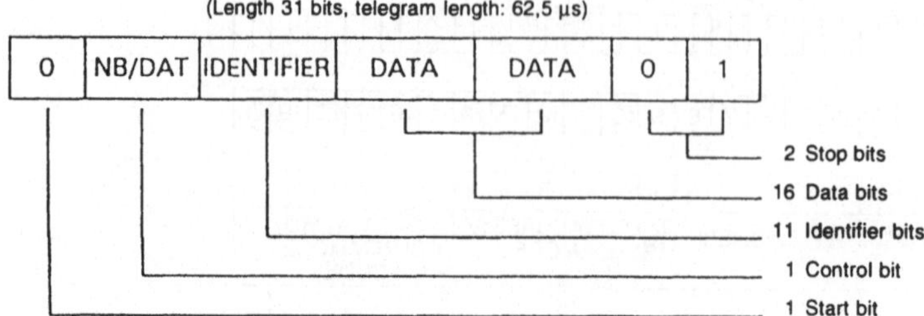

Bild 13.15 ABUS-Telegramm einheitlicher Länge

• **Multimaster-Betrieb** bedeutet in diesem Fall, daß jeder Datentransfer durch eine Datenquelle initiiert werden kann. Das geschieht immer, wenn die Quelle in dem ihr zugeordneten Datenbereich eine signifikante Änderung registriert. Jedes danach gesendete Telegramm hat eine Länge von 31 bit bzw. ist 62,5 µs lang (**Bild 13.15**). Das Steuerbit NB/DAT unterscheidet zwischen Kommando- und Datenübertragung. Die eigentlichen "Transfer-Objekte" bestehen aus einem 11-Bit-Identifizierer und einem 16-Bit-Datenfeld.

• **Inhaltsbezogene Adressierung** geschieht beim ABUS mit Hilfe der 11 *Identifier Bits*. Damit lassen sich 2048 Transfer-Objekte definieren. Dies entspricht einer ebensolchen Anzahl logischer Adressen. Angeschlossene Teilnehmer empfangen jeweils Nachrichten von allen Absendern. Aufgenommen und gespeichert werden Daten aber nur von solchen Teilnehmern, deren Identifizierer mit dem des Telegramms übereinstimmt.

• **ABUS-Anschaltungen** existieren in integrierter Form. In einem Fall realisiert ein ABUS-IC mit einem 44-Pin-Gehäuse einen 8-Bit-Datenbus und einen 8-Bit-Adreß- und Steuerbus zum Anschluß an einen Mikroprozessor. **Bild 13.16** zeigt diese und die ABUS-Signale selbst (SIN: *Serial Input*, SOUT: *Serial Output*).

• **CAN-Bus** ist ebenfalls eine Entwicklung für das Automobil - für eine "unterbrechungsgesteuerte Echtzeitumgebung". Die Bezeichnung steht für *Controller Area Network* (CAN). Haupteigenschaften sind:
- Multimaster-Architektur mit asynchroner Übertragung, Nachrichtenrahmen siehe **Bild 13.17**;
- CSMA/CD-Zugriffsverfahren mit zerstörungsfreier Arbitrierung (s. unten);
- Adressierung über den Inhalt eines Telegramms (*content-based addressing*) mit Hilfe von Identifizierern;
- Prioritätenzuordnung mittels des 11-Bit-Identifizierers, je niedriger die Nummer des Identifizierers (der Adresse), desto höher ist die Priorität;
- kurze Wartezeiten (kurze Latenzzeit) für Nachrichten hoher Priorität, 150 µs bei höchster Priorität;
- 2032 verschiedene Nachrichten mit bis zu 8 Bytes pro Nachricht;
- Transferrate bis 1 Mbit/s, Nettodatenrate dann 575 kBd;

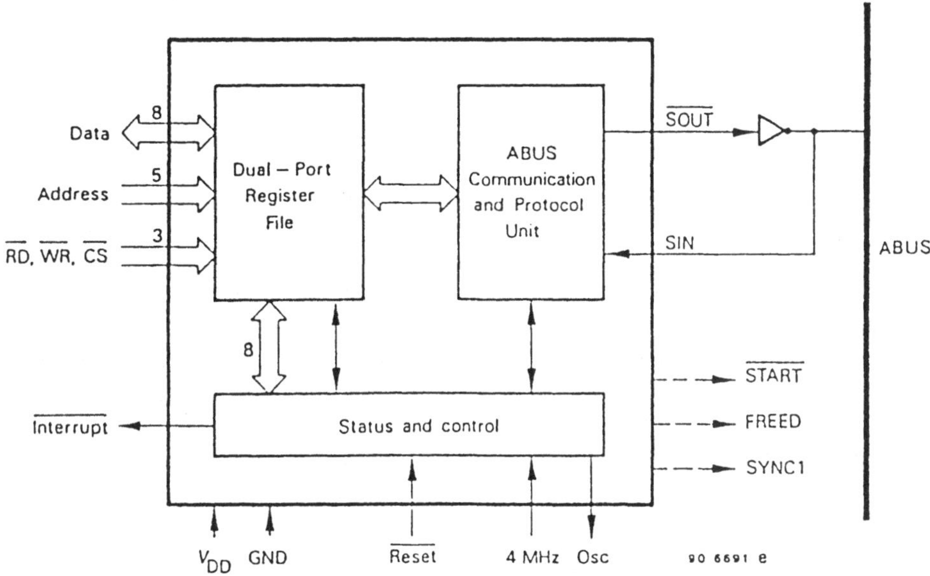

Bild 13.16 Typische ABUS-Anschaltung. SIN: *Serial Input* (typ. 3,6 V); SOUT: *Serial Output* (min. 3,6 V)

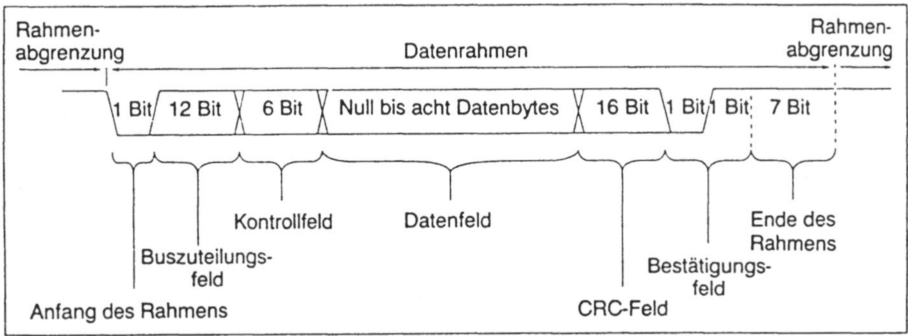

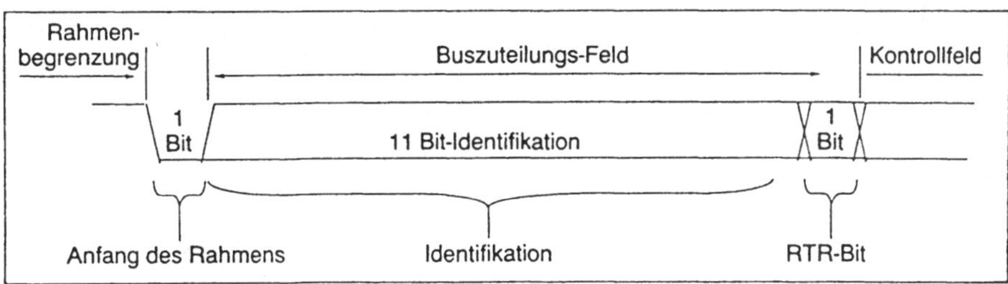

Bild 13.17 Datenrahmen beim CAN-Bus

- Fehlerüberwachung mit 15-Bit-CRC, Leitungscodierung NRZ mit *Bit-Stuffing* und Nachrichtenrahmen-Prüfung, dadurch Hamming-Distanz *HD* = 5;
- 40 m Leitungslänge bei 1 Mbit/s;
- 5 V Versorgungsspannung;
- differentielle Buselektrik mit Signalspannungen 1,5 V für logisch 1 und 3 V für logisch 0.

• **Die CAN-Buslogik** ist "Wired-AND", d.h. es gibt auf dem Bus zwei Zustände, die *dominant* und *rezessiv* genannt werden. Ein dominantes Bit (logisch 0) überschreibt ein rezessives (logisch 1). Wenn also mehrere Quellen (Transmitter) gleichzeitig Daten auf den Bus senden und der Kollisionsfall (*contention*) eintritt, dann wird jedes rezessive Bit des Buszuteilungsfelds (die ersten 12 Bits des CAN-Datenrahmens, Bild 13.17) auf logisch 0 gezwungen. Schließlich verbleibt auf dem Bus die Kombination mit den meisten Nullbits, die Nachricht also mit der höchsten Priorität wird weitergesendet. Diesen Vorgang nennt man bitweise zerstörungsfreie Arbitrierung (*bitwise arbitration*).

• **Die Datensicherheit** ist für den CAN-Bus sehr hoch angesiedelt, sie wird durch fünf Mechanismen kontrolliert:

(1) *15-Bit-CRC* mit dem Generator-Polynom
$$x^{15} + x^{14} + x^{10} + x^8 + x^7 + x^4 + x^3 + 1$$
(2) *Monitoring*, d.h. Transmitter vergleichen die logischen Pegel der zu sendenden Nachrichten mit den Pegeln auf dem Bus
(3) *Bit-Stuffing* (nach 5 gleichen Bits Einfügung eines invertierten Bits, engl. *stuff width of 5*)
(4) *Jede Nachricht* muß von mindestens einem Teilnehmer als richtig erkannt und mit ACK (*Acknowledge*) quittiert werden (Bestätigungsfeld in Bild 13.17)
(5) *Erkannte Fehler* werden allen anderen Teilnehmern mit einem Fehlerrahmen (*Error Frame*) mitgeteilt

• **CAN-Bus-Anschaltungen** werden in integrierter Form (als Chips) von mehreren Herstellern angeboten. Dabei wird zwischen BasicCAN (Untermenge) und FullCAN unterschieden. Anwendungen werden auch außerhalb des Automobils gefunden, z.B. zum Aufbau von sog. Sensorbussen.

• **LON** (*Local Operating Network*) ist eine Entwicklung der US-Firma *Echelon* zur kostengünstigen Zusammenschaltung von Komponenten auf unterschiedlichen Ebenen (Heimelektronik bis Fabrikautomatisierung). Definiert sind konkrete Anschaltungen (LONWORKS-Transceiver) für verschiedene Medien und Protokolle entsprechend aller sieben Ebenen des Referenzmodells (LONTALK-Protocol). Ein spezieller Einchip-Mikrocomputer mit drei Prozessoren (NEURON-Chip) steht zur Verfügung ebenso wie Entwicklungssoftware (LONBUILDER). Es wird ein "vorausschauendes" zufälliges Medium-Zugriffsverfahren (*predictive CSMA*) angewendet mit optionaler Kollisionserkennung und Prioritätszuteilung.

14 Anwendungen (Profile)

Als *Profile* bezeichnet man die Zusammenfassung von Eigenschaften, die für die Kommunikation zwischen Systemteilen relevant sind. Es werden dabei zwei Formen unterschieden:

> (1) **Geräteprofil** - Beschreibung der Außenbeziehungen eines speziellen Gerätetyps;
>
> (2) **Anwendungsprofil** - Beschreibung der Außenbeziehungen aller Geräte für einen bestimmten Anwendungsbereich.

In diesem Kapitel beschreiben wir einige wesentliche Anwendungsprofile mit ihren typischen Besonderheiten und geben wichtige Schnittstellen an.

14.1 Standardperipherie

In Abschnitt 1.2 haben wir mit Bild 1.2 Standardperipherie von Prozeßperipherie abgegrenzt, die Schnittstellen für beide zusammen bezeichnet man als *Peripherieschnittstellen* - in Unterscheidung zu *prozessornahen Schnittstellen*. Die Standardperipherie umfaßt alle Geräte und Einrichtungen, die dazu beitragen, einen Computer zu bedienen bzw. ihn bequem zu benutzen. Es sind dies vor allem:

- *Tastatur, Maus, Digitalisierer, Bildschirm, Anzeigeeinheiten, Drucker, Plotter, Magnetplatte, Diskette, Kassette usw.*

• *Anforderungen an die Anschaltungen* für solche Peripherie unterscheiden sich hinsichtlich der gewünschten Datenrate, der Notwendigkeit, Daten seriell oder parallel (wortweise) zu übertragen und dem Aufwand für die Absicherung der Übertragung. Demzufolge sind mehrere verschiedene Schnittstellen im Einsatz, die nachfolgend kurz mit Anwendungsbeispielen genannt werden.

Seriell:	RS-232-C; COMn für PCs
Parallel:	Centronics; LPTn für PCs
Peripherie:	Maus-, Tatstatur-, Bildschirmschnittstellen
Massenspeicher:	Shugart; ST 506; ESDI; ATA; IDE; PCMCIA; FDDI; SCSI; SCSI-2; SCSI-3; Fast-SCSI; Wide-SCSI; FCSI; IPI; HIPPI

• *Serielle Schnittstelle nach RS-232-C*: Wegen ihrer enormen Verbreitung *die* Standard-Schnittstelle schlechthin, obwohl eigentlich kaum zwei RS-232-Anschlüsse je direkt miteinander arbeiten können. Dies trifft insbesondere auf die PC-Schnittstellen zu, die nicht einmal den 25poligen Steckverbinder nach RS-232 aufweisen, sondern einen 9poligen männlichen Steckanschluß (mit Stiften also), der entsprechend der Darstellungen in Abschn. 13.2 (Tab. 13.2) und Abschn. 17.1.2 an RS-232 adaptierbar ist.

• *COMn* heißen die seriellen PC-Schnittstellen, die vom Betriebssystem MS-DOS unterstützt werden (vgl. Bild 1.3 in Abschn. 1.2). Die vom englischen Begriff *Communication* abgeleitete Abkürzung COM deutet an, daß die Hauptanwendung im Austausch von Daten liegt. Typisch sind der Austausch einzelner ASCII-Zeichen oder von Datenfiles zwischen zwei Geräten mit relativ niedrigen Geschwindigkeiten (meist unter 9600 bit/s). Manchmal werden auch Plotter an diese Schnittstellen angeschlossen.

a)

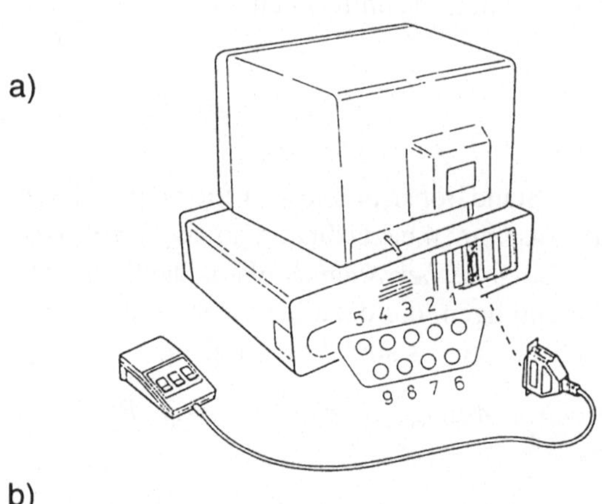

b)

Kontakt	Bedeutung
1	XA, X-Richtung A
2	XB, X-Richtung B
3	YA, Y-Richtung A
4	YB, Y-Richtung B
5	-
6	Mausknopf 1
7	Vcc, Versorgung
8	GND, Masse
9	Mausknopf 2

Bild 14.1 Serieller Mausanschluß (a) mit 9poligem Anschlußschema (b) für PC vom Typ IBM AT

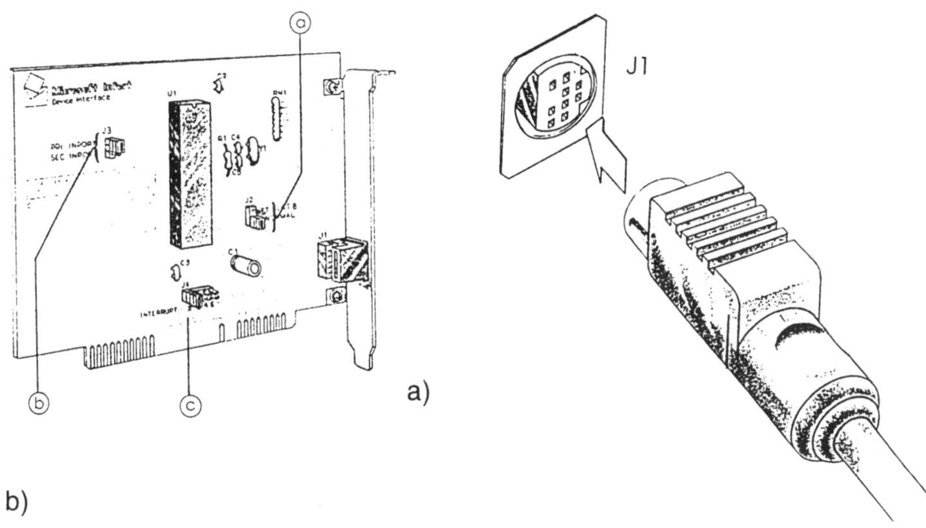

Kontakt	Bedeutung
1	+ 5 V
2	XA
3	XB
4	YA
5	YB
6	LB
7	MB
8	RB
9	GND, Masse

Bild 14.2 Schnittstellenkarte für Busmaus (a) mit 9poligem Anschluß (J1) und Kontaktbelegung (b). Die Steckkontakte (*Jumpers*) a (J2), b (J3) und c (J4) müssen entsprechend Gerätetyp und Interruptebene gesteckt werden

• *Mausanschluß* geschieht in einfachen Fällen über einen COMn-Anschluß (sog. *serielle Maus*). **Bild 14.1** zeigt ein Beispiel für die Konfigurierung des Mausanschlusses sowie das 9polige Anschlußschema, wie es für Computer vom Typ PC-AT gilt. Die Adaptierung auf den 25poligen Standard-Verbinder ist einfach.

• *Busmaus* heißt die Alternative mit paralleler Schnittstelle, die durch Aufstecken einer Anschlußkarte auf den Systembus entsteht. **Bild 14.2** stellt eine Busschnittstellenkarte mit eigenem Mikroprozessor (U1) dar, auf der die von der Firma *Microsoft* spezifizierte 9polige Geräteschnittstelle (J1) installiert ist, die auch als Busanschluß dient.

• *Druckerschnittstelle nach Centronics-Spezifikation* ergänzt in der Regel die serielle Kommunikationsschnittstelle. Aber auch hierbei wurde die Version für PCs modifiziert und statt des 36poligen Rechtecksteckers computerseitig eine 25polige Steckbuchse (weiblich) eingeführt (vgl. Abschn. 17.1.2).

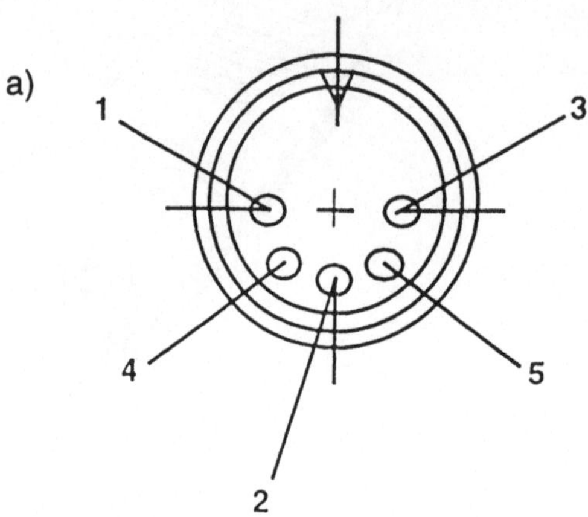

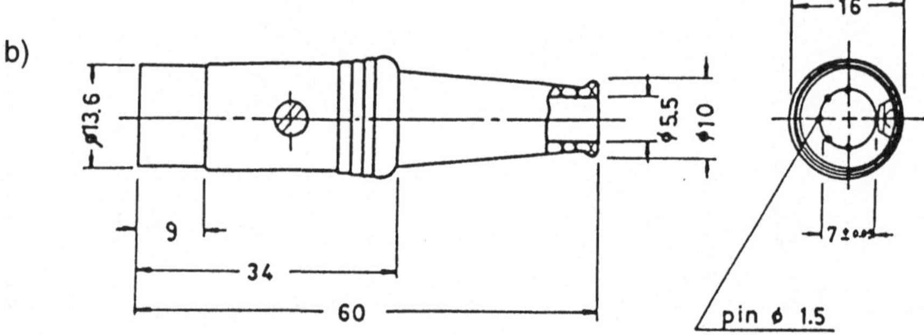

c)

Sift	Signal
1	Takt (Clock)
2	Daten
3	Reserve
4	Masse (Ground)
5	+ 5 V

Bild 14.3 Anschlußschema für externe Tastatur;
    a) Buchse am PC,
    b) Tastaturstecker mit Stiften,
    c) Signale

• ***LPTn*** nach der englischen Bezeichnung *Lineprinter* heißen die von MS-DOS unterstützten PC-Druckerschnittstellen. Alle kostengünstigen Nadeldrucker, aber auch Laserdrucker höchster Qualitätsstufe sind mit dieser Schnittstelle ausgerüstet und arbeiten mit dem *Centronics*-Protokoll. Alternativ sind Drucker manchmal mit einer RS-232-Schnittstelle oder einem IEEE-488-Anschluß ausgerüstet.

• ***Tastaturanschluß*** ist bei Kleinrechnern ebenfalls einheitlich. **Bild 14.3** zeigt die übliche Rundsteckerausführung mit Stiftbelegung. Es handelt sich um eine serielle Schnittstelle (Daten über Stift 2) mit begleitender Übergabe eines Taktsignals und einer Versorgung (+ 5 V).

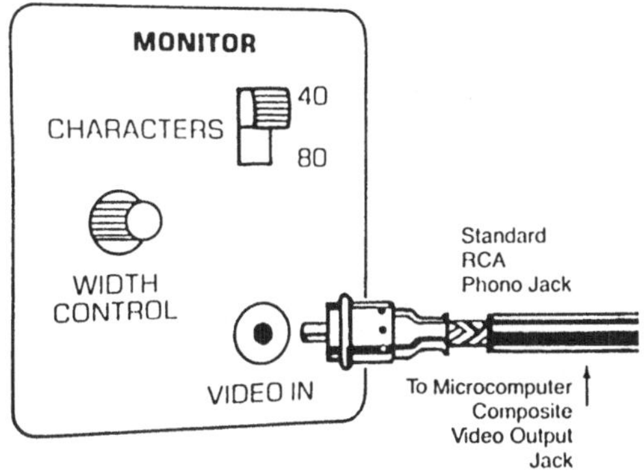

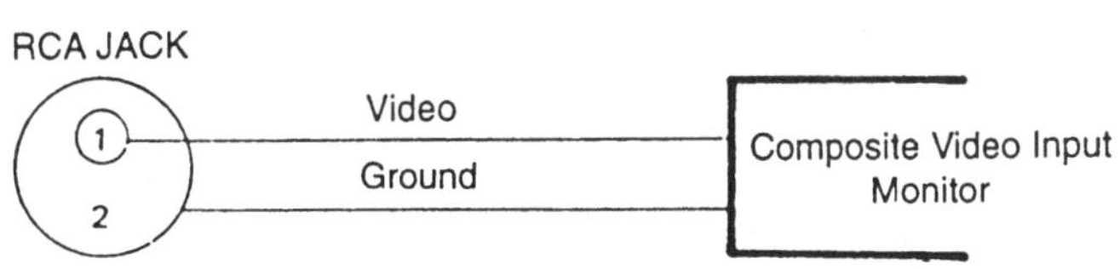

Bild 14.4
Standard-Video-
Anschluß für
BAS-Signale

• ***Bildschirmschnittstellen*** sind für verschiedene Typen bekannt:
a) *Standard-Video-Verbindung mit Koaxialanschluß* (Cinch- oder auch RCA-Phono-Stecker) für die Übertragung des vollständigen BAS-Signals (Bild-Austast-Synchron-Signal wie beim Fernsehen). **Bild 14.4** ist ein Ausschnitt aus einer typischen Bildschirm-Rückwand.
b) *TTL-Schnittstellen mit 9poligem Steckverbinder* (**Bild 14.5a**). **Bild 14.5b** zeigt die verschiedenen Stiftbelegungen des männlichen Bildschirm-Steckers auf.
c) *TTL-Schnittstellen mit 15poligem Steckverbinder* (siehe Abschn. 17.1.2).

• ***VESA*** *(Video Electronics Standards Association)* ist seit einigen Jahren vor allem aktiv, um die graphischen Möglichkeiten der PCs und Workstations zu verbessern und, vor allem, zu vereinheitlichen. Ein wichtiges Ergebnis ist der VESA Local Bus (VL-Bus), der in Abschnitt 11.3 als Zusatzbus (Video- oder Speicherbus) für PCs vorgestellt ist. Weitere Resultate bzw. Standards sind:

a)

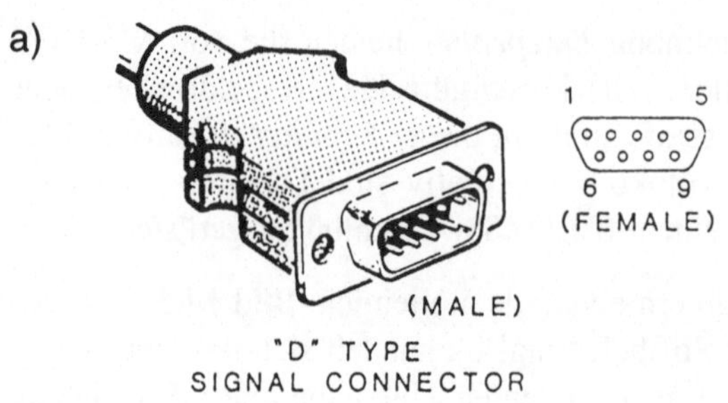

b)

Stift	CGA	Monochrom	EGA/VGA	PGA, analog
1	Masse	Masse	Masse	Rot
2	Masse	Masse	Sek.-Rot	Grün
3	Rot	-	Rot	Blau
4	Grün	-	Grün	Comp. Synch.
5	Blau	-	Blau	Mode Control
6	Intensität	Intensität	Sek.-Grün	Rot-Masse
7	unbenutzt	Video	Sek.-Blau	Grün-Masse
8	H-Synchron.	H-Synchron.	H-Synchron.	Blau-Masse
9	V-Synchron.	V-Synchron.	V-Synchron.	Masse

Bild 14.5 Bildschirm-Anschluß für TTL-Signale.
a) 9poliger weiblicher Geräteanschluß am Computer und Bildschirmkabel;
b) Belegung des Kabelsteckers; Sek.-Rot usw. bedeutet "Sekundäres Rot-Signal"
   usw; H- und V-Synchron.: Horizontal- und Vertikal-Synchronisation

- *VESA Advanced Feature Connector* (VAFC) - Mit einem 32 bit breiten bidirektionalen Datenweg und 150 Mbyte/s Datenrate werden Graphiken mit 1024 x
  768 Bildpunkten (*pixels*) und einer Tiefe von 24 bit/pixel möglich.
- *VESA Media Channel* (VM-Channel) - Besteht aus einem Mehrpunkt-Datenweg
  (*multidrop highway*) zur wahlfreien Verbindung schneller, breitbandiger Video-,
  Audio- und Graphik-Ein-/Ausgabesubsysteme. Alle Teilnehmer am VM-Kanal
  sind gleichzeitig erreichbar (*broadcast*).
- Beide VESA-Standards sind unabhängig vom jeweiligen Computer-Systembus
  (*host bus*), können also z.B. mit allen wichtigen PC-Bussen genutzt werden.

• *Disketten und Magnetplatten* wurden und werden manchmal mit Hilfe von
Standardschnittstellen angeschlossen (z.B. IEEE-488). Höhere Leistungen sind jedoch erzielbar, wenn spezielle Peripherieschnittstellen zum Einsatz kommen. Diese sind in einigen Fällen bit- und zeichenseriell ausgeführt, für höchste Anforderungen aber meist parallel mit bis zu 64 Datenleitungen. In jedem Fall kommen
dazu eine Reihe von Steuerleitungen. **Tabelle 14.1** gibt einen Überblick.

Tabelle 14.1 Peripherieschnittstellen für Massenspeicher

Schnitt-stelle	Anwendungsbereich	Datenrate je Leitung	Daten-leitungen	Herkunft, Normung
Shugart	PC-Disketten, 5 1/4" und 3 1/2"		1	Shugart
ST506	Festplatten 5 1/4"	5 Mbit/s	1	Seagate
ESDI	Festplatten 5 1/4 " und andere	10 Mbit/s	1	Maxtor, ANSI, IEC, ISO
ATA, IDE	Festplatten	8 Mbit/s	1	Industrie
FDDI	Hochleistungs-peripherie	100 Mbit/s	1	IEEE, IEC, ISO
FCSI	Peripherie und Rechnerkopplung	1065 Mbit/s	1	Industrie
PCMCIA	Speicher und div. Peripherie	wie Rechnerbus oder Adapter	16	PCMCIA
SCSI	Mittlere und Hoch-leistungssysteme	4 Mbit/s	8	Shugart, ANSI, IEC, ISO
SCSI-2	SCSI-Verbesserung	5 Mbit/s	16	ANSI, IEC, ISO
Fast-SCSI		10 Mbit/s	16	
Wide-SCSI		10 Mbit/s	32	
IPI	Hochleistungs-systeme	10 Mbit/s	8/16	ANSI, IEC, ISO
IPI-2	IPI-Verbesserung		16	IEC, ISO
HIPPI	Höchstleistungs-systeme	25 Mbit/s	32/64	IEC, ISO

• *Shugart-Schnittstelle* ist sozusagen die "Ur-Definition" zum Anschluß von Disketten an einen PC. **Bild 14.6** zeigt die PC-Anschaltung für 5 1/4"- und 3 1/2"-Disketten (34poliger Rechteckstecker). Beim Ur-PC wurden die Laufwerke C und D extern über einen 37poligen Trapezstecker angeschlossen.

• *ST 506* von *Seagate* wurde die Standard-Schnittstelle für 5 1/4"-Festplattenlaufwerke niedriger Kapazität vom Typ *Winchester* (Magnetplatteneinheiten mit integrierten Magnetköpfen). Kabel und Stecker für ST506 sind identisch mit denen für die ESDI-Schnittstelle. Bei Verwechselungen kann es zu Zerstörungen kommen!

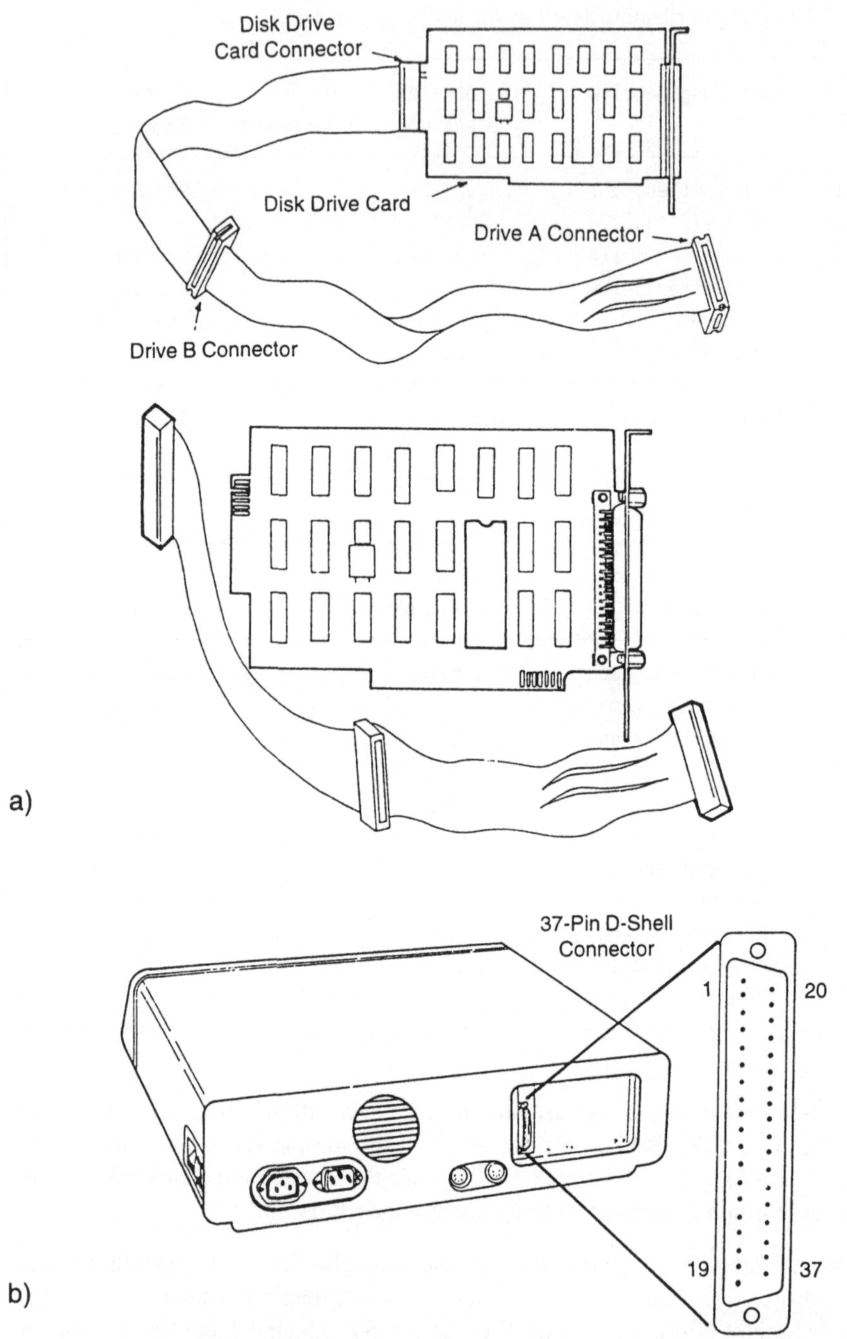

Bild 14.6 *Shugart*-Anschaltung (*Controller*) für PC-Disketten mit 34poligem weiblichen Direktverbinder (a) und 37poligem D-Sub-Anschluß (b); Signale (c)

c)

Signal	34 Kontakte direkt	37 Kontakte indirekt (D-Sub)
Schreibdichte (Head load)	2	-
In use (Head load)	4	-
Drive Select Laufwerk D	6	8
Index	8	6
Motor Enable A/Drive Select A	10	-
Drive Select B	12	-
Drive Select C	14	9
Motor Enable B/Motor On	16	7 (C), 10 (D)
Direction (In)	18	11
Step Pulse	20	12
Write Data	22	13
Write Enable	24	14
Track 0	26	15
Write Protect	28	16
Read Data	30	17
Side Select	32	18
Ready	34	-
GND (Masse)	1, 3, ...33	19...37

Bild 14.6 Fortsetzung

• *ESDI* (*Enhanced Small Device Interface*) ist die Weiterentwicklung der ST-506-Definition mit verdoppelter Übertragungsrate (10 Mbit/s). Die Anschlußkabel können bis zu 15 m lang sein (ein 60poliges Kabel für Steuersignale, ein 26poliges Kabel für Datensignale). Die internationale Normung war 1991 als Projekt ISO/IEC 10222 in Bearbeitung.

• *ATA* (*AT-Bus-Adapter* oder *AT Disk Interface*) ist eine Bezeichnung, die oft zusammen oder anstelle von **IDE** (*Integrated Drive Electronics*) benutzt wird. Magnetplattenlaufwerke mit IDE-Schnittstelle (auch sog. ATA-IDE-Laufwerke) haben den Plattencontroller im Laufwerkmodul integriert. Dieser Controller ist mit dem Rechner-Systembus über einen Flachstecker oder eine Busadapterkarte verbunden (vgl. **Tabelle 14.2**). Je IDE-Schnittstelle lassen sich zwei Magnetplatten anschließen, wobei dann eine Platte als Master, die andere als Slave einzustellen ist.

• *FDDI* (*Fiber Distributed Data Interface*) gehört ursprünglich zu lokalen Netzwerken (LANs) und wird darum auch in Abschnitt 15.3.3 näher vorgestellt. Hier soll nur die Tatsache erwähnt werden, daß diese Schnittstelle in der internationalen Normungsarbeit als Hochleistungskanal für den Anschluß schneller Peripherie

Tabelle 14.2 IDE-Schnittstelle mit 40-Pin Flachband- oder verdrilltem Kabel

Pin	Signal	Name	Pin	Signal	Name
1	RESET		21	DMARQ	DMA Request
2	GND	Masse	22	GND	Masse
3	DD7	Datenbit 7	23	DIOW	Drive I/O Write
4	DD8		24	GND	Masse
5	DD6		25	DIOR	Drive I/O Read
6	DD9		26	GND	Masse
7	DD5		27	IORDY	I/O Channel Ready
8	DD10		28	Reserved	
9	DD4		29	DMACK	DMA Acknowledge
10	DD11		30	GND	Masse
11	DD3		31	INTRQ	Interrupt Request
12	DD12		32	IOCS16	Drive 16 bit I/O
13	DD2		33	DA1	Drive Address 1
14	DD13		34	PDIAG	Passed Diagnostics
15	DD1		35	DA0	Drive Address 0
16	DD14		36	DA2	Drive Address 2
17	DD0		37	CS1FX	Chip Select Drive 0
18	DD15		38	CS3FX	Chip Select Drive 1
19	GND	Masse	39	DASP	Drive Active/Present
20	KEY PIN		40	GND	Masse

an Computersysteme diskutiert wird (ISO/IEC-Komitee JTC1/SC25/WG4, "*Interconnection of Computer Systems and Attached Equipment*").

• *FCSI (Fibre Channel Serial Interface)* wird seit 1989 von führenden Computerfirmen als kostengünstige aber schnelle Alternative zu SCSI für folgende Anwendungen entwickelt: Übertragung großer Datenmengen zwischen Magnetplatten und Computern, zwischen Computern und in speziellen Computernetzen. Die Übertragungsrate des seriellen Systems soll von 133 bis 1065 Mbit/s reichen, das sind 12,5 bis 100 Mbyte/s. Das Übertragungsprotokoll entspricht dem des SCSI-Protokolls.

• *PCMCIA (Personal Computer Memory Card International Association)* ist eine weltweit arbeitende Organisation, die auf der Basis von Entwicklungen der JEIDA (*Japan Electronics Industry Development Association*) zunächst miniaturisierte Speicherkarten (*Memory Cards* oder *PC Cards*) entwickelte (1985: JEIDA 3 mit 40 Anschlußstiften). Inzwischen ist ein leistungsfähiges System entstanden mit Speicher- und Ein-/Ausgabefunktionen sowie zugehörigen Computer-Systembusanschlüssen und Magnetplattenorganisation (PCMCIA-ATA-Laufwerke). Die aktuellen Standards PCMCIA 1.0 von 1990 (entsprechend JEIDA 4.0) und PCM-CIA 2.0 von 1991 (JEIDA 4.1) weisen folgende Gemeinsamkeiten auf: 68 Anschlußstifte in zwei übereinander liegenden Reihen, Belegung siehe **Tabelle 14.3**; Abmessung 85,6 mm x 54,0 mm exakt wie Scheckkarte, Verlängerungsmöglichkeit und Kartendicke nach Version verschieden (**Tabelle 14.4**). Die Kartenverlängerung um 50 mm (also auf etwa 135,6 mm) kann genutzt werden, um z.B. Steckverbinder oder Antennen unterzubringen. Die weiter verbesserte Version PCMCIA 2.1 ist 1994 im Entstehen.

• *SCSI* (*Small Computer System Interface*, ausgesprochen wie "skasi") ist die Bezeichnung für eine universelle Schnittstelle zum Anschluß verschiedener Massenspeicher (Floppy, Festplatte, Streamer usw.) an Computer. Die geräteunabhängige Definition erlaubt den Anschluß von acht Peripherieeinheiten bei einer maximalen Kabellänge von 6 m im Falle erdsymmetrischer (*unbalanced* oder *single-ended*) Ankopplung und 20 m mit Differentialtreibern (*balanced*). In der ursprünglichen Ausführung (**Tabelle 14.5**) werden über einen 50poligen Steckverbinder neun Steuersignale und neun Datensignale geführt (acht Datenbits plus einem Prüfbit). Die Weiterentwicklung heißt:

• *SCSI-2*, die Weiterentwicklung mit der Möglichkeit, ein, zwei oder vier Bytes parallel zu übertragen (vgl. Tab. 14.1) bei mehr als verdoppelter Übertragungsrate. Beispiel: 5 1/4"-Laufwerk mit 1,266 Gbyte Speicherkapazität. Man unterscheidet hierbei:
- SCSI-2 mit 5 MHz, 8 bit Datenbus, 50poliger Anschluß;
- Fast-SCSI mit 10 Mbyte/s Datenrate, 16 bit Datenbus, 68poliger Anschluß;
- Wide-SCSI mit 20 Mbyte/s, 32 bit Datenbus;
- Fast and wide SCSI mit 40 byte/s.
SCSI-3 ist in Vorbereitung.

• *IPI* (*Intelligent Peripheral Interface*) ist für größere Computer (Minis oder Mainframes) entwickelt mit 8-Bit- oder 16-Bit-Datenbus und Übertragungsraten zwischen etwa 5 und 10 Mbit/s je Datenleitung. Dabei können maximal 125 m überbrückt werden. Weiterentwicklungen heißen **IPI-2** und **IPI-3**. Beispielzahlen sind: 2,6 Gbyte Speicherkapazität mit 8"-Platten und 3,1 Gbyte mit 9"-Platten. Die internationale Normung ist noch stark in Bewegung.

• *HIPPI* (*High-Performance Parallel Interface*) heißt das vorerst letzte Projekt in ANSI- und ISO/IEC-Normungsausschüssen. Bei 25 MHz Taktfrequenz (25 Mbit/s auf jeder Datenleitung) sollen mit 32 parallelen Datenleitungen 800 Mbit/s, mit 64 Datenleitungen 1600 Mbit/s übertragen werden, wobei mit Kupferleitungen 25 m, mit Lichtleitern auch längere Strecken zu überbrücken sind. Stellt man sich ein Vollduplexsystem mit 32-Bit-Datenwegen pro Richtung vor, ergibt sich eine Übertragungskapazität von 100 Mbyte/s (bzw. 200 Mbyte/s in beiden Richtungen).

Tabelle 14.3 PCMCIA-Schnittstelle für Karten einschließlich Ein-Ausgabe-Unterstützung. I/O: Eingang (*Input*) oder Ausgang (*Output*)

Pin	Signal	I/O	Funktion	Pin	Signal	I/O	Funktion
1	GND		Masse	35	GND		Masse
2	D3	I/O	Datenbit 3	36	CD1	O	Card Detect
3	D4	I/O	Datenbit 4	37	D11	I/O	Datenbit 11
4	D5	I/O	Datenbit 5	38	D12	I/O	Datenbit 12
5	D6	I/O	Datenbit 6	39	D13	I/O	Datenbit 13
6	D7	I/O	Datenbit 7	40	D14	I/O	Datenbit 14
7	CE1	I	Card Enable	41	D15	I/O	Datenbit 15
8	A10	I	Adreßbit 10	42	CE2	I	Card Enable
9	OE	I	Output Enable	43	RFSH	I	Refresh
10	A11	I	Adreßbit 11	44	IORD	I	I/O Read
11	A9	I	Adreßbit 9	45	IOWR	I	I/O Write
12	A8	I	Adreßbit 8	46	A17	I	Adreßbit 17
13	A13	I	Adreßbit 13	47	A18	I	Adreßbit 18
14	A14	I	Adreßbit 14	48	A19	I	Adreßbit 19
15	WE/PGM	I	Write Enable	49	A20	I	Adreßbit 20
16	IREQ	O	Interrupt Request	50	A21	I	Adreßbit 21
17	Vcc		Betriebsspannung	51	Vcc		Betriebsspannung
18	Vpp1		Programmierspannung	52	Vpp2		Programmierspanng.
19	A16	I	Adreßbit 16	53	A22	I	Adreßbit 22
20	A15	I	Adreßbit 15	54	A23	I	Adreßbit 23
21	A12	I	Adreßbit 12	55	A24	I	Adreßbit 24
22	A7	I	Adreßbit 7	56	A25	I	Adreßbit 25
23	A6	I	Adreßbit 6	57	RFU		Reserviert
24	A5	I	Adreßbit 5	58	RESET	I	Card Reset
25	A4	I	Adreßbit 4	59	WAIT	O	Verl. Buszyklus
26	A3	I	Adreßbit 3	60	INPACK	O	Input Port Acknwl.
27	A2	I	Adreßbit 2	61	REG	I	Registerzugriff
28	A1	I	Adreßbit 1	62	SPKR	O	Lautsprecher
29	A0	I	Adreßbit 0	63	STSCHG	O	Änderg Kartenstat.
30	D0	I/O	Datenbit 0	64	D8	I/O	Datenbit 8
31	D1	I/O	Datenbit 1	65	D9	I/O	Datenbit 9
32	D2	I/O	Datenbit 2	66	D10	I/O	Datenbit 10
33	IOIS16	O	16-Bit-Port	67	CD2	O	Cart Detect
34	GND		Masse	68	GND		Masse

Tabelle 14.4 Versionen und Abmessungen der PCMCIA-Karten
(Grundfläche 85,6 mm x 54,0 mm)

Version			Kartendicke	Verlängerung
JEIDA 4.0	PCMCIA 1.0		3,3 mm	
JEIDA 4.1	PCMCIA 2.0	Typ I	3,3 mm	50 mm
	PCMCIA 2.0	Typ II	5,0 mm	50 mm
	PCMCIA 2.0	Typ III	10,5 mm	50 mm

Tabelle 14.5 SCSI-Schnittstelle mit 8-Bit-Datenbus. In der erdsymmetrischen Option werden alle ungeraden Pins geerdet.

*) DIFFSENS gibt die Möglichkeit zur Erkennung und Einschaltung der differentiellen Option.
DB: Datenbit; ATN: Attention; BSY: Busy; ACK: Acknowledge: RST: Reset; MSG: Message;
SEL: Select; C/D: Control/Data; REQ: Request; I/O: Input/Output

Erdsymmetrisch (single-ended)		Differentiell (differential)			
Signal	Pin	Signal	Pin	Pin	Signal
- DB(0)	2	Shielded Gnd	1	2	Ground
- DB(1)	4	+ DB(0)	3	4	- DB(0)
- DB(2)	6	+ DB(1)	5	6	- DB(1)
- DB(3)	8	+ DB(2)	7	8	- DB(2)
- DB(4)	10	+ DB(3)	9	10	- DB(3)
- DB(5)	12	+ DB(4)	11	12	- DB(4)
- DB(6)	14	+ DB(5)	13	14	- DB(5)
- DB(7)	16	+ DB(6)	15	16	- DB(6)
- DB(Parity)	18	+ DB(7)	17	18	- DB(7)
Ground	20	+ DB(Parity)	19	20	- DB(Parity)
Ground	22	DIFFSENS *)	21	22	Ground
Ground	24	Ground	23	24	Ground
5 Volt	26	5 Volt	25	26	5 Volt
Ground	28	Ground	27	28	Ground
Ground	30	+ ATN	29	30	- ATN
- ATN	32	Ground	31	32	Ground
Ground	34	+ BSY	33	34	- BSY
- BSY	36	+ ACK	35	36	- ACK
- ACK	38	+ RST	37	38	- RST
- RST	40	+ MSG	39	40	- MSG
- MSG	42	+ SEL	41	42	- SEL
- SEL	44	+ C/D	43	44	- C/D
- C/D	46	+ REQ	45	46	- REQ
- REQ	48	+ I/O	47	48	- I/O
- I/O	50	Ground	49	50	Ground

14.2 Meßtechnik, Instrumentierung und Laborautomatisierung

Typisch für dieses Anwendungsprofil ist die Anschaltung der in Bild 1.2, Abschn. 1.2 abgegrenzten *Prozeßperipherie*. Noch stärker als beim Anschluß von Standardperipherie überdecken hierbei die Anforderungen an Datenraten und Datenhäufigkeit ein breites Spektrum zwischen dem Auftreten einzelner Binärzustände in großen Abständen bis hin zur Bewegung großer Datenmengen mit hohen Geschwindigkeiten.

• *Instrumentierung* bedeutet Auswahl und Einsatz der geeigneten Meßgeräte für z.B. Automatisierungsaufgaben im Forschungs- und Prüflabor, aber auch in Produktionsprozessen. Man unterscheidet dabei im wesentlichen zwei Klassen:

---

a) **Reale Meßinstrumente** - komplette Meßgeräte zur eigenständigen (*stand-alone*) oder computergesteuerten Nutzung;

b) **Virtuelle Meßinstrumente** - Meßmodule, die nur arbeitsfähig sind, wenn sie auf einen Computer-Systembus aufgesteckt sind; ein anderer Name dafür ist darum "Instrument auf einer Steckkarte" (*Instrument-on-a-card*).

• *Computer-Controlled Instruments* sind moderne (*reale*) Meßgeräte, die "stand-alone" oder computergesteuert arbeiten können. Fehlen die Bedienungselemente, ist das Gerät nicht "stand-alone" nutzbar und wird dann PC-Instrument genannt. Das wesentliche Merkmal solcher Geräte ist das Vorhandensein einer digitalen Schnittstelle zum Anschluß an einen Computer, wobei vor allem folgende Typen vorkommen:

• *Serielle Punkt-zu-Punkt-Schnittstelle nach RS-232-C* z.B. zum direkten Anschluß an einen PC (COMn), seltener die moderne Version nach *RS-422*, obwohl diese auch als Einsteckkarte für PCs lieferbar ist.

• *Serielle Busschnittstelle nach RS-485* zur Einbeziehung in ein Feldbussystem. Typische Beispiele sind hier der PROFIBUS nach DIN 19 245 und der DIN-Meßbus nach DIN 66 348 Teil 2. Auf einfache Weise lassen sich Sensoren und Meßgeräte an einen DIN-Meßbus anschalten. Vorausgesetzt wird, daß der PC das Meßbus-Protokoll (vgl. Abschn. 9.3.5 und 13.6) geladen hat und als Leitstation arbeitet. Mit einem Pegelwandler wird dann RS-485 an die RS-232-Pegel der COM-Schnittstelle angepaßt. Die Meßgeräte werden mit einem "intelligenten" Schnittstellenwandler angeschaltet, der nicht nur auf RS-232, Centronics usw. anpaßt, sondern auch das Meßbus-Protokoll bereitstellt.

• *Parallele Busschnittstelle nach IEEE-488* ist die nun schon klassische Anschaltungsmöglichkeit für Laborautomatisierung. Der in Abschn. 12.4 besprochene *Instrumentierungsbus* ist auch nach 30jähriger Existenz oft noch erste Wahl wenn es gilt, im begrenzten Laborbereich automatisierbare Meßsysteme aufzubauen.

Für PCs sind verschiedene IEEE-488-Anschlußkarten verfügbar. Es gibt dazu in jedem Fall die Grundsoftware zur Busnutzung, aber auch sehr komfortable Software einschließlich Konfigurierungs- und Programmiergeneratoren ist am Markt.

• ***Einsatzfelder für computergesteuerte Meßinstrumente*** lassen sich abschätzen, wenn die in **Tabelle 14.6** genannten groben Entfernungsangaben verglichen werden:

- *Punkt-zu-Punkt-Anbindung* eines Geräts ist mit RS-232 nur über kurze Leitungen möglich, mit RS-422 dagegen können viele hundert Meter überbrückt werden.
- *Mehrpunktsysteme* mit IEEE-488-Bus dürfen 20 m Buslänge nicht übersteigen. Bei vergleichbarer Teilnehmerzahl können serielle Feldbusse viele hundert Meter Busleitung enthalten.

Tabelle 14.6 Grobe Zuordnung von Schnittstellen für computergesteuerte Meßgeräte

Klasse	Typ	Leitungs- länge (ca.)
Serielle Punkt-zu-Punkt-Schnittstelle (ein Gerät an Computer)	RS-232-C RS-422	20 m 1 km
Serielle Mehrpunkt-Schnittstelle (mehrere Geräte an Computer, z.B. 32)	RS-485	1 km
Parallele Mehrpunkt-Schnittstelle (mehrere Geräte, z.B. 31)	IEEE-488	20 m

• ***Instrument-on-a-card*** ist die Bezeichnung für Meßmodule, die auf einer Computer-Einsteckkarte realisiert sind und notwendigerweise den passenden Gastcomputer (*host*) sowie die dazugehörige Software erfordern, um als Meßgeräte arbeiten zu können. Ein weit verbreiteter Name dafür ist auch "Virtuelles Instrument". Es werden folgende "Host"-Versionen unterschieden:

a) *PC mit freien Steckplätzen* der Art ISA, EISA, MCA, VMEbus, Nubus usw.
b) *Instrumentierungsbox* mit Steckplätzen auf einem der anerkannten Systembusse (vgl. Abschn. 11.3). Die Verbindung zum steuernden Computer wird mittels einer Standardschnittstelle hergestellt wie IEEE-488 (parallel) oder RS-232-C, seltener RS-422 (seriell). Aber auch die direkte Verbindung mit Hilfe einer Bus-Adapterkarte, also die Verlängerung des Computer-Systembusses in die Instrumentierungsbox ist üblich.
c) *Frontend* mit eigenem Computer als "intelligentes" Subsystem sowie serieller oder paralleler Schnittstelle zur Verbindung mit anderen Systemteilen oder zur Einbeziehung in ein lokales Netzwerk (LAN).

Als wichtiges Beispiel für Version c ist das VXIbus-System zu nennen, das als Instrumentierungswerkzeug für hohe Anforderungen gilt (vgl. Abschn. 12.5.1). **Bild 14.7** zeigt eine Anordnung mit einer speziellen Ankopplung für PCs, die als MXIbus bekannt ist. Damit können mehrere *VXI-Frontends* (im Bild als *VXI Mainframes* bezeichnet) zusammengeschaltet werden.

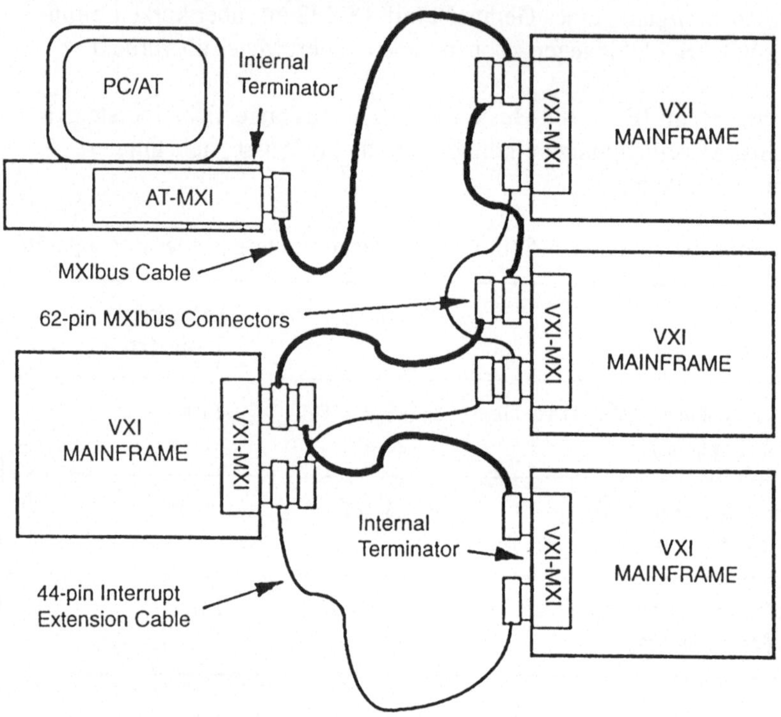

Bild 14.7 Zusammenschaltung von Frontends auf VXIbus-Basis (*VXI Mainframes*) und PC-Anschaltung mit Hilfe des speziellen MXIbus

14.3 Büroautomatisierung

Wichtige Büroaufgaben sind leicht angebbar weil allgemein bekannt. Es gehören dazu
- Organisieren und Verwalten von Terminen
- Schreiben von Texten wie Notizen, Einzelbriefen, Serienbriefen, Berichten, Veröffentlichungen usw.
- Ablegen und Wiederfinden von Information
- Vermitteln von Kommunikationswegen und Austausch von Information
- Ordnen und Integrieren dieser und einiger anderer Aktivitäten.

• *Werkzeug zur Automatisierung* und Integration solcher Vorgänge ist der Personal Computer (PC), der als Einzelgerät (*stand-alone*) oder mit anderen vernetzt eingesetzt wird. Die Vernetzung wird im nächsten Kapitel 15 im Zusammenhang behandelt. Hier nennen wir die Schnittstellen für den PC-Einsatz im Büro, wobei nicht unerwähnt bleiben soll, daß für die Automatisierung selbst die geeignete Software entscheidend ist.

• *Anschaltung von Standardperipherie* zur Büroautomatisierung erfordert das Vorhandensein von in Abschn. 14.1 beschriebenen Peripherieschnittstellen, also
- Tastaturanschluß
- Mausanschluß, entweder für eine Busmaus oder unter Verwendung einer seriellen Schnittstelle ähnlich RS-232-C (z.B. COM1 oder COM2)
- Bildschirmanschluß für mindestens einen gut auflösenden Bildschirm (monochrom mit Hercules-Auflösung oder hoch auflösender Farbbildschirm)
- Druckeranschluß ähnlich Centronics (LPTn)
- Anschluß für einen Scanner (z.B. COMn).

• *Verbindung* mit anderen "intelligenten" oder speziellen, teuren Geräten, also die lokale Vernetzung von Arbeitsplatzcomputern erfordert weitere Schnittstellen. Es sind dies vor allem die Ethernet- und Token-Ring-Anschlüsse, jeweils eine PC-Steckkarte mit den im nächsten Abschnitt angegebenen Schnittstellen. **Bild 14.8** stellt ein Szenario dar, das für ein modernes Büro typisch ist. Neben der Büro-Standardperipherie und der Einbindung in ein Lokales Netzwerk (LAN) ist in diesem Bild eine weitere Komponente aufgezeigt:

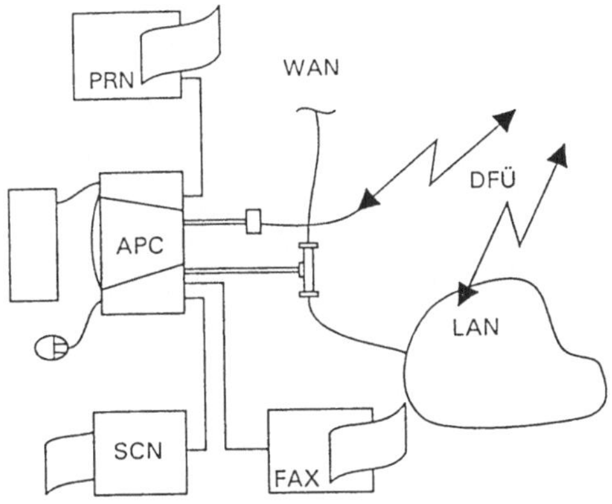

Bild 14.8 Übersicht zur Büroautomatisierung.
APC: Arbeitsplatzcomputer; PRN: Drucker (Printer); SCN: Scanner; FAX: Telefaxgerät; LAN: *Local Area Network*; WAN: *Wide Area Network*; DFÜ: Datenfernübertragung

• *Anschluß an ein Weitverkehrsnetz* (WAN) für Datenfernübertragung. Dafür gibt es mehrere Möglichkeiten:

- Benutzung eines externen Modems (vgl. Kap. 6) über eine Standard-Schnittstelle (z.B. COM*n*)
- Einstecken einer Modem-Karte in den PC
- Benutzung eines externen Telefaxgeräts
- Einstecken einer Telefaxkarte in den PC.

• *Integration und Automatisierung* wichtiger Büroaufgaben wird sehr gut unterstützt durch den Anschluß oder direkten Einbau von Telefon- und Telefaxeinrichtungen in den Arbeitsplatzcomputer. Mit der dazu gehörenden Software ist es dann z.B. möglich, automatisch Telefonverbindungen herzustellen und Texte aus dem PC zu versenden bzw. zu empfangen.

15 Vernetzung

Für alle in Kapitel 14 vorgestellten Anwendungsbereiche ist Vernetzung eine wesentliche Komponente. Vor allem in der Büroautomatisierung, aber auch in der Meßtechnik und Laborautomatisierung werden mittels Vernetzung leistungsfähige Systeme bereitgestellt. In diesem Kapitel werden wir darum die wichtigen Grundlagen und Normungen zum Thema LAN (*Local Area Network*) vorstellen. Für ausführliche Information wird auf die Spezialliteratur verwiesen (s. Abschn. 17.4).

15.1 Abgrenzung, Verfahren, Netzkopplung

In ISO-Dokumenten kann man lesen: "Ein lokales Rechnernetz (*Local Area Network*, LAN) ist ein Netzwerk für bitserielle Kommunikation zwischen zwei aneinander angeschlossenen, voneinander unabhängigen Geräten. Es unterliegt völlig der Benutzerverantwortung und ist in seiner Ausdehnung i.a. auf ein Grundstück begrenzt". **Bild 15.1** zeigt dazu ein paar Beispiele und Zahlen. LANs liegen danach etwa zwischen den im "Meterbereich" angesiedelten langsamen Nebenstellenanlagen (PBX, *Private Branch Exchange*) sowie den schnellen Prozessorkopplungen einerseits und den flächendeckenden Großnetzen (*Wide Area Networks*, WANs) andererseits.

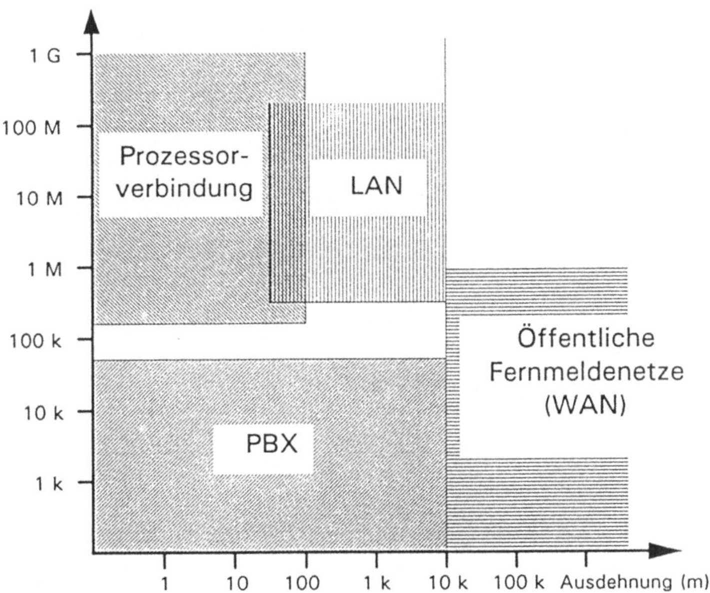

Bild 15.1 Abgrenzung von Netzsystemen. LAN: *Local Area Network*; WAN: *Wide Area Network*; PBX: *Private Branch Exchange*

• *Verfahren und Methoden* für lokale Vernetzung sind in diesem Buch verschiedentlich angesprochen. Wir werden sie hier zusammenstellen und ergänzen:

• *Topologien* für LANs sind in Abschn. 2.3 besprochen. In der Büro- und Laborautomatisierung dominieren Bus- und Ring-Topologie, aber auch sternförmige Systeme und Mischformen bilden die Basis für Vernetzungen mit verdrillten Leiterpaaren (vgl. 10Base-T in Abschn. 15.3.1).

• *Übertragungstechnik* (*transmission mode*) ist Inhalt von Abschn. 2.4 (Signalübertragung). Basisbandübertragung (*baseband*) ist das Hauptverfahren für Ethernets. Breitbandverfahren nutzen die Trägerfrequenztechnik und die in Abschn. 2.4.3 beschriebenen Modulationstechniken. Zur Anwendung kommen sie z.B. bei MAP.

• *Übertragungsmedien* (*transmission media*) sind in Kapitel 3 abgehandelt. Obwohl auch bei LANs drahtlose Übertragung (Abschn. 3.1) eine Bedeutung hat, sind doch die weitaus meisten Systeme aufgebaut mit verdrillten Leiterpaaren (Abschn. 3.2), Koaxialkabeln (Abschn. 3.4) oder Lichtleitern (Abschn. 3.5).

• *Zugriffsverfahren* (*access methods*) ist der Titel von Kapitel 7. Wir haben dort eine systematische Einteilung entwickelt und *Polling* sowie *Token Passing* als Grundverfahren herausgearbeitet. Die für LANs wichtigen Verfahren sind mit den

Tabelle 15.1 LANs, Zugriffsverfahren und Normung (Abkürzungen im Text)

Name, Quelle	Methode, Topologie	Kurzbezeichnung, Daten	Dokument
Ethernet	CSMA/CD-Bus	10Base5	IEEE-802.3
			ISO 8802/3
Fast-Ethernet	"	100Base-T	
TOP	"	10Base5	
Cheapernet	"	10Base2	
Breitband	"	10Broad36	
Optical Fiber	"	10Base-F	
StarLAN	CSMA/CD-Stern	1Base5	
UTP/STP	"	10Base-T	
MAP	Token-Bus	Breitband	IEEE-802.4
		5 oder 10 Mbit/s	ISO 8802/4
Arcnet	"	2,5 Mbit/s	
IBM PC	Token-Ring	4 oder 16 Mbit/s	IEEE-802.5
FDDI	"	100Base-F, 100 Mbit/s	

Tabelle 15.2 Die in Tabelle 15.1 verwendeten Abkürzungen

```
TOP        -  Technical and Office Protocol
UTP        -  Unshielded Twisted Pair
STP        -  Shielded Twisted Pair
MAP        -  Manufacturing Automation Protocol
CSMA       -  Carrier Sense Multiple Access
CD         -  Collision Detection
10Base5    -  Übertragung im Basisband mit 10 Mbit/s bei maximaler
              Segmentlänge von 500 m
10Base2    -  entsprechend mit Segmentlänge 200 m (in der Norm exakt 185 m)
1Base5     -  entsprechend mit 1 Mbit/s
10Base-F   -  10 Mbit/s mit Medium "Fiber Optic"
10Base-T   -  10 Mbit/s mit Medium "Twisted Pair"
100Base-F  -  100 Mbit/s mit "Fiber Optic"
100Base-T  -  100 Mbit/s mit "Twisted Pair"
10Broad36  -  10 Mbit/s und Breitbandübertragung über 3600 m
FDDI       -  Fiber Distributed Data Interface
```

Begriffen Token-Bus, Token-Ring und CSMA/CD verbunden. **Tabelle 15.1** ordnet Zugriffsverfahren den wichtigen Ausführungen lokaler Netze zu und gibt ein paar zusätzliche Informationen. Die verwendeten Abkürzungen sind in **Tabelle 15.2** erklärt. Im Abschn. 15.3 werden wir auf die Kurzbezeichnungen zurückkommen.

• *Netzkopplung* erfordert einen speziellen Aufwand, der sich nach der Art der Verkopplung und dem Grad der Verwandtschaft der zu verkoppelnden LANs richtet. In Anlehnung an das ISO-Referenzmodell (vgl. Abschn. 1.4) beschreiben wir nachfolgend die verschiedenen Koppler und ihre Grundfunktionen. Bild 15.2 erweitert das Referenzmodell entsprechend der LAN-Normung und führt neue Begriffe entsprechend Bild 1.13 in Abschn. 1.4 ein.

- **PHY: Physical Layer** (*Bitübertragungsschicht*), also mechanischer und elektronischer Aufbau der Schnittstellen.
- **MAC: Media Access Control**, "unterer" Teil der Sicherungsschicht (*Data Link Layer*) zur Definition der Mediumzugriffs-Steuerung, also Abgrenzung der in Kapitel 7 beschriebenen Zugriffsverfahren.
- **LLC: Logical Link Control**, "oberer" Teil der Schicht 2 mit Definition der eigentlichen Sicherungsprotokolle.

• *Koppelelemente* sind entsprechend **Bild 15.2** bestimmten Netzwerkfunktionen zugeordnet, sie arbeiten auf der jeweils kleinsten gemeinsamen Schicht. **Tabelle 15.3** gibt eine Kurzbeschreibung, die durch die nachfolgenden Erläuterungen ergänzt wird.

Schicht	Verfahren / Protokoll				Kopplung
7					*Gateway*
. .					
3					*Router*
2	LLC				*Bridge*
	MAC	CSMA/CD	Token-Bus	Token-Ring	FDDI	
1	PHY	RS-485	UTP	STP	Koax, Glasfaser	*Repeater*

Bild 15.2 Zuordnung von Netzwerkkopplern zu den sieben Schichten des ISO-Referenzmodells. PHY: *Physical Layer*; MAC: *Media Access Control*; LLC: *Logical Link Control;* andere Abkürzungen siehe Tabelle 15.2

• *Repeater* verkoppeln gleichartige LANs, die sich in Schicht-1-Eigenschaften unterscheiden können. Es werden also z.B. elektrische Pegel angepaßt und Signalauffrischungen (Verstärkung, Formung) vorgenommen. In probabilistischen Netzen (vgl. Abschn. 7.1) wird auch noch die Kollisionserkennung ausgeführt. Anwendung ist z.B. die Vergrößerung eines Netzes durch Anschaltung an ein an-

Tabelle 15.3 Kurzbeschreibung der Netzwerkkoppler

Repeater   zur Verstärkung bzw. Auffrischung von Signalen beim Zusammenschalten gleichartiger Teilnetze; d.h. MAC-, LLC- und höhere Protokolle müssen übereinstimmen. Ist das PHY-Protokoll verschieden (z.B. 10Base5, 10Base2, Glasfaser), müssen die Repeater eine entsprechende Anpassung z.B. der elektrischen Pegel vornehmen können
Bridge   zur Verbindung von Netzen auf der Sicherungsschicht (Data Link Layer). Bei Reduzierung der Übereinstimmung auf das MAC-Protokoll spricht man von einer MAC-Bridge.
Router   zur Verbindung physikalisch getrennter Netze auf der Vermittlungsschicht (Network Layer).
Brouter   Kombination aus Bridge und Router.
Gateway   zur Verbindung von selbständigen, getrennten und verschiedenartigen Netzen auf der kleinsten gemeinsamen Schicht. Ist dies die Schicht 3, wird das Gateway wieder Router genannt.

deres gleichartiges Netz. Solche Teilnetze werden *Segmente* genannt. Nach dem Zusammenschalten mit einem Repeater verhält sich das neue Gebilde wie ein Gesamt-LAN; es wird also über einen Repeater der gesamte Datenverkehr übertragen. Man unterscheidet:
- *Singleport-Repeater* zur Verbindung zweier Segmente;
- *Multiport-Repeater* zum Zusammenschalten mehrerer Segmente
  (z.B. 8 Anschlüsse);
- *Lokaler Repeater* mit maximal 50 m zwischen Buskabelanschluß und Repeater;
- *Remote Repeater* für maximal 1000 m zwischen zwei Segmentankopplungen.

• **Bridge** (*Brücke*) als Koppelglied ist der Schicht 2 zugeordnet. Brücken übertragen im Gegensatz zu Repeatern nicht den gesamten Datenverkehr, sondern können anhand der Adressierung entscheiden, ob die Notwendigkeit besteht, Daten auf das andere Segment zu übertragen. Sie können also *Filterfunktionen* übernehmen und dafür sorgen, daß der lokale Datenverkehr im "lokalen" Teilnetz bleibt. Es wird mithin eine *Lastentkopplung im Gesamtnetz* möglich.

• **Router** berücksichtigen Schicht-3-Funktionen. Unter *routing* versteht man allgemein das Weiterleiten von Nachrichten. Nach dem ISO-Referenzmodell geschieht dies unter Kontrolle und durch Absicherung mit Hilfe eines Schicht-3-Protokolls. Anwendung ist die Verbindung mehrerer voneinander entfernter Netze über normale Datenleitungen. Ein wesentlicher Aspekt in diesem Zusammenhang ist das

• **Broadcasting**; damit bezeichnet man das Aussenden von Nachrichten, die an alle Empfänger gerichtet sind (Nachricht an alle: *broadcast*). Bei einer LAN-Kopplung mit Router wird *Broadcast* nicht zu den anderen angekoppelten Teilnetzen durchgeschaltet. Der Vorteil ist, daß bei einem Broadcast nicht das Gesamtnetz belastet, sondern nur im jeweiligen Teilnetz "rundgesendet" wird.

• **Gateway** verbindet Netze, die sich in höheren Schichten unterscheiden. Netze, die in allen Schichten verschieden sind, können nur über Schicht-7-Gateways verbunden werden. Die dafür notwendigen Programmsysteme sind so aufwendig, daß sie derzeit mit vertretbarer Geschwindigkeit nur auf größeren Computern (*Main-frames*) laufen können.

15.2 Normung

Die LAN-Normung stützt sich auf eine Vielzahl von Ergebnissen verschiedener Arbeitsgruppen, wird aber wesentlich durch das IEEE (*Institute of Electrical and Electronics Engineers*) und die ECMA (*European Computer Manufacturers Association*) geprägt. **Tabelle 15.4** verzeichnet die relevanten ECMA-Standards und -Regeln.

Größte Bedeutung hat das IEEE-Komitee mit der Projektnummer P802. Die zur Zeit aktiven Projektgruppen sind in **Tabelle 15.5** zusammengestellt. **Bild 15.3** ist eine strukturierte Darstellung der IEEE-Aktivitäten.

Tabelle 15.4 Wichtige ECMA-Standards und -Regeln für Lokale Vernetzung

ECMA Standards (*blue cover*, blauer Einband)

ECMA-80	LANs (CSMA/CD Baseband) - Coaxial Cable System
ECMA-81	LANs (CSMA/CD Baseband) - Physical Layer
ECMA-82	LANs (CSMA/CD Baseband) - Link Layer
ECMA-84	Data Presentation Protocol
ECMA-89	LANs - Token Ring Technique
ECMA-97	LANs - Safety Requirements
ECMA-138	Security in Open Systems

Technical Reports (*white cover*, weißer Einband)

ECMA/TR 13	Network Layer Principles
ECMA/TR 14	LANs - Layers 1 to 4 Architectures and Protocols
ECMA/TR 20	Layer 4 to 1 Addressing
ECMA/TR 21	LANs - Interworking Units for Distributed Systems
ECMA/TR 25	OSI Sub-Network Interconnection
ECMA/TR 26	Planning and Installation Guide for CSMA/CD 10 Bit/s Baseband LAN
ECMA/TR 37	Framework for OSI Management
ECMA/TR 44	An Architectural Framework for Private Networks
ECMA/TR 51	Requirements for Access to Integrated Voice and Data LANs and WANs

Tabelle 15.5 IEEE-802-Projektgruppen

P802.0	Overview, Architecture and Management
P802.1	General Structure,Bridging,Higher Layer Interfaces (HILI)-optional
P802.2	Logical Link Control (LLC)

P802.3	CSMA/CD
P802.4	Token Bus
P802.5	Token Ring

P802.6	Metropolitan Area Network (MAN)
P802.7	Broadband Techniques
P802.8	Fiber Optics (FDDI)
P802.9	Integrated Voice and Data (IVD)

| P802.10 | LAN Security and Privacy - optional |
| P802.11 | Wireless LAN (WLAN) |

7 Anwendung		802.10 Security and Privacy (optional)					
.							
.							
3 Vermittlungs-schicht (Network Layer)	Netzwerk-verwaltung	Internet Protocol; X.25					
2 Sicherungs-schicht	Logische Verknüpfungs-steuerung	802.2 (LLC) Logical Link Control					
		802.1 (HILI) Bridging (optional)					
(Data Link Layer)	Medium-zugriffs-steuerung	802.10 Secure Data Exchange (optional)					
		MAC	MAC	MAC	MAC	MAC	MAC
1 Bitüber-tragungs-schicht (Physical Layer)	Elektrischer und mechanischer Aufbau	802.3 CSMA/ CD	802.4 Token-Bus	802.5 Token-Ring	802.6 MAN	802.9 IVD	802.11 Wire-less
		802.7 Broadband TAG					
		802.8 Fiber Optic TAG (FDDI)					

Bild 15.3 Struktur der IEEE-802-Aktivitäten und Zuordnung zu den Schichten des ISO-Referenzmodells. TAG: *Technical Advisory Group*, andere Abkürzungen s. Bild 15.2 und Tab. 15.5

Die angesprochenen Standards decken jeweils nur einen Teil der sieben Schichten des ISO-Referenzmodells ab (in der Regel die unteren Schichten 1 und 2, seltener 3). Zur offenen Kommunikation vor allem in öffentlichen Weitverkehrsnetzen müssen aber jeweils alle sieben Schichten verbindlich geregelt sein. Eine Auswahl von Normen, nach Schichten sortiert, ist nachfolgend angegeben. Eine Ergänzung findet diese Aufstellung in der in Abschnitt 17.2 gegebenen Gesamtaufstellung.

• *Schicht 1*

RS-232-C   Serielle Schnittstellenbeschreibung einschließlich Signalauswahl aus V.24, 25polige Steckverbindung mit Signalzuordnung und elektrischen Eigenschaften nach V.28

RS-485   Elektrische Eigenschaften von mehrpunktfähigen symmetrischen Schnittstellen; ISO 8482 und DIN 66 259 Teil 4

V.11   Elektrische Eigenschaften von symmetrischen Schnittstellen (*balanced, differential*); ISO 8481, RS-422 und DIN 66 259 Teil 3

V.24   Signalliste und Definitionen für Anschaltungen (*interchange circuits*) zwischen DTE und DCE; DIN 66 020 Teil 1

V.28   Elektrische Eigenschaften von unsymmetrischen Schnittstellen (*unbalanced, single-ended*); DIN 66 259 Teil 1

X.21   Schnittstelle zwischen DTE und DCE für Synchronbetrieb auf öffentlichen Netzen (*public data networks*); DIN 66 244 Teil 2

X.24   Signale für Modemschnittstellen in Postdatennetzen; DIN 66 020 Teil 2

• *Schicht 2*

BSC   Binary Synchronous Communication (älteres zeichenorientiertes Protokoll, manchmal auch Basic Mode genannt, DIN 66 019)

HDLC   High-level Data Link Control (modernes bitorientiertes Protokoll); wichtige Normen:
ISO 8886, OSI - data link service
DIN 66 221 Teile 1 bis 3
DIN 66 222 Teil 1

LAN   Lokale Netze entsprechend IEEE-802.x

LAPB   Link Access Procedure for Balanced mode mit ISO 7776 (HDLC - X.25 LAPB-compatible Data Link Procedures)

LAPD   Link Acces Procedure for D-channels mit CCITT I.440 und I.441 (ISDN User Network Interface)

SDLC   Synchronous Data Link Control

• *Schicht 3*

ISO 8208   X.25-Paketprotokoll für Datenendeinrichtung (DTE)

I.450   CCITT-Festlegung einer ISDN-Benutzerschnittstelle

X.25   Schnittstelle für Paketnetze

• *Schicht 4*

EHKP 4	Einheitliche Höhere Kommunikationsprotokolle für Schicht 4
ISO 8072	Transport-Service-Definition
ISO 8073	Verbindungsorientiertes Transportprotokoll
T.70	CCITT-Festlegung für netzunabhängigen Transport-Service im Telematik-Bereich

• *Schicht 5*

ISO 8326	Verbindungsorientierte Definition für die Sitzungsschicht
ISO 8327	Verbindungsorientiertes Sitzungsprotokoll
T.62	Steuerungsprozeduren für Teletex und Gruppe-4-Fax

• *Schicht 6*

EHKP 6	Einheitliche Höhere Kommunikationsprotokolle für Schicht 6
ISO 8822	Verbindungsorientierte Definition für die Darstellungsschicht
ISO 8823	Verbindungsorientiertes Darstellungsprotokoll
ISO 8824	Spezifikation von ASN.1 (Abstract Syntax Notation One)
ISO 8825	Basis-Codierungsregeln für ASN.1
T.73	Dokumentenaustauschprotokoll für Telematik-Dienste
X.409	Darstellungssyntax und -notierung

• *Schicht 7*

CCITT	Message Handling Systems (MHS, X.400), Telefax, Teletex, Textfax, Videotex
ISO 8571	File Transfer, Access and Management (FTAM)
ISO 8649	Dienstdefinition für Common Application Service Elements (CASE)
ISO 8650	Protokollspezifikation für CASE
ISO 8831	Job-Transfer und Management (JTM)
ISO 9040	Protokoll für Virtuelle Terminals, Basisklasse
ISO 9506	Manufacturing Message Specification (MMS) entsprechend EIA RS-511
DNA	Digital Network Architecture (DEC)
SNA	Systems Network Architecture (IBM)
TCP/IP	Transmission Control Protocol/Internet Protocol (DARPA)

Die unter der Überschrift "Schicht 7" genannten CCITT-Dienste sind für das volle Referenzmodell definiert, d.h. für alle sieben Schichten. Das gilt ebenso für DNA und SNA, wobei diese Architekturmodelle der großen Computerhersteller zusätzlich systemspezifische Anwendungen festlegen.

• *TCP/IP-Protokolle* stellen Dienste ab Schicht 3 aufwärts bereit. Diese Entwicklung wurde eingeleitet und unterstützt durch die *Defense Advanced Research Projects Agency* (DARPA) des US-Verteidigungsministeriums DoD (*Department of Defense*) und ist heute der Standard für den Datenaustausch in inhomogenen Netzen, z.B. in LANs wie Ethernet und X.25-Netzwerken. Ausführliche Behandlung in Abschnitt 15.3.2.

15.3 Vom Ethernet zum FDDI

Die lokale Vernetzung vor allem von PCs und Workstations wird dominiert durch einige wenige Hersteller und durch internationale Standards, die im Abschnitt 15.2 zusammenfassend dargestellt sind. Hier sei nur angemerkt, daß die meisten LANs dem ISO-Referenzmodell (Abschn. 1.4) entsprechen. Dies gilt nicht direkt für zwei wichtige Firmenlösungen, die nach eigenen Schichtenmodellen konstruiert sind, nämlich SNA (*Systems Network Architecture*) der *IBM* und DNA (*Digital Network Architecture*) von *DEC* (*Digital Equipment Corporation*).

Durch eine Zusammenarbeit der Firmen *Xerox, Intel* und *DEC* (die sog. DIX-Gruppe) entstand das am ISO-Referenzmodell orientierte **Ethernet**, heute *der* Standard für die meisten LANs im Einsatz. Von Bedeutung ist ebenfalls der IBM-Token-Ring, künftig werden mehr Glasfasernetze nach dem Standard FDDI eingesetzt werden. Diese Versionen sollen deshalb nachfolgend kurz vorgestellt werden. Ausführliche Beschreibungen sind zahlreich zu finden (s. Abschn. 17.4).

15.3.1 Ethernet und Token-Ring

Das mit Ethernet bezeichnete LAN-Konzept bedeutet die Normierung der Schicht-1- und Schicht-2-Funktionen, teilweise auch darüber hinausgehender Eigenschaften. Damit ist die Vernetzung von Computern möglich, wobei folgende Haupteigenschaften gelten:

Topologie	- Bus
Medium, normal	- Triaxialkabel 50 Ω (vgl. Abschn. 3.4, Bild 3.18a)
Medium, Thinnet	- Koaxialkabel 50 Ω, RG-58
	("BNC-Kabel" entsprechend Bild 3.18b)
Übertragung	- im Basisband
Datenrate	- 10 Mbit/s
Signalcodierung	- Manchester
Übertragungsfrequenz	- 20 MHz
Stationen (Knoten)	- maximal 1024
Entfernung	- zwischen den Stationen maximal 2,5 km
Zugriffsverfahren	- CSMA/CD

Die Bus-Topolgie ist in Abschnitt 2.3.2 besprochen. Die Ethernet-Medien sind in Abschnitt 3.4 behandelt. Übertragungsverfahren und Signalcodierung siehe Abschnitt 2.4. Wegen der Manchester-Codierung beträgt die Übertragungsfrequenz auf der Ethernet-Leitung 20 MHz, um 10 Mbit/s Datenrate zu erzielen (*Wirkungsgrad* 50 %). Zugriffsverfahren sind in Kapitel 7 besprochen, speziell CSMA/CD in Abschn. 7.4.2. Dort ist auch mit Bild 7.14 das Ethernet-Rahmenformat angegeben.

• ***Ethernet-Architektur*** wird manchmal als Begriff verwendet, um die Zuordnung der wesentlichen Ethernet-Komponenten zum Referenzmodell zu beschreiben. **Bild 15.4** zeigt diese Zuordnung gewissermaßen als Spezialisierung von Bild 15.3. Das angesprochene Transceiver-Kabel (auch *drop cable* oder *branch cable*) ist bereits in Abschn. 3.2 vorgestellt (Bild 3.6).

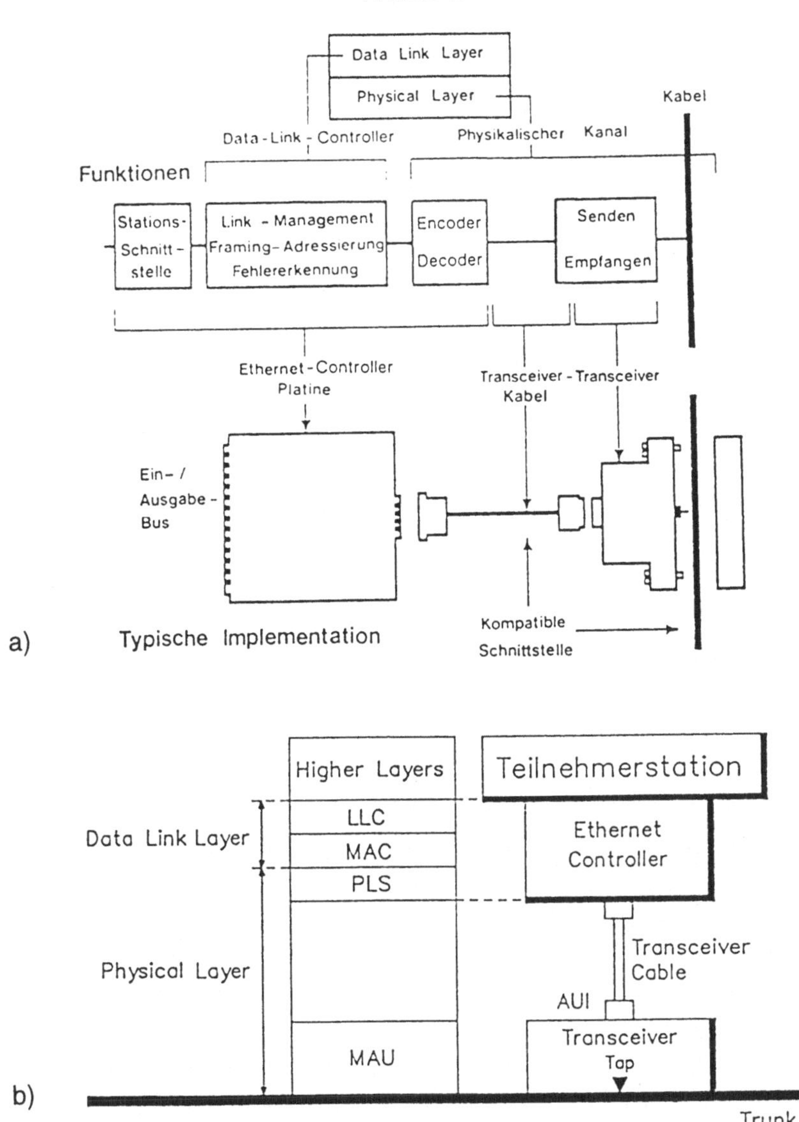

Bild 15.4 Ethernet-Architektur mit Zuordnung zum ISO-Referenzmodell (a) und Bezeichnung wichtiger Komponenten (b); MAU: *Medium Attachment Unit*; AUI: *Attachment Unit Interface*; PLS: *Physical Signaling*; andere Abkürzungen s. Bild 15.2

• ***Ethernet-Topologie*** ist grundsätzlich durch die Busdefinition bestimmt. Eine Ethernet-Einheit (*trunk cable*) wird als *Segment* bezeichnet. **Bild 15.5** zeigt solch ein Segment mit Anschlußstellen (*tap connectors*). Diese sind entweder in Quetschausführung (Durchdrücken eines Anschlußstiftes) oder mit Koaxialanschlüssen verfügbar. Die Belegung des 15poligen Transceiveranschlusses ist in Teilbild 15.5b angegeben.

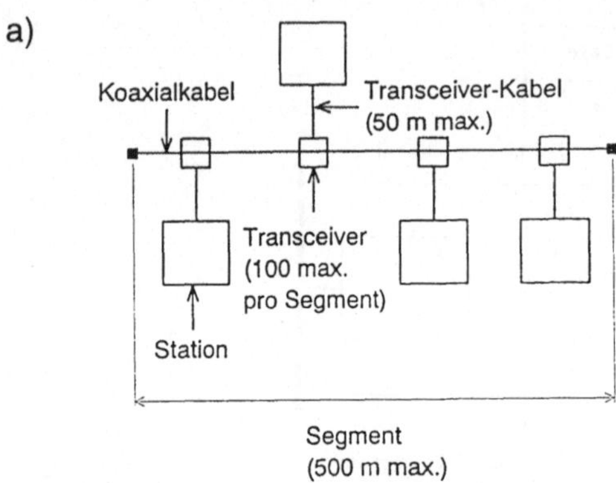

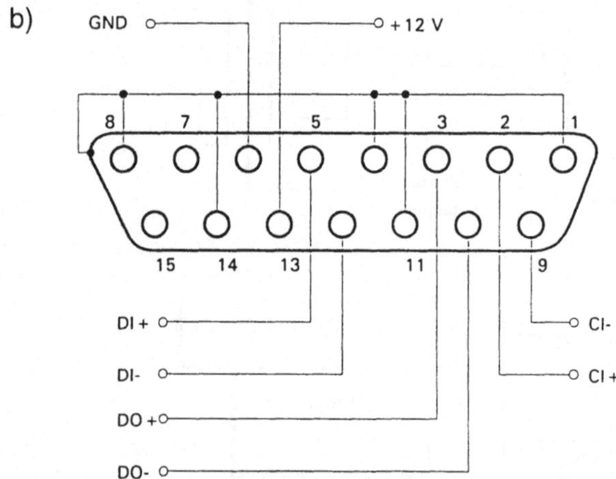

Bild 15.5 Ethernet-Segment 10Base5 (a) mit Transceiver-Anschluß (b)

• ***10Base5*** ist die Bezeichnung für das "normale" Ethernet mit 50-Ohm-Koaxialkabel (vgl. Abschn. 3.4). Die Angaben in Bild 15.5 für ein Segment treffen hierfür zu. Insbesondere gelten die oben noch nicht angegebene Grenzwerte:

Segmentlänge	- 500 m
Stationen pro Segment	- 100
Segmente	- 5, davon maximal drei Koaxialsegmente
Repeater zwischen zwei Stationen	- 4 *Transceiverkabel* 50 m
Minimaler Abstand zwischen zwei Stationen	- 2,5 m

Bild 15.6 verdeutlicht, wie Einzelsegmente mit Hilfe von Repeatern zu komplexeren Netzen zusammengeschaltet werden. Mit sog. *Remote Repeaters* können 1000 m bzw., bei Verwendung von Glasfasern, 4000 m überbrückt werden.

• *10Base2* ist das Kürzel für die kostengünstige Ausführung des Ethernetzes, darum auch als *Cheapernet* oder, wegen der Nutzung des dünneren BNC-Kabels (Standard IEC 169-8), als *Thinnet* bezeichnet. Es gelten im Grunde die gleichen Festlegungen wie bei 10Base5, jedoch gibt es zwei Nachteile, dagegen aber mehrere Vorteile:

Segmentlänge	- 185-200 m
Stationen pro Segment	- 30
Verkabelung	- Einfach und problemlos wie in der allgemeinen Laborpraxis

Bild 15.7 verdeutlicht die Anschlußmöglichkeiten. Es wird dabei manchmal übersehen, daß die Segmentlänge in diesem Fall durch die Abzweige zur Station (z.B. PC) und die Anschlußdosen beeinflußt wird. Es gilt grundsätzlich die Gesamtlänge des verwendeten BNC-Kabels. Dazu kommen Verluste durch die üblichen Anschlußdosen. Die Gesamtbilanz für eine weit verbreitete Ausführung nach Postnorm (*EAD-System*) ist anhand **Bild 15.8** wie folgt:

$$\text{maximale Buslänge} = S_{\max} - (n \bullet V_d) - (2 \bullet L_a \bullet n)$$

mit $S_{\max}$: maximale Segmentlänge, 230 m bestenfalls

   n: Anzahl angeschlossener Anschlußdosen, z.B. 10

   V_d: Verlust pro Dose in Leitungslänge, z.B. 6,6 m

   L_a: Länge der Anschlußkabel, z.B. 5 m

$$\text{maximale Buslänge} = 230\ \text{m} - (10 \bullet 6{,}6\ \text{m}) - (2 \bullet 5\ \text{m} \bullet 10) = 64\ \text{m}$$

Dieses realistische *Beispiel* zeigt eindrucksvoll die erhebliche Reduzierung der möglichen Ausdehnung eines Thinnet-Systems.

• *10Base-T* bezeichnet die zunehmend wichtiger werdende Ethernet-Technik auf der Basis ungeschirmter verdrillter Leitungen (*Unschielded Twisted Pairs*, UTP). Damit ist die Nutzung der weltweit in unzähligen Gebäuden verlegten Telefonleitungen möglich. Direkt gilt dies z.B. in den USA; in Europa verlegte Leitungen sind nicht immer problemlos nutzbar, weil in der Regel geschirmte Leitungen (STP, *Shielded Twisted Pairs*) verlegt sind, die ein ausgeprägtes Tiefpaßverhalten aufweisen.

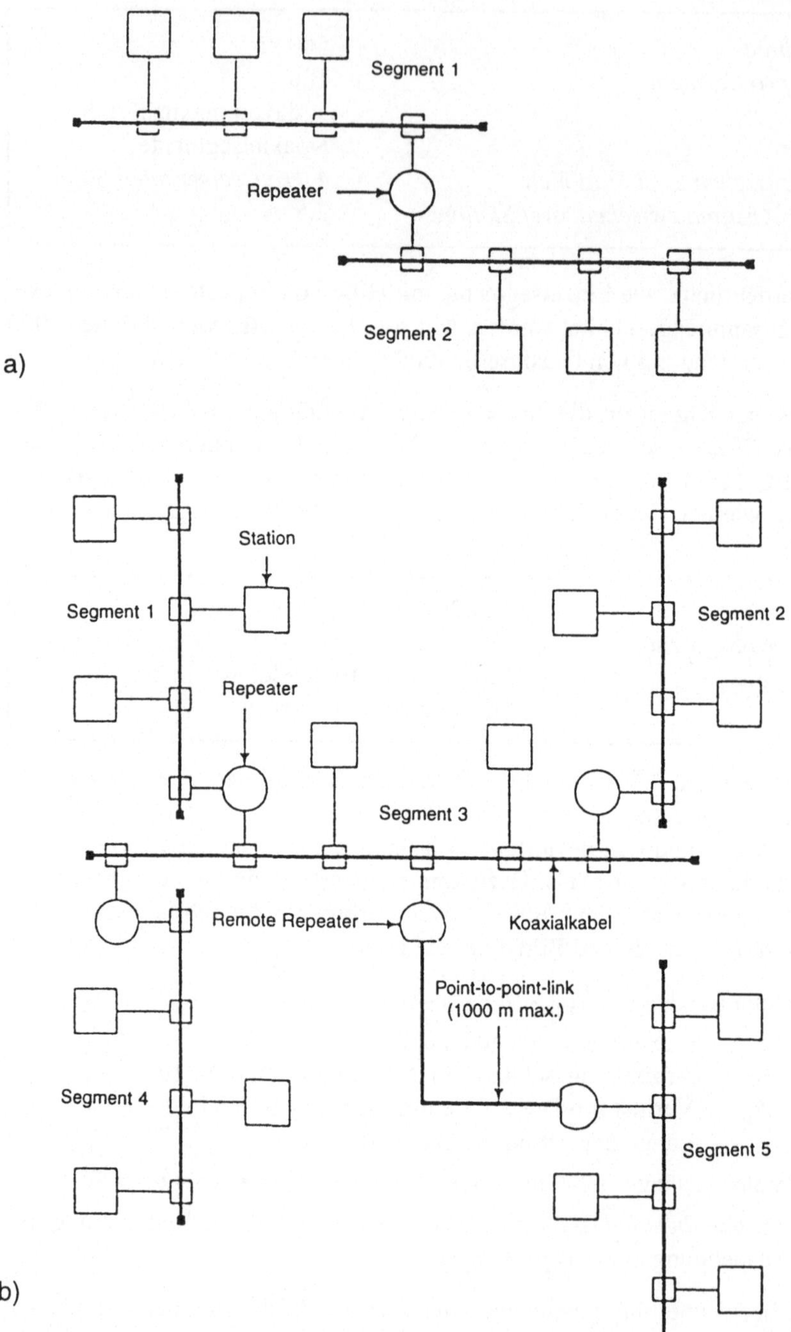

Bild 15.6 Ethernet-Konfiguration mit zwei Segmenten (a) bzw. im maximalen Ausbau (b)

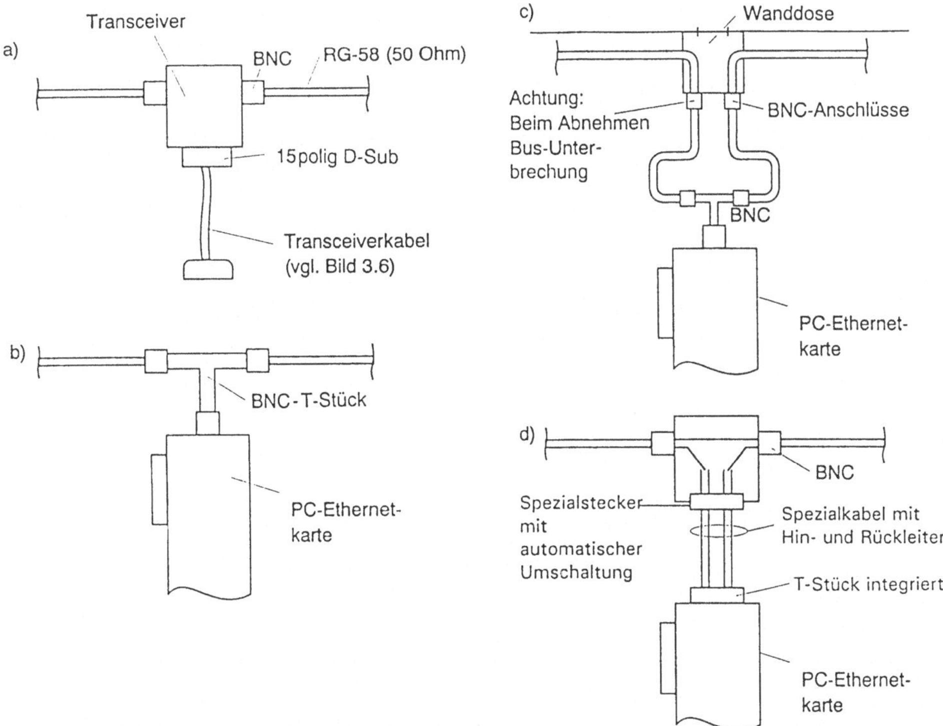

Bild 15.7 Thinnet-Anschlußmöglichkeiten

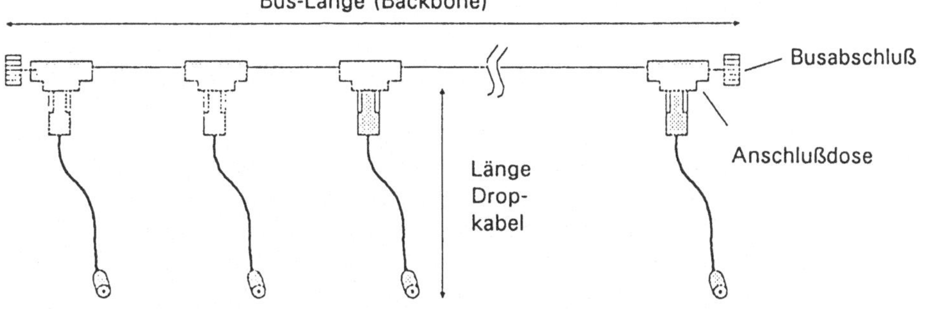

Bild 15.8 Beispiel für Systemberechnung beim Thinnet mit EAD-Anschlußsystem
wie in Bild 15.7d

• *Marktanteile*, weltweit Mitte der 90er Jahre bei der PC-Vernetzung, sind nach
verschiedenen Quellen etwa so zugeordnet, daß Ethernet zu 70 % dominiert, davon die Hälfte nach 10Base-T.

• *10Base-F* (manchmal auch 10Base-FL) bezeichnet eine weitere Variante mit
dem Ziel, die Glasfaser-Technologie für die Basisverfahren lokaler Netzwerke zu
erschließen. F steht für *fiber* (*optical fiber* oder Glasfaser), L für *link*.

• *Fast-Ethernet* werden neue Projekte genannt mit 100 Mbit/s im Ethernet. Wegen der Verwendung von ungeschirmten verdrillten Leitungen (UTP) gilt dafür auch die IEEE-Bezeichnung 100Base-T.

• *Token-Ring* ist auch deshalb von Bedeutung, weil die marktbeherrschende Firma *IBM* dahinter steht. Grundlagen dazu sind in Abschn. 7.3 (*Token Passing*) angegeben. Die Bilder 7.10 bis 7.13 zeigen auch die wesentlichen Token-Ring-Techniken auf, weshalb wir uns hier auf den Verweis beschränken können. Erwähnt seien jedoch noch die Datenraten von 4 Mbit/s oder 16 Mbit/s (mit Datenkabel Typ 1, s. Abschn. 3.2). Wegen der *Manchester-Codierung* ist auch hierbei der *Wirkungsgrad* nur 50 %, und es beträgt beim "schnellen" Token-Ring die Übertragungsfrequenz 32 MHz.

15.3.2 TCP/IP

Die LAN-Normung deckt in der Regel nur die Referenzschichten 1 und 2 ab. Damit ist der gesicherte Datenaustausch zwischen Teilnehmern innerhalb eines LAN-Segments möglich. Für die Zusammenschaltung gleichartiger oder unterschiedlicher Teilnetze sind die in Abschn. 15.1 besprochenen *Koppelelemente* verfügbar. So lassen sich Datenwege zwischen verschiedensten Rechnern auch über größere Entfernungen realisieren. Um darüber auch Daten austauschen zu können, müssen aber die höheren Protokolle ebenfalls standardisiert bzw. angepaßt sein. In Abschn. 15.2 haben wir einige wichtige Normen dafür aufgelistet. Im Sinne einer internationalen Einheitlichkeit sind natürlich die ISO-Standards zu bevorzugen. Aber der Markt folgt mitunter anderen Logiken: Wegen der starken Marktpositionen sind die Protokollfamilien der Firmen *DEC* und *IBM* wichtig, allerdings nur zur *Nutzung in homogenen Netzen* - mit Komponenten also des einen Herstellers.

• *Offene Kommunikation* zwischen Einrichtungen verschiedener Hersteller und unterschiedlicher Normung wird derzeit mit Hilfe der *Protokollfamilie TCP/IP* ausgeführt, die nicht von den offiziellen Normungsinstitutionen stammt, sondern von der *Advanced Research Project Agency* (ARPA) des amerikanischen Verteidigungsministeriums initiiert wurde (siehe letzten Absatz von Abschn. 15.2). **Bild 15.9** erklärt, daß die TCP/IP-Protokolle den Kommunikationsvorgang ab Schicht 3 steuern (sog. *Arpanet*). Die untersten beiden Schichten werden durch die LAN-Normung abgedeckt.

Schicht	Bezeichnung	Funktion	Protokolle bzw. Standards	
7	Verarbeitung (*application*)	System- und Anwendungssteuerung	CASE, FTAM, JTM, MHS, MMS, SMTP NFS	*Network File System*
6	Darstellung (*presentation*)	Sitzungsaufbau, Syntax	FTP ASN.1	*File Transfer Protocol*
5	Kommunikation (*session*)	Sitzungssteuerung	Telnet	*virtuelles Terminal*
4	Transport (*transport*)	Datenübertragung	TCP	*Transmission Control Protocol*
3	Vermittlung (*network*)	Routing	IP X.25	*Internet Protocol*
2	Sicherung (*data link*)	Übertragungsabsicherung	IEEE-802.2 BSC, HDLC	*LLC, MAC*
1	Bitübertragung (*physical*)	Bitübertragung	IEEE-802.3	*CSMA/CD*

Bild 15.9 Zuordnung der ARPA-Protokolle (*Arpanet*) zum Referenzmodell. Abkürzungen s. auch Abschn. 15.2, Schicht 7 (vgl. auch Bilder 15.2 und 15.3)

• *ARPA-Protokolle* ist eine andere Bezeichnung für die TCP/IP-Familie. Darunter versteht man

- **IP** (*Internet Protocol*) für Schicht 3;
- **TCP** (*Transmission Control Protocol*) für Schicht 4;
- **Telnet** (interaktiver Terminaldienst),
- **FTP** (*File Transfer Protocol*),
- **NFS** (*Network File System*) und
- **SMTP** (*Simple Mail Transfer Protocol*) für Schichten 5 bis 7.

• *IP* (*Internet Protocol*) deckt die Schicht 3 des Referenzmodells ab und ist für die Adressierung und das "Routing" im Netzverbund zuständig. Dafür werden sog. *Internet-Adressen* zentral vergeben, die 32 bit lang und üblicherweise in vier Oktetten notiert sind, z.B. 134.7.4.19.

• **TCP** (*Transmission Control Protocol*) übernimmt Schicht-4-Funktionen, ist also verantwortlich für den Aufbau logischer Verbindungen zwischen zwei Kommunikationspartnern. Dazu gehören die zeitliche Überwachung von Verbindungen, Multiplexing und Flußsteuerung.

• **Telnet** (*terminal emulation*) ist ein stark benutzter Dienst und erlaubt jedem Benutzer im TCP/IP-Netzwerk, sich in einen beliebigen anderen Computer einzuloggen, wenn der Name des anderen Rechners und das Paßwort bekannt sind. Jede Eingabe wird direkt an den anderen Rechner weitergegeben; für den Gastrechner (*host*) wirkt der Nutzerrechner wie ein Terminal.

• **FTP** (*File Transfer Protocol*) dient der gemeinsamen Nutzung von Dateien durch verschiedene Teilnehmer, d.h. jeder einzelne Benutzer hat dadurch Zugriff auf Dateien der anderen Computer, die er auf seinen Rechner kopieren kann. Ebenso können eigene Dateien auf anderen Computern abgelegt werden.

• **NFS** (*Network File System*) ist eine erweiterte TCP/IP-Anwendung. Damit werden im Unterschied zum FTP die "entfernten" (*remote*) Dateien nicht in den eigenen Rechner kopiert, sondern es wird direkt mit den Dateien auf den fremden Computern gearbeitet (auch: *remote execution*).

15.3.3 FDDI

Fiber Distributed Data Interface ist die aktuelle Definition für Hochgeschwindigkeits-LANs mit folgenden Haupteigenschaften:

> - Glasfaser-Doppelring mit
> - Gradientenfaser (s. Abschn. 3.5)
> - 100 Mbit/s Übertragungsgeschwindigkeit
> - 200 km maximale Kabellänge, d.h 100 km Doppelringlänge
> - 1000 Stationen einfach, 500 Stationen doppelt angeschlossen
> - Abstand zwischen FDDI-Knoten maximal 2 km.

• **Logisch** handelt es sich bei FDDI um einen *Token-Ring*. Mit Konzentratoren (*Wiring Concentrators*, WC) lassen sich physikalisch Stern- oder Baumstrukturen aufbauen. Eine Hauptanwendung ist die schnelle Kopplung von LANs, wofür es die Bezeichnung "Hochgeschwindigkeits-Backbone" gibt. In **Bild 15.10** ist darum der Hauptdoppelring als *FDDI Backbone Network* bezeichnet. Ebenfalls angedeutet ist die Anwendung als *Backend Network* zur Einbindung umfangreicher Standardperipherie.

• **Wiring Concentrators** verbinden den FDDI-Doppelring mit einfach angeschalteten Stationen und bilden jeweils ein *Front End Network*. Bild 15.10 zeigt auch noch eine Reihe von Gateways zur Verbindung mit Bus- und Ring-LANs.

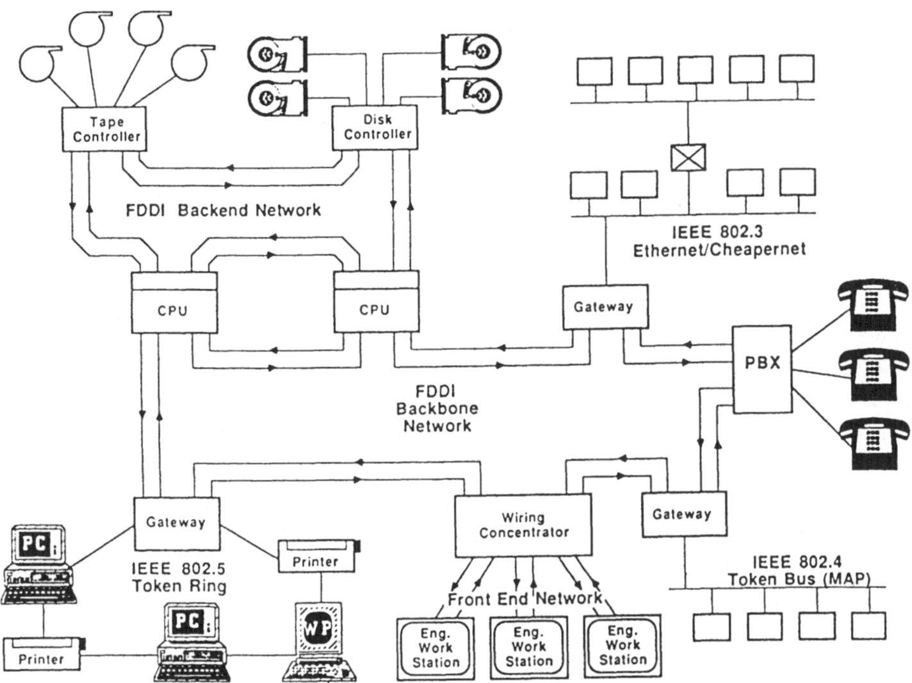

Bild 15.10 FDDI-Netzwerk mit der Angabe verschiedener Anwendungsmöglichkeiten

Schließlich ist noch die Einbeziehung von Telefoneinrichtungen mit Hilfe einer Nebenstellenanlage (PBX, *Private Branch Exchange*) angegeben.

• *Signalcodierung* (vgl. Abschn. 2.4.2) ist beim FDDI für die hohe Übertragungsrate optimiert. Es wird nicht wie beim Ethernet Manchester-codiert; das würde nämlich für FDDI eine Signalfrequenz von 200 MHz auf der Leitung erfordern (*Wirkungsgrad* 50 %). Vielmehr kommt eine "4-von-5-Bit-Codierung" zur Anwendung (Fachbezeichnung *4B/5B*), wodurch für die Datenrate 100 Mbit/s nur eine Signalfrequenz von 125 MHz benötigt wird (*Wirkungsgrad* 80 %).

• *Twisted Pair FDDI* soll abschließend erwähnt werden. Hierbei handelt es sich um ein Projekt zur Nutzung verdrillter Leiter in FDDI-Netzwerken, wobei die Datenrate auch 100 Mbit/s betragen soll.

16 Testen und Prüfen

Daten sollen von einem Computer-System in ein anderes übertragen werden. Aus dem theoretischen Verständnis der Normen und der Zusammenhänge, die in den vergangenen Kapiteln dargestellt wurden, ist das sicher eine einfache Aufgabe. Die Praxis mit ihren Schwierigkeiten lehrt uns da jedoch meist etwas anderes. In den letzten zehn Jahren ist aus der Prüfung von Datenübertragungssystemen eines der komplexesten Gebiete der heutigen Technik entstanden. Ein Stillstand der Entwicklung, sowohl bei den Prüfaufgaben, als auch in der Meßtechnik, ist nicht abzusehen. Die Komplexität der Schnittstellen nimmt ständig zu, z.B. in der integrierten Daten- und Sprachübertragung über Netze (ISDN). Die Protokolle, z.B. bei der Kommunikation der unterschiedlichsten Rechnersysteme über lokale Glasfasernetze (FDDI), werden immer vielschichtiger. Mit der Anzahl der Software-Applikationen, die vorwiegend von der Datenkommunikation mit ihrer Umwelt leben, z.B. in verteilten Datenbanksystemen, gewinnt auch der Bereich von der Schnittstellenanalyse bis hin zur Kommunikationsmeßtechnik in raschem Tempo an Bedeutung.

> Dieses Kapitel zeigt neben der grundsätzlichen Einteilung der unterschiedlichen Test-, Prüf- und Meßgeräte auch deren Funktionen und Einsatzschwerpunkte auf.

16.1 Methoden und Überblick

Die Inbetriebnahme unbekannter Schnittstellen bzw. der Nachweis der Fehlerfreiheit neuer Anlagen bei der Abnahme und Übernahme von komplexen Installationen, genauso wie auch die Prüfung von bestehenden Rechner- oder Kommunikationssystemen auf Fehler, führt häufig zu Situationen, in denen spezielles Prüf-"Know-how" nötig ist. In der Regel werden in solchen Situationen Spezialisten zu Rate gezogen, die den aufgetretenen Fehler mit aufwendigen Meßgeräten schnell lokalisieren und beheben können. Dieser Abschnitt des Buches soll den Spezialisten nicht ersetzen, sondern gibt dem Leser einen Überblick über die Einsatzmöglichkeiten der verschiedenen Prüfgeräte. Hier sollen die unterschiedlichen Aufgabenstellungen und die zur Lösung erforderlichen Testgeräteeigenschaften besprochen werden.

Die *Grundlagen der Protokollanalyse* und Kommunikationsprüftechnik wurden Mitte der 80er Jahre in verschiedenen Fachartikeln und Aufsätzen diskutiert. Heute hat sich ein gewisser Standard eingestellt, der zwar ergänzt und erweitert, aber doch von fast allen Herstellern mitgetragen wird. Dem folgenden Abschnitt liegen u.a. die Zusammenstellungen in [Kafka86] und [Kafka87] zugrunde.

16.1.1 Aufgabenstellung und Ziele bei der Prüfung

Heute ist ein reibungsloser Betriebsablauf in vielen Firmen ohne Datenübertragungsnetzwerke, z.B. für Unternehmensdatenbanken, Kartei- und Rechnungsführung, gar nicht mehr denkbar. Mit der Ausdehnung der Netzwerke steigt auch die Zahl der installierten Netzwerkkomponenten wie Personalcomputer, Modems, Multiplexer, Drucker und anderer Peripheriegeräte. Zur Erhöhung der Betriebssicherheit sind die meisten dieser Komponenten mit Selbsttestroutinen ausgestattet, aber die schwerer zu erfassenden Netzwerkprobleme bleiben doch bestehen.

• *Datenfernübertragung* (DFÜ) bedeutet häufig neben der eigentlichen Datenübertragung über Netze auch allgemein die digitale Datenübertragung, insbesondere über serielle Schnittstellen. Test- und Prüfgeräte für solche Schnittstellen werden daher auch als *DFÜ-Meßgeräte* oder *DFÜ-Tester* bezeichnet, obgleich sie gleichermaßen auch für "lokale" Schnittstellen an Peripheriegeräten oder teilweise auch für parallele Schnittstellen eingesetzt werden. Um die verschiedenen Ausführungen der Testgeräte (Abschn. 16.1.2) besser verstehen zu können, sollen hier zunächst die typischen Aufgabenbereiche und Anwendergruppen betrachtet werden.

• *Prozessornahe Schnittstellen* unterscheiden sich grundsätzlich auch in der erforderlichen Meßtechnik von den Peripherieschnittstellen. Als System-, Rückwand- oder Prozessorbusse (Kapitel 11), meist parallel ausgeführt, verbinden sie elektronische Baugruppen und Logikschaltungen. Bei ihrer Prüfung steht neben der Datenübertragung, der Steuerung, dem *Handshake* und dem *Timing* des Busses immer auch das Verhalten der angesprochenen Schaltung im Vordergrund.

• *Logikanalyse und Logiksimulation* werden vorwiegend bei geräteinternen Schnittstellen eingesetzt und sind meist nur Mittel zum Zweck der Prüfung der Logikbaugruppe. Bei diesen *Digitalmeßgeräten* lassen sich grundsätzlich drei Arten von Meßaufgaben unterscheiden.

(1) Zeitmessung an Digitalschaltungen: Untersuchung des Zeitverhaltens einer Digitalschaltung im Grenzbereich, z.B. erhöhter Takt, um Aussagen über Toleranzen, (z.B. *Setup-, Propagation Delay Time*) und evtl. Fehlfunktionen, (z.B. *Spikes* und *Glitches*) zu erhalten, beispielsweise mit *Timing-Logikanalysator*, hohe Zeitauflösung, geringe Kanalzahl, geringe Intelligenz.

(2) Logische Funktionsmessung an Digitalschaltungen: Untersuchung der Schaltung auf ihre logische Funktion, bei einfachen Logikschaltungen z.B. anhand von Wahrheitstabellen, Signaturen und Impulsablaufplänen, bei komplexen Mikroprozessorschaltungen unter Einbeziehung der Software (*Disassembler*) oder als *Black-Box-Test*, logische Beziehung zwischen Eingangs- und Ausgangsgrößen, z.B. mit *"Logic-State"-Analysatoren*, große Kanalzahl, große Speichertiefe, hohe Intelligenz.

(3) Messungen an digitalgesteuerten analogen Funktionen: Digitale Steuerung
von beliebigen analogen Funktionen, z.B. digital gesteuerte Analogbaugruppen
oder digital gesteuerte mechanische Systeme, z.B. mit Oszilloskopen, Schreibern,
Transientenrecordern.

• *Peripherieschnittstellen* können, wenn sie parallel ausgeführt sind (Kapitel 12),
mit den gleichen Meßgeräten untersucht werden, wie die prozessornahen Schnittstellen, also z.B. mit Logikanalysatoren und Logikgeneratoren. Bei seriellen
Schnittstellen (Kapitel 13) wird meistenteils ein *Protokollanalysator* einzusetzen
sein.

Eine Vielzahl der zu bewältigenden Meßaufgaben ergibt sich aus den verschiedenen, inkompatiblen, meist herstellerspezifischen Endgeräteschnittstellen, Daten-
übertragungsprotokollen und den in der Praxis auftretenden Prozedurfehlern. Die
wichtigsten Anwenderbereiche mit charakteristischen Meßaufgaben finden sich in
der folgenden Zusammenstellung.

*(1) Entwicklungslabors und Qualitätssicherung bei Herstellern von Datenüber-
tragungskomponenten, wie z.B. Multiplexer, Vermittlungseinrichtungen, Proto-
kollkonverter und Übertragungsvorrechner sowie Datenendeinrichtungen:* Prüfung grundsätzlich aller DFÜ-Parameter, Spezifikations- und Konformitätsprüfun-
gen, Neztwerk-Simulation kompletter Anlagen durch sehr aufwendige, frei
programmierbare Testgeräte.

*(2) Betreiber von großen Netzwerken (Wide/Metropolitan Area), meistens Post-
verwaltungen aber auch Großanwender mit Privatnetzen und Dienstleistungs-
rechenzentren mit Fernverarbeitung:* Wartung und Überwachung des Netzwerks,
Statistik über z.B. Auslastung, Adreßverteilung und Wege im Netz, Qualität der
Strecken, Zulassungsprüfung von Endgeräten z.B. Vermittlungseinrichtungen,
Modems, X.25-PADs, Vorschaltrechner, Konformitätstest zu Normen, Prüfung
mit aufwendigen, aber oft standardmäßig fest programmierten Testgeräten.

*(3) Betreiber von lokalen Netzwerken (Kapitel 15), wie z.B. Fertigungsbetriebe
(MAP) oder Rechenzentren (LAN) zur laufenden Kontrolle und vorbeugenden
Überwachung:* Isolation von gestörten Komponenten bereits vor Totalausfall,
Netzwerküberwachung und Statistiken mit aufwendigen Testgeräten, netzwerk-
spezifische Anschlußkarten und Treibersoftware (nach LAN-Standards) und all-
gemeine Standardsoftware-Funktionen.

*(4) Servicewerkstätten, Lokalisieren und Isolieren der fehlerhaften Komponente
in kürzester Zeit:* Herstellerspezifische Spezialgeräte, *(Go/Nogo-Test)* einfache
Bedienung, handlich für Einsatz vor Ort.

*(5) Schnittstellenanwender, Geräteanwender, keine DFÜ-Spezialisten, Hilfe für
akuten Fehlerfall, oder Inbetriebnahme neuer Schnittstellen (Kapitel 12 und 13):*
Anpassung unterschiedlicher Schnittstellen-Hardware, Protokollkonvertierung,
Überwachung des Datenstroms, eigentliche Fehlerursache soll mit einfachen Mit-

teln festgestellt und behoben werden, preiswerte, übersichtliche Testgeräte, einfach zu bedienen.

• **Datenfernübertragung** über Telefon- oder Datenleitungen führt auf typische Meßaufgaben, die vor allem den Postbereich Telekom betreffen. Die häufigsten Fehlerarten während des Netzwerkbetriebs lassen sich wie folgt charakterisieren:

(1) Fehler in den Übertragungsleitungen: Funktionsprüfungen der angeschlossenen Endeinrichtungen, Fortsetzung des Übertragungsbetriebs durch Umschalten auf Ersatzleitungen, Fehler auf Übertragungswegen durch Postverwaltung behoben.

(2) Verringerte Übertragungsgüte der Leitungen: Messung der Bitfehlerrate, Senden definierter Bitmuster über einen vorgegebenen Zeitraum, Kontrolle auf Vollständigkeit und Übereinstimmung im Empfänger, Übertragungsprotokoll gegen sporadische Bitfehler.

(3) Fehler im Übertragungsvorschaltrechner (Frontend-Controller): Prüfung von Verletzungen von Protokolleigenschaften, z.B. Code, Schnittstellenleitungen, Synchronisationszeichen, Blockbegrenzungen, Blocksicherung, Umschaltzeiten sowie prinzipielle Ablauffehler in der Prozedur.

(4) Fehler in den Peripheriegeräten: Ähnlich wie im Übertragungsvorschaltrechner, zusätzliche Fehler z.B. durch Protokollanpassung, Fehladressierung und falsche Prioritäten.

• Die **Übertragungsqualität** spielt auf Telefon- und Datenleitungen eine besondere Rolle. Das komplexe Gebilde einer Datenübertragungsstrecke, z.B. über das Fernsprechwählnetz oder das Datex-P-Netz der Telekom, enthält zahlreiche Komponenten, z.B. Modems, Umschalter und ganze Vermittlungen, die z.B. durch Störimpulse, Impulsübersprechen zwischen Leitungen und Phasen- und Laufzeitverzerrungen die Datenübertragung beeinflussen.

• **Fehlerhäufigkeitsmessungen** über die gesamte Übertragungsstrecke mit all ihren Komponenten dienen der Bestimmung der Übertragungsqualität. In den CCITT-Normen V.52 und V.57 sind als Prüfmuster Pseudo-Zufalls-Bitfolgen angegeben, die zusammen mit den in V.54 festgelegten Prüfschleifen, geeignete Meßverfahren hierzu ergeben.

Es werden die nachfolgend definierten Verfahren unterschieden.

> ***B E R T*** - *Bit Error Rate Test:* Messung der Bitfehlerhäufigkeit
>
> $$\text{Bitfehlerhäufigkeit} \ = \ \frac{\text{Anzahl der gestörten Bits}}{\text{Anzahl der gesendeten Bits}}$$
>
> und
>
> ***B L E R T*** - *Block Error Rate Test:* Messung der Blockfehlerhäufigkeit
>
> $$\text{Blockfehlerhäufigkeit} \ = \ \frac{\text{Anzahl der gestörten Blöcke}}{\text{Anzahl der gesendeten Blöcke}}$$

Die Anzahl der zu sendenden Bits bzw. Blöcke ist abhängig von der Übertragungsgeschwindigkeit und umfaßt bis 20 kbit/s mindestens $2^9-1 = 511$ (511-Bit-Pattern). Zur praktischen Messung der Fehlerhäufigkeit wird das entsprechende Bitmuster kontinuierlich ausgesendet und von der Empfangsstation auf Fehler untersucht. CCITT V.54 sieht 3 Schleifen vor:

- lokale analoge Schleife
- entfernte analoge Schleife
- entfernte digitale Schleife

Die jeweiligen Schleifen (**Bild 16.1**) dienen der Erfassung von Fehlern im lokalen Modem, der Übertragungsstrecke sowie im entfernten Modem. Um bei Vollduplex-Verbindungen den gestörten Richtungskanal festzustellen, wird meist noch eine zusätzliche Ende-zu-Ende-Messung durchgeführt.

Für die rasche Eingrenzung von Störfällen sind Protokollanalysatoren in der Regel standardmäßig für diese Tests eingerichtet. Die Prüfmuster, z.B. BERT, werden automatisch gesendet und mit den auf der Gegenleitung empfangenen Daten verglichen, um dann die Fehlerhäufigkeit darzustellen.

Zur Bestimmung der Übertragungsgüte einer Modemstrecke oder der normalen Funktion einer Netzwerkkomponente lassen sich auch definierte Bitmuster oder Prüftexte wie zum Beispiel der beim Fernschreiben übliche Testsatz »THE QUICK BROWN FOX JUMPS OVER THE LAZY DOG'S BACK.« aussenden.

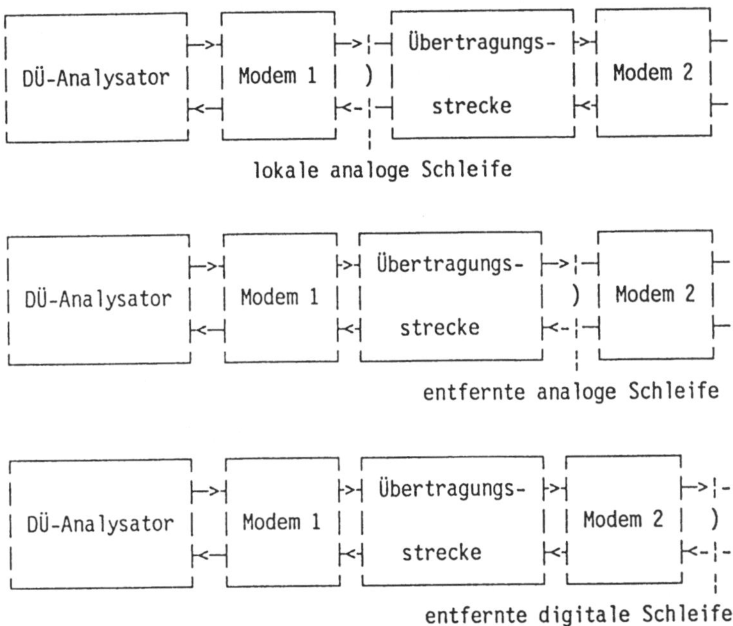

Bild 16.1 Prüfschleifen nach CCITT V.54 bei Modemübertragung auf Fernsprechleitungen

16.1.2 Klassen von Prüfgeräten und Anwendungen

Schnittstellentestgeräte bieten den physikalischen, elektrischen und logischen Zugang zu den digitalen Schnittstellen.

Durch die Einführung neuer Datenübertragungsdienste steigen auch die Anforderungen an die zugehörige Meßtechnik. Die Konzepte der heute angebotenen Analysatoren der mittleren Preisklasse sind darauf ausgerichtet, daß künftig notwendige Erweiterungen leicht implementiert werden können. In der Regel handelt es sich dabei um Softwaremodule, die bei gleicher Hardware ergänzt oder ausgetauscht werden können. Im folgenden werden die grundlegenden Eigenschaften angesprochen und dann die verschiedenen Klassen der DFÜ-Testgeräte vorgestellt.

• *Für die Prüfanordnung* von Schnittstellentestgeräten sind grundsätzlich zwei Arten möglich, die durch die Meßaufgabe bestimmt werden. **Bild 16.2** stellt das schematisch dar. Es sind in beiden Teilen des Bildes jeweils zwei Geräte gezeigt, zwischen denen Daten übertragen werden. Um die Schnittstelle vollständig zu prüfen, müssen alle Ebenen vom Anschluß und der Belegung über die elektrischen Eigenschaften und die Schnittstellen-Parameter bis hin zum Protokoll erfaßt werden.

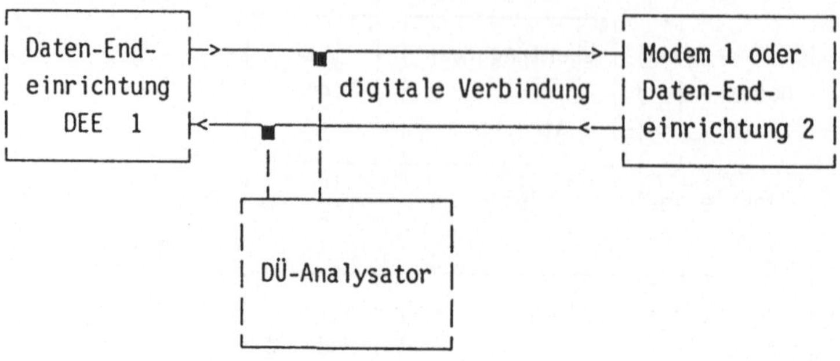

Analysator als passiver Monitor

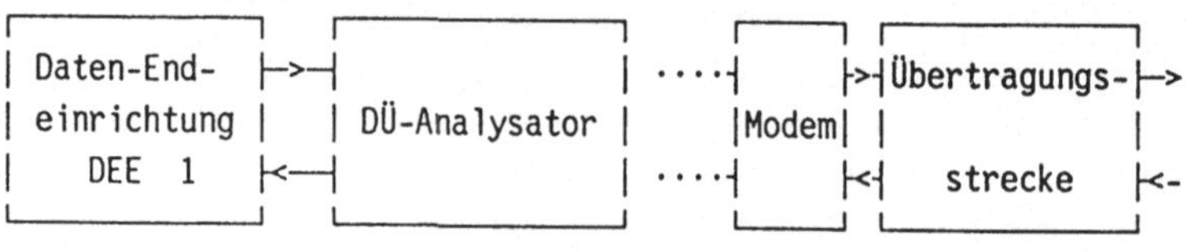

Analysator als aktiver Simulator

Bild 16.2 Anordnung von DFÜ-Testern beim Testbetrieb

• **Der passive Monitor** ist im ersten Teil dargestellt. Die Daten werden auf einer aktiven Übertragungsleitung parallel mitgelesen. Für Hardwaretests werden Schnittstellentester zwischen Terminal und Modem eingeschleift und gestatten somit auch die Ermittlung der elektrischen und physikalischen Parameter.

• **Der aktive Simulator** ist im zweiten Teil von Bild 16.2 dargestellt. Der Betrieb kann nur *offline* durchgeführt werden, da der Tester jeweils Netzwerk-Komponenten ersetzt, hier im Beispiel das eine Endgerät (DEE 2) und die Modem-Übertragungsstrecke.

• **Interaktives Testen** bedeutet bei der *Offline-Simulation* die wechselweise Beeinflussung des Prüfablaufs durch Eingriffe des Anwenders. Neben dem *positiven Test*, also der Bedienung der Schnittstelle mit dem Regelablauf der Übertragungsprozedur, besteht auch die Möglichkeit des *negativen Tests*. Beim negativem Test werden auch unvorhergesehene Abläufe simuliert, Störungen eingebracht und die Reaktion des Prüfobjekts im Fehlerfall beobachtet.

• **Grundfunktionen** der Prüfgeräte sind auf die Schnittstellenparameter ausgerichtet, die je nach Aufgabenstellung (Abschn. 16.1.1) erfaßt werden sollen. Hier sind die wichtigsten Funktionen von Testgeräten zusammengestellt.

(1) *Anschlußkabel* sind auf beiden Seiten mit Buchsen und Steckern ausgerüstet, so daß beim Anschluß auf jeden Fall eine sofortige Verbindung hergestellt werden kann.

(2) *Rangierfeld* mit Zugang zu jeder einzelnen Schnittstellenleitung sowohl auf der DEE- als auch auf der DÜE-Seite. Die herausgeführten Meßpunkte sind über kleine Brückenkabel zugänglich.

(3) *Schalter* für die mechanische Unterbrechung der einzelnen Schnittstellenleitungen einschließlich der Schutz- und Betriebserde. Dadurch ist auch Kreuzen von Leitungen möglich.

(4) *Anzeige des Zustands* einer Schnittstellenleitung mit LEDs, unmittelbare Polaritäts-Bestimmung z.B. durch Rot/Grün-LEDs oder Tri-State-LEDs. Die Stromversorgung der LEDs sollte nicht durch die Versorgung über Schnittstellenleitungen erfolgen.

(5) *Messung des aktuellen Spannungspegels* und Leitungswiderstandes der Signalleitungen mittels eingebautem Voltmeter/Ohmmeter.

(6) *Spannungsquelle* für positive und negative Betriebsspannung, um auf einer beliebigen Schnittstellenleitung einen gewünschten Zustand zu erzeugen.

(7) *Ein entkoppelter Ausgang* - gegebenenfalls mit Pegelumsetzung auf V.24-Signale für den Anschluß weiterer Analysegeräte, wie zum Beispiel eines Datenleitungsmonitors.

(8) *Triggerschaltung* (Impulsspeicher beziehungsweise Fangschalter) zur Feststellung von kurzzeitigen Polaritätswechseln (*Spikes*) auf einer Schnittstellenleitung. Die Polarität der Übergänge sollte miterfaßt werden.

(9) *Timer* zur Bestimmung zeitlicher Vorgänge an der Schnittstelle, wie beispielsweise die Messung von Umschalt-, Verzögerungs- und Antwortzeiten, z.B. um die Verzögerungszeiten für die Umschaltung bei Halbduplex-Leitungen mit den Schnittstellenleitungen S2/M2 (RTS/ CTS) zu messen.

(10) *Programmiermöglichkeiten* zur Simulation von Protokollen und Endgeräteeigenschaften, meist in menüorientierter, gerätespezifischer Programmiersprache oder bei größeren Geräten in Standard-Hochsprache. Bei der Programmierung sind verschiedene Methoden üblich:

1. Aneinanderkettung von Ereignissen und Aktionen;
2. Umsetzung von Zustandsdiagrammen, z.B. SDL nach CCITT;
3. Programmierung an Hand von Befehlslisten (OP-Codes);
4. Programmierung in höheren Sprachen wie BASIC, und "C".

In den meisten Fällen sind Geräte dieser Kategorie mit einem Massenspeicher ausgestattet, der einerseits die Speicherung von Anwenderprogrammen und andererseits die Aufzeichnung von Daten ermöglicht.

• **Rückblick:** Anfang der siebziger Jahre wurde der erste Datenleitungsanalysator unter dem Namen *Datascope* vorgestellt. Im heutigen Sprachgebrauch wird diese Bezeichnung allgemein als Bezeichnung für Protokollanalysatoren verwendet. Dieses erste Gerät besaß bereits die wichtigen Eigenschaften eines modernen Protokolltesters: einen großen Videobildschirm, Leuchtdioden für die Zustandsanzeige der Schnittstellensignale und ein Magnetband für die Aufzeichnung größerer Datenmengen.

• **Testgeräteklassen:** Um den Ablauf der Informationsübertragung durchschaubar zu machen, werden eine Reihe von Meßgeräten angeboten. Die Palette der angebotenen Geräte reicht vom einfachen 100-Mark-Schnittstellentester bis zum komplexen Entwicklungssystem im Preisbereich weit über DM 100 000. Im folgenden wird ein Überblick über die verschiedenen Gruppen gegeben.

• **Universalkabel und Minitester** können die einzelnen Schnittstellenleitungen rangieren, unterbrechen, auskreuzen und die logischen Zustände EIN oder AUS bestimmen und einstellen. Sie gehören zur Gruppe der einfachsten und preiswertesten Schnittstellenprüfmittel.

• **Logic Probes**, oft als Bestandteil von Minitestern oder in Oszilloskopen, können die einzelnen Signale auf korrekte Pegel kontrollieren. Die Schaltschwellen der Indikatoren müssen dabei mit den elektrischen Eigenschaften übereinstimmen. Voraussetzung für Messungen an den Leitungen sind gut zugängliche Meßpunkte, z.B. ein geöffneter Schnittstellenstecker oder das Kreuzkoppelfeld eines Minitesters. Sie sind ebenfalls der Gruppe der einfachsten Prüfmittel zuzuordnen, da sie nur eine sehr beschränkte Aussage über die Schnittstelle zulassen.

• **Service-Tester und Exerciser** für spezielle Peripheriegeräte testen mit einer festgelegten Ablaufprozedur die Schnittstelleneigenschaften und -Funktionen. Mit solchen Prüfmitteln kann allerdings nur festgestellt werden, ob die Spezifikationen der Geräte erfüllt oder diese defekt sind (z.B. Qume-Exerciser für 13-Bit-Qume-Schnittstelle oder Testgenerator für Centronics-Test). Die genaue Fehlerursache muß anschließend mit einem leistungsfähigeren Prüfgerät analysiert werden. Diese herstellerspezifischen *Service-Tester* zählen zu der Kategorie der Spezialgeräte und werden hier nicht näher betrachtet. Ihr Einsatz lohnt sich nur, wenn häufiger Schnittstellen der gleichen Art geprüft werden sollen.

• **Protokollanalysatoren** finden zur Untersuchung komplexerer Systeme Verwendung, z.B. an Mehrpunkt-Verbindungen oder dem Inhalt der übertragenen Daten an seriellen, protokollgesteuerten Schnittstellen. Sie können für das entsprechende Protokoll programmiert werden und lassen Protokollfehler, Übertragungsfehler sowie den gesamten Datenstrom über mehrere 1000 Worte erkennen. Protokollanalysatoren können als intelligente *Datenleitungsmonitore* betrieben werden. Sie gestatten dann das passive Mitlesen von Bitströmen auf Datenleitungen. Sie werden in der Regel zwischen Modem und Endgerät an die digitale Schnittstelle angeschlossen. Die Anschaltung erfolgt entweder hochohmig über ein T-Kabel bzw. Rangierfeld oder in Serie mit der Übertragungsleitung. Die Anpassung an das jeweilige Übertragungsprotokoll erfolgt mittels Bedienerführung auf dem eingebauten Bildschirm oder dynamisch zugeordneter Funktionstasten. Für die effektive Fehlereingrenzung sind vielfältige Trigger-Möglichkeiten vorgesehen, mit deren Hilfe man Protokollfehler, Zeitüberschreitungen und Schnittstellenverhalten bestimmen kann. Sind Fehlerfälle nicht an Ort und Stelle einzugrenzen, dann ist ein Gerät mit eingebautem Massenspeicher zu empfehlen. Ausgehend von diesem Speicher, können die aufgezeichneten Daten mit den dazugehörigen Schnittstellensignalen von einem Spezialisten zu einem späteren Zeitpunkt eingehend analysiert werden.

• *Protokollanalysatoren für den interaktiven, programmierbaren Einsatz* bieten die Möglichkeit der Simulation von Protokollabläufen. Dabei können sowohl die Übertragungsprotokolle wie auch die Prüfabläufe in freien Simulationsprogrammen festgelegt werden. Für Anwendungen wie z.B. in der vorbeugenden Netzwerküberwachung und dem Erstellen von Statistiken ist eine Fernsteuerung der Geräte nützlich. Dazu werden im lokalen Bereich die IEEE-488-Schnittstelle und für die Überbrückung großer Entfernungen serielle Schnittstellen verwendet.

• *Computer*, die zu Testzwecken eine spezielle Prüfsoftware enthalten, können je nach Programm und angeschlossenen Interface-Karten sowohl parallele als auch serielle Schnittstellen simulieren. PC-Erweiterungen als Protokoll-Tester werden durch die heute üblichen schnellen 16- und 32-Bit-Prozessoren erleichtert. Die steigenden Anforderungen an die Komplexität und Geschwindigkeit von Protokollanalysatoren werden durch den Einsatz von höheren Programmiersprachen erfüllt und führen auf der Basis der heutigen Standard-Hardware zu immer leistungsfähigeren Testgeräten.

• *Protokollentwicklungssysteme und Netzwerksimulatoren* sind auf die speziellen Bedürfnisse des Entwicklers von Netzwerkkomponenten und neuen Systemen zugeschnitten. Aufgrund der hohen Anforderungen sind solche Geräte meist nicht mehr portabel. Typische Einsatzgebiete dafür sind Zulassungs- und Konformitätstests, wie sie von der Deutschen Bundespost für das Datex-P-Netz durchgeführt werden. Leistungsfähige Entwicklungssysteme sind unter anderem für das ISDN-Netz notwendig. Geräte in dieser Kategorie zählen zu den Spezialgeräten und gehören zur obersten Preisgruppe.

16.1.3 Anforderungsprofil für DFÜ-Tester

Für den Anwender ist die Auswahl eines geeigneten DFÜ-Testgerätes aus der Vielfalt der heute am Markt verfügbaren Geräte aller Preis- und Leistungsklassen keine leichte Aufgabe. In der Regel muß man einen Kompromiß finden zwischen einerseits universellen, leistungsfähigen Protokoll-Testern, die als Komplettgerät von etwa DM 5000 an aufwärts kosten, und andererseits den einfacher zu bedienenden, intelligenten Mini- und Servicetestern, mit eingeschränktem und festgelegtem Funktionsumfang, die zwischen DM 500 und 2000 angeboten werden. Der Einsatzbereich reicht vom einfachen Schnittstellentestgerät über die LAN-Überwachung bis zur Postanwendung und bestimmt die erforderlichen Basiseigenschaften des Testgerätes. Daher sind im folgenden wichtige Merkmale zusammengestellt, die als Hilfestellung bei der Klassifizierung des breiten Angebotes dienen sollen. Sie können als Bausteine dem eigenen Anforderungskatalog wie auch der Leistungsbeschreibung des benötigten DFÜ-Prüfmittels zugrundegelegt werden.

Anforderungen an Prüfgeräte

- *Selbsttest:* Einschalttest der Hardware-Grundfunktionen, des Systemspeichers und Programms

- *Bedienerführung:* Eingebauter Bildschirm, ASCII-Tastatur, auch Hex-Eingabe, Menü- und Fenstertechniken, Funktionstasten (*Softkeys*), Hilfefunktionen, Paßwort gegen Mißbrauch des Geräts

- *Programmiermöglichkeiten:* Komplette Protokolle zum Nachrüsten, Hochsprachen mit spezifischen DFÜ-Befehlen, Dialogsteuerung, Ereignisaktion oder Zustandsdiagrammtechnik (SDL)

- *Massenspeicher:* Magnetband, Diskette, Festplatte für Benutzerprogramme, Setup, Pufferinhalte

- *Schnittstellen:* Videoausgang für größere Bildschirme, Druckeranschluß für Benutzerprogramme, Gerätekonfigurationen und aufgezeichnete Daten, Fernsteuerung z.B. V.24-Anschluß oder IEEE-Bus

- *Herstellerauswahl:* Hilfe bei kleinen Problemen, Hotline, Softwareumfang im Grundpreis, Sonderentwicklungen, Reparaturzeiten

> **Forderungen für den Gebrauch der Prüfgeräte**
>
> - *Anschlüsse der Daten-und Steuerleitungen:* Koppelfeld (*Breakout*) mit
>   Auftrennung/Verbinden aller Schnittstellenleitungen, Statusanzeige mit
>   LEDs (rot/grün oder Tristate), am Bildschirm oder als Oszillogramm
> - *Elektrische Eigenschaften (Treiber):* Austauschbare Module z.B. RS-232,
>   V.35, V.36, X.21 (V.11), RS-485, Koax und 20 mA
> - *Übertragungsparameter:* Synchron, asynchron, Übertragungsgeschwindig-
>   keit z.B. 9600 bit/s, 64 kbit/s, 256 kbit/s und 2...10 Mbit/s, Autosetup für
>   automatische Einstellung auf Übertragungsparameter, Datenformat und
>   Leitungsprotokoll bei Monitorbetrieb
> - *Trigger-Möglichkeiten:* Auf Zeichen bzw. Datenblöcke, Zeiten (*Delay,
>   Timeout*), Leitungsstatus, Blocksicherungszeichen, Paritätsbits, Netzwerk-
>   adressen, sonstige Ereignisse
> - *Feste Abläufe:* Vorprogrammierte Testprozeduren für bestimmte Peripherie-
>   geräte, z.B. 3270, BSC oder SNA/SDLC, BERT, automatische Simulation
>   von Protokollen z.B. HDLC, SDLC und X.25, Standardprotokolle zum
>   Nachrüsten
> - *Auswertung:* Statistiken wählbar oder frei programmierbar, z.B. über
>   Leitungsbelegung, Verkehrsdichte, Antwort- und Umschaltzeiten, Gebühren-
>   erfassung, Echtzcituhr und Zähler für Ereignisse

16.2 Testgeräte und deren Funktionen

Im folgenden wird eine kurze Zusammenstellung konkreter Geräte und deren Ar-
beitsweise zur Fehlersuche bei Schnittstellen gegeben. Stellvertretend für die jeweilige Gruppe von Meß- und Prüfgeräten kann hier nur auf wenige Geräte näher
eingegangen werden. Die angesprochenen Gerätegrundfunktionen gestatten es jedoch, auch andere und künftige Testgeräte schnell und leicht zu verstehen und
einordnen zu können.

Es würde den Rahmen dieses Buches bei weitem sprengen, wenn hier eine vollständige und aktuelle Marktübersicht an Testgeräten erwartet würde. Vielmehr
sollen an verschiedenen Beispielen die typischen grundlegenden Gerätefunktionen unterschiedlicher Testgeräteklassen besprochen werden. Hierzu werden auch
ältere Geräte herangezogen, die u.U. inzwischen durch Nachfolgemodelle abge-
löst sein können. Die Auswahl der speziellen Geräte und Hersteller erfolgte rein
willkürlich und zufällig.

16.2.1 Logic Probe

• *Schnittstellen-Pegel* können mit der *Logic Probe* analysiert werden. Sie stellt wohl das einfachste Mittel zur Untersuchung von Schnittstellen dar. Die Pegel auf den Übertragungsleitungen werden dabei den logischen Zuständen zugeordnet und optisch angezeigt.

• *Schaltschwellen:* Es ist unbedingt darauf zu achten, daß die Schaltschwellen, die in den jeweiligen elektrischen Eigenschaften der Schnittstelle spezifiziert sind, von der Logic Probe eingehalten werden. Sie darf *nicht*, wie fast immer bei Peripherieschnittstellen (Kapitel 5) für den Empfänger angegeben, eine *Hysterese* besitzen, sondern muß die durch die Schaltschwellen eingeteilten drei Bereiche einzeln zuordnen. Zur Anzeige gelangen daher drei Zustände, die meist durch Leuchtdioden oder auf einem Bildschirm angezeigt werden. Übersteigt ein Pegel die Schwelle des "verbotenen Bereichs", so wird z.B der zugehörige logische Zustand 1 durch eine rote LED bzw. der logische Zustand 0 durch eine grüne LED angezeigt. Für den Fall, daß die Spannung im "verbotenen Bereich" liegt bzw. der Anschluß unbeschaltet ist, leuchtet keine der beiden LEDs. Eine laufende serielle Datenübertragung würde an den Leuchtdioden der Datenleitungen durch Flackern bzw. dauerndes Leuchten der LEDs beider Polaritäten angezeigt werden.

Die Schaltung für eine Logic Probe, hier für TTL-Pegel, gibt **Bild 16.3** an. Logic Probes sind häufig in Gehäusen von Tastköpfen untergebracht oder verbunden mit den jeweiligen Schnittstellenleitungen in Mini-Tester und Protokollanalysatoren eingebaut.

16.2.2 Cablematcher, Patchfields

• *Die Steckerbelegung* ist bei der Verbindung von unterschiedlichen Peripheriegeräten eine häufige Fehlerquelle. Bevor irgendwelche Spezialkabel angefertigt werden, wird häufig der Weg des Ausprobierens beschritten. Sogenannte *Cablematcher, Multilink-Kabel* und *Patch-Fields* gestatten das *"Auskreuzen"* von Schnittstellenleitungen.

• *Subminiaturschalter*, z.B. Dual-in-Line-Schalter oder *Miniatur-Buchsenfelder* mit Spezialverbindern ermöglichen es, die unterschiedlichen Leitungen des einen Steckverbinders mit verschiedenen bzw. allen Anschlüssen des Steckverbinders am anderen Kabelende zu verbinden. Wenn eine geeignete Schaltungsvariante gefunden wurde, kann entweder das Kabel mit dem Schalterfeld beibehalten oder durch ein Spezialkabel ersetzt werden. **Bild 16.4** gibt die Schaltungsmöglichkeiten des Multilink-Kabels wieder.

• *V.24- bzw. RS-232-Schnittstellen* weisen besonders vielfältige Schaltungsvarianten auf (Abschnitte 9.1 und 13.2) und geben auf Grund der hohen Verbreitung häufig Anlaß zu Problemen (vgl. Abschn. 16.3). Hier finden *Cablematcher* oder *Patchfields* ihren Hauptanwendungsbereich.

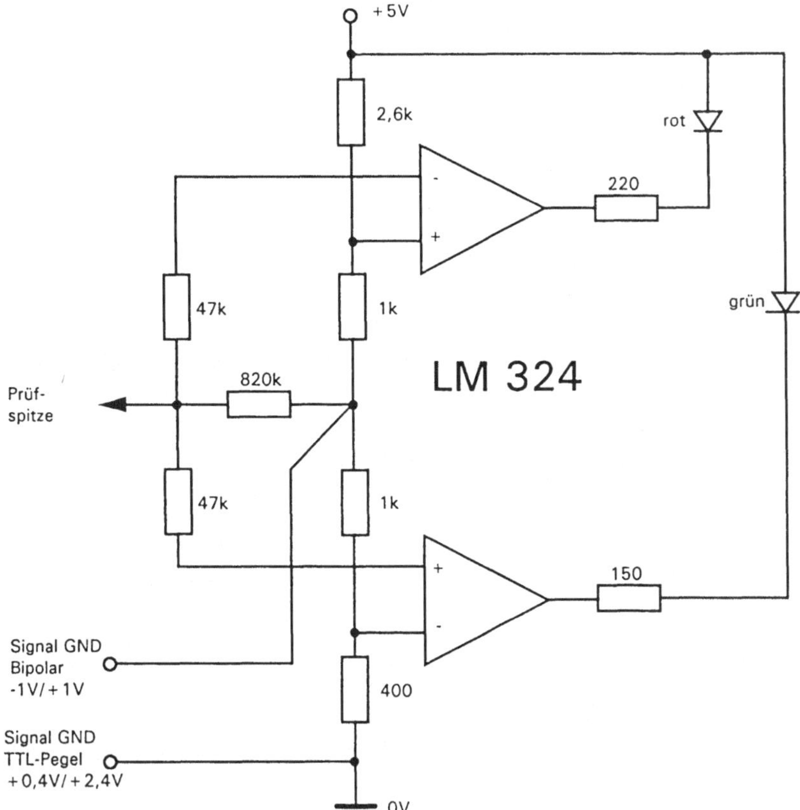

Bild 16.3 Logic-Probe für TTL-Pegel und bipolare, symmetrische Pegel

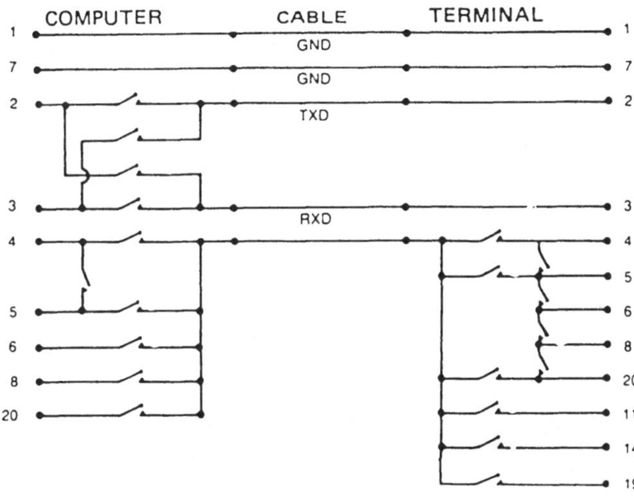

Bild 16.4 Schaltungsmöglichkeiten des Multilink-Kabels als Beispiel für einen Cablematcher

16.2.3 Mini-Tester

Mini-Tester sind Hardware-orientierte Geräte und mit einem *Patchfield* ausgestattet. Dieses Schalterfeld, meist mit *DIP-Switches* (*Dual Inline Package*) realisiert, ermöglicht es, die Verbindung von Pin-zu-Pin aufzutrennen und an kleinen Buchsen durch eingesteckte Kabel beliebige Pins miteinander zu verbinden. Die Schnittstellenkabel von Mini-Testern besitzen meist Stecker- sowie Buchsenteil, mit denen sie einfach als Übertragungs-Monitor in Reihe zu einer bestehenden Verbindungen geschaltet werden können. Meist sind mehrere *Statusanzeigen* (*Logic Probes*) für Schnittstellenleitungen eingebaut, mit denen einige Signal-Pegel permanent überwacht werden können. *Spannungsquellen* mit den Logik-Pegeln erlauben es, z.B. Steuerleitungen von Hand in den Ein-Zustand zu versetzen. Die aufwendigeren Geräte sind mit einem Mikroprozessor ausgestattet, der z.B. als Generator für Standardtexte und zur Simulation von Geräten eingesetzt wird.

• *RS-232-Schnittstellen:* Als Beispiel zeigt **Bild 16.5** den Mini-Tester Modell 650 von *Tekelek Airtronik* für RS-232-Schnittstellen. Mit seiner Hilfe lassen sich die einzelnen Schnittstellenleitungen unterbrechen, rangieren, auskreuzen und auf einen bestimmten Pegel festlegen. Ferner können damit die logischen Zustände "Ein" und "Aus" bestimmt bzw. beeinflußt werden. Zur Feststellung der Übertragungsgüte einer Modemstrecke werden mit einer Zusatzfunktion definierte Bitmuster ausgesendet, die auf der Empfangsseite in einer Rückschleife entsprechend bewertet werden. Die Normalfunktion eines Terminals oder Druckers kann mit dem Standard-Prüftext "THE QUICK BROWN FOX ..." oder eigenen Ergänzungen schnell festgestellt werden.

Bild 16.5
Mini-Tester für serielle RS-232-
Schnittstellen

• *Parallele Schnittstellen:* Die Anwendung eines Mini-Testers für parallele Schnittstellen zeigt **Bild 16.6**. Hier können bis zu 50 Schnittstellenleitungen untersucht werden. Die Anpassungen an die jeweilige Steckernorm wird durch steckbare Leitungen vorgenommen. Zwei 16 Bits breite Datenpuffer können handverdrahtet und durch *Tri-State-Output-Enable* eine 16-Bit-Hexadezimalanzeige ansteuern. Für die Schnittstellensignale ist ein durch DIP-Switches überbrückbares Kreuzkoppelfeld eingebaut. Zwei unabhängige Logic Probes gestatten die Überwachung zusätzlicher Signale.

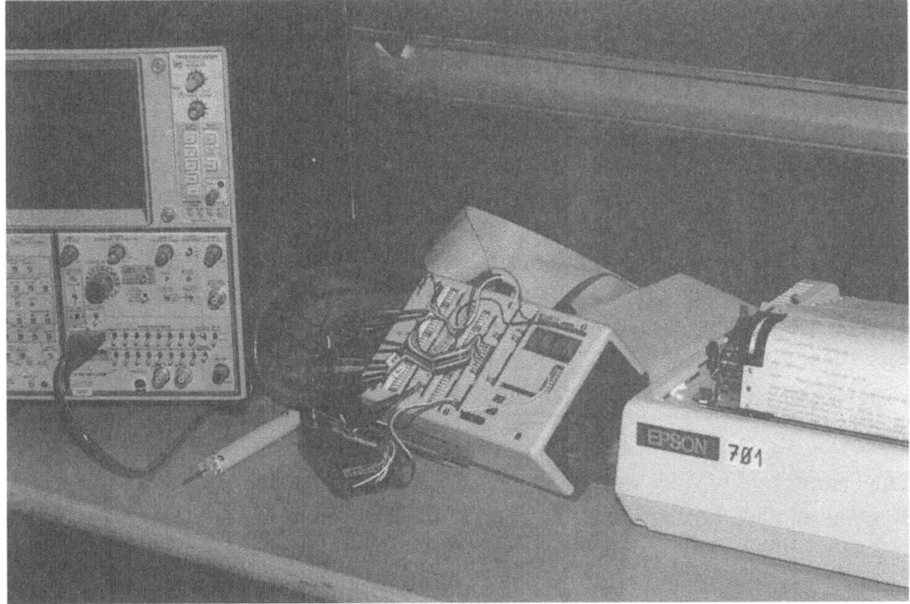

Bild 16.6 Versuchsanordnung für die Centronics-Schnittschnittstelle mit Logik-analysator, Mini-Tester und Drucker

• *IEC-Bus:* Mini-Tester für den parallelen IEC-Bus zeigen in der Regel sowohl die Adresse auf dem Bus als auch die Übertragung der parallelen Daten mit Hilfe einer alphanumerischen Leuchtdiodenanzeige an. Da es bei den Pegeln von Steuerleitungen in dieser Schnittstelle meist keine Schwierigkeiten gibt, kann das ganze Augenmerk auf das Handshake und den Daten- bzw. Adreßinhalt gerichtet werden.

16.2.4 Datenquellen

Auch bei der Datenübertragung gilt: Wo kein Signal ist, kann keines gemessen werden. Zur separaten Prüfung von Schnittstellen sind *Datenquellen* nötig, die in ihren Eigenschaften, auch in unwesentlichen Einzelheiten, mit denen des ersetzten Gerätes bzw. mit denen der Norm übereinstimmen müssen. Als Datenquellen kommen verschiedene *Wortgeneratoren*, Tastaturen, *Exerciser*, *Schnittstellen-simulatoren* sowie das im normalen Betrieb *sendende System* in Betracht.

• *Der Wortgenerator* ist die einfachste Form eines *Logic Generator*. Als Daten-quelle erzeugt er Prüfmuster unterschiedlicher Breite (z.B. 16 bit), kann diese mit programmierbaren Adressen versehen und sie in Beziehung zu ankommenden Da-ten (z.B. durch Vergleich) setzen. Die einmal eingegebenen Daten können fortlau-fend ausgegeben werden. Der *Logic Generator* muß einen Teil der Ausgänge hochohmig schalten können, mehrere programmierbare Taktausgänge und eine hohe Speichertiefe besitzen. Seine Hauptanwendungen liegen im Test von *LSI-Baugruppen* (z.B. hochintegrierten Speichern). Auch zum Testen von Schnittstel-len und Datenverbindungen, insbesondere bei parallelen und *prozessornahen Schnittstellen* werden sie eingesetzt.

• *Testmuster:* Im Hinblick auf den Test von Peripherieschnittstellen bieten diese Geräte neben den Standardmessungen von BERT und BLERT auch die Möglich-keit zur Aussendung verschiedener, zum Teil vom Anwender selbst zu *program-mierender Prüftexte* beziehungsweise kritischer Zeichenfolgen. Als Beispiele sind hier der Text »THE QUICK BROWN FOX ...« und die Bitmuster Dauer »0«, Dauer »1« und alternierend »0« und »1« anzuführen. Für die Prüfung eines Druk-kers kann die gesamte *Code-Tabelle* ausgesendet werden, um festzustellen, ob die festgelegten Zeichen auch ausgedruckt werden.

• *Personal Computer* besitzen bitparallele Datenausgänge, die prinzipiell als Da-tengenerator verwendet werden können. Die auszugebenden Bitmuster können im Rechner einfach erzeugt bzw. direkt errechnet werden. Die Dateneingabe wird da-bei sehr einfach und komfortabel. Allerdings sind dazu *bidirektionale, parallele Rechnerausgänge* erforderlich, damit Handshake-Leitungen bedient und bei Bus-systemen auch Daten gelesen werden können. Für PCs werden Schnittstellenkar-ten angeboten, bei denen auch für Einzelleitungen oder für Leitungsgruppen die Datenrichtung separat konfigurierbar ist. Allerdings sollte auf eine geeignet Trei-ber- und Bedien-Software geachtet werden.

• *Für Zeitmessungen* benötigen Wortgeneratoren eine hohe *Datenrate* und *Zeitauflösung*. Sie werden für Messungen im Logikbereich normalerweise nicht eingesetzt. Insbesondere bei *Gatter-Logikschaltungen* sind der hochauflösende *Ti-ming-Logikanalysator* und der schnelle *Wortgenerator* eine sinnvolle und not-wendige Kombination.

16.2.5 Logic Generator

Der Logic Generator IGA von *Rohde & Schwarz* besitzt eine Speichertiefe von 1024 Worten mit 16 oder 32 Datenkanälen, TTL-Ausgabepegel oder je nach Trei-bereinheit 3 V bis 15 V. Sein Blockschaltbild zeigt **Bild 16.7**. Alle Datenkanäle können für 8-Bit-Kanalgruppen beliebig in den hochohmigen Zustand (*Tri-State*) geschaltet werden. Die separat konfigurierbaren Taktsignale können in der Breite, dem Zeitpunkt und der Impulsfolge eingestellt werden. Der Generator IGA ist programmierbar und mit seinen Tri-State-Ausgängen busfähig.

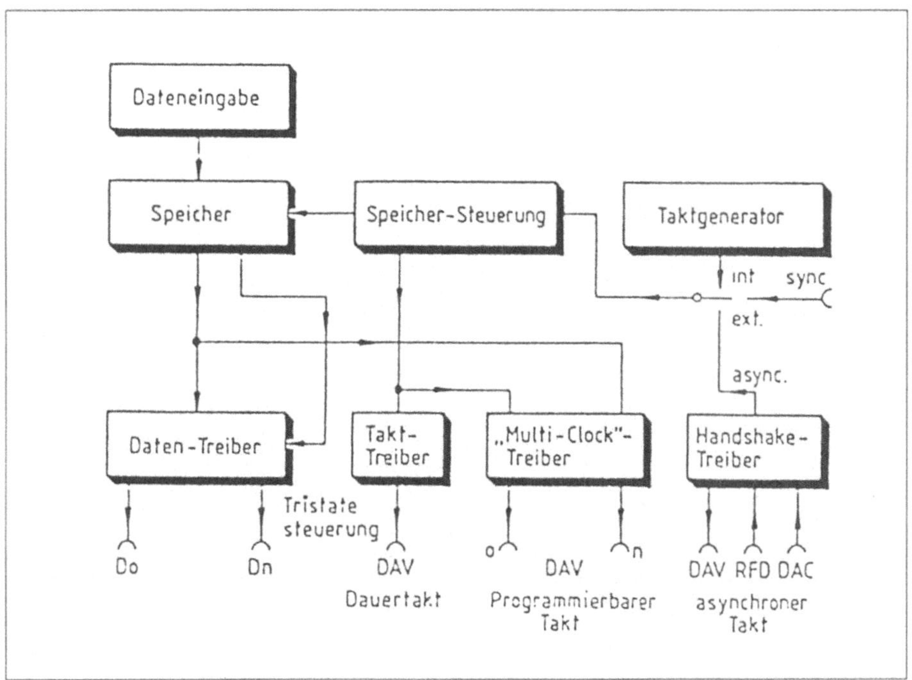

Bild 16.7 Blockschaltbild eines Logikgenerators am Beispiel einer IEC-Bus-Steuerung

• *IEC-Bus-Steuerungen und -Systeme* lassen sich nach der im Bild dargestellten Anordnung bis zur Grenzgeschwindigkeit von 1 Mbyte/s untersuchen. Die Treibereinheit T1 erzeugt die zu übertragenden Daten, die Treibereinheit T2 die Steuersignale des IEC-Bus. Die Handshake-Steuerung erfolgt mit Hilfe der in der Clock-Treibereinheit vorhandenen drei Handshake-Leitungen.

16.2.6 Logik-Analysator

In vielen technischen Bereichen werden in zunehmendem Maße Mikroprozessoren und anwendungsspezifische Spezialschaltungen als Steuerelemente verwendet. Dementsprechend steigt der Bedarf nach geeigneten Meßmitteln für parallele Mikroprozessorbusse. Der Logik-Analysator ist hier das einzig geeignete Meßgerät.

• **Logik-Analysatoren** können z.B. in parallelen Bussystemen sowohl Adressen als auch Daten über längere Zeit speichern. Sie zeichnen sich durch eine große Anzahl von parallelen Eingangskanälen aus, die mit den entsprechenden elektrischen Eigenschaften bewertet, anschließend in einstellbaren Abständen abgetastet und als binäres Datenwort gespeichert werden. Der Speicherinhalt kann als Liste, *Bit-Mapping* oder Zeitdiagramm (**Bild 16.8**) dargestellt und im Anschluß an die Messung ausgewertet werden.

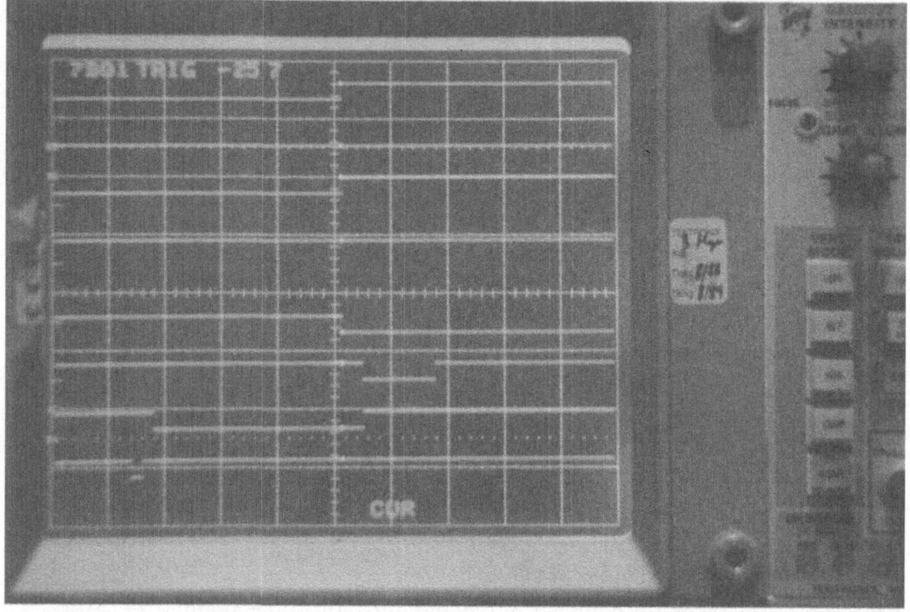

Bild 16.8 Logik-Analysator mit Zeitdarstellung der Centronics-Signale von unten: ACK, Busy, Strobe, Data7...Data3

Der Logik-Analysator LAM von DOLCH in den Ausführungen 3250 und 4850 bietet 32 bzw. 48 Datenkanäle. Der LAM 3250 besitzt eine 32-Kanal-Zeitdiagrammdarstellung. In nichtflüchtige Speicher können bis zu sechs komplette Geräteeinstellungen (*Set-Up-Menüs*) zum späteren Abruf abgespeichert werden. Die einzelnen Speichergruppen können verschieden organisiert, unterschiedliche Datenformate festgelegt und zur Analyse komfortable Trigger und Vergleichsbedingungen eingegeben werden. Der Triggerablauf kann in vier Ebenen bei sequentieller Triggerung mit Echtzeitüberwachung erfolgen. Durch große Kanalzahl kann problemlos von 8- auf 16-Bit-Mikroprozessoren umgeschaltet werden.

Gemeinsame Eigenschaften von LAM 3250 und LAM 4850:
- 1 Kbit Arbeits- und Referenzspeicher je Kanal
- Abtastrate bis zu 50 MHz
- verschiedene Vergleichs- und Suchlaufmöglichkeiten

- 5 ns Störspitzenerkennung, (*Glitch*)
- Datendarstellung binär, hex, oktal, ASCII
- µP-spezifische Mnemonics und Zeitdiagramm
- Disassembler und *Personality Probes* für alle gebäuchliche Mikroprozessoren
- Hardcopy-Ausdruck über V.24 (Standard)
- Programmierbarkeit über IEC und V. 24-Schnittstelle (Option)

16.2.7 IEC-Bus-Analysator auf PC-Basis

Obgleich IEC-Bus-Analysatoren lange Zeit eine Domäne der relativ teuren Spezialgeräte waren, gibt es heute eine ganze Reihe von PC-Werkzeugen für diesen Meßgerätebus (vgl. Abschn. 12.4) nach IEE-488 bzw. IEC 625. Hard- und Software-Erweiterungen für Personalcomputer, z.B. für IBM-PCs kamen ca. ab 1985 auf den Markt.

• *IEC-Bus-Analysatoren auf PC-Basis* gestatten einerseits komplexe protokollgerechte Ablaufprüfungen und andererseits Fehleranalysen beziehungsweise umfangreiche Leitungsstatistiken. Meist wird ein separater schneller *Frontend-Prozessor* mit *Capture-Buffer*-RAM auf einer PC-Steckkarte verwendet. Er übernimmt die gesamte Bedienung der IEC-Bus-Schnittstelle. Der PC hat die Aufgabe der Überwachung und Protokollierung der Daten und Steuerfunktionen, stellt die Festplatte als Hintergrundspeicher zur Verfügung und führt alle Off-Line-Operationen an den aufgezeichneten Daten durch.

• *Der GPIB-410-Analysator* von *National Instruments* (**Bild 16.9**) wird für den Bus nach IEE-488 bzw. IEC 625 angeboten. Er besteht aus einer Steckkarte für IBM-kompatible PCs mit schnellem 256 byte RAM-Puffer und DMA-Transfer zum PC. Die Größe des Übertragungspuffers ist nur abhängig vom Speicherausbau des PC. Der Software-Treiber für den IEC-Bus erlaubt zusammen mit den speicherresidenten, menüorientierten Testgerätefunktionen, die Ausführung weiterer DOS-Programme. Falls erforderlich, steht die graphische Anzeige der Statusinformationen der Schnittstelle in Echtzeit zur Verfügung. Dabei können sowohl Talker- als auch Listener-Funktionen vom Analysator emuliert werden. Der Analysator arbeitet bis zu einer Geschwindigkeit von 1 Mbyte/s.

• *Typische Fragestellungen* beim Busbetrieb werden durch den Einsatz des GPIB-410 schnell beantwortet. Dazu zählen z.B. Adreßkollisionen, Mehrfachbelegung von Adressen, Protokollverstöße und das einfache Aussteigen von Busteilnehmern. Liegt die Ursache im Talker oder im Listener, wenn die Datenübertragung fehlerhaft ist? Liegt die Ursache in der falschen Adressierung, wenn ein Gerät die angeforderten Daten nicht sendet? Wie antwortet jeder Busteilnehmer auf einen parallel *Poll*? Wie wird der *Serial Poll* verarbeitet?

Bild 16.9 IEC-Bus-Analysator GPIB-410 auf PC-Basis (vgl. hierzu das Beispiel Bild
12.17 in 12.4.1)

• *Verschiedene Betriebsarten* werden vom GPIB-410 angeboten. Im *Monitorbe-
trieb* gibt der Analysator in Echtzeit alle Busbewegungen und Änderungen der
Statusleitungen wieder. Zahlreiche Trap- und Trigger-Funktionen gestatten die
Überwachung auf bestimmte Ereignisse z.B. Handshake-Abläufe. Anschließend
können interessante Ereignisse in der *Analyse der gespeicherten Daten off-line*
analysiert werden. Im *Simulationsbetrieb* wird das Busverhalten entweder eines
Talkers oder Listeners durch den Analysator nachgebildet. Insbesondere bei der
Entwicklung von Treiber- und Meßgeräte-Software sind diese Funktionen unent-
behrlich. Als Datenquelle erzeugt der GPIB-410 Prüfdaten im Umfang von bis zu
4 Mbyte. Sowohl Daten als auch Statusinformationen können erzeugt und auf
dem Bus gesendet werden.

16.2.8 Protokollanalysator

Die Prüfung serieller Schnittstellen z.B. in Bussystemen oder Datennetzen erfolgt
mit Protokollanalysatoren. Im folgenden werden die typischen Eigenschaften dieser Geräte angesprochen (**Bild 16.10**). Sie enthalten meist zwei oder mehrere Mikroprozessoren, die die Steuerung der Schnittstelle (*Frontend-Prozessor*) und den
Ablauf der Prüfsoftware ermöglichen. Auf dem Bildschirm wird u.a. der "Capture
Buffer" dargestellt, in dem alle Zeichen, die die Schnittstelle in beiden Richtungen erreichen, aufgezeichnet werden. Paritätsfehler und Fehler des Blockprüfzeichens werden durch Blinken angezeigt. Steuerzeichen oder zu suchende Trig-

gerworte können auf hellem Hintergrund dargestellt werden. Meist sind Protokollanalysatoren mit einer RS-232-Schnittstelle ausgerüstet, gestatten aber mit Hilfe von Adapter-Karten auch die Anpassung an andere elektrische Eigenschaften.

Bild 16.10 Protokoll-Analysator mit Koppelfeld und Logic Probes

- *Die Schnittstellenparameter* werden entweder automatisch konfiguriert oder menügesteuert direkt ausgewählt. Hierzu zählen u.a. die Übertragungsrate, das Datenformat und der Übertragungscode z.B. NRZ, Manchester oder PCM-Code. Die Übertragungsart kann synchron oder asynchron eingestellt werden und ist meist an die Übertragungsgeschwindigkeit gekoppelt. Zum Anschluß des Testgerätes kann die Pinbelegung in einem Kreuzkoppelfeld wahlweise angepaßt werden oder durch Schalter pinparallel erfolgen.

- *Übertragungssteuerungsverfahren* der Ebene 2 des Referenzmodells können aus einer Palette der angebotenen Module ausgewählt bzw. nachgerüstet werden. Als Übertragungsprotokoll kann sowohl ein fest eingebautes, als auch ein selbst programmiertes Protokoll ausgewählt werden. Die meisten Geräte sind an die verschiedenen Protokolle für Standard-Asynchron, Synchron-HDLC, X.25 und Spezialpakete z.B. X.21, X.35, ISDN anpaßbar.

- *Simulation*: Der Protokollanalysator bietet alle Möglichkeiten, die Schnittstelle zu steuern und zu beeinflussen. Er kann eine Gegenstation ersetzen und auf der Grundlage z.B. eines anwenderprogrammierten Protokolls die Schnittstelle simulieren. Zum einen ist das oft die einzige Testmöglichkeit für Geräte ohne Gegenstation, zum anderen treten Protokollfehler und Abweichungen von der Norm dabei sehr schnell zu Tage.

• *Als Monitor* wird der Protokollanalysator hochohmig, parallel auf die gewünschte Datenleitung aufgeschaltet und gestattet das passive Mitlesen des jeweiligen Übertragungsprotokolls (**Bild 16.11**) einschließlich der Nutzdaten sowie die vorbeugende Überwachung der Übertragungsstrecke. Als hochohmiger "stiller Beobachter" wird der ablaufende Datenverkehr aufgezeichnet. Über geeignete Triggermöglichkeiten werden die übertragenen Daten auf Protokollfehler untersucht. Mittels frei programmierbarer Zähler und Timer können kunden- oder netzwerkspezifische Statistiken erstellt werden.

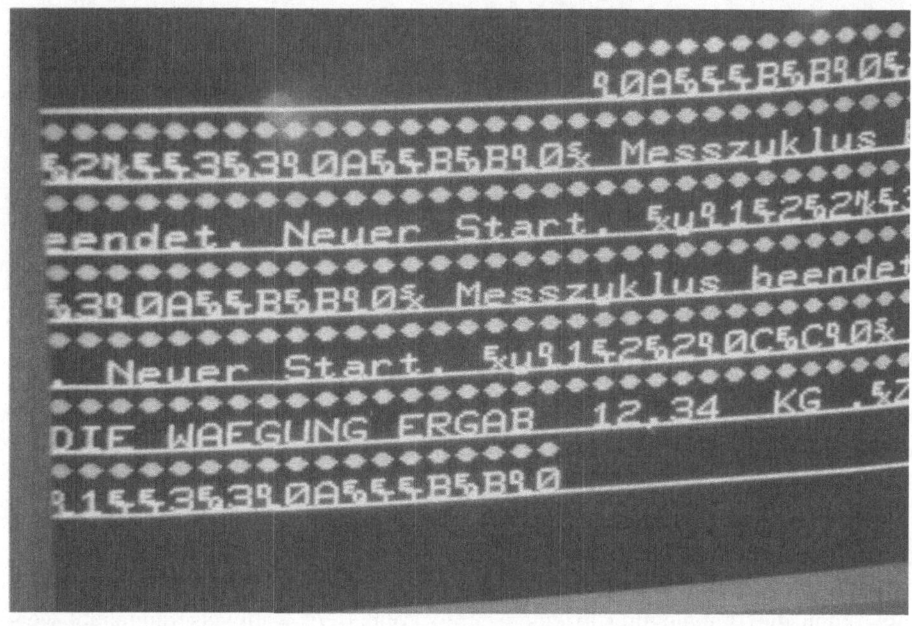

Bild 16.11 Monitorbetrieb, Ablauf einer Datenübertragung mit Basic-Mode-Protokoll

16.2.9 Protokollanalysator auf PC-Basis

Das Grundkonzept eines Protokolltesters, der auf einem IBM-PC oder kompatiblen basiert, umfaßt immer eine Hardware-Erweiterung für eine serielle Kommunikationsschnittstelle und ein Programm-Paket für die Betriebs- bzw. Applikations-Test-Software. Die Aufrüstung des PC ist in der Regel problemlos durchzuführen. Aus Geschwindigkeitsgründen sollte es ein 386-Modell oder höher sein.

• *Der Feline PA 8852 Datenleitungs-Analysator* z.B. besteht aus einer PC-Interface-Karte für einen kurzen *Slot*, einer extern anzuschließenden *Breakout-Box*, in der die elektrischen Eigenschaften angepaßt werden, sowie einer entsprechenden Programmdiskette mit der Testsoftware. Unter anderem sind eine Breakout-Box für V.24 (RS-232) und eine für RS-449 (V.11) verfügbar.

• *Die Hardware-Anpassung* durch eine Breakout-Box bietet den Vorteil, daß der Standard-PC unverändert bleiben kann und trotzdem die Vorteile eines speziellen Schnittstellen-Minitesters genutzt werden können. Eine LED-Anzeige für den Zustand der jeweiligen Datenleitung der Schnittstelle sowie ein Kreuzkoppelfeld mit Unterbrechungschaltern erlaubt die Analyse und die Verbindung der verschiedenen Interface-Signale. Die Interface-Karte im PC eignet sich für Geschwindigkeiten bis 64 kbit/s. Mit *Auto-Set-Up* kann der Feline auf die Übertragungsparameter, z.B. Leitungsgeschwindigkeit und Art der Codierung eingestellt werden. Einzelne Signale können nach Art des Logikanalysators in graphischer Form auf dem Bildschirm des PCs dargestellt werden.

• *Feline-Software:* Das Programm des Feline PA 8852 benötigt zirka 64 Kbyte Speicherplatz. Der verbleibende Rest des PC-Speichers steht somit als *Input-Buffer* zur Leitungs-Protokollierung zur Verfügung. Beim Ablauf des Feline-Programms gliedert sich der Bildschirm in vier Bereiche: Die Kopfzeile zeigt den momentanen Programmteil an, im *Monitor-Mode*, (interaktiver Zustand, Einsatz als Simulator/Emulator), stehen unter der Kopfzeile alle aktuellen Übertragungsparameter, die einfach durch Anklicken mit der Maus entsprechend der Funktionstastenbelegung geändert werden.

• *Die Programmierung* des Feline für anwenderspezifische Protokollabläufe erfolgt in einer leicht erlernbaren Programmsprache. Ein Beispiel: »Wait until DCE HEX 96 96 81 then go to 5«. Das bedeutet: Warte bis auf der DCE-Seite der Leitung die Datenfolge HEX 96 96 81 erscheint und gehe dann zu Programmschritt 5. Unter Programmschritt 5 kann dann das Aussenden von Daten, Hochzählen eines Counters, Stoppen eines Timers oder ähnliches erfolgen. Es stehen fünf programmierbare Timer und Counter zur Verfügung. Die Funktion BERT stellt diverse Bit-Error-Raten-Tests zur Feststellung der Leitungsqualität zur Verfügung.

• *Der Menüteil Monitor* umfaßt zwei Ebenen: Eine passive Monitorfunktion und einen Monitorbetrieb unter Programmkontrolle. Hierin kann Feline aktiv in die Übertragung eingreifen, beliebige Daten senden und z.B. ein Modem emulieren. Die Darstellung von SDLC/HDLC- und X.25-Frames ist ebenfalls möglich.

Im normalen *Monitor-Mode* wie auch im *Examine-Mode* kann der Benutzer zwischen einer Vollduplex-Darstellung (DTE- und DCE-Seite), der Darstellung von reinen Empfangsdaten (DCE) oder von reinen Sendedaten (DTE) wählen.

• *Analyse:* Im *Examine-Data-Mode* können die im Puffer oder auf der Harddisk gespeicherten Daten Byte für Byte für beide Übertragungsrichtungen (vollduplex) auf dem Bildschirm abgebildet werden. Da zusammen mit dem Datenzeiger die aufgezeichnete *Real-Time* angezeigt wird, ist eine Analyse des Zeitverhaltens möglich.

16.2.10 LAN-Analyse

Sowohl hohe Datenraten von 1 bis 10 Mbit/s als auch sehr komplexe Übertragungsprotokolle kennzeichnen die Gruppe der Analyse-Geräte für Lokale Netzwerke. Die *Installation* und der *Betrieb von Lokalen Netzwerken* erfordern verschiedenartige Meß-, Prüf- und Überwachungsgeräte. Prüfgeräte für die Simulation und Analyse der standardisierten Netzwerkprotokolle nach IEEE-802.3 CSMA/CD und 802.4 Token-Bus werden z.B. für Ethernet und MAP angeboten. Als Beispiel wird der "Comtest" angesprochen, der sowohl zur Leitungs- als auch zur Protokoll-Analyse eingesetzt werden kann.

• *LAN-Test- und Analyse-Funktionen:* Hier sind die wichtigsten Netzwerk-Analyse-Betriebsarten angesprochen, die als Standard-Test von vielen Geräten angeboten werden. Meist werden sie in der Literatur und in Beschreibungen mit den englischen Fachausdrücken bezeichnet.

• *Performance Mode:* Dieser zeigt die durchschnittliche sowie die Spitzenbelastung des Netzwerks an, meist in graphischer oder numerischer Darstellung. Er liefert ein Maß für die momentane Verfügbarkeit des Netzwerks für einen Teilnehmer, die Netzwerkauslastung und die Antwortzeiten werden bestimmt.

• *Diagnose Mode:* In dieser Betriebsart sind Analysemöglichkeiten zu unterschiedlichen OSI-Schichten vorgesehen, z.B. Überprüfung der Ethernet-Karten oder der Protokollrückweisungen

• *Adress Resolution Test:* Kontrolle der Wege in verteilten Netzen (Netzwerk-Routing) mit der Möglichkeit, MAC-Adressen (*Medium Access Control*) eines Knotenpunktes zu erkennen und LLC-Adressen (*Logical Link Control*) zu verfolgen und Tests von aktiven Netzwerkknoten durchzuführen.

• *Load-Generation Mode:* Er bietet die Möglichkeit, Datenverkehr im Netzwerk zu simulieren. Die Netzwerkbelastung wird künstlich in die Höhe getrieben. Erhöhte Fehlerraten und Engpässe können somit erkannt werden. Wenn gleichzeitig Antwortzeiten gemessen werden, ergibt sich eine effektive Beurteilung des Netzwerkbetriebs.

• *Statistic Mode:* Der Datenverkehr aller im Netz befindlichen Stationen kann überwacht und aufgezeichnet werden. Stationen, die Fehler und übermäßiges *Broadcast* produzieren, werden sofort erkannt. Sender, Empfänger, Protokoll-Typ und Frame-Fehler werden angezeigt.

• **_Monitor Mode:_** Der laufende Datenverkehr auf den Leitungen wird decodiert, aufgezeichnet und auf dem Monitor hexadezimal oder im ASCII-Code sichtbar gemacht. Häufig werden die folgenden Protokolle unterstützt: Internet (TCP/IP, UDP, ARP); ISO (LLC, Cons, TP4COTS); Apple Talk (ALAP und DPP); Novell (IPX, SPX); XEROX (XNS).

• **_Meßgeräte für Leitungen:_** Die Installation eines Verkabelungssystems (z.B. Koax- oder LWL-Kabel) muß auf der untersten Ebene geprüft werden. Der Kabeltest, basierend auf der verbreiteten TDR-Messung (_Time Domain Reflectometer_), gestattet es, die charakteristischen Daten der Übertragungsstrecke meßtechnisch zu ermitteln. Dazu gehören z.B. Kabelimpedanz, Leitungsabschluß, Dämpfung über der Frequenz, elektrische Länge der Leitung, der genaue Ort von Kurzschlüssen und Unterbrechungen und das Reflexionsverhalten über der Frequenz. Meistens kann man diese Messungen von den Installationsfirmen durchführen lassen.

• **_Der Comtest Netzwerk Test Kit_** von _TGS-Telonik_ ist u.a. ein leicht anzuwendender "Cable-Scanner". Er basiert auf der oben angesprochenen TDR-Messung. Alle Messungen und spezifischen Parameter werden automatisch in einem übersichtlichen Protokoll dokumentiert. Ein direkter Ausdruck oder eine Speicherung zur späteren Bearbeitung sind vorgesehen. Messungen sind in allen Netzwerkformen durchführbar (Koaxial, UTP, ARCnet, Token Ring). Komplettiert wird der Kit mit Zubehörteilen für den _Cable Scanner_, die einen schnellen und sicheren Anschluß an das Netzwerk gewährleisten.

• **_LAN-Analyse:_** Häufig sind es nur kleine, unscheinbare Netzwerkstörungen, die sich als "kontinuierlich aufsummierende" Fehler einschleichen, bis es zum berüchtigten Netzstillstand kommt. Das Comtest-Netzwerk-Test-Kit umfaßt neben dem TDR-Meßgerät auch eine intelligente LAN-Analyse-Software, die aus jedem PC mit integrierter Ethernet-Karte ein vollwertiges LAN-Analyse-Meßgerät macht. Sie läuft auf jedem IBM-AT und höherem sowie kompatiblen MS-DOS-Computer. Die meisten Standard-Ethernet-Karten werden unterstützt (z.B. Novell, 3Com, AT&T, IBM, Intel und DEC). Das Software-Paket zur Erfassung aller laufenden Daten im Netzwerk besitzt eine Graphikoberfläche und ist in allen Funktionen menügeführt.

• **_LAN-Vista_** von _CXR/Digilog_, in den Ausführungen Junior, 100 und 200, ist ein Prüfwerkzeug für Ethernet-LANs. Der "Junior" ist ein LAN-Analysator auf PC-Basis als kurze Steckkarte und zusätzlicher Ethernetkarte. Er bietet z.B. die Funktionen: Alarm, Statistik und Monitor. Bei der Netzwerküberwachung werden Angaben über Auslastung und Antwortzeiten gegeben, Streß-Test und _Traffic-Generation_ durchgeführt sowie Statistiken und Alarmmeldungen erzeugt. Um Netzwerkauslastung zu simulieren, können Standarddatenpakete benutzt oder aufgezeichnete Pakete "modifiziert" werden, um sie dann bis zu einer maximalen Länge von 1514 Bytes und bis zu einer 90%igen Netzauslastung in das Netz wieder einzuspeisen.

16.2.11 WAN-Analyse, Postnetze

Für die neuen Kommunikationsdienste wie Bildschirmtext, Teletex, Telefax und Mitteilungsübermittlungssysteme (*Message Handling System*, MHS, *Mailbox*, elektronischer Briefkasten) muß die Einhaltung der dafür festgelegten Protokolle überprüft werden. Die Voraussetzungen für die Normierung von Protokolltests werden auf nationaler (DIN) und internationaler Ebene (CCITT) geschaffen.

• *Protokollentwicklungssysteme und Netzwerksimulatoren:* Systeme für die *Validierung von Protokollen* (Referenz-Maschinen) sind auf die speziellen Bedürfnisse des Entwicklers von Netzwerkkomponenten zugeschnitten. Sie sind auf Grund der hohen Anforderungen und der Vielseitigkeit auch nicht mehr transportabel. Durch die meist implementierten höheren Programmiersprachen wird die Bedienung der Geräte sehr kompliziert, wodurch deren Einsatz beim Anwender der Komponenten in der Regel ausgeschlossen ist. Ein typisches Einsatzgebiet für diese Geräte sind die Durchführung von *Zulassungstests*, wie zum Beispiel bei der Deutschen Bundespost, PTZ, die Endgeräteprüfungen für den Anschluß an das Datex-P-Netz (X.25) oder den Teletex-Dienst (X.21 plus Protokolle der höheren Ebenen) durchführt. Eine weitergehende Behandlung solcher Geräte würde den Rahmen dieses Buches sprengen, außerdem ist die Entwicklung von anwenderfreundlichen WAN-Analysegeräten noch längst nicht abgeschlossen. Es wird daher empfohlen, die einschlägigen Meßgeräteanbieter daraufhin anzusprechen.

16.3 Praktische Probleme mit V.24-Schnittstellen

Die nachfolgende Zusammenstellung von Prüfungstips und Hinweisen soll helfen, schnell und mit einfachen Mitteln eine V.24-Verbindung zwischen zwei Geräten zum Laufen zu bringen. Schrittweise wird dabei auf die häufigsten Fehlerursachen bei V.24- bzw. RS-232-Schnittstellen hingewiesen. Die wesentlichen Eigenschaften dieser Schnittstellen wurden bereits in Abschn. 13.2 besprochen und die Grundlagen in den Abschnitten 5.5 und 9.1 erläutert. Daher wird im folgenden nur auf die praktische Anwendung eingegangen.

16.3.1 Grundlegende Einstellungen

Als Voraussetzung für eine erfolgreiche Datenübertragung müssen einige Schnittstellen-Parameter unbedingt gleichzeitig übereinstimmen. Spätestens jetzt muß sich der Systemtechniker eingehend mit den Beschreibungen der Schnittstellen beider Geräte beschäftigen. Für einen korrekten Ablauf der Verbindung werden folgende Informationen benötigt:

1. Schnittstellen-Typ beider Geräte (DCE oder DTE)
2. Verwendung von Signal und Meldeleitungen (RTS, CTS, DSR, DCD, DTR, eventuell Second-RTS
3. Übertragungsgeschwindigkeit
4. Datenformat und Parität
5. Verwendetes Übertragungsprotokoll (z.B. X-On/X-Off)

Zuerst sollten Angaben zu diesen Punkten aus den Unterlagen der Gerätehersteller hervorgehen. Wenn trotzdem Fehler auftreten, können durchaus mehrere Parameter, unabhängig voneinander, falsch sein. Zielloses Ausprobieren führt nur sehr selten zum Ziel. Bei einer gestörten Übertragung sollten die Merkmale in der angegebenen Reihenfolge experimentell überprüft werden.

16.3.2 Bestimmung der RS-232-Parameter

Die folgenden Schritte gelten unter der Annahme, daß beide Schnittstellen normgerecht nach V.24 bzw. RS-232 ausgeführt sind (**Bild 16.12**). Mögliche Prüfgeräte könnten sein: Logic Probe, Patch-Fields, V.24-Mini-Tester, Formattester, Datengenerator, Oszilloskop und Protokollanalysator. Alle zu messenden Spannungen sind auf Pin 7, *Signal Ground* (Betriebserde) bezogen.

Pin-Nr.	Signalbezeichnung		Richtung
1	PGND	- Schutz-Erde	DTE —— DCE
2	TXD	- Sendedaten	DTE —→ DCE
3	RXD	- Empfangsdaten	DTE ←— DCE
4	RTS	- Erbitte Sendeerlaubnis	DTE —→ DCE
5	CTS	- Sendeerlaubnis	DTE ←— DCE
6	DSR	- DCE betriebsbereit	DTE ←— DCE
7	GND	- Masse (Bezugspotential für alle Daten und Steuerleitungen)	DTE —— DCE
8	DCD	- Einkommender Träger erkannt. Wird nur verwendet, wenn die DCE wirklich ein Datenübertragungsgerät (z.B. Modem, Akustikkoppler) ist	DTE ←— DCE
20	DTR	- DTE betriebs- und empfangsbereit	DTE —→ DCE

Bild 16.12 Auszug der Signale nach RS-232, nur diese müssen beim Test berücksichtigt werden

1. Schnittstellentyp DCE/DTE

Die Modem-Schnittstelle nach RS-232 ist festgelegt als bidirektionale Daten-übertagungsschnittstelle zwischen zwei Geräten unterschiedlichen Typs, einem *Datenendgerät* (*Data Terminal Equipment*, DTE) und einem *Datenübertragungs-gerät* (*Data Communication Equipment*, DCE). Selbst bei normgerechter Ausfüh-rung nach RS-232 unterscheiden sich diese Gerätetypen z.B. in der Steckerform, Pins sind an der DTE, in der Signalrichtung, Pin 3 an der DTE ist Eingang - und in der Anwendung der Steuerleitungen. Die Datenübertragung von einer DTE zur DCE wird über andere Signal- und Meldeleitungen gesteuert als die Übertragung von einer DCE zur DTE.

• *Leitungsbezeichnungen und Signalnamen* sind grundsätzlich alle aus der Sicht einer DTE gewählt. Ein Gerät vom Typ DTE sendet seine Daten auf Pin 2 der Schnittstelle, die Signalbezeichnung dafür ist TD oder TXD. Eine DCE sendet ihre Daten über Pin 3, Bezeichnung RXD oder RX.

• *Bei asynchronem Betrieb* muß im Ruhezustand der Schnittstelle auf beiden Da-tenleitungen sendeseitig der Zustand logisch "1" gehalten werden. Der logischen "1" entspricht ein Spannungspegel im Bereich von - 3 V bis - 15 V gemessen ge-genüber der Bezugsleitung Pin 7 (*Signal Ground*).

• *Die DCE/DTE-Prüfung* läßt sich am schnellsten mit einem DCE/DTE-Indikator durchführen. Der Indikator wird auf den Stecker der zu prüfenden Schnittstelle gesteckt. Alternativ kann eine Logic Probe oder ein Oszilloskop verwendet wer-den. Anhand der Pegel auf den Leitungen an Pin 2 und Pin 3 wird der Typ (DCE oder DTE) erkannt. Dabei treten auf

DTE:	Pin 2 log. 1, negat. Spannung	Pin 3 Spannung zwischen ± 3 V
	Pin 2 wechselnde Pegel	Pin 3 Spannung zwischen ± 3 V
DCE:	Pin 2 Spannung zwischen ± 3 V	Pin 3 log. 1, negat. Spannung
	Pin 2 Spannung zwischen ± 3 V	Pin 3 wechselnde Pegel
Defekt: Pin 2 oder Pin 3 positive Spannung größer + 3 V		

2. Signal und Meldeleitungen

Diese werden mit der Logic Probe oder dem V.24-Mini-Tester an der DTE und an der DCE überprüft. Gesucht werden die Signale, die aktiv, also log. 0 (Spannung gößer + 3V) sind. Für eine DTE sollten das sein: Pin 4 (*Request to Send*), Pin 20 (*Data Terminal Ready*). Für eine DCE sollte es die Leitung 6 sein (DSR), eventu-ell die Leitung 8 (DCD) und ebenfalls 5 (*Clear to Send*). Auf der Leitung 5 (CTS) ist nur dann mit einem aktiven Zustand zu rechnen, wenn vorher die Leitung 4 (RTS) mit einem logischen "1"-Pegel belegt wurde. Dies kann z.B. durch eine Brücke von Pin 6 (DSR) nach Pin 4 (RTS) erreicht werden. Sobald diese Verbin-dung besteht, sollte die Logic Probe an Pin 5 (CTS) die Aktivität anzeigen.

3. Übertragungsgeschwindigkeit

Meistenteils finden sich in den Geräteunterlagen oder direkt an den Einstell-
schaltern im Gerät Hinweise auf die Geschwindigkeiten. Falls dies nicht der Fall
ist, kann ein Bitraten- und Datenformattester mit der zu überprüfenden Schnitt-
stellenseite verbunden werden. Entsprechend der Bedienungsanleitung des Testgerätes kann die entsprechende Leuchtdiodenanzeige abgelesen werden. Sie gibt
außer der Übertragungsgeschwindigkeit auch das Datenformat und die Parität an.
Wenn das zu prüfende Gerät ein reiner Empfänger, z.B. ein Drucker ist, kann
auch ein Testdatengenerator verwendet werden.

4. Datenformat und Parität

Diese betreffen die Anzahl der Datenbits und die Verwendung von Paritätsbits.
Anhand der Herstellerdokumentation werden die Parameter auf beiden Seiten
gleich eingestellt. Ist die Herstellerdokumentation nicht zugänglich, so kann mit
Hilfe des Datenformattesters und des Testdatengenerators versuchsweise der ver-
mutlich zuständige Schalter (in der Regel DIP-Schalter - "Mäuseklavier") mani-
puliert werden, um eine Übereinstimmung der Datenformate zu erzielen. Diese
Methode ist zwar etwas aufwendiger, aber leider das einzige Mittel, sofern die
Herstellerdokumentation nicht zur Verfügung steht.

5. Übertragungsprotokoll

Bei Schnittstellen ohne Angaben zum Protokoll kann zunächst immer von einer
Steuerung der Übertragung durch Leitungshandshake entsprechend V.24 ausgegangen werden. Wird trotzdem ein Übertragungsprotokoll (z.B. X-On/X-Off) angewendet, kann es erst nach der Installation einer Übertragungsstrecke zwischen
beiden Geräten überprüft werden. Bei höheren Protokollen, z.B. Basic Mode,
kann empirisches Vorgehen nicht empfohlen werden. Für eine effektive Prüfung
sind immer Herstellerunterlagen notwendig. Die Analyse einzelner Zeichen mit
einem Monitor ist zwar möglich, aber erst bei laufender Datenübertragung sinnvoll.

Als Ergebnis der DTE/DCE-Prüfung wird die Entscheidung über die korrekte
Verbindung der Schnittstellen getroffen. Bei normgerechter Ausführung können
drei Fälle auftreten:

---

1. Das eine der Geräte ist vom Typ DCE, das andere vom Typ DTE. Die Schnittstellen werden parallel (jeweils gleiche Pins) verbunden. Das Kabel umfaßt die Anschlüsse Pin 1, 2, 3, 4, 5, 6, 7, 8 und 20.

2. Beide Geräte sind vom Typ DTE. Um eine Übertragung zu ermöglichen, ist ein Null-Modem erforderlich. Es wird an beliebiger Stelle in die Übertragungsleitung eingefügt. Ein 5poliges Übertragungskabel mit Schirm führt die Leitungen Pin 1, 2, 3, 4, 5 und 7, die entsprechend **Bild 13.2** belegt sind.

3. Beide Geräte sind vom Typ DCE. Um eine Übertragung zu ermöglichen, ist ein Schnittstellenkoppler erforderlich. Das 5polige abgeschirmte Verbindungskabel sollte entsprechend **Bild 13.1** folgende Pins beschaltet haben: 1, 2, 3, 6, 7 und Pin 20.

• *Brücken*, die sich im Verlauf der Prüfung mit dem V.24-Mini-Tester als nötig herausgestellt haben, können als dauerhafte Lösung durch die Zwischenschaltung eines *Patch-Fields* oder *Cablematchers* realisiert werden. Der Cablematcher dient dann als Verbindungsleitung.

16.3.3 Weitere Probleme

Der Alltag wird leider häufig von Schnittstellen bestimmt, die *nicht normgerecht ausgeführt* sind, in der Beschreibung aber mit "V.24" oder "RS-232" bezeichnet werden. Sollte eine Datenübertragung trotz der oben besprochenen Schritte immer noch fehlerhaft oder nicht zustande gekommen sein, ist davon auszugehen, daß mindestens eine der beiden beteiligten Schnittstellen nicht der Norm entspricht. Hier sind einige weitere Tips zusammengestellt, die bei solchen Problemen weiterhelfen können [Misco86].

Erfahrungsgemäß liegen die meisten Schwierigkeiten im Bereich der *Steuer- und Meldeleitungen*, die oft nicht ihrer Bedeutung entsprechend eingesetzt werden. Für weitere Untersuchungen ist zu empfehlen, einen V.24-Mini-Tester in die Übertragungsstrecke einzuschalten, damit die Zustände der Leitungen und deren Änderungen angezeigt werden.

1. Problem: Die *DTE* sendet *keine Daten*

Die DTE benötigt als Freigabe des Senders das Signal *"Clear to Send"* (CTS, Pin 5). Dieses Signal wird normalerweise von einer DCE erzeugt, wenn sie bereit ist Daten zu empfangen bzw. weiterzuleiten. Die DTE fordert dieses Signal durch Aktivieren der Leitung *"Request to Send"* (RTS, Pin 4) an.

Mögliche Ursache:

1.1. *CTS Ein ; RTS Ein.* Schnittstelle ist *defekt*, oder für die Datenübertragung wird ein besonderes *Protokoll* benutzt. Die Herstellerdokumentation muß zu Rate gezogen werden.

1.2. *CTS Aus ; RTS Ein.* Die DCE unterstützt das *RTS/CTS-Verfahren* nicht, oder der Eingang DTR (Pin 6) der DCE erhält kein Signal. Eine automatische Freigabe wird erreicht, wenn die Pins 4 (RTS) und 5 (CTS) auf der DTE-Seite durch eine Brücke verbunden sind.

1.3. *CTS Aus ; RTS Aus.* Die DTE unterstützt *RTS* nicht. Eine Brücke von Pin 20 (DTR) nach Pin 4 (RTS) auf der DTE-Seite ersetzt dieses Signal. Wenn CTS immer noch nicht aktiv ist, sollte zusätzlich auf der DTE-Seite noch Pin 5 mit der Brücke 20-4 verbunden werden. Ein Hardware-Handshake ist dann allerdings nicht mehr möglich.

2. Problem: Eine *DCE* sendet *keine Daten*

Eine DCE kann nur dann Daten senden, wenn sie das Signal *"Data Terminal Ready"* (DTR, Pin 20) empfängt.

Mögliche Ursache:

2.1. *DTR Ein.* Die Schnittstelle ist *defekt*, oder Leitungs-Handshake wird nicht unterstützt.

2.2. *DTR Aus.* Die DTE unterstützt *DTR* nicht. Wenn Pin 20 (DTR) auf der DTE-Seite aktiv ist, wird es direkt mit Pin 20 der DCE verbunden. Anderenfalls wird auf der DCE-Seite *Pin 6 (DSR)* mit *Pin 20 (DTR)* verbunden. Ein Hardware-Handshake ist dann allerdings nicht mehr möglich. Wenn, wie bei einigen Druckern, als Betriebsbereitschaftsmeldung nicht Pin 20 (DTR), sondern der Pin 19 (*Secondary Request to Send*, SRTS) verwendet wird, ist Pin 19 (SRTS) der DTE mit Pin 20 (DTR) der DCE zu verbinden.

3. Problem: Bei der Datenübertragung gehen *ersatzlos* Zeichengruppen verloren.

Nachdem eine gewisse Anzahl von Zeichen fehlerfrei übertragen wurde, fehlt eine *zusammenhängende Gruppe* weiterer Zeichen. Es findet *kein Hardware-Handshake* statt. Die Ursache liegt entweder in der durchgeführten Verdrahtung (vgl. Problem 1.3. und 2.2.) oder am Betriebssystem bzw. dem Treiber, der dieses ignoriert.

Mögliche Abhilfe:

3.1. Eine Reduzierung der *Übertragungsgeschwindigkeit* räumt dem empfangenden Gerät genügend Zeit ein, die Zeichen zu verarbeiten. Bei Druckern führt diese Methode meist zum Ziel.

3.2 Bei Terminalanschlüssen und Datensichtgeräten führt eine zu niedrige Übertragungsgeschwindigkeit oft zu langen Zeiten beim Bildschirmaufbau. Ein *Übertragungsprotokoll* als "Software-Steuerung", z.B. das *X-On/X-Off-Protokoll*, sollte angewendet werden. Das Aktivieren des Protokolls geschieht in der Regel durch entsprechende DIP-Schalter oder durch eine besondere Installationsprozedur des Treibers. Die Herstellerdokumentation gibt hierüber Auskunft.

4. Problem: Bei der Datenübertragung werden *einzelne Zeichen* des Datenblocks systematisch durch *merkwürdige andere Zeichen* ersetzt.

Mögliche Ursache:

4.1. Im Empfänger ist das Format auf *8-Bit-Übertragung* gesetzt, obwohl im Sender nur *7-Bit-ASCII-Code* mit konstantem achten Bit als logische "1" oder logische "0" gesendet wird. Manche Drucker verwenden dieses achte Bit, um zwischen zwei *Zeichensätzen* umzuschalten (z.B. Graphiksymbole oder japanische Schriftzeichen). Als Abhilfe sollte auf beiden Seiten der Datenübertragung auf das Übertragungsformat auf 7 Bit mit Parity umgeschaltet werden.

4.2. Wenn beim Empfänger immer wieder die gleichen Zeichen nicht ankommen, bzw. als *Ersatzzeichen* aufgenommen werden, handelt es sich um nicht übereinstimmende *Paritäten* im Sender und Empfänger. Die Prüfung anhand der Unterlagen oder mit dem Prüfdatengenerator kann das Problem lösen.

5. Problem: Bei der Datenübertragung werden *zufällig einzelne Zeichen* des Datenblocks oder Zeichengruppen verstümmelt übertragen bzw. falsche Zeichen empfangen.

Mögliche Ursache:

5.1. Es treten *Paritätsfehler* auf (siehe auch 5.2). Bei einer Übertragung mit eingeschalteter Parität werden oft bei Störungen *Ersatzzeichen* ausgedruckt bzw. angezeigt. Bei einigen Druckern sind das z.B. auf dem Kopf stehende Fragezeichen, Blanks oder gefüllte Quadrate. Da mit einer Paritätsprüfung längst nicht alle Übertragungsfehler (nur 50 %) erkannt werden können, ist von weit mehr gestörten Zeichen auszugehen.

Es sollte ein *Übertragungsprotokoll mit Rückmeldung* (z.B. ENQ, ACK/NAK) verwendet werden. Dabei werden die zu übertragenden Daten in Blöcke aufgeteilt und im Störungsfall wiederholt.

5.2. Es treten *elektromagnetische Störungen* auf (siehe auch 5.1). Damit ist zu rechnen, wenn die Übertragungsstrecke zu lang ist, z.B. *Leitungslängen* größer als 15 m (typisch ab 30 m) verwendet werden, oder in der Nähe der Leitung Störungen z.B. von Maschinen, Motoren, Netzversorgungen, Leuchtstofflampen usw. erzeugt werden.

Zunächst sollte die Verbindung von Pin 1 *(Protective Ground)* und Pin 7 *(Signal Ground)* in beiden Schnittstellen kontrolliert werden. Durch spezielle abgeschirmte Datenkabel können die Störungen vermindert werden. Besser ist die Verwendung von *elektrischen Eigenschaften*, die Leitungslängen von bis zu 1 km oder darüber erlauben. Geeignete Treiberbausteine werden als *Interface-Adapter* angeboten und können z.B. als "RS-422-Zwischenstecker" an den Schnittstellen angeschlossen werden.

17 Anhang

17.1 Tabellen

17.1.1 Wichtige Schnittstellenmerkmale

Jeder, der mit Schnittstellen hantieren muß, ist auf eine knappe Zusammenstellung der technischen Merkmale angewiesen. Zur Festlegung in Spezifikationen, zum Anschluß von Prüfeinrichtungen oder auch nur zum eigenen Verständnis müssen Schnittstellen sowohl grob klassifiziert als auch im Detail beschrieben werden. In der Dokumentation der Geräte sind diese Informationen aber häufig nur unvollständig oder verstreut über verschiedene Abschnitte aufzuspüren. Die folgenden Tabellen sollen dem Praktiker eine Hilfe sein und als Formular zur Schnittstellenbeschreibung verwendet werden. Die Angaben in Klammern können als beispielhafte Erklärung dienen.

Manche Schnittstellennormen lassen den Herstellern von Geräten Wahlmöglichkeiten zwischen verschiedenen elektrischen Eigenschaften in Kombination mit unterschiedlichen Protokollen. Sowohl beim Abschluß von Verträgen als auch vor der Inbetriebnahme durch den Anwender müssen diese Freiheitsgrade allerdings festgelegt sein. Im weiteren findet sich daher ein Formular, das aus den Datenblättern in DIN 66 348 Teil 1 und 2, Anhang A zusammengefaßt wurde.

Allgemeiner Schnittstellen-Steckbrief

---

1. Allgemeines

a) Hersteller des Gerätes   Datum:
    (Postadresse)

    Ansprechpartner bei Rückfragen
    (Hot-Line, mit Telefon-Nr.)

b) Typenbezeichnung, Art und Verwendungszweck aller Geräte mit dieser Schnittstelle

Allgemeiner Schnittstellen-Steckbrief (Fortsetzung)

2. Bezug

Bitte, bei allen veränderlichen Schnittstellenmerkmalen angeben, wann und wie
(z.B. Befehle, Set-Up, DIP-Switch, Jumper) sie beeinflußt werden können!

a) Ist diese Schnittstelle kompatibel oder ähnlich zu einer Standard-Schnittstelle?
   Nur global, welche?

b) Ort der Schnittstelle am Gehäuse, besondere Kennzeichnungen,
   Identifizierungsmerkmale

c) Verwendungszweck der Schnittstelle
   (z.B. Druckerausgang, Bedienterminal, Fernsteuerung)

3. Übertragungsparameter

a) Art der Schnittstelle
   (z.B.parallel, seriell, synchron, asynchron, Centronics,
   RS-232, DIN 66 348 Teil 1, HDLC-Mehrpunktverbindung)

b) Format der Datenübertragung (7 bit + Parity, 8 bit + Parity, 1 Start +
   8 Daten + 1 Adreß + 1 Parity + 1 Stop...)

c) Richtung der Datenübertragung
   (nur Eing., nur Ausg., Eing./Ausg., Halbduplex, Vollduplex)

d) Übertragungsgeschwindigkeit
   (möglicher Bereich (kbit/s), z.B. 0,11 - 19,2)

e) Übertragungscode
   (ASCII, 7 bit deutsch, BCD, 6 bit binär, 8 bit IBM)

4. Physikalische Festlegungen

a) Elektrische Eigenschaften (TTL, Open Coll., V.10, V.11, RS-422, RS-485,
   V.28, RS-232, Current Loop 20mA). Bitte Ausgangsschaltung beilegen.

b) Schutzmaßnahmen gegen elektrostatische Aufladung und Potentialdifferenzen (Galvanische Trennung, Trafo, Optokoppler, Schutzdioden,
   Sicherungen, Strombegrenzungswiderstände)

Allgemeiner Schnittstellen-Steckbrief (Fortsetzung)

5.   Steckverbinder

a) Typenbezeichnung
(Cannon, Amphenol, D-Sub, Micro-, Delta Ribbon)

b) Form, Kontaktanordnung und Polzahl, Buchse oder Stift
(z.B. Rechteck, Trapez, Rund, Klemmen, Flach)

c) Steckerbelegung
(Pin-Nr., Signalname, Richtung, Bedeutung, ggf. Anlage)

6.   Übertragungssteuerung

a) Datenblocklänge (max. Länge, typische Länge)
Aufbau eines Datenblocks

b) Leitungshandshake
(Zeitdiagramm, logische Folge der Zustände, Eingangssignal,
Ausgangssignal, Wirkungsweise)

c) Übertragungsprotokoll
Verwendete Steuerzeichen (DC1, DC3, ENQ, ACK, NAK, STX, ETX ...)

e) Ablauf einer typischen Datenübertragung (bitte Beispiel beilegen),
Adreßverwaltung und Steuerung bei Mehrpunktverbindungen

f) Datensicherung
(keine, inverse Übertragung, Parity gerade, Blockprüfzeichen, CRC16);
Reaktion im Fehlerfall
(keine, Wiederholung des Blocks, Blinken, Invers, Anzeige "?" ...)

g) Zeitüberwachungen (Antwortüberwachung, Betriebsüberwachung, Priorität)

7. Dateninhalt

Liste aller Schnittstellenbefehle, vollständige Zusammenstellung aller
Schnittstellenzeichen, die vom Gerät interpretiert werden, zusammen mit
ihrer charakteristischen Wirkung im Gerät.

8. Bemerkungen

Datenblatt für serielle Schnittstellen nach DIN 66 348

Entsprechende Felder bitte ausfüllen, bzw. zutreffende Felder ankreuzen

Gerätebezeichnung:

Seriennummer: Version:
Kennzeichnung der Schnittstelle: DIN 66 348
Vermerke:

Elektrische Eigenschaften: <>   Spannung (V.11)
                                    <>   ISO 8482
(entspricht EIA RS-485)
                                    <>   Strom,

Anzahl der Stromquellen:
Galvanische Trennung: <>   nein   <> ja,
Prinzipschaltbild:
Datenformat: <> gerade Parität, 1 Stopbit   <> andere
(siehe Anlage)

Einstellbare Übertragungsgeschwindigkeiten: bit/s
Eingestellt auf: bit/s
Einstellbar über   <> Schalter   <> Software
                                   <> Sonstiges:

siehe Bedienungsanleitung Seite:
Einstellbare Adressen:
Eingestellt auf:
Einstellbar über   <> Schalter   <> Software
                                   <> Sonstiges:

siehe Bedienungsanleitung Seite:
Vollständige Kontaktbelegung: 1   10
Erläuterung der optionalen Leitungs- 2   11
funktionen (z. B. Belastbarkeit)   3   12
                                    4   13
                                    5   14
                                    6   15
                                    8
                                    9

Datenblatt für serielle Schnittstellen nach DIN 66 348 (Fortsetzung)

Steuerungsverfahren: einzustellen
                                              <> Software   <> Schalter

(siehe Anlage: Code-Tabelle)
Steuerungsverfahren D   <> (Mehrpunktverbindung)
Wahlweise weitere Steuerungsverfahren für Punkt-zu-Punkt-Verbindungen:
<> ja, einstellbar über: <> Schalter
                                              <> Software
                                              <> Sonstiges

<> nein
siehe Bedienungsanleitung Seite:

Übertragungscode der Daten: <> DIN 66 003 (7 Bit Code)
                                              <> andere

(siehe Bedienungsanleitung)

Maximale Blocklänge: Zeichen/bit

Funktion: <> Datenquelle
                                              <> Datensenke

Bei Mehrpunktverbindungen:
Funktion: <> Leitstation (MA)
                                              <> Teilnehmerstation (SL)
                         <> sowohl Leit- als auch Teilnehmerstation (MSL)

mit Bus-Spannungsversorgung   <> ja,
voreingestellt   <> ja   <> nein

Zeitüberwachung: TA   s;   TB   s;   TC   s

Verwendbare Schnittstellenkoppler: DIN 66 348

17.1.2 Anschlußbelegungen für Adapterkabel

Obgleich sich die Anpassung unterschiedlicher Schnittstellen meist leider nicht auf die Verbindung von Steckern der verschiedenen Normen beschränkt, gehört diese doch zu den notwendigen Voraussetzungen für erfolgreiche Signalübertragung. Hier sind die Anschlußlisten einiger wichtiger Schnittstellen und ihre Anpassung durch Adapterkabel zusammengestellt. Die Angabe Stift (*pin*) und Buchse (*socket*) bezieht sich in diesen Listen immer auf die Steckverbinder am Adapterkabel. Aus Gründen der Übersichtlichkeit kann an dieser Stelle des Buches nicht auf die Bedeutung der Signale bzw. Signalnamen eingegangen werden. Unbeschaltete Anschlüsse werden in den Tabellen mit "nc." (*no connection*, kein Anschluß) bezeichnet.

• *Parallele Centronics-Schnittstelle* an PCs (LPT); 25poliger Signalausgang zur Druckeransteuerung; Anschluß: Buchse am Computer, TTL-Pegel.

Kontakte A (25polig)		Signal	Kontakte B (36polig)
1	→	Strobe-Impuls (Strobe)	1
2	→	Datenbit 0	2
3	→	Datenbit 1	3
4	→	Datenbit 2	4
5	→	Datenbit 3	5
6	→	Datenbit 4	6
7	→	Datenbit 5	7
8	→	Datenbit 6	8
9	→	Datenbit 7	9
10	←	Acknowledge	10
11	←	Busy (belegt)	11
12	←	Papierende (PE)	12
13	←	Select (SLCT, Auswahl)	13
14	→	Autofeed oder Masse	14
15	←	Fehler (Fault)	32
16	→	Drucker-Initialisierung (Init)	31
17	——	Auswahl-Eingang (SLCT IN)	36
18	——	Masse	
19	——	Masse	16
20	——	Masse	
21	——	Masse	21
22	——	Masse	22
23	——	Masse	23
24	——	Masse	24
25	——	Masse	

• *EIA RS-232-Adapterkabel* für IBM-kompatible PCs; COM: 25polig PC auf 9polig AT; Anschluß: 25polig Buchsen, 9polig Stifte am Adapterkabel. Nicht belegte Kontakte des 25poligen RS-232-Steckverbinders sind in der Tabelle nicht aufgeführt.

AT-Kontakt (9polig)		Signal Nr.	Name	RS-232-Kontakt (25polig)
1	←	109	Data Carrier Detect (DCD)	8
2	←	104	Received Data (RxD)	3
3	→	103	Transmitted Data (TxD)	2
4	→	108/2	Data Terminal Ready (TR)	20
5	——	102	Signal Ground (GND)	7
	——	101	Protective Ground (Shield)	1
6	←	107	Data Set Ready (DSR)	6
7	→	105	Request To Send (RTS)	4
8	←	106	Clear To Send (CTS)	5
9	←	125	Ring Indicator (RI)	22

• *Nullmodem-Kabel für Datenaustausch zwischen PCs*: Verbindung von COM-Schnittstellen am PC und AT bzw. höher. Nach diesem Anschlußschema lassen sich sowohl Kabel mit beidseitig 9poligen oder beidseitig 25poligen als auch Kabel mit gemischten 9/25poligen Steckern anfertigen. Die nicht aufgeführten Anschlüsse bleiben unbelegt. Anschluß: 9/25polig, Buchsenteil am Kabel.

Buchs. Nr. 25polig	Buchs. Nr. 9polig	Signal im Kabel	Buchs. Nr. 25polig	Buchs. Nr. 9polig
1	5	Prot.GND	1	5
2	3	TxD	3	2
3	2	RxD	2	3
4	7	RTS	5	8
5	8	CTS	4	7
6	6	DSR	20	4
7	5	GND	7	5
20	4	DTR	6	6

• ***Monitorschnittstelle, Hercules***: 9poliger Signalausgang an der *Hercules Graphic Card*, HGC oder dem *Monochrome Display Adapter*, MDA. Der Signaleingang am Monitor ist gleich beschaltet. Anschluß: Buchse am Monitor, Buchse an der Karte, TTL-Pegel.

Buchs. Nr.	Signal	Buchs. Nr.	Signal
1	GND		
2	GND	6	Intens.
3	nc	7	Video
4	nc.	8	HSync
5	nc.	9	VSync

• ***Monitorschnittstelle, VGA analog***: 15poliger Signaleingang am Monitor, *Video Graphic Adapter*, VGA. Anschluß: Buchse am Monitor, Analog-Pegel.

Buchs. Nr.	Signal	Buchs. Nr.	Signal	Buchs. Nr.	Signal
1	Rot	6	Rot-GND	11	ID Bit 0
2	Grün	7	Grün-GND	12	ID Bit 1
3	Blau	8	Blau-GND	13	H-Sync
4	ID Bit 2	9	k. Loch	14	V-Sync
5	nc.	10	Sync-GND	15	nc.

• ***Computer-Bildschirm, Multisync.***: 9poliger Signaleingang am VGA-Monitor, umschaltbar; Anschluß: Buchse am Monitor.

Buchse Nr.	Analogsignal			TTL-Signal		
	Getrennt	Gemeinsam	SYNC auf Grün	64	16	5
1	ROT	ROT	ROT	MASSE	MASSE	MASSE
2	GRÜN	GRÜN	GRÜN+SYNC	ROT(SEK)	MASSE	MASSE
3	BLAU	BLAU	BLAU	ROT	ROT	ROT
4	H-SYNC	H/V-SYNC	nc.	GRÜN	GRÜN	GRÜN
5	V-SYNC	LOW MODE	nc.	BLAU	BLAU	BLAU
6	MASSE	MASSE	MASSE	GRN(SEK)	HELLIGK	nc.
7	MASSE	MASSE	MASSE	BLA(SEK)	nc.	nc.
8	MASSE	MASSE	MASSE	H-SYNC	H-SYNC	H-SYNC
9	MASSE	MASSE	MASSE	V-SYNC	V-SYNC	V-SYNC

Elektrische Eigenschaften für Computer-Bildschirm, Multisync.: Der Signalpegel in den Spalten TTL-Signal beträgt 5,0 Vss. Der Signalpegel in den Spalten Analog-Signal beträgt 0,7/1,0 Vss.

• *VGA-Adapterkabel*: 9 pin auf 15 pin Adapterkabel; Anschluß: jeweils Stifte am Kabel.

9-Pin Stecker Pin	Signal	15-Pin Stecker Pin
1	Red	17
2	Green	12
3	Blue	13
4	Horz Sync	13
5	Vert Sync	14
6	Red Ground	16
7	Green Ground	17
8	Blue Ground	18
9	Digital Ground	10
	Ground	15

• *Tastaturschnittstelle*: Für externe Notebook-Tastaturen und PS/2-Keyboards; 6poliger Anschluß, Mini-DIN-Stecker, Buchse am Computer. *Adapterkabel*: OS/2-Tastatur auf AT-Tastatur mit 5poligem 180°-Rundstecker.

Buchsen-Nr.	Signal	5polig AT
1	Keyboard clock	3
2	Ground	5
3	Keyboard Data	2
4	nc.	
5	+ 5 Volt	4
6	nc.	1

• **_Games-Port und Joystick-Schnittstelle_**: An vielen PC-kompatiblen Computern vorhanden; 15poliger Signalausgang zur Cursor- und Tastensteuerung; Anschluß: Buchse am Computer, TTL-Pegel.

Pin Nr.	Bezeichnung	Pin Nr.	Bezeichnung
1	+ 5V		
2	S1	19	+ 5V
3	X A	10	S4
4	GND	11	X B
5	GND	12	GND
6	Y A	13	Y B
7	S2	14	S3
8	nc.	15	nc.

• **_Telefonstecker (TAE)_**: Kontaktzuordnung bei flachen, 4poligen Telefonsteckern nach altem Standard und 6poligen TAE-Steckern nach neuer Norm
(N: _Nicht_ Fernsprecheinrichtung)

TAE-Anschluß Nr.	Farbe	flacher Stecker Bedeutung	Nr.
1	Weiß	A-Ader	1
2	Braun	B-Ader	2
3	Grün	Wecker	3
4	Gelb	Erde	4
5	Grau	nur N-Codierung	
6	Pink	nur N-Codierung	

• **_Videoüberspielkabel (SCART)_**: Verbindung von VHS-Videorecordern oder Recorder mit Monitor; Audio/Video-Kontaktzuordnung (A/V-Stereo) bei SCART-Steckern; Anschluß: 20polig, beidseitig Stifte am Verbindungskabel.

Die angegebene Signalrichtung ist bezogen auf den jeweiligen Videorecorder. Die mit E/A gekennzeichneten Signale werden in den meisten Fällen nicht angewendet. Einzelne Masseleitungen sind speziellen Signalen zugeordnet, die jedoch im Kabel nicht unbedingt separat geführt werden müssen.

Videoüberspielkabel (SCART):

Pin Nr.	Signal		Pin Nr.	Pin Nr.	Signal		Pin Nr.
11	Audio R	Ausg.*	12	11	Grün	E/A	11
12	Audio R	Eing.*	11	12	Daten 1 Takt	E/A	12
13	Audio L	Ausg.*	16	13	Rot	Masse	13
14	Audio	Masse*	14	14	Daten	Masse	14
15	Blau	Masse	15	15	Rot	E/A	15
16	Audio L	Eing.*	13	16	Austastsign.	E/A	16
17	Blau	E/A	17	17	Video	Masse*	17
18	Steuersp.	+9V	18	18	Austast	Masse	18
19	Grün	Masse	19	19	Video-Sign.	Ausg.*	20
10	Daten 1	E/A	10	20	Video-Sign.	Eing.*	19
				Geh.	Abschirmung	Masse	Geh.

17.2 Normen

Für die Normung im Bereich der digitalen Datenkommunikaton sind u.a. die Organisationen DIN (*Deutsches Institut für Normung*), CCITT (*Comité Consultatif International Télégraphique et Téléphonique*), ISO (*International Organisation for Standardization*) und EIA (*Electronics Industries Association*) maßgebend. Einige für die Festlegung von Schnittstellen wichtige Normen sind nachfolgend zusammen mit Stichworten aus ihrem Inhalt zusammengestellt. Diese decken sich nicht in jedem Fall mit dem Titel der Norm. Eine weitere Normen-Aufstellung in Abschnitt 15.2 kann als Ergänzung dienen.

Die nachstehenden DIN-Normen sind inhaltlich gegliedert in **Grundlagennormen**, die z.B. allgemeine Verfahren oder Methoden beschreiben, **Normen für die elektrischen Eigenschaften** und **Anwendernormen**. Diese enthalten Angaben zu kompletten Schnittstellen u.a. zum Stecker, den elektrischen Eigenschaften und zum Protokoll. Die wichtigsten nationalen Normen sind zusammen mit einigen internationalen Bezügen aufgeführt. Diese Bezüge sind als Hinweise zu verstehen und bedeuten nicht, daß sich die Inhalte in allen Punkten überdecken.

DIN-Normen sind über den *Beuth Verlag*, Burggrafenstraße 6, 10787 Berlin, Tel. 030/2601-361, zu beziehen.

17.2.1 Grundlagen-Normen

DIN ISO 7498	Informationsverarbeitung; Kommunikation offener Systeme, Basis-Referenzmodell, OSI-Referenzmodell, 7 Schichten
DIN 44 300	Informationsverarbeitung; Begriffe
DIN 44 302	Informationsverarbeitung; Datenübertragung, Datenübermittlung; Begriffe
DIN 66 003	Informationsverarbeitung; Internationaler 7-Bit-Code (ISO 646)
DIN 66 303	8-Bit-Code Erweiterung für Deutschland
DIN 66 019	Informationsverarbeitung; Steuerungsverfahren mit dem 7-Bit-Code bei Datenübertragung, Verwendung der Übertragungssteuerzeichen, Grundlage für "Basic-Mode-Prozeduren" (ISO 1745, ISO 2111)
DIN 66 020 T. 1	Zusammenstellung der Modem-Schnittstellen-Steuerleitungen für das Fernsprechnetz, entspricht CCITT V.24
DIN 66 020 T. 2	Funktionelle Anforderungen an die Schnittstelle zwischen DEE und DÜE in Datennetzen, entspricht CCITT X.24, Signale für Modemsteuerung in Postdatennetzen
DIN 66 022 T. 1	Informationsverarbeitung; Darstellung des 7-Bit-Code bei Datenübertragung; asynchrones Datenformat (ISO 1177)
DIN 66 219	Verfahren zur Blockprüfung bei Datenübertragung im Übermittlungsabschnitt, Cyclic Redundancy Check (CRC-16-Polynom) und Blockprüfzeichen (ISO 1155, ISO 2111)
DIN ISO 3309	HDLC, Aufbau des Datenübertragungsblocks
DIN ISO 4335	HDLC, Elemente der Steuerungsverfahren
DIN ISO 7809	HDLC, Klassen der Steuerungsverfahren
DIN ISO 6256	HDLC, Übermittlungsvorschrift zwischen Hybridstationen bei Paketvermittlung (X.25)

17.2.2 Normen für Elektrische Eigenschaften

DIN 66 259 T. 1	entspricht V.28, Elektrische Eigenschaften von RS-232-Schnittstellen (+ 3 V bis 15 V an 3 kOhm), bis 20 kbit/s
DIN 66 259 T. 2	entspricht V.10, X.26 und EIA RS-423, Elektrische Eigenschaften für Postschnittstellen (+ 5 V), bis 100 kbit/s
DIN 66 259 T. 3	Elektrische Eigenschaften der Schnittstellenleitungen; Doppelstrom, symmetrisch, bis 10 Mbit/s, entspricht V.11, X.27 und EIA RS-422, moderne Punkt-zu-Punkt-Verbindungen (+ 0,3 V bis 6 V an 100 Ohm, Twisted Pairs)
DIN 66 259 T. 4	entspricht ISO 8482 und EIA RS-485, moderne Mehrpunkt-Verbindungen ähnlich DIN 66 259 Teil 3 (0,3 V bis 6 V, Twisted Pairs)

DIN 41 652 T. 1   (z.Z. Entwurf) Steckverbinder für die Einschubtechnik, trapezförmig, runde Kontakte, 0,1 mm; Gemeinsame Einbaumerkmale und Maße; Bauformenübersicht

17.2.3 Anwender-Normen

DIN 66 021   V.24-Modem-Schnittstellen für den Postgebrauch für unterschiedliche Modems im Fernsprechnetz (Teil 1 bis 10)

DIN 66 245 T. 1   PROFIBUS, serieller Feldbus, RS-485 mit Protokoll

DIN 66 258 T. 1   Schnittstellen und Steuerungsverfahren für die Datenübermittlung, 20-mA-Stromschleife (CS, Current Serial) und Schnittstelle ähnlich RS-232 (VS, Voltage Serial) mit Steckerbelegung und Protokoll

DIN 66 258 T. 2   Schnittstellen und Steuerungsverfahren für die Datenübermittlung; erdsymmetrische Schnittstelle und 7-Bit-Code-Steuerungsverfahren bei Start/Stop-Übertragung und Punkt-zu-Punkt-Verbindung, asynchrone V.11-Schnittstelle mit Übertragungsprotokoll

DIN 66 348 T. 1   Schnittstellen und Steuerungsverfahren für die serielle Meßdatenübermittlung, Punkt-zu-Punkt-Verbindung, V.11 sowie Stromschleife mit 3 verschiedenen Protokollen

DIN 66 348 T. 2   Schnittstelle und Basis-Steuerungsverfahren für Mehrpunkt-verbindungen

DIN 66 349   Schnittstelle für die parallele Meßdatenübermittlung, BCD-Schnittstelle, 36 bit, mit TTL-Pegeln

17.2.4 Außerdem

DIN VDE 0160   Ausrüstung von Starkstromanlagen mit elektronischen Betriebsmitteln

DIN VDE 0800 T. 1   Fernmeldetechnik; Allgemeine Begriffe, Anforderungen und Prüfungen für die Sicherheit der Anlagen und Geräte

DIN VDE 0804   Fernmeldetechnik; Herstellung und Prüfung der Geräte, Fernmeldegeräte (einschließlich informationsverarbeitenden Geräten)

DIN VDE 0871   Funk-Entstörung von Hochfrequenzgeräten für industrielle, wissenschaftliche, medizinische (ISM) und ähnliche Zwecke

VDE-Richtlinien sind zu beziehen durch *Deutsche Elektrotechnische Kommission* (DKE) im DIN und VDE, Stresemannallee 15, 60596 Frankfurt.

17.2.5 Internationale Normen

Hier sind einige wichtige internationale Normen von ISO und IEC für die Datenübertragung zusammengestellt.

IEC-, ISO- und EIA-Normen sind beziehen durch: *Beuth Verlag* GmbH, Aus-
landsnormenvermittlung, Burggrafenstraße 6, 10787 Berlin.

IEC 57	Telecontrol communication protocols - Cyclic redundancy check
IEC 8072	Rectangular connectors for frequencies below 3 MHz Part 2: Detail specification for a range of connectors with round contacts - Fixed solder contact types
ISO 646 - 1973	7-bit coded character set for information processing interchange; 7-Bit-Code für den Informationsaustausch in der Informationsverarbeitung
ISO 1177 - 1981	Information processing - Character structure for start/stop and synchronous transmission; Informationsverarbeitung - Zeichenaufbau für Start/Stop und synchrone Übertragung
ISO 1745 - 1975	Information processing - Basic mode control procedures for data communication systems; Informationsverarbeitung - Grundverfahren der Steuerungstechnik in Datenübermittlungssystemen
ISO 2111 - 1985	Data communication Basic mode control procedures - Code independent information transfer
ISO 4903 - 1980	Data communication - 15-pin DTE/DCE interface connector and pin assignments; Datenübermittlung - 15poliger Schnittstellen-Steckverbinder und Stiftbelegungen
ISO 7477 - 1981	Data processing - Requirements for DTE to DTE physical connection using 15- and 37-pin connectors; Datenübermittlung - Anforderung an die Schnittstelle zwischen DEEs mit dem 15- oder 37poligen Trapezstecker
ISO 7480 - 1981	Information processing - Start/stop transmission signal quality at DTE/DCE interfaces; Informationsverarbeitung - Signalgüte bei Start/Stop-Übertragung
ISO 8481 1986	Data communication DTE to DTE physical connection using X.24 interchange circuits with DTE provided timing
ISO 8482 - 1987	Information processing systems - Data communication - Twisted pair multipoint interconnections (EIA RS-485)
ISO 9549 - 1989	Information processing systems - Galvanic isolation of balanced interchange circuits

17.2.6 CCITT

Die Empfehlungen des *Comité Consultatif International Télégraphique et Téléphonique* (CCITT) wurden von der *Union Internationale des Télécommunications*
(UIT), Place des Nations, CH-1211 Geneve 20, veröffentlicht. In Deutschland zu
beziehen durch DIN *Deutsches Institut für Normung* e.V., Auslandsarchiv, Burg-
grafenstr. 6, D-10787 Berlin.

CCITT V.6	Standardization of data signalling rates for synchronous data transmission on leased telephone type circuits; Genormte Übertragungsgeschwindigkeiten für synchrone Datenübertragung auf Standleitungen
CCITT V.10	Electrical characteristics for unbalanced doublecurrent interchange circuits for general use with integrated circuit equipment in the field of data communication
CCITT V.11	Electrical characteristics for balanced double current interchange circuits for general use with integrated circuit equipment in the field of data communication; Elektrische Eigenschaften für symmetrische Doppelstrom-Schnittstellenleitungen zur allgemeinen Benutzung mit integrierten Schaltkreisen in der Datenübermittlung
CCITT V.24	List of definitions for interchange circuits between data terminal equipment and data circuit-terminating equipment
CCITT V.28	Electrical characteristics for unbalanced doublecurrent interchange circuits
CCITT X.1	International user classes of service in public data networks; Internationale Benutzerklassen in öffentlichen Datennetzen
CCITT X.4	General structure of signals of international alphabet No.5 code for data transmission over public data networks; Allgemeine Struktur von codierten Signalen des Internationalen Alphabets Nr.5 für die Datenübertragung in öffentlichen Datennetzen
CCITT X.20	Interface between data terminal equipment (DTE) and data circuit terminating equipment (DCE) for start/stop-transmission services on public data networks; Schnittstelle zwischen Datenendeinrichtung (DEE) und Datenübertragungseinrichtung (DÜE) für Start/Stopp-Übertragung in öffentlichen Datennetzen
CCITT X.21	Leitungsvermittelte Netze der Post
CCITT X.24	List of definitions for interchange circuits between data terminal equipment (DTE) and data circuit terminating equipment (DCE) on public data networks
CCITT X.25	Paketvermittelte Datennetze der Post

17.2.7 Amerikanische Normen

Einige wichtige EIA-Standards, die Schnittstellen behandeln, sind hier zusammengestellt.

RS-232-C	Interface between data terminal equipment and data communication equipment employing serial binary data-interchange.(V.24/V.28)
RS-334	Signal quality at interface between data processing terminal equipment and synchronous data communication equipment for serial data transmission
RS-363	Standard for specifying signal quality for transmitting and receiving data processing terminal equipments using serial data transmission at the interface with nonsynchronous data communication equipment
RS-422-A	Electrical characteristics of balanced voltage digital interface circuits (V.11)
RS-423-A	Electrical characteristics of unbalanced voltage digital interface circuits (V.10)
RS-449	General purpose 37-position and 9-position interface for data terminal equipment and data circuit terminating equipment employing serial binary data interchange
RS-485	Standard for electrical characteristics of generators and receivers for use in balanced digital multipoint system, compatibel with RS-422

17.3 Glossar der Datenkommunikation

> Die hier aufgeführten Ausdrücke, Begriffe und Abkürzungen aus dem Bereich
> der Datenkommunikation entsprechen den Definitionen in vielen Fachbüchern
> und Nachschlagewerken. Eine spezielle Ergänzung findet man im *Modem-
> Glossar*, Abschnitt 6.4.

AAD (Arcnet Access Device): Anschlußdose für Token-Bus-LANs nach Arcnet-
Spezifikation mit Koaxialkabeln vom Typ RG-62 AU, 93 Ohm.

ACK (Acknowledgement): Übertragungssteuerzeichen, das vom Empfänger als
positive Rückmeldung dem Sender übermittelt wird.

Acoustic Coupler: Gerät, das elektrische Signale in akustische konvertiert (Akustikkoppler) und dadurch die Datenübertragung mit Hilfe des Telefonhörers über
das öffentliche Telefonnetz ermöglicht. Modem, bei dem die Datenübertragung
über eine elektroakustische Kopplung (mittels Handapparat eines Telefons) erfolgt. Die maximale Übertragungsgeschwindigkeit liegt derzeit bei 1200 bit/s.

Adaptive Filter: Filter mit veränderlichen charakteristischen Eigenschaften, z.B.
Frequenz- und Phasengang. Sie werden meist als digitale Filter realisiert. Aus der
Eingangsgröße berechnet ein Mikroprozessor in Echtzeit anhand der Übertra-
gungsfunktion die Ausgangsgröße. Die Filter können sich entweder selbst an bestimmte Aufgaben anpassen, z.B. durch Mikroprozessorsteuerung, oder von Hand
verändert werden.

Adresse: Eine codierte Darstellung des Ursprungs oder des Zieles von Daten z.B.
in Mehrpunktverbindungen.

ANSI (American National Standards Institute): Nationale Normungsorganisation in den USA, die mit der Erarbeitung von grundsätzlichen Standardisierungen
befaßt ist. ANSI ist nicht gewinnorientiert, regierungsunabhängig und wird von
mehr als 1000 Gewerbeorganisationen, Berufsvereinigungen und Firmen unterstützt. ANSI ist wie auch das DIN Mitglied von ISO.

Arcnet (Attached Resource Computer Network): PC-Netzwerk auf Token-Bus-
Basis mit 2,5 Mbit/s Datenrate.

ARQ (Automatic Request for Repetition): Die ARQ-Zeichenfolge ermöglicht
die automatische Übertragungswiederholung im Falle eines Fehlers.

Array: Zusammenstellung von Variablen oder Konstanten als numerische oder
alphanumerische Dateneinheit, deren Elemente als Matrix indiziert sind und z.B.
als mehrdimensionales Zahlenfeld dargestellt werden können.

ASCII-Code: Abkürzung für *American Standard Code for Information Interchange*. Er wurde von ANSI festgelegt, um Kompatibilität zwischen Datendiensten zu erreichen. Diese amerikanische Version weicht in den nationalen Sonderzeichen vom internationalen 7-Bit-Code ab. Er enthält sowohl druckbare Zeichen wie Buchstaben und Ziffern, als auch Übertragungs- und Druckersteuerzeichen. 7-Bit-Code zur Darstellung von Zeichen.

Asynchronous Transmission: Eine Übertragungsart, bei der die Zeitabstände zwischen den übertragenen Zeichen unterschiedliche Längen haben können. Die Übertragung wird vom Start- und Stopbit, die jedes Zeichen einrahmen, gesteuert.

ATA: AT-Bus-Adapter oder *AT Disk Interface*. Bezeichnung für einen Industriestandard zum Anschluß von Magnetplattenlaufwerken an den PC-Bus mit Hilfe der sogenannten IDE-Schnittstelle (s. dort).

Attenuation: Die betragsmäßige Abnahme eines Signals (Dämpfung) z.B. auf der Übertragungsstrecke.

AUI (Attachment Unit Interface): 15poliger D-Sub-Steckverbinder zum Anschluß an einen Transceiver.

Batch job: Eine Warteschlange, zum Beispiel mehrerer durchzuführender Aufgaben, Stapeldatei auf MS-DOS-Ebene.

Baud: Die Einheit der Übertragungsgeschwindigkeit. Die Anzahl der übertragenen Bits pro Sekunde (bit/s).

Baudot: Datenübertragungscode, bei dem jeweils fünf bit ein Zeichen repräsentieren. Durch die Möglichkeit der Buchstaben-/Ziffernumschaltung können 64 alphanumerische Zeichen dargestellt werden. Der Baudot-Code wird in vielen Fernschreibsystemen benutzt.

BCC (Block Check Character): Das Ergebnis eines Übertragungs-Prüfalgorithums, das im Anschluß an den Informationsblock zur Überprüfung auf Übertragungsfehler gesendet wird, z.B. CRC oder LRC.

BEL: Gerätesteuerzeichen, das für Signale benutzt wird. Es können Alarm- oder Meldeeinrichtungen gesteuert werden.

Bell 103: AT&T-Modem, das asynchrone "Originate"- und Answer"-Übertragung bis Geschwindigkeiten von 300 Baud unterstützt.

Bell 113: Gleiche Funktionen wie Bell 103, jedoch nur mit "Originate"- oder "Answer"-Möglichkeit.

Bell 201: AT&T-Modem, das synchrone Datenübertragung bis 2400 Baud unterstützt.

Bell 202: AT&T-Modem, das asynchrone Datenübertragung bis Geschwindigkeiten von 1800 Baud unterstützt. Es ist eine 4-Draht-Leitung für Vollduplex-Betrieb erforderlich.

Bell 208: AT&T-Modem, das synchrone Datenübertragung bis 4800 Baud unterstützt.

Bell 209: AT&T-Modem, das synchrone Datenübertragung bis 9600 Baud unterstützt.

Bell 212: AT&T-Modem, das vollduplex-asynchrone oder -synchrone Datenübertragung im Fernsprechnetz bis Geschwindigkeiten von 1200 Baud unterstützt.

Bell 43401: Bell-Publikation zur Festlegung von Bedingungen für Mietleitungen, die von Telefongesellschaften bereitgestellt werden und für die Datenübertragung über begrenzte Entfernungen eingesetzt werden sollen.

Bidirektionale Schnittstelle: Datenübertragungsrichtung sowohl aus dem Gerät heraus, als auch in das Gerät hinein. Das Gerät wirkt sowohl als Datenquelle als auch als Datensenke, im Gegensatz zu reinen Eingangs- bzw. Ausgangsschnittstellen.

Binär: Darstellungsform durch genau zwei Zeichen (0 und 1).

Bisync Transmission (BSC): (Abk. für *Binary Synchronous Communication*). IBM-Übertragungsprotokoll, das eine Folge von Steuerzeichen für die synchronisierte Übertragung von binär codierten Daten zwischen Stationen eines Kommunikationssystems benutzt.

Bit: Abkürzung für *Binary digit*. Einheit für die Information; 1 bit stellt z.B. den Entscheidungsgehalt zwischen den logischen Zuständen "wahr" und "falsch" dar, kleinste Informationseinheit in der Datenverarbeitung.

Block Check Character: siehe BCC.

BNC (Basic Norm Connector): Steckverbinder für Koaxialkabel mit Bajonettverschluß nach Standard IEC 169-8. Anwendung im allgemeinen Laborbetrieb und beim Thin-Ethernet (*Thinnet*).

BPS (Bit Per Second): In Amerika verbreitete Bezeichnung für die Einheit der Datenübertragungsgeschwindigkeit Baud (Bit pro Sekunde bzw. bit/s).

BS (Backspace): Ein Format-Steuerzeichen, das die Schreibeinrichtung (zum Beispiel Druckkopf, Cursor) innerhalb der Zeile um einen Schritt zurücksetzt.

BSC (Binary Synchronous Communication): siehe *Bisync Transmission*.

Buffer: Eine Speichereinrichtung (Puffer), die durch Zwischenspeicherung unterschiedliche Datenverarbeitungsgeschwindigkeiten kompensieren kann bzw. die Zeitsteuerung (*timing*) der Übertragung von einem Gerät zum anderen bedient.

Bus: Lineare Topologie einer elektrischen Verbindung zwischen mehreren Teilnehmern. Busförmige Mehrpunktverbindungen weisen ein langes Hauptkabel (*trunk*) auf, an dem über kurze Stichleitungen (*stubs*) die Teilnehmer angeschlossen sind. Die Busstruktur steht im Gegensatz z.B. zur Stern- oder Ringstruktur einer Mehrpunktverbindung. Sie kann eingesetzt werden zur Verbindung von Computer und Peripherie und Meßgeräten (z.B. IEEE-488-Bus bzw. IEC-625-Bus) oder zur Verbindung von rechnerinternen Einheiten, z.B. Adreß- und Datenbus, zur Verbindung von Prozessorspeicher und Peripheriebausteinen.

Byte: Datenwort mit 8 bit Länge; es ermöglicht die Codierung von 256 verschiedenen Zeichen. Alle üblichen Mikroprozessoren besitzen in ihren Datenworten Byte-Struktur oder ein Vielfaches davon. Bei zeichenorientierter Übertragung werden gewöhnlich 7 Datenbits plus Parritätsbit (*Paritybit*) übertragen.

CAN (Cancel): Ein Zeichen, das anzeigt, daß die vorangegangenen Daten fehlerhaft waren und ignoriert werden sollen.

CCITT (Comité Consultatif International Télégraphique et Téléphonique): Internationale Orgnisation, die alle Normen für den Postgebrauch bearbeitet. Es werden sowohl Fernsprech- (V.-Serie) als auch Datenverbindungen (X.-Serie) abgedeckt.

CCITT V.21: bis 300 Baud, 2-Draht, duplex, FSK, asynchron, Wählnetz

CCITT V.22: 600/1200 Baud, 2-Draht, duplex, FSK, asynchron, synchron, Wählnetz, Mietleitung.

CCITT V.23: 600/1200 Baud, 2-Draht, halbduplex, FSK, asynchron, synchron, Wählnetz, Hilfskanal 75 Baud.

CCITT V.24: siehe unter V.24-Schnittstelle.

CCITT V.26: 2400 Baud, 4-Draht, duplex, PSK, synchron, Wählnetz, Hilfskanal 75 Baud.

CCITT V.26bis: 2400/1200 Baud, 2-Draht, halbduplex, PSK, snychron, Wählnetz, Hilfskanal 75 Baud.

CCITT V.27: 4800 Baud, 4-Draht, halbduplex auf Wählleitungen, duplex auf Mietleitungen, synchron.

CCITT V.29: 9600 Baud, 4-Draht, halbduplex, Mietleitung.

CEPT (Conference Europeene des Administrations des Postes et des Télécommunications): Vereinigung der europäischen Postverwaltungen.

Clock: Kurzbezeichnung für die Quelle von Taktsignalen, die bei synchroner Übertragung benutzt werden. Allgemeiner: die Quelle von Zeitsignalen, die elektronische Abläufe zeitlich abhängig ablaufen lassen.

Code: Festgelegte Zuordnung von Zeichen eines Zeichensatzes zu Zeichen eines anderen Zeichenvorrats.

COM: Serieller Anschluß an Computern für Datenübertragung (*communication*).

Composite Link: Verbindung oder Leitung zwischen zwei Multiplexern oder Konzentratoren. Sie überträgt gemultiplexte Daten.

Conditioning: Verfahren, um für die Datenübertragung in einem Sprachkanal mit minimaler Bandbreite auszukommen.

Console: Der Teil eines Computers, der für die Kommunikation zwischen Bediener oder Wartungstechniker und dem Computer benutzt wird.

Contention: Eine Möglichkeit, die vom Wählnetzwerk oder einem Port-Selektor bereitgestellt wird und bei mehreren gleichzeitigen Verbindungswünschen, auf der Grundlage des "*first-come-first-served*" eine Auswahl trifft.

CPS (Characters Per Second): Zeichen pro Sekunde.

CPU (Central Processing Unit): Zentraleinheit eines Computers, die entsprechend dem Programm den Ablauf von Operationen dirigiert und die logischen Verknüpfungen zwischen den Speicherinhalten durchführt. Sie stellt das eigentliche Herz des Computers dar und ist oft auf einem einzigen Chip integriert.

CR (Carriage Return): Ein Drucker-Steuerzeichen, das zur Rückbewegung der Schreibeinrichtung (Druckkopf, Cursor) auf die erste Position innerhalb der Zeile dient.

CRC (Cyclic Redundancy Check): Blockprüfung mit besonders ausgewählen Generatorpolynomen, siehe auch BCC.

Crosstalk: Unerwünschtes "Übersprechen" (Signalübertragung) zwischen Signalleitungen.

CRT: Abkürzung für *Cathode Ray Tube*. Katodenstrahlröhren werden verwendet als Bildschirm in Datensichtgeräten.

CSMA/CD: Das Ethernet-Übertragungsprotokoll mit der Möglichkeit des beliebigen Zugriffs auf den Übertragungskanal und Kollisionserkennung (*Carrier Sense Multiple Access with Collision Detection*).

CTS (Clear To Send): Ein physikalisches Modem-Steuersignal einer Datenübertragungseinrichtung (DCE, Modem), das dem Datenendgerät (DTE) anzeigt, daß die Datenübertragung beginnt.

Current Loop: Stromschleife, meist 20 mA, elektrische Eigenschaften für die serielle Datenübertragung z.B. zwischen Terminals und Fernschreibern (TTY-Schnittstelle). Die logischen Zustände 0 und 1 werden durch die Ströme 0 mA und 20 mA dargestellt.

Dämpfung: siehe *Attenuation*.

Dateldienste: Daten-Telekommunikationsdienste der Deutschen Bundespost Telekom; begriffliche Zusammenfassung aller Fernmeldedienste, die zur Datenübertragung eingesetzt werden können.

Daten: Von elektronischen Anlagen verarbeitete oder diesen zur Verarbeitung zugeführte codierte Information.

Datenbank: Datenbasis plus Datenbankverwaltung und Wiedergewinnungssoftware (*retrieval software*).

Datenendeinrichtung (DEE): Einrichtung zum Senden und/oder Empfangen von Daten z.B. über Postleitungen. Periphere Datenendeinrichtung (z.B. Terminal oder Personal Computer).

Datenfernübertragung (DFÜ): Übertragen von Daten zwischen zwei geographisch weit auseinanderliegenden Stellen über fernmeldetechnische Leitungsnetze.

Datenkonzentrator: Das Gerät besitzt mehrere Eingänge und einen Ausgang. Es faßt die an den Eingängen auftretenden Daten zusammen, z.B. durch Speicherung, und reduziert so die Anzahl der nötigen Übertragungsleitungen. Das reale Datenaufkommen, z.B. Meßwerte verschiedener Instrumente, wird an die Kapazität des Übertragungskanals angepaßt, um diesen besser auszunutzen.

Datennetz: Spezielles, auf die Übertragung von Daten ausgerichtetes digitales Fernmeldenetz (z.B. Datex-P), keine Analogübertragung möglich.

Datenpaket: Eine im Datennetz als Einheit behandelte festgelegte Anzahl von Bits. Neben den zu übermittelnden Daten enthält es auch Informationen über Absender und Empfänger des Datenpakets.

Datenrahmen: Datenbits, die ein Zeichen bei serieller Übertragung darstellen, einschließlich der umrahmenden Bits (Startbit, Prüfbit, Stopbits).

Datex: Akronym für *Data Exchange*.

Datexnetz: Öffentliches digitales Wählnetz für die Datenübertragung mittels Leitungsvermittlung (Datex-L) oder mittels Paketvermittlung (Datex-P).

Datex-P: Man unterscheidet folgende Datex-P-Anschlüsse:

Datex-P20F (Wählanschluß für asynchrone Datenübertragung, Bitraten zwischen 300 und 2400 Baud, es fallen Telefongebühren bis zum Datex-P-Knoten an).

Datex-P20H (Hauptanschluß für asynchrone Datenübertragung, Bitraten zwischen 300 und 2400 Baud, keine Telefongebühren zum Datex-P-Knoten).

Datex-P10H (Hauptanschluß für synchrone Datenübertragung (X.25), Bitraten zwischen 2400 und 48 000 Baud, keine Telefongebühren zum Datex-P-Knoten).

Datex-P-Knoten: Zentrale Amtsstellen im Datex-P-Netz (z.Z. 17 Stellen in der Bundesrepublik); u.a. auch mit PAD-Einrichtungen für den Übergang aus dem Femsprech- in das Datex-P-Netz.

DC (Device Control): Kategorie von Steuerzeichen, die in erster Linie untergeordnete Geräte zu- oder abschalten sollen. Beispiele von DC-Zeichen sind DC1 und DC3, verwendet als X-On und X-Off.

DCE (Data Communication Equipment): Gerät, das alle Funktionen besitzt, die zum Aufbau, Aufrechterhalten und Beenden einer Datenkommunikationsverbindung erforderlich sind, z.B. ein Modem.

Demodulation: Rückwandlung analoger modulierter Signale in digitale Signale.

DFÜ: Datenfernübertragung.

Dibit: Gruppe von jeweils zwei Bits. Die vier möglichen Zustände des Dibitcodes sind 00, 01, 10, 11.

DIN: Deutsches Institut für Normung.

Diskette: Flexible, flache Kunststoffscheibe mit magnetisierbarer Oberfläche zur Speicherung von Daten. Disketten sind in unterschiedlichen Größen (2 Zoll, 3,5 Zoll, 5,25 Zoll usw.) und mit unterschiedlicher Speicherkapazität (360 Kbyte, 1,2 Mbyte, 1,44 Mbyte usw.) erhältlich.

DSR (Data Set Ready): Physikalisches Modem-Steuersignal einer DCE, das dem angeschlossenen Endgerät (DTE) anzeigt, daß das Modem die Telefonverbindung aufgebaut hat und übertragungsbereit ist.

DTE (Data Terminal Equipment): Einrichtung am Ende einer Übertragungsstrecke, die z.B. Datenquelle, Datensenke oder beides sein kann. Sie wird am Modem mit der DCE-Schnittstelle verbunden.

DTR (Data Terminal Ready): Physikalisches Modem-Steuersignal des Datenendgerätes (DTE), das dem Modem (DCE) anzeigt, daß es bereit ist, Daten zu empfangen.

Duplex (vollduplex): Datenübertragungsart, die gleichzeitiges Senden und Empfangen von Informationen auf einer Leitung ermöglicht (im Unterschied zu halbduplex).

EAD (Ethernet Access Device): Ethernet-Anschluß-Dose für das Thin-Ethernet ähnlich der Telekommunikations-Anschluß-Einheit TAE.

EBCDIC (Extended Binary Coded Decimal Interchange Code): Ein 8-Bit-Zeichencode, der bevorzugt in IBM-Geräten benutzt wird. Mit diesem Code sind 256 unterschiedliche Bitmuster darstellbar.

Echoplex: Überprüfungsmethode der Datenübertragungssicherheit. Die empfangenen Daten werden der Sendestation zum Vergleich mit den Originaldaten zurückgesendet.

EDA (Ethernet Duplex Access): Doppel-Anschlußkabel (Hin- und Rückleiter) für das Thin-Ethernet mit Anschlußdosen EAD.

EIA (Electronic Industries Association): Normungsorganisation in den USA, die vor allem elektrische und funktionale Charakteristika von Schnittstellen festlegt.

EISA (Extended Industry Standard Architecture): Erweiterung der Industriestandard-Architektur (ISA) zum schnellen Systembus für PCs.

EM (End of Medium): Steuerzeichen, das z.B. auf Datenträgern eine Aufzeichnung abschließt.

Emulation: Nachbilden einer Rechneranlage durch eine Kombination von Hardware und Software, die es gestattet, ein Programm, das für einen bestimmten Computer oder ein Terminal geschrieben wurde, in einem anderen zu überprüfen. Ein Programm, mit dessen Hilfe ein Computer ein Terminal eines bestimmten Systems nachbilden (emulieren) kann.

ENQ (Enquiry): Übertragungs-Steuerzeichen, das eine andere Station auffordert, Antwort zu geben.

EOT (End Of Transmission): Übertragungs-Steuerzeichen, das das Ende der Verbindung signalisiert. Die Protokolle werden rückgesetzt.

ESC (Escape): Steuerzeichen, das benutzt wird, um zusätzliche Steuerfunktionen zur Verfügung zu haben. Es ändert die Bedeutung einer begrenzten Anzahl der unmittelbar darauf folgenden Zeichen. Häufig werden Druckerbefehle aus Escape-Sequenzen gebildet.

ESDI (Enhanced Small Device Interface): Weiterentwicklung der ST-506-Schnittstelle für Magnetplatten.

ETB (End of Transmission Block): Übertragungs-Steuerzeichen (TC), das benutzt wird, um das Ende eines gesendeten Datenblocks anzuzeigen. Die Übertragung des gesamten Textes ist dann noch nicht beendet.

ETX (End of Text): Übertragungs-Steuerzeichen, das einen Text abschließt. Es wird verwendet als Abschluß des letzten Blocks einer Nachricht.

FB+ (Futurebus+): Modernster Systembus mit bis zu 3,2 Gbyte/s Datenübertragung auf bis zu 256 bit breitem Bus.

FCSI (Fibre Channel Serial Interface): Serieller Hochgeschwindigkeitsbus (1065 Mbit/s) als kostengünstige Alternative zu SCSI (s.dort).

FDDI (Fiber Distributed Data Interface): Definition eines Glasfaser-Doppelrings für 100 Mbit/s über maximal 200 km Kabel.

FDM (Frequency Division Multiplex): Frequenzmultiplex.

FE (Format Effectors): Kategorie von Steuerzeichen, die in der Hauptsache für die Kontrolle des Ausdrucks und der Positionierung der Informationen in Druckern und/oder Bildschirmen vorgesehen ist. Beispiele von FE-Zeichen sind: BS, CR, FF, HT, LF und VT.

FF (Form Feed): Ein FE-Zeichen, das zur Fortbewegung der Schreibeinrichtung (Druckkopf, Cursor) auf die erste Zeile des nächsten Formulars dient, Seitenvorschub.

Figures Shift (FIGS): Physikalisches Shift bei einem Terminal, das den Baudot-Code verwendet. Es erlaubt das Drucken von Nummern, Symbolen und Großschreibung.

File: Datei, abgeschlossene Datenmenge, die z.B. auf einem Datenträger abgelegt ist und einen Namen besitzt, z.B. Text-File, Programm-File oder Datenbank-File.

Frequenzy Division Multiplexer (FDM): Einrichtung, die den vorhandenen Frequenzbereich in schmale Frequenzbänder aufteilt, die für separate Kanäle verwendet werden.

FS (File Separator): Steuerzeichen, das verwendet wird, um Daten logisch zu separieren. In der Regel werden abgegrenzte Datenpakete, z.B. Blöcke oder Gruppen als File zusammengefaßt.

FTZ: Fernmeldetechnisches Zentralamt; u.a. zuständig für die Erarbeitung von Richtlinien und Technischen Vorschriften sowie Bauartzulassungen von Geräten auf dem Fernmeldesektor der Deutschen Bundespost.

FTZ-Nummer: Vom Fernmeldetechnischen Zentralamt vergebene Zulassungsnummer für private Geräte, die an posteigene Fernmeldewege oder -einrichtungen angeschlossen werden sollen.

Full Duplex: Übertragung in beiden Richtungen, Senden und Empfangen gleichzeitig, unabhängige Übertragungskanäle für beide Richtungen.

Galvanische Trennung: Bei der Datenübertragung wird der informationsführende Wechselspannungsanteil vom störenden Gleichspannungsanteil getrennt, um Potentialausgleichströme bzw. unzulässige Spannungen zu vermeiden. Meist werden Optokoppler oder Transformatoren zur Trennung eingesetzt.

Gleichlaufverfahren: Gängige Bezeichnung für das Synchronisieren von Sende- und Empfangseinrichtungen.

GPIB (General Purpose Interface Bus): Andere bezeichnung für den parallelen Gerätebus nach IEEE-488 (sog. IEC-Bus), auch HP-IB (Hewlett-Packard Interface Bus).

GS (Group Separator): Steuerzeichen, das dazu dient, Daten logisch qualifizieren und separieren zu können. In der Regel werden willkürlich abgegrenzte Datenpakete als Gruppe bezeichnet.

Half Duplex: Übertragung in beiden Richtungen, jedoch nicht gleichzeitig, sondern abwechselnd (Wechselbetrieb), zu einem Zeitpunkt kann nur entweder gesendet oder empfangen werden.

Handshaking: Wechselseitiger Austausch von Steuersignalen zwischen zwei Schnittstellen, z.B. zur Geräte- oder Übertragungssteuerung, häufig bei parallelen Schnittstellen angewendet.

HDLC (High-level Data Link Control): Bitorientiertes, synchrones Datenkommunikationsprotokoll, das von der ISO genormt wurde; gesichertes Übertragungssteuerungsverfahren für synchrone Datenübertragung; wird im Datex-P-Netz für X.25-Anschlüsse angewendet.

Header: Steuerinformation, die fest in den Anfang einer Nachricht eingebaut ist (Vorspann), zum Beispiel Quellen- oder Zieladresse, Nummer der Reihenfolge oder Länge oder Typ der Nachricht.

Hertz (Hz): Maßeinheit für die Frequenz (1/s).

Hexadecimal Number System: Zahlensystem mit der Basis 16 (auch: Sedezimalsystem). Im Hexadezimalsystem sind die ersten 10 Ziffern mit 0-9, die letzten sechs mit A-F benannt.

Host: An Datenfernübertragungsnetze angeschlossenes Rechnersystem, auf dem Datenbanken installiert sind (oft Synonym zu Datenbankanbieter).

HT (Horizontal Tabulation): Zeichen, das zur horizontalen Fortbewegung der Schreibeinrichtung bis zur nächsten vorherbestimmten Tabulatorposition innerhalb einer Zeile dient.

IDE (Integrated Drive Electronics): Die IDE-Schnittstelle verbindet Festplattenlaufwerke mit integriertem Controller mit dem PC-Bus (auch ATA, s. dort).

IEC (International Electrotechnical Commission): Internationale Normungsorganisation für Probleme der Elektrotechnik, z.B. Leitungen, Stecker, Anschlüsse. Sie ist eine der Unterorganisationen der ISO, *International Organisation for Standardization.*

IEEE (Institute of Electrical and Electronics Engineers): Amerikanische Organisation mit internationalen Aktivitäten auch im Bereich der Schnittstellen-Standardisierung.

Interface: Schnittstelle.

Interleave: Das abwechselnde Senden von Datenblöcken zu zwei oder mehr Stationen in einem Mehrpunktsystem oder das abwechselnde Einführen von Bits oder Zeichen in Zeitabschnitte des TDM (*Time Division Multiplexing*).

IS (Information Separator): Kategorie von Steuerzeichen, die dazu dienen, Daten logisch qualifizieren und separieren zu können. Die spezifische Bedeutung muß für jede Anwendung definiert werden. Beispiele für IS-Zeichen sind: IS1 (US), IS2 (RS), IS3 (GS).

ISA (Industry Standard Architecture): Bezeichnung für den Standard-PC-Bus.

ISO: *International Organization for Standardisation.*

ITB (Intermediate Block Character): Übertragungssteuerzeichen, das einen Datenblock abschließt. Überlicherweise folgt darauf der *Block Check Character* (BCC). Der Gebrauch des ITB ermöglicht die Fehlerüberprüfung von kleineren Übertragungsblöcken.

JEIDA (Japan Electronics Industry Development Association): Firmenvereinigung zur Standardisierung miniaturisierter Speicherkarten; JEIDA 4 ist identisch mit PCMCIA s. dort).

Knoten: siehe *Node*.

Kommunikations-Software: Programm, das die Kommunikation mit Hostrechnern oder anderen Computern ermöglicht, auch Terminalprogramm.

LAN (Local Area Network): Datenverbindung zwischen räumlich verteilten Einzelrechnern, z.B. im Büro bis hin zum Werksgelände, typisch bis 1 km. Die Datenübertragungsrate liegt zwischen 100 kbit/s und 20 Mbit/s. Lokale Netze sind Mehrpunktverbindungen. Sie arbeiten mit serieller Datenübertragung und sind von Postleitungen (WAN) unabhängig.

LED (Light Emitting Diode): Eine Halbleiter-Lichtquelle, die sichtbares Licht oder unsichtbare Infrarotstrahlung emittiert.

Leitungsvermittlung: Vermittlungsverfahren, bei dem zur Datenübertragung zwischen den beteiligten Endeinrichtungen für die Dauer einer Verbindung eine physikalische Leitung geschaltet wird.

Letters Shift: physikalisches Umschalten bei Terminals, die Baudot-Code verwenden und dadurch das Drucken von alphabetischen Zeichen ermöglichen.

LF (Line Feed): Ein FE-Steuerzeichen, das zur Fortbewegung der Schreibeinrichtung des Druckers um eine Zeile dient (Zeilenvorschub).

Line Driver: Ausgangsschaltung, die ein digitales Signal entsprechend der elektrischen Eigenschaften in eine Form bringt, die eine zuverlässige Übertragung über größere Entfernungen garantiert.

Line Turnaround: Das Umkehren der Übertragungsrichtung vom Sender zum Empfänger oder umgekehrt bei Halbduplexbetrieb.

Loaded Line: Telefonleitung, die mit Belastungsspulen (Pupinspulen) ausgestattet ist, um mit zusätzlichen Induktivitäten nichtlineare Verzerrungen zu minimieren.

LRC (Longitudinal Redundancy Check): Fehlerprüfung, bei der das Prüfzeichen aus 8 Bits besteht, die durch die Modulo-2-Summe aller Datenbits mit der gleichen Wertigkeit über alle Zeichen eines Blockes gebildet werden (*Odd-* oder *Even-Parity*).

MAN (Metropolitan Area Network): Lokales Netzwerk, das den Bereich einer größeren Kommune (Stadt) überdeckt, z.B. Rundfunk- oder Fernseh-Kabelnetz.

MCA (Microchannel Architecture): IBM-Spezifikation für die Weiterentwicklung des PC-Busses (ISA, s. dort), der in Konkurrenz zum EISA-Bus (s. dort) steht.

Mikroprozessor: Er stellt das Kernstück eines Personalcomputers dar und führt die Befehle des Programms aus, indem er Speicherinhalte logisch miteinander verknüpft. Intern enthält er z.B die Einheiten Steuerwerk, Rechenwerk und Registersatz, die auf einem einzigen Chip integriert sind. Die Einsatzgebiete reichen von der Waschmaschinensteuerung über Werkzeugmaschinen bis zum Computer.

Mnemonic Code: Computerinstruktionen, die für den Programmierer leicht zu merken sind. Ein mnemonisch geschriebenes Programm muß vor der Ausführung in den Maschinencode gewandelt werden.

Modem (Modulator/Demodulator): Gerät, das serielle Digitaldaten der Übertragungseinheit in ein für die Übertragung über Telefonkanäle geeignetes Signal umwandelt oder das übertragene Signal wieder in für die Empfangseinheit akzeptable serielle digitale Daten rückwandelt.

Multiplexer: Gerät, das eine Übertragungsleitung in zwei oder mehrere Subkanäle aufteilt. Das kann durch Aufteilen des Frequenzbandes in schmale Bänder (Frequenzteilung) oder durch Zuteilen eines gemeinsamen Kanals zu jeweils nur einem von mehreren Übertragungskanälen (Zeitteilung) erreicht werden.

Multipoint Line: Eine einzelne Kommunikationsverbindung, die mehrere Stationen verbindet. Jedes Teilnehmergerät wird mit seiner jeweiligen Adresse angesprochen. In der Regel sorgt eine Verwaltung des Senderechts, z.B. ein Aufruf-Mechanismus (*Polling*), für die Vermeidung von Kollisionen.

NAK (Negative Acknowledgement): Übertragungssteuerzeichen, das vom Empfänger als negative Antwort dem Sender übermittelt wird.

Node: Zugangspunkt (Knoten) zu einem Datennetz.

NRZ (Non Return to Zero): Impulse in wechselnder Richtung für aufein-anderfolgende 1-Bits. Kein Wechsel bei einem vorhandenen Vorspann von 0-Bits.

NUA (Network User Address): Datenrufnummer eines Datex-P-Hauptanschlus-ses.

NUI (Network User Identification): Datex-P-Kennung.

Null Modem: Gerät, das zwei DTE (DEE, Endeinrichtung) direkt miteinander verbindet, indem es die physikalischen Verbindungen eines DCE (DÜE, Übertra-gungseinrichtung) nachbildet.

Oktett: In der Datenübertragung gebräuchliche Bezeichnung für 8-Bit-Worte, in anderen Bereichen meist als Byte bezeichnet.

Online: Direkte, logische Verbindung mit einem Hostrechner, z.B. über einen Fernmeldeweg.

OSI (Open Systems Interconnection): Bezeichnung für das Referenzmodell zur Spezifizierung offener Systeme zur Datenkommunikation (Standard DIN ISO 7498).

Overhead Bit: Ein Bit, das keinen Beitrag zum Informationsaustausch liefert, zum Beispiel Überprüfungsbit, Rahmenbit, Paritätsbit usw.

PABX (Private Automatic Branch Exchange): Automatische Vermittlung der an- und abgehenden Telefonate zu den Nebenstellen des Benutzers. Sie kann ana-loge Nebenstellen (Telefon) oder digitale Schnittstellen (zum Beispiel X.24) ver-mitteln.

PAD (Packet Assembly/Disassembly Facility): Die Nutzdaten werden in Übertragungsblöcke für das Datex-P-Netz geteilt bzw. wieder zusammengesetzt.

Paket: Eine Gruppe von binären Zeichen (einschließlich Daten und Rufkontroll-signalen), die als Einheit betrachtet werden, z.B. ein HDLC-Rahmen bei Datex-P.

Paketvermittlung: Daten, die übertragen werden sollen, werden über eine virtu-elle Verbindung in einen fließenden Datenstrom eingeschleust (s. Datenpaket).

Parallel Transmission: Datenübertragung, bei der ein Wort, zum Beispiel 8 Bits, gleichzeitig übermittelt wird. Die Übertragung findet oft nur in eine Richtung statt.

Parameter: Bei der Datenfernübertragung werden u.a. Bitrate, Anzahl der Daten-bits, Parität usw. festgelegt.

Paritätsbit: Kontrollbit, das die Datenbits durch ein zusätzliches Bit ergänzt. Je nach Vereinbarung wird die Summe der gleichartigen Binärzustände so ergänzt, daß sich eine gerade (*even*) oder ungerade Anzahl (*odd*) ergibt. In der Empfangs-einrichtung wird geprüft, ob sich der der Vereinbarung entsprechende Wert (0 oder 1) ergibt.

Parity Check: Zusatz von einem redundanten Bit innerhalb eines Bytes; erlaubt das Auffinden von Fehlern innerhalb dieses Bytes.

PCI (Peripheral Component Interconnect): Zusatzbus für PCs und Worksta-tions mit 10 Steckplätzen.

PCMCIA (Personal Computer Memory Card International Association): Industriegruppe zur Standardisierung miniaturisierter Speicherkarten und Ein-/ Ausgabeschnittstellen.

Point-To-Point: Daten-Verbindung zwischen genau zwei Geräten, z.B. Computer und Drucker.

Polling: Verfahren, durch sequentielle Aufrufe mehrere Geräte mit unterschiedli-chen Polling-Adressen anzusprechen.

PROM (Programmable Read Only Memory): Nichtflüchtiger Speicher, der unabhängig von der Versorgungsspannung seinen Inhalt behält. Er wird als inte-grierter Baustein eingesetzt und ist mit speziellen Programmiergeräten neu zu be-schreiben. Der Speicherchip ist hinter einem Fenster sichtbar und mit Hilfe von UV-Licht zu löschen. Er kann vom Prozessor nur gelesen werden und enthält z.B. Programme oder wichtige Geräteparameter.

Protokoll: Ein formales System von Vereinbarungen das dazu dient, den Nach-richtenaustausch zwischen zwei Kommunikationssystemen zu formatieren und zeitlich zu steuern.

Puffer: s Buffer.

RAM (Random Access Memory): Speicherbausteine, die vom Prozessor sowohl gelesen als auch geschrieben werden können. Adreßleitungen erlauben wahlweise direkten Zugriff auf alle Speicherzellen.

Retrievalsprache: Suchsprache eines Datenbanksystems: System von Befehlen, mit denen in Datenbanken gearbeitet werden kann.

Ring Indicator: Ein Modem-Schnittstellensignal, das in CCITT V.24 definiert ist und dem angeschlossenen Endgerät den ankommenden Ruf einer Wählverbin-dung anzeigt.

ROM (Read Only Memory): Festprogrammierte Bausteine, die nur gelesen wer-den können. Sie enthalten meist die unveränderlichen Programmteile in Compu-tern und Meßgeräten. Sie lassen sich nur durch den Chip-Hersteller, durch Anpas-sen der Integrationsmaske, entsprechend der Kundenwünsche programmieren.

RS (Record Separator, IS2): Steuerzeichen, um Daten logisch qualifizieren und separieren zu können. Es begrenzt in der Regel eine Dateninformationseinheit.

RS-232-Schnittstelle: Es handelt sich um eine digitale, serielle, asynchrone Schnittstelle nach der Norm EIA RS-232-C für Modem-Anschlüsse zur Datenübertragung über das Fernsprechnetz. Die Norm ist zur Beschreibung von Rechnerschnittstellen geeignet, da z.B. Steckerausführung, Anschlußbelegung und Signale vollständig beschrieben werden; verwendet Steuerleitungen entsprechend CCITT V.24. Der Gebrauch der Modemsteuerleitungen ist für die Verbindung von Rechnern nicht festgelegt und führt oft zu Schwierigkeiten bei der Datenübertragung.

RS-422: Elektrische Eigenschaften einer symmetrischen Digital-Schnittstelle, entspricht CCITT V.11.

RS-423: Elektrische Eigenschaften einer unsymmetrischen Digital-Schnittstelle, verwendet z.B. in Modems nach RS-449, entspricht CCITT V.10.

RS-449: Allgemeiner Zweck dieser 37-Pin- und 9-Pin-Schnittstelle für Datenendgeräte und Datengeräte mit elektronischen Schaltkreisen ist der serielle Binärdatenaustausch.

RS-485: Wichtiger Standard für elektrische Eigenschaften von Sender- und Empfängerbausteinen für serielle Mehrpunktschnittstellen.

RTS (Request To Send): Elekrtisches Modem-Steuersignal vom Datenendgerät (DTE, DEE), das eine Sendefreigabe (CTS) vom Modem anfordert.

Rückwirkungsfreiheit: Innerhalb des gesetzlichen Meßwesens gilt eine Schnittstelle als rückwirkungsfrei, wenn über sie keine unzulässigen Beeinflussungen der Meßwerte im Meßgerät möglich ist. Eine rückwirkungsfreie Schnittstelle schützt das Gerät sowohl vor elektrischen als auch vor logischen Beeinflussungen, z.B. vor von außen angelegten Spannungen oder Befehlen, die den Meßwert verändern könnten.

RVI (Reverse Interrupt): Ein Übertragungssteuerzeichen, das von der Empfangsstation mit der Aufforderung gesendet wird, die derzeitige Übertragung zu beenden, da sie eine Nachricht von höherer Priorität senden muß.

Schirm (shield): Schutz (Abschirmung) gegen elektromagnetische Störung (EMI).

Schnittstelle: Der Begriff Schnittstelle umfaßt die Gesamtheit der Merkmale zur Beschreibung ihrer physikalischen, elektrischen und logischen Funktionen an der Übergabestelle entsprechend dem OSI-Referenzmodell. Die Merkmale umfassen z.B. den Stecker, die Anschlußbelegung, die elektrischen Pegel, das Datenformat, die Codierung sowie die übertragenen Daten und Befehle.

SCI (Scalable Coherent Interface): Neue IEEE-Arbeit zur Definierung eines skalierbaren Bussystems für Hochleistungs-Arbeitsplatzcomputer.

SCPI (Standard Commands for Programmable Instruments): Internationale Festlegung einer einheitlichen Programmiersprache für Meßgeräte, die mit Busschnittstellen für z.B. IEC-Bus oder VXIbus ausgestattet sind.

SCSI (Small Computer Systems Interface): Hochleistungsschnittstelle zum Anschalten von Magnetband- und Magnetplattenlaufwerken an Computer.

SDLC (Synchronous Data Link Control): IBM-Standard-Kommunikationsprotokoll im HDLC-Format, das das BSC-Protokoll ersetzt hat.

Segment: Einheit im Datex-P-Netz von max. 64 Oktetts, mehrere Segmente bilden ein Datenpaket. Teile in Lokalen Netzwerken zwischen 2 Sternkopplern oder Brücken.

Serial Transmission: Methode der Datenübertragung, bei der ein Informationsbit nach dem anderen gesendet wird. Die serielle Datenübertragung ist generell üblich bei der Datenkommunikation über größere Entfernungen.

Short Haul Modem: Signalkonverter, der ein digitales Signal so umformt, daß eine zuverlässige Übertragung über eine beliebige Verbindung (Haustelefon) sichergestellt ist, ohne daß sich eine Beeinflussung von benachbarten Leitungen im selben Kabel bemerkbar macht.

SI (Shift In): Steuerzeichen, das in Zusammenhang mit Hex 50 (*Shift Out*) und ESC (*Escape*) verwendet wird, um den Graphikzeichensatz des Codes zu erweitern.

Simplex Transmission: Datenübertragung in nur eine Richtung.

SO (Shift Out): Steuerzeichen, das in Zusammenhang mit SI (*Shift In*) und ESC (*Escape*) verwendet wird, um den Graphikzeichensatz des Codes zu erweitern.

SOH (Start Of Header): Übertragungssteuerzeichen, das den Beginn eines Datenvorspanns zum Beispiel zu Steuerungszwecken anzeigt.

SPS: Speicherprogrammierbare Steuerung, z.B. zur Maschinensteuerung und Automatisierung in Fertigungsanlagen. Die Geräte besitzen neben Mikroprozessoren geeignete Leistungstreiber zur Ansteuerung von Motoren und Magneten.

Startbit: Bit, das bei einer Start/Stop-Übertragung jedem zu übertragenden 7- oder 8-Bit-Zeichen vorangesetzt wird.

Start/Stop-Übertragung: Asynchrone Übertragung.

Stopbits: Bits, die bei einer Start/Stop-Übertragung jedem zu übertragenden 7- oder 8-Bit-Zeichen nachfolgen (ein oder zwei Bits).

Statistical Multiplexer: Eine Einrichtung, die als Konzentrator genutzt wird, um einen Datenkanal in zwei oder mehr Kanäle mit geringerer Durchschnittsgeschwindigkeit zu teilen. Der Kanalraum wird dynamisch, entsprechend der zufälligen Nachfrage aufgeteilt, um den Datendurchsatz zu optimieren.

STP (Shielded Twisted Pair): Abgeschirmtes verdrilltes Leiterpaar für z.B. Token-Ring-Netze oder RS-485-Schnittstellen.

STX (Start of Text): Übertragungssteuerzeichen, das einem Text vorausgeht oder die Kopfinformation (SOH) abschließt.

SUB (Substitute Character): Steuerzeichen, das anstatt eines als ungültig oder fehlerhaft erkannten Zeichens eingesetzt wird.

Synchronous Transmission: Übertragung, bei der die Datenbits und Datenworte mit einem festen Takt übertragen werden und bei dem der Gleichlauf von Sender und Empfänger sichergestellt ist.

SYN (Synchronous Idle): Übertragungszeichen, das bei synchroner Übertragung zur Bytesynchronisation der angeschlossenen Geräte gesendet wird. Bei einigen Prozeduren wird es auch als Füllzeichen (*Synchronous Idle*) verwendet, also dann, wenn keine Daten zu übertragen sind. (Zum Beispiel Idle 7E bei der SDLC-Prozedur).

TAE: Telekommunikations-Anschluß-Einheit, die Anschlußdose der Post (Telekom), die das Vorbild für EAD war.

Tail Circuit: Versorgungsschaltung oder Zugangsverbindung zu einem Netzwerkknoten.

TC (Transmission Control): Kategorie von Steuerzeichen, die dazu dient, die Übertragung von Informationen über Telekommunikationsnetzwerke zu steuern oder zu erleichtern. Beispiele von TC-Zeichen sind: ACK, DLE, ENQ, EOT, ETB, ETX, NAK, SOH, STX und SYN.

TCP/IP (Transmission Control Protocol/Internet Protocol): Protokollfamilie zum Austausch von Daten in inhomogenen Netzen (kein ISO-Standard).

TELEX (Teleprinter Exchange): Fernschreib-Wählnetzwerk, das von der Western Union (USA) eingerichtet wurde und heute international verbreitet ist. Im Fernschreibnetz wird der Baudot-Code verwendet.

Terminal: Datenendeinrichtung bei Datenübertragung, Bedienungsgerät bei größeren Rechnern, z.B. mit Bildschirm und Tastatur. Ein Terminal kann Daten an einen Hostrechner senden bzw. von dort empfangen. Intelligente Terminals besitzen einen eigenen Prozessor mit Arbeitsspeicher, z.B. Personalcomputer.

Terminalsoftware: Programme, die die Datenübertragung zwischen Computer und Modem steuern.

Time Division Multiplexer (TDM): Ein Gerät, das mehrere Kanäle zu einer einzigen Übertragungsleitung zusammenfaßt. Es wird je einem Endgerät eine Zeiteinheit auf der Übertragungsseite zugeordnet. Es werden Bits (Bit-TDM) oder Zeichen (Character-TDM) durchgeschaltet.

Time sharing: Verfahren zur Zuteilung von Rechen- oder Übertragungszeit in aufeinanderfolgenden kleinen Zeitabschnitten.

TTD (Temporary Text Delay): Die TTD-Steuersequenz (STX ENQ) wird von der Sendestation im Nachrichtenübertragungszustand gesendet um klarzumachen, daß sie die Leitungsverbindung aufrechterhalten will, aber nicht in der Lage ist, zu übertragen.

TTY-Terminal (Teletype Terminal): Einfaches Terminal mit Stromschleifenschnittstelle und zeichenweiser Übertragung der Daten.

TWX (Teletypewriter Exchange Service): Ein Fernschreib-Wählnetzwerk der Western Union (USA). Es werden Geräte mit ASCll-Code verwendet.

Übersprechen: siehe *Crosstalk*.

Übertragungsprotokoll: Vereinbarungen für das Steuerungsverfahren, nach dem der Datenaustausch stattfindet.

UTP (Unshielded Twisted Pair): Ungeschirmtes verdrilltes Leiterpaar für z.B. Ethernet der Klasse 10Base-T.

V.24-Schnittstelle: Der Ursprung liegt im Postgebrauch. Die Daten werden seriell übertragen. In der Norm CCITT V.24 werden 54 Funktionen für Modemsteuerleitungen beschrieben. Eine Aussage über die physikalische Gestaltung der Schnittstelle ist nicht enthalten. Leitungsfunktionen sind z.B. "Empfangsbereitschaft" und "Sendeteil einschalten". Bei der Anwendung auf Rechnerschnittstellen führt der Gebrauch der Steuerleitungen oft zu Unverträglichkeiten.

V.35: CCITT-Standard für Datenübertragung von 48 kbit/s durch Verwendung von 60-108 kHz Breitband-(Gruppenband-) Schaltungen.

VAFC (VESA Advanced Feature Connector): Speicherbusdefinition der VESA zur schnellen Übertragung graphischer Daten.

VESA (Video Electronics Standards Association): USA-Organisation zur Vereinheitlichung von Schnittstellen und Bussen zur Verbesserung der Graphikmöglichkeiten von PCs. Beispiele sind: VAFC, VL-Bus (VESA Local Bus), VM-Channel (VESA Media Channel).

VRC (Vertical Redundancy Check): Fehlerermittlungsschema, bei dem das Paritätsbit jedes Zeichens so gesetzt wird, daß die gesamte Anzahl der 1-Bits innerhalb des Zeichens geradzahlig oder ungeradzahlig ist (Parität).

VT (Vertical Tabulation): Zeichen das zur Bewegung der Schreibeinrichtungen senkrecht zur Zeile bis zur nächsten vorbestimmten Position (Tabulator) dient.

WACK (Wait before Acknowledge): Die WACK-Zeichenfolge gestattet der Empfangs- oder Sendestation anzuzeigen, daß sie zeitweilig nicht in der Lage ist, zu empfangen.

Wählnetz: Analoges oder digitales Kommunikationsnetz, bei dem eine Verbindung durch die Wahl einer Teilnehmer-Kennung geschaltet wird.

WAN (Wide Area Network): Weitverkehrsnetz.

X-Off (Transmitter OFF, DC3): Dieses Kommunikationssteuerzeichen wird benutzt, um ein Endgerät oder eine CPU anzuweisen, die Übertragung zeitweilig zu stoppen.

X-On (Transmitter ON, DC1): Dieses Kommunikationssteuerzeichen wird benutzt, um ein Endgerät anzuweisen, die Übertragung zu beginnen oder nach einem Stopp wieder aufzunehmen.

X.25: CCITT-Standard, der die Schnittstelle zwischen paketorientierten Datenendeinrichtungen und einem öffentlichen Datenpaket-Vermittlungsnetz festlegt.

ZZF: Zentralamt für Zulassungen im Fernmeldebereich.

17.4 Literaturverzeichnis

[Baba90]   *Babatz, R., Bogen, M.* und *Pankoke-Babatz, U.:* Elektronische
Kommunikation - X.400 MHS. Braunschweig: Vieweg 1990.

[Barz91]   *Barz, H.W.:* Kommunikation und Computernetze.
München, Wien: Carl Hanser 1991.

[Bidl73]   *Bidlingmaier, M., Haag, A.* und *Kühnemann, K.:*
Einheiten - Grundbegriffe - Meßverfahren der Nachrichten-
Übertragungstechnik
Berlin, München: Siemens 1973.

[Conr89]   *Conrads, D.:* Datenkommunikation, Verfahren - Netze - Dienste.
Braunschweig: Vieweg 1989.

[Data86]   *Datacom:* ABC der Datenkommunikation.
Pulheim: Datacom 1986.

[Digi82]   *Digital Equipment Corporation:* Introduction to Local Area
Networks. USA 1982.

[Elsn74]   *Elsner, R.:* Nachrichtentheorie 1, Grundlagen.
Stuttgart: Teubner Studienskripten 1974.

[Fell85]   *Fellbaum, K.* und *Hartlep, R.:* Lexikon der Telekommunikation.
Berlin: VDE-Verlag 1985.

[Franz50]   *Franzis-Verlag:* Datenkommunikation, ELEKTRONIK-Sonderheft
Nr. 50.

[Geit87]   *Geitner, U.W.* (Hrsg.): CIM-Handbuch.
Braunschweig: Vieweg 1987.

[Gödd89]   *Göddertz, J.:* PROFIBUS-Protokolle. Düsseldorf:
VDI-Berichte Nr. 728, 1989.

[Gomm85]   *Gommlich, H.:* Fehlermessungen in Datenübertragungssystemen,
DATACOM 1985, Heft 3, S. 46.

[Hall87]   *Halling, H.* (Hrsg.): Serielle Busse, Neue Technologien, Standards,
Einsatzgebiete. Berlin: VDE-Verlag 1987.

[Hoff86]   *Hoffmann, P.:* Schnittstellen mit PC getestet, Mark & Technik 1986,
Heft 9, S. 146.

[Kafka84.1]   *Kafka, G.:* Netzwerkmanagement, DATACOM 1984, Heft 2, S. 33.

[Kafka84.2]   *Kafka, G.:* Protokolltester für die Datenfernübertragung,
DATACOM 1984, Heft 4, S. 36.

[Kafka85]   *Kafka, G.:* Einfache Prüfverfahren an Schnittstellen,
             DATACOM 1985, Heft 1, S. 50.

[Kafka86]   *Kafka, G.:* Die vierte DFÜ-Tester-Generation, Markt & Technik
             1986, Heft 9, S. 138.

[Kafka87]   *Kafka, G.:* Protokollanalysatoren, Elektronik 1987, H. 4, S.111.

[Misco86]   *Misco* Manual, Misco EDV-Zubehör Mörfelden-Walldorf, 1986.

[Rose92]   *Rose, M.:* Interfacetechnik zum Messen, Steuern, Regeln mit dem
             Industrie-PC. Würzburg: Vogel 1992.

[Schn84]   *Schnell, G.* und *Hoyer, K.:* Mikrocomputer-Interfacefibel.
             Braunschweig: Vieweg 1984.

[Schu87]   *Schumny, H.:* Signalübertragung; Lehrbuch der Nachrichtentechnik
             mit Datenfernübertragung, 2. Auflage. Braunschweig: Vieweg 1987.

[Schu89]   *Schumny, H.:* Digitale Datenverarbeitung; Grundlagen für das
             technische Studium, 2. Auflage. Braunschweig: Vieweg 1989.

[Schu90]   *Schumny, H.* (Hrsg.): Personal-Computer in Labor, Versuchs- und
             Prüffeld, 2. Auflage. Berlin: Springer 1990.

[Schu93]   *Schumny, H.* (Hrsg.): Meßtechnik mit dem Personal-Computer;
             Meßdatenerfassung und -verarbeitung. 3. Auflage. Berlin: Springer
             1993.

[Schy87]   *Schumny, H.* (Hrsg.): LAN, Lokale PC-Netzwerke.
             Braunschweig: Vieweg 1987.

[Supp86]   *Suppan-Borowka, J.* und *Simon, Th.:* MAP, Datenkommunikation in
             der automatisierten Fertigung. Pulheim: Datacom 1986.

[Till87]   *Tillmann, K.-D.:* Datenkommunikation mit dem PC.
             Braunschweig: Vieweg 1987.

[Welz91]   *Welzel, P.:* Datenfernübertragung, 3. Auflage.
             Braunschweig: Vieweg 1993.

[Zaks82]   *Zaks, R. und Lesea, A.:* Mikroprozessor Interface Techniken,
             3. Ausgabe. Düsseldorf: Sybex 1982.

Sachwortverzeichnis

Bussysteme in der Automatisierungstechnik

Herausgegeben von Gerhard Schnell

1994. XII, 253 Seiten mit 159 Abbildungen. (Praxis der Automatisierungstechnik)
Gebunden.
ISBN 3-528-06569-9

Aus dem Inhalt: Technische Grundlagen – Netzwerkhierarchien bei CIM – Internationale Feldbusnormung – Beispiele ausgeführter Bussysteme – Weitverkehrsnetze – Datenblätter einiger Bussysteme

Das Buch behandelt die wichtigsten, in der Automatisierung eingesetzten Bussysteme. Im Vordergrund stehen die Feldbussysteme seien es master/slave- oder multimaster-Systeme. Eine ausführliche Einführung über die technischen Grundlagen gibt Auskunft über Netzwerktopologien, Kommunikationsmodelle, Buszugriffsverfahren, Datensicherung, Telegrammformate, Standards bei Leitungen und Übertragungsarten und Netzverbindungen. Das Buch wendet sich an den Ingenieur, der Bussysteme in der Praxis einsetzen will, wie an den Studierenden der Fachrichtung Automatisierungstechnik.

Über den Herausgeber: Dr.-Ing. Gerhard Schnell ist Professor für elektrische Meßtechnik und Mikrocomputertechnik an der Fachhochschule Frankfurt. Die Autoren der Einzelbeiträge sind namhafte Experten aus der Industrie.

Verlag Vieweg · Postfach 58 29 · 65048 Wiesbaden

Mobilfunknetze

von Reinhold Eberhardt und Walter Franz

1993. VI, 130 Seiten mit 44 Abbildungen. Gebunden.
ISBN 3-528-06526-5

Aus dem Inhalt: Allgemeine technische Einführung in die Funktechniken und den Aufbau von Funknetzen – Systematischer Überblick über bestehende Mobilfunksysteme – Detaillierte Beschreibung neuer, in der Einführung befindlicher paneuropäischer Systeme (D-Netze, Funkrufsysteme, Telepoint), sowie der wichtigsten bestehenden Mobilfunknetze (u.a. C-Netz, Bündelfunksysteme).

Das Buch beschreibt bestehende bzw. sich in der Einführungs- oder Normungsphase befindliche Funkkommunikationsdienste bzw. -systeme. Dabei wird insbesondere auf die in Deutschland eingesetzten und auf die zukünftigen europäischen Mobilfunktechnologien eingegangen. Es werden technische Grundlagen der Übertragungs- bzw. Kommunikationstechnik behandelt, um die Parameter und Verfahren der vorgestellten Funksysteme verstehen zu können.

Über die Autoren: Die Autoren sind wissenschaftliche Mitarbeiter am Institut für Informationstechnik der Daimler Benz AG in Ulm.

Verlag Vieweg · Postfach 58 29 · 65048 Wiesbaden